高等学校水利学科专业核心课程教材
编审委员会名单

港口航道与海岸工程专业教材
编审分委员会名单

序

随着我国水利事业与高等教育事业的快速发展以及教育教学改革的不断深入，水利高等教育也得到很大的发展与提高。与20世纪末相比，水利学科专业的办学点增加了将近1倍，每年的招生人数增加了将近2倍。通过专业目录调整与面向新世纪的教育教学改革，在水利学科专业的适应面有很大拓宽的同时，水利学科专业的建设也面临着新形势与新任务。

在教育部高教司的领导与组织下，从2003年到2005年，各学科教学指导委员会开展了本学科专业发展战略研究与制订专业规范的工作。在水利部人教司的支持下，水利学科教学指导委员会也组织课题组于2005年年底完成了相关的研究工作，制定了水文与水资源工程，水利水电工程，港口航道与海岸工程以及农业水利工程四个专业规范。这些专业规范较好地总结与体现了近些年来水利学科专业教育教学改革的成果，并能较好地适应不同地区、不同类型高校举办水利学科专业的共性需求与个性特色。为了便于各类港口航道与海岸工程专业学校参照专业规范组织教学，考虑到港口航道与海岸工程专业的特殊性和历史延续性，经水利学科教学指导委员会研究决定，由港口航道与海岸工程专业教学指导分委员会与人民交通出版社共同策划，组织编写出版港口航道与海岸工程专业“高等学校水利学科专业规范核心课程教材”。

核心课程是指该课程所包括的专业教育知识单元和知识点，是本专业的每个学生都必须学习、掌握的，或在一组课程中必须选择几门课程学习、掌握的，因而，核心课程教材质量对于保证水利学科各专业的教学质量具有重要的意义。为此，我们不仅提出了坚持“质量第一”的原则，还通过专业教学讨论、提出，专家咨询组审议、遴选，相关院、系认定等步骤，对核心课程教材选题及其主编、主审和教材编写大纲进行了严格把关。为了把本套教材组织好、编著好、出版好、使用好，我们还成立了高等学校水利学科专业规范核心课程教材编审委员会以及各专业教材编审分委员会，对教材编纂与使用的全过程进行组织、把关和监督。充分依靠各学科专家发挥咨询、评审、决策等作用。

本套教材第一批共规划港口航道与海岸工程专业11种，计划在2010年年底之前全部出齐。尽管已有许多人为本套教材作出了许多努力，付出了许多心血，但是，由于专业规范还在修订完善之中，参照专业规范组织教学还需要通过实践不断总结提高，加之，在新形势下如何组织好教材建设还缺乏经验，因此，这套教材一定会有各种不足与缺点，恳请使用这套教材的师生提出宝贵意见。本套教材还将出版配套的立体化教材，以利于教、便于学，更希望师生们对此提出建议。

高等学校水利学科教学指导委员会

港口航道与海岸工程专业教学指导分委员会

人民交通出版社

2008年7月

序

[illegible]

[illegible]

[illegible]

[illegible]

[illegible]

前　言

本书是在1999年出版的第三版《工程水文学》课程教材的基础上，由高等学校水利学科教学指导委员会港口航道与海岸工程专业教学指导分委员会与人民交通出版社共同策划，组织编写出版的港口航道与海岸工程专业“高等学校水利学科专业规范核心课程教材”。

本书作者长期从事港口航道与海岸工程专业的教学和研究工作，深刻理解学习和掌握好工程水文学方面的知识对港口、航道与海岸工程建设管理的重要性。因此，本书在内容上注重基础理论和基本概念，同时注重理论联系实际。其最大的特点就是，与现行的《海港水文规范》相接轨，指导工程实际应用；注重在不同情况下（具有长期资料、短期资料以及实测水文资料缺乏）各种水文要素设计值的推求原理与方法。

本书内容编排主要包括两大部分，河川水文学和海岸水文学。河川水文学主要包括河川水文基础知识、河川水文测验、水文统计基础知识、河道工程设计水位及流量推求；海岸水文学主要讲解海浪、潮汐、近岸海流等方面的基础知识与设计值的推求方法。在本书修订过程中，主要进行了以下几方面的修改：(1)更新水文、水资源数据；(2)为适应海洋测量方法与技术的迅速发展，增加了对潮位、潮流测量新方法的介绍。(3)在第八章，近岸海流增加了潮流的调和分析部分。

本书由大连理工大学邱大洪主编、河海大学薛鸿超主审。各章编写人都来自大连理工大学：第一、七、八章康海贵；第二～五章王本德；第六章孙大鹏。

本教材的编写得到了大连理工大学2011年教材建设出版基金项目的资助，在此表示感谢。

作　者

2011年4月

前　言

目　录

第一章　绪论……………………………………………………………… 1
　第一节　水文循环…………………………………………………… 1
　第二节　河川和海洋资源…………………………………………… 3
　第三节　水文学……………………………………………………… 5
　第四节　水文学的研究方法………………………………………… 6
第二章　河川水文基础知识………………………………………………… 8
　第一节　河流和流域………………………………………………… 8
　第二节　径流形成过程及其主要影响因素………………………… 12
　第三节　河川水文情势……………………………………………… 15
第三章　河川水文测验……………………………………………………… 18
　第一节　水文测站…………………………………………………… 18
　第二节　水位观测…………………………………………………… 19
　第三节　流量测验…………………………………………………… 23
　第四节　水位~流量关系曲线……………………………………… 31
第四章　水文统计基础知识………………………………………………… 37
　第一节　随机变量及其概率分布…………………………………… 37
　第二节　统计参数的估计…………………………………………… 49
　第三节　水文频率计算求矩适线法………………………………… 53
　第四节　相关分析…………………………………………………… 61
第五章　河道工程设计水位及流量推求…………………………………… 71
　第一节　设计洪水…………………………………………………… 71
　第二节　设计通航水位与设计流量推求…………………………… 76
第六章　海浪………………………………………………………………… 85
　第一节　海浪要素和分类…………………………………………… 85
　第二节　风况基础知识……………………………………………… 88
　第三节　海浪观测…………………………………………………… 101
　第四节　海浪要素统计规律………………………………………… 107
　第五节　海浪谱基础知识…………………………………………… 122
　第六节　根据海浪观测推算设计波浪……………………………… 132
　第七节　根据气象资料推算风浪尺度……………………………… 156
　第八节　波浪浅水变形……………………………………………… 182
第七章　潮汐………………………………………………………………… 214

第一节　潮汐现象及其成因……214
第二节　潮位观测与潮汐预报……225
第三节　海岸工程设计潮位推算……232
第四节　风暴潮……243
第八章　近岸海流……251
第一节　近岸海流系统及其生成原因……251
第二节　海流观测与资料分析……256
附录……262
附表 1　$P=\frac{m}{n+1}\times 100\%$ 表……262
附表 2　皮尔逊 III 型累积频率曲线的离均系数 Φ_P 值表……264
附表 3　皮尔逊 III 型累积频率曲线的模比系数 k_P 值表……268
附表 4　第 I 型极值分布律的 λ_{pn} 值表……275
附表 5　泊松—耿贝尔复合极值分布 β 值表……277
附表 6　正态概率积分表……279
附表 7　二项—对数正态复合极值分布的 x_R 值表……281
附表 8　浅水波高、波速和波长与相对水深的关系表……282
参考文献……284

第一章　绪　论

第一节　水文循环

地球上遍布着水，其准确数量较难估计，特别是海洋水量和地下潜存的水量。根据联合国2009年《世界水资源发展报告》统计数据，地球上共有积蓄水约13.86亿km^3，其中海洋水约13.38亿km^3，占96.5%，陆地水约4798万km^3，占不足3.5%，大气水约1.3万km^3，只占近0.001%。陆地水中，数量最大的是冰盖和冰川积蓄的水量，有2436万km^3，占陆地水的50.8%，其中80%位于南极地区。可供人类直接利用的河流和淡水湖泊水量仅9.31万km^3，而地下淡水量有1053万km^3，为河流和淡水湖泊水量的113倍。

存在于海洋中的水，在太阳辐射下，从其表面蒸发至大气中形成水蒸气，随着移动的气团运动，在适宜的条件下，凝结成雨云，形成雨、雪或冰雹降落到地面或海洋中。落到地面的水体，受到地心引力的作用，相当部分经过地面和表土层汇集入河流，形成地面径流；部分渗入地面以下，除少量可暂时存留在落点附近的土壤中，经蒸发和植物散发返还大气外，仍将在地下继续流动汇集至水分饱和的地下水层中，形成地下径流，也称为地下水。大量地面径流和地下径流经河川流入海洋，组成地球上的部分水体从海洋到大气再回到海洋的循环运动，这部分水体称为流动水，而这种复杂的水循环体系则称为水文循环，见图1-1。太阳是循环的总能源，而太阳辐射和地心引力则是运动的动力，循环的源与汇都是海洋。

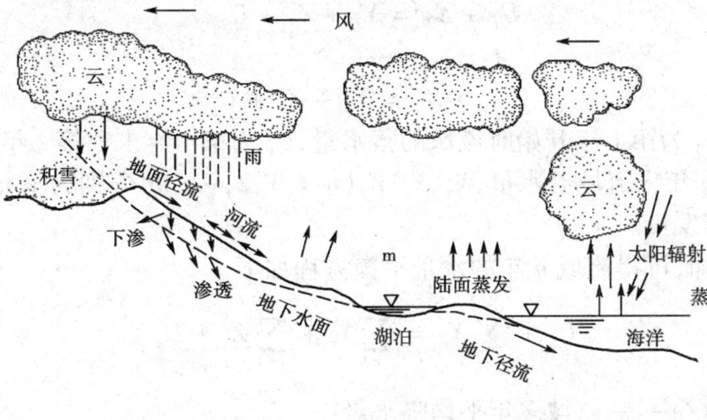

图1-1　水文循环示意图

实际上，地球上水的循环远比上述过程复杂得多：一是，上述大循环还可以包含许多小循环，例如，从陆地上蒸发的水蒸气凝结成降水后仍回落到地面上，形成的地下径流汇入湖泊或河川后也会有蒸发—降水过程。二是，循环的强度、频率因地理纬度和气候情况而不同，在局部地区的干旱时期,循环似乎处于停止状态,而洪涝时期,循环的强度和频率又显著增大。

从较长时期来看,地球上的水循环是处于相对平衡状态的。例如,海洋多年的平均水面高程基本上变化甚微,大陆上的总水量也趋于不变,只是不同年份之间有一定差别,因此可以假设,自然界水的总量是一个常值。

对于地球而言,可以写成两个等式:

海洋方面 $$Z_{oc} = X_{oc} + Y \tag{1-1}$$

陆地方面 $$Z_{con} = X_{con} - Y \tag{1-2}$$

式中:Z_{oc}、Z_{con}—— 海洋与陆地多年平均蒸发量;

X_{oc}、X_{con} ——海洋与陆地多年平均降水量;

Y——多年平均入海径流量。

合并以上两式得

$$Z_{oc} + Z_{con} = X_{oc} + X_{con} \tag{1-3}$$

此式说明,就多年平均而论,地球上的总蒸发量等于地球上的降水量。具体地说,Z_{oc} 为 $4.25 \times 10^5 km^3$,Z_{con} 为 $0.71 \times 10^5 km^3$,X_{oc} 为 $3.85 \times 10^5 km^3$,X_{con} 为 $1.11 \times 10^5 km^3$,而流入海洋的多年平均径流量 Y 为 $0.397 \times 10^5 km^3$。

对于一个闭合流域(即地面分水界与地下分水界相重合的流域),1 年中的水量平衡方程式可写为

$$X + U_1 = Y + Z + U_2 \tag{1-4}$$

式中:X ——年降水量;

Z ——年蒸发量;

Y——年径流量;

U_1、U_2 ——该流域年初和年终的蓄水量。

应用上式,在 n 年中流域内各年的水量平衡方程式可写为

$$\begin{aligned} U_0 + X_1 &= Y_1 + Z_1 + U_1 \\ U_1 + X_2 &= Y_2 + Z_2 + U_2 \\ &\cdots\cdots \\ U_{n-1} + X_n &= Y_n + Z_n + U_n \end{aligned} \tag{1-5}$$

以上各式中,U_0 为第 1 年开始时流域的蓄水量,U_1 为第 1 年末和第 2 年初流域的蓄水量,其余类推,U_n 为第 n 年末流域蓄水量,X_n、Y_n、Z_n($n = 1,2,\cdots,n$) 分别为第 n 年流域的年降水量、年径流量和年蒸发量。

把以上各式相加,可得流域 n 年的水量平衡方程如下

$$U_0 + \sum_{i=1}^{n} X_i = \sum_{i=1}^{n} Y_i + \sum_{i=1}^{n} Z_i + U_n \tag{1-6}$$

如令:$X_0 = (\sum_{i=1}^{n} X_i)/n$—— 流域多年平均降水量;

$Y_0 = (\sum_{i=1}^{n} Y_i)/n$—— 流域多年平均径流量;

$Z_0 = (\sum_{i=1}^{n} Z_i)/n$—— 流域多年平均蒸发量。

则多年的水量平衡方程可写为

$$X_0 = Y_0 + Z_0 + \frac{U_n - U_0}{n} \tag{1-7}$$

在多年平均的情况下，流域蓄水量的变化项 $(U_n - U_0)/n$ 甚小，可忽略不计，则闭合流域的最后的多年平均水量平衡方程可写为

$$X_0 = Y_0 + Z_0 \tag{1-8}$$

上式表明，对于一个闭合流域，多年（长期）的平均降水量同多年的平均径流量和蒸发量的关系处于一个平衡状态，这种水量平衡实质上是质量守恒原理的一种表现形式，水量平衡方程可广泛地应用于任何隔离水体，在水文分析计算中是一个有力的工具。

以上分析表明，在一个闭合流域内，运动的水量既然保持平衡，则该流域内的蓄水量，如单就自然元素而言，虽然会有年变化，但就长期而言，在多年内可基本保持不变。但是，由于人为因素，如过度地开采地下水，将会导致流域特性的改变从而打破其原有的平衡状态。

第二节　河川和海洋资源

在第一节的分析中可以看到，就全球的水循环而言，海洋上的蒸发量大于海洋上的降水量，而陆地上的蒸发量小于陆地上的降水量，从而形成了从陆地向海洋的径流量，这个径流量中的绝大部分是通过河流流入海洋的，就多年平均而言，它们之间是平衡的。

就一个闭合流域而言，其多年平均的降水量、径流量和蒸发量也保持相对平衡，这样可以在每一个流域中保持着一定的蓄水量。这些陆地上的动态水和静态水都是人类赖以生存的重要资源。

根据《2009 年中国统计年鉴》数据，到 2009 年止我国多年平均年径流总量为 26377.0 亿 m^3，多年平均地下水资源量为 8122.0 亿 m^3，扣除两者之间重复计算的水量 7064.7 亿 m^3 后，全国多年平均年水资源总量为 27434.3 亿 m^3。世界各国都把河川的年径流总量作为反映水资源数量的特征，我国的多年平均径流总量居世界第六位，因此，从世界范围看，我国的河川年径流总量还是比较丰富的。但由于我国人口众多，人均年占有径流量仅为 2071.1 m^3，为世界人均量的 1/4。由此可见，一方面，就人均占有量而言，我国仍然是一个水资源短缺的国家。另一方面，我国的水土资源组合也很不平衡，全国约有 45% 的国土位于降水量小于 400mm 的干旱少水地带。长江流域和长江以南地区径流量占全国总径流量的 83.4%，但国土面积只占全国的 36.5%，耕地面积约占全国的 38%，黄河、淮河、海河三大流域总径流量只占全国的6.2%，国土面积占全国的 15.1%，而耕地面积却占全国的 40%。此外，我国水资源在时间分布上变化也很大，年际和年内分配都很不均匀，最大与最小年径流量的比值，长江以南的中等河流在 5 以下，北方河流都在 10 以上。连续 4 个月径流量占年径流量的比例，长江以南及云贵高原以东地区为 60% 左右，多出现在每年的 4～7 月；长江以北为 80% 以上，海河平原高达 90%，多出现在 6～9 月；西南地区为 60%～70%，出现于 6～9 月或 7～10 月。我国水资源在南北空间分布上和年际、年内的时间分布上的极不均匀现象都是造成我国水旱灾害和农业生产不稳定的自然因素，这些特点给水资

源的利用带来许多特殊问题。

我国地形极为复杂，西南地区的青藏高原有世界屋脊之称，是世界上最高的地区，此处产生的许多自西向东的河流具有较大的落差与水能资源。由国家发改委2005年发布的《2005全国水力资源复查成果报告》，我国水力资源理论蕴藏量年发电量为60829亿kW·h，平均功率为69440万kW；可开发装机容量54164万kW，年发电量24740亿kW·h；经济可开发装机容量40180万kW，年发电量17534亿kW·h，居世界首位，可见我国有着极为丰富的水能资源，但按人口平均计算，则每人年发电量为1897kW·h，仅为当时世界平均的每人年发电量2723kW·h的69.66%。因此也可以说，相对地，我国的水能资源并不十分丰富。

我国是一个海洋大国，海岸线绵延曲折，长达18000余公里，沿海岛屿星罗棋布，有许多优良的海湾。渤海是我国的内海，面积约为7.7万km^2。我国的近海有黄海、东海和南海，管辖海域总面积300多万km^2，都是太平洋的边缘海，由此可通向世界各国，是我国富饶的海疆。在我国的海岸带和近海海域内蕴藏有各种丰富的资源。从1980年开始，我国进行了大规模的海岸带和海涂资源综合调查，历时6年，完成了这一规模巨大的考察工作。其后又进行了全国岛屿资源的调查。我国近海海域还蕴藏着丰富的石油和天然气资源。据2008年国土资源部和石油有关部门的估计，海洋石油资源量约为240亿t，天然气资源量14万亿m^3。我国的海洋能源也很丰富，海洋能通常指海水中蕴藏的可再生自然能源，主要为潮汐能、波浪能、海流能（潮流能）、海水温差能和盐差能。更广义的海洋能源还包括海洋上空的风能、海洋表面的太阳能以及生物质能等。究其原因，潮汐能和潮流能源于太阳和月亮对地球的引力变化，其他均源于太阳辐射。其中，潮汐能、潮流能和波浪能为机械能，海水温差为热能，海水盐差为密度能。我国可开发的海洋能资源极为丰富，可开发装机容量为200kW以上的潮汐能源坝址共有424处，总装机容量为2179万kW，年发电量约624亿kW·h；波浪能理论平均功率为1285万kW；潮流能130个水道的理论平均功率为1394万kW；我国的温差能资源蕴藏量大，在各类海洋能源中占居首位，主要分布在南海和台湾以东海域，据初步统计，南海温差能资源实际可利用装机容量达13.21亿~14.76亿kW；盐差能为1.1亿kW，主要集中在各大江河的出海处；近海风能资源是陆上风能资源的3倍，预计达到7.5亿kW。海洋资源的开发，传统的海洋产业如海洋渔业、海洋运输业和海水制盐业等在新中国成立后有了很大的发展；而新兴的海洋产业，如海洋石油、海水资源利用工业和海洋旅游业等也有了很快的发展，至于未来的海洋产业，如海洋能利用、海底锰结核的勘察开发等也有了良好的开端，并进行了卓有成效的工作。

港口航道与海岸工程是为开发海洋运输业服务的。新中国成立以来，在恢复原有港口的基础上，迅速新建和改建了一批港口。特别是改革开放以来，我国港口建设进入了一个新时期。《国民经济和社会发展第十一个五年计划》提出国家积极发展水路运输，完善沿海沿江港口布局，重点建设集装箱、煤炭、进口油气和铁矿石中转运输体系，扩大港口吞吐能力。改善出海航道、提高内河通行条件，建设长江黄金水道和长江三角洲、珠江三角洲高等级航道，推进江海联运。根据《2009年中国港口年鉴》数据，到2008年全国港口完成货物吞吐量70.22亿t，其中沿海港口完成44.89亿t，内河港口完成25.33亿t。10万吨级以上泊位142个，货物吞吐量超过亿吨的港口有16个。到2009止，全球前十个集装箱大港我国便占有6席，我国是世界上港口吞吐量、集装箱吞吐量增长最快的国家。在世界十大集装箱年吞吐量超过千万标箱的港口中,我国就占据了5席,港口货物吞吐量连续6年居世界第一,上海成为世界第一大港。在我国沿海港口不断发展完善的同时,我国内河航道、港口建设也取得显著增长,内河货运量持续增长,运输船舶大型化、标准化趋势明显。根据2006《全国内河航道与港口布局规划》,我国将建成高等级航道1.9万km(约占全国航道里程的15%),其中三级及以上航道14300km、四级航道4800km,分别占75%和25%。

总之,我国的河川和海洋都蕴藏着丰富的资源,有待于去综合开发和利用。所有这些水资源的开发利用,都需要进行相应的工程建设,包括河川工程和海岸及近海工程,为此需要了解和掌握这些工程环境中各方面的资料,其中水文资料和数据以及各种水文现象的成因和可能变化的预测是在进行工程建设时必须充分了解和掌握的。

第三节 水 文 学

水文学探讨的是地球上各种水体(江、河、湖、海)的存在、循环和分布,化学和物理性质以及它们对环境的影响。水文学是地球物理学的一个分支。

应用于实际工程的水文学称为工程水文学,包括有关控制或利用河川和海洋资源所建造的工程,其规划、设计、施工与运行管理所需要的水文学知识。

工程水文学的应用范围很广:水利水电、交通运输、农业灌溉、城市建设、核能利用、海上油气勘探与开发、渔业生产和环境保护等,都需要各种水文数据和资料作为工程规划、设计、施工与运行管理的依据。

就港口与航道工程专业的工程技术人员而言,必须了解和掌握建设港口和航道所需的各种水文的和自然的原始资料,其中水文资料和数据乃是十分关键的资料。

为了在河流上建设港口与航道,需要了解和掌握的有关河川水文的知识主要有:根据工程建设所在河段的河流水文特性,提供最高洪水位,设计最低通航水位、设计洪水流量等,以作为码头、船闸、引航道、跨越航道建筑物(如桥梁)、航道整治、疏浚等高程设计和渠化枢纽溢洪建筑物尺寸设计的依据;根据所在河段演变的历史状况、水沙运动特点和今后可能发展的趋势,提供有关资料和数据,作为港址选择、航道选线和码头岸线布置的依据;在综合利用水资源时,需要了解有关年径流及其在年内的分配情况,以便协调各用水部门的要求,保证航运的需要;在工程的施工、运行管理中还需要了解洪、枯水预报,以便组织施工和制订运行方案,其中水文预报本身一般是由专门的水文机构发布的。

为了在沿海建港,需要了解和掌握的海岸水文知识主要有:建港所在海岸地段及其附近海域的海浪、潮汐、近岸海流和泥沙运动的历史状况以及今后可能发展的趋势,提供设计海浪要素、各种设计水位、设计海流流速和流向、海岸演变和泥沙运动的趋势和强度等水文资料和数据,作为沿海港址选择、港口总平面布置、航道选线和设计、码头和防波堤等建筑物和构筑物设计等的依据。

进行观测、收集、掌握和整理分析本专业所涉及的河川和海岸水文资料,就是本门课程所要解决的主要任务。其内容包括:①水文现象变化规律的研究;②水文资料的测验和收集方法;③水文资料的整理、分析、统计和计算方法。

《工程水文学》课程教材共分八章:第一章绪论,第二章至第五章河川水文,第六章至第八章海岸水文。教材内容是根据教学要求和教学时数而选定的。需要说明的是:河流、河口及海岸地区的泥沙运动对港口和航道建设来说是一个需要研究的十分重要的问题,也是一种重要的水文现象。但根据1997年交通部高等学校港口及航道工程教学指导委员会的商定,有关这部分知识将在本专业的另外两门课程《河流动力学》和《海岸动力学》中讲授,因此本教材中不涉及这方面的内容。此外,有关水资源综合利用及其相应的水文知识也将在本专业或相近专业的其他课程中讲授,本教材中也未列入这方面的内容。

本教材第一章绪论,主要介绍水文循环的基本概念,我国河川和海洋资源概况,《工程水文学》课程的基本内容以及水文学研究方法的特点。第二章河川水文的基础知识,主要讲述河流和流域的特征,径流形成过程及其主要影响因素,以及河川水文情势的基本概念。第三章讲述河川水文测验的基本方法,资料的整理和分析。第四章水文统计基础知识,主要讲述有关水文资料,作为一种随机变量,如何进行统计和分析,以便得出可供工程应用的水文频率计算和进行相关分析的方法。第五章讲述推求设计洪水、设计通航水位和设计流量的方法。第六章海浪,主要讲述海浪结构的特征,其要素的统计规律及有关海浪谱的基础知识,重点在如何根据观测资料来推断工程设计所需要的海浪尺度,以及深水波浪进入浅水后的变化。第七章潮汐,主要讲述潮位的变化规律,对其变化进行量的统计和推求,并简单地介绍风暴潮的成因和推算方法。第八章扼要讲述近岸海流的基础知识及其观测分析方法。

第四节　水文学的研究方法

水文现象是一种物理现象。水文现象及其影响因素之间存在着一定的确定性关系,可以用数学物理方法来研究水文问题。这种方法在水文学中称为成因方法,这是本专业技术人员在学习物理学和力学等课程中常用的和熟悉的方法。

但是,水文现象是一个在各种因素综合作用下不断变化的过程,而各种因素的出现和组合都存在着一定的偶然性,如果全凭成因方法去研究它,往往无法用严格的数学物理方法得到确定的结果,这种带有偶然性的水文现象,在水文学中称为随机现象。

此外,人们对于这种水文随机现象的了解总是存在着时间上和空间上的局限性,而且我们的任务不仅是要从它的历史发展过程中去发现它变化的规律性,更重要的是要推断其未来可能的发展进程,以便给工程建设提供可靠的科学依据。例如,河流的最高洪水位就是一个非常复杂的水文现象,它受到河流洪水、河槽冲淤的影响,而洪水又受到暴雨的影响,暴雨又受到天气系统,如气温、气压、湿度等要素的控制,这样众多的因素,常常无法用成因方法去预测未来若干年内可能出现的最高水位和最大洪水。又如,海浪也是一个十分复杂的水文因素,它的起因主要是由风场引起的,而风场在时间上和空间上的变化与其他的气候系统的变化又密切相关,海浪在风的作用下的发生、发展以及传播还受到水深、海岸形态、海底土质等地理、地貌、地质因素的影响,也无法完全用成因方法去预测某一海域在未来若干年内可能出现的最大海浪及其分布特征。

在认识和掌握这些随机现象的规律以及预测其未来的发展进程时,通常需要应用概率论和数理统计方法来进行研究,这是水文学中广泛使用的方法。学习本课程时应当予以充分的重视。

必须指出,成因方法和数理统计方法在水文学的研究中各有各的用途,是相辅相成的,不应互相排斥。由于学习《工程水文学》的目的是要了解水文现象的历史和预测其未来,因此必须充分认识到现场调查和收集积累资料的意义,以及运用历史唯物主义和辩证唯物主义的观点对资料进行分析处理的重要性。在这方面,我们要学会运用"实践、认识、再实践、再认识"这一认识客观世界的规律,去收集、整理、分析和统计各种水文现象,以便使我们的估算比较切合实际,尽量减少它与实际可能性之间的差异,从而作出比较正确的推断。这一点必须在教学中予以强调。

第二章　河川水文基础知识

第一节　河流和流域

一、河流

1. 河流的形成和分段

降水扣除损失以后剩余的水体，在重力作用下，经地面与地下沿着一定方向和路径流动，最初水流侵蚀地面，冲成沟壑，形成小溪。许多小溪汇集成小河，河水流经的谷地称为河谷，河谷底部有水流的部分称为河床，河水在顺流而下的过程中，不断切割和冲刷河床，并向两侧侵蚀，使河床逐渐扩大。若干小河又汇合成为大的江河，最后流入海洋或内陆湖泊。

这些脉络相通的大小河流所构成的系统，称为水系（或河系）。水系中直接流入海洋或湖泊的河流部分称为干流。汇入干流的河流叫做一级支流；汇入一级支流的河流叫做干流的二级支流，等等。水系通常用干流的名称来称呼它，如长江、黄河、珠江、黑龙江水系等。

一般天然河流，按照河谷和河床情况，冲淤程度，水情变化等特点，分为河源、上游、中游、下游和河口五段。

河源是河流最初具有水流的地方，它可能是溪涧、泉水、冰川、湖泊或沼泽等。

上游是紧接河源的河流上段，多处于深山峡谷中，坡陡流急，河谷下切强烈，流量小而水位涨落急剧，常有急滩或瀑布，河底纵断面多呈阶梯形。

中游是河流的中间段，两岸多丘陵，常有滩地，河床坡度较平缓，冲淤不明显。

下游是河流的下段，一般处于平原区，河槽宽阔，流量大，流速小，坡底缓，淤积明显，浅滩和河湾较多。

河口是河流流入海洋或湖泊的河段。有的河流消失在沙漠里，称为瞎尾河，即没有河口。一般河口流路突然扩大，流速锐减，泥沙大量沉积，形成沙洲或拦门沙浅滩。

2. 河流的基本特征

河流的基本特征，一般用河流断面、河流长度及河流比降来描述。

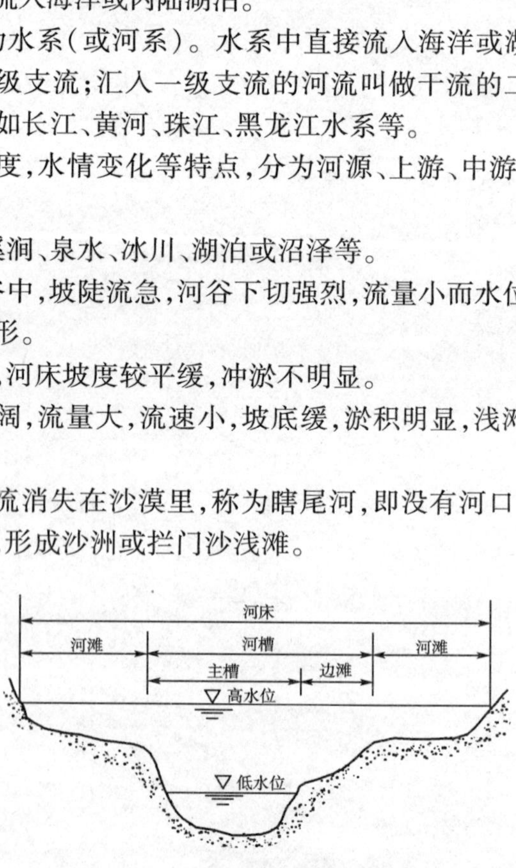

图 2-1　河流横断面的一般形状

（1）河流断面。河流断面有横断面和纵断面。垂直于水流方向的断面称为河流横断面，其一般形状如图 2-1 所示。横断面内，自由水面用某一水准基面的高程标定，称为水位。水位变化时，断面面积随着变化，通常过水断面能反映其径流量大小；而遭遇设计标准洪水（或可能最大洪水）时的过水断面称为大断面。高水位以下的河床划分为河槽与河滩两部分。河槽是泄洪与输沙的主要通道；河槽中沿两岸较高的、可移动的泥沙堆积体称河滩或边滩，中部经常行水的称为主槽。河滩只有汛期时才有水流，无明显的底沙运动。只有河槽而无河滩的断面称为单式断面，有河槽又有河滩的断面称为复式断面。

河流中沿水流方向各横断面最大水深点的连线，称为中泓线或谿线，沿河流中泓线的断面称为河流纵断面。它描述河床的沿程变化，见图2-2。由于水流与河床的相互作用，河流的纵、横断面都是随时间变化的。通常，纵断面下游不断淤高，上游则被刷深；横断面左右则常处于冲淤交替的过程中。河流断面的发展变化主要决定于河槽所在地区地质、地形、河槽组成物质和水流等情况。

（2）河流长度。从河源到河口的距离称为河流长度。近似的河流长度，可依据实测河道地形图，沿着中泓线，用分规或其他方法，直接量得，但常比实际值小，因为地形图不能反映河道较小的弯道变化，故需做修正。

（3）河流比降。单位长度河段的落差称为该河段的比降。河流比降有水面比降与河底比降。某一河段的比降可按下式计算

$$i = (H_2 - H_1)/l = \Delta H/l \tag{2-1}$$

式中：i——河底或水面比降，以百分率（%）或千分率（‰）表示；

H_1、H_2——河段下游端和上游端水面或河底的高程，m；

l——河段长度，m；

ΔH——水面或河底落差，m。

河流比降受很多因素的影响，变化很大；河口附近的比降受泥沙淤积、潮水倒灌或大河大江顶托的影响，变化更大，有时会出现负值；河槽受河水侵蚀刷深，比降越变越缓，但终归不会低于海平面。河底比降相对于水面比降较稳定，水面比降还将随不同的水位而变化。河流比降一般自河源向河口逐渐减小，沿程河段的比降都不相同，参见图2-2。

3. 山区与平原河流的一般特性

根据河流流经的地形特点，一般分为山区河流和平原河流两大类。对于较大的河流，上游段多属山区河流，下游段则为平原河流，而中游段常兼有两类河流的特性，是过渡性河段，称为山前区、半山区河流。对于较小河流，各段可能都属于山区河流或平原河流。

（1）山区河流。流经地势高峻、地形复杂的山区。受水流不断地纵向切割和横向拓宽，河谷断面形成为发育不完全的V字形或U字形，见图2-3，断面狭窄，坡面呈直线形或曲线形。

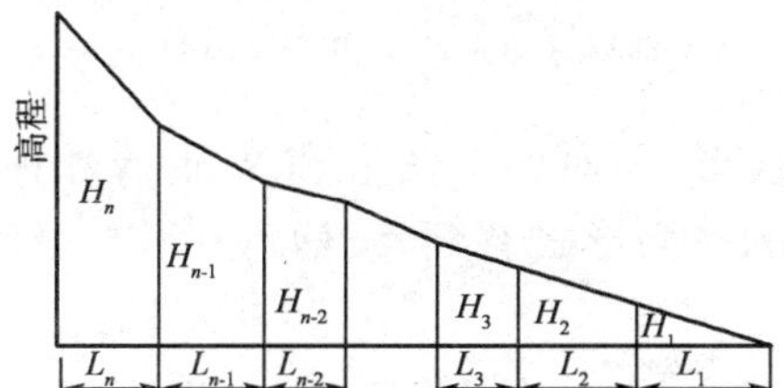

图2-2　河流纵断面图

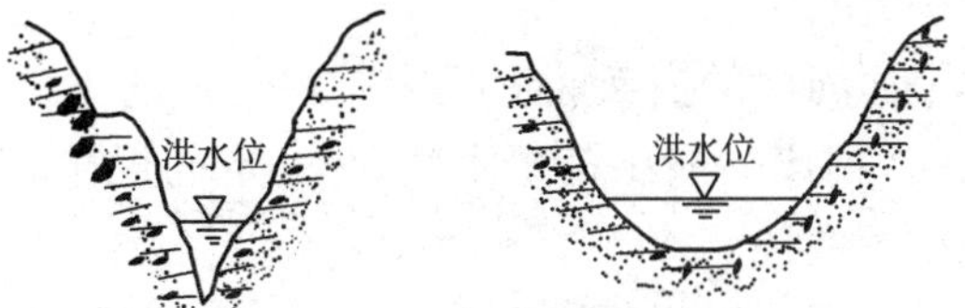

图2-3　山区河流河谷示意图

a）V字形；b）U字形

山区河流沿程多为峡谷段与开阔段相间，平面形态非常复杂，两岸与河心常有巨石突出，急弯、卡口到处可见。纵断面陡峻，急滩、深潭上下交错，常呈台阶状。

由于山区河流坡面陡峻，岩石裸露，洪水汇流时间短，暴涨暴落，水位变幅极大，往往一昼夜上涨达 10m 之多；丰、枯流量比也很大。

山区河流的比降大，多在 1‰以上，而且沿程变化较大。落差多集中于局部河段，某些河段的流速可高达 6 ~ 8m/s。水流流态紊乱，回流、旋涡、跌水和水跃交替出现，很不利于航运。

山区河流的河床多由基岩、乱石或卵石组成，冲刷变形缓慢，河床比较稳定，但易受地震、山崩、滑坡、泥石流等的影响，河道可能突然被堵塞。

(2)平原河流。流经地势平坦的平原地区。河流形成过程主要表现为水流对挟带物质的堆积作用，形成数十米至数百米深厚的冲积层。自下而上各层为卵石、沙夹卵石、粗沙、中沙和细沙，枯水位以上的河滩表层则为粘土、粘壤土。最深层的卵石多为冰川期河水量较大、海平面较低时的堆积物；而沙层则为近代水量较小、海平面较高时的堆积物。

平原河流的河谷多为发育完全的河漫滩形态，见图 2-4。谷坡平缓，河漫滩宽阔。河漫滩在洪水期时被水流淹没，在枯水期时则露出水面。由于河漫滩的土质松软，随着主河槽的摆动或河流的改道，一处河漫滩逐渐被水流冲刷掉，而另一处则生成新河漫滩。

在平原河道的主河槽中，由于水流和河床的相互作用，往往形成各种淤积体，见图2-5。紧靠河岸枯水时裸露在外的沙滩称为边滩；连接上下边滩的水下沙梗称为浅滩；位于江心的较高与较低的沙滩分别叫作江心洲与江心滩；沙滩中比较狭长且与水流斜交的称为沙嘴。这些淤积体总称沙丘，它们在水流作用下处于不断地运动、变化和发展的状态之中，造成河床形态的持续变化。

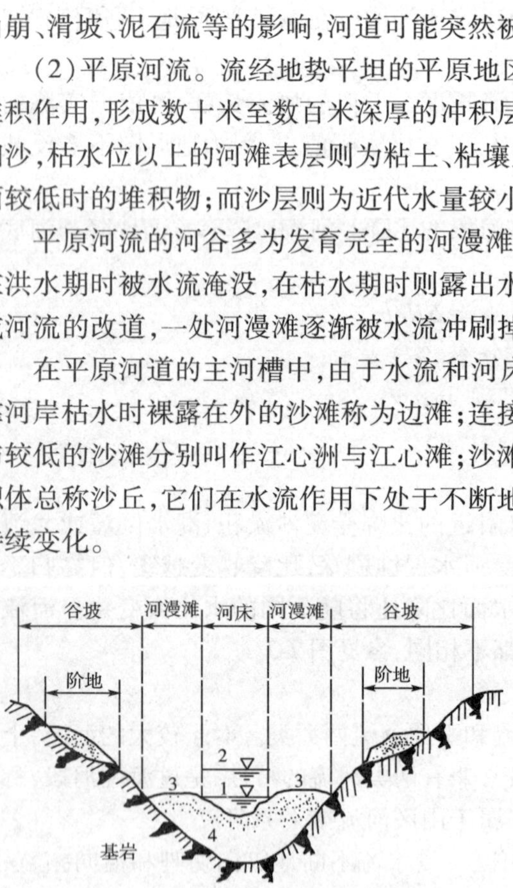

图 2-4　平原河流河谷河漫滩示意图

1-枯水位；2-洪水位；3-滩唇；4-冲积层

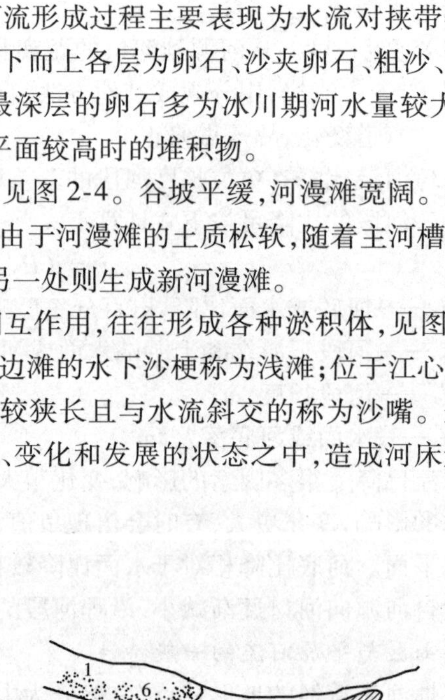

图 2-5　河流主槽中各种成形淤积体

1-边滩；2-浅滩；3-深槽；4-江心滩；5-江心洲；6-沙嘴

平原河流的横断面形状依所在位置的不同有抛物线形、不对称三角形和 W 形等数种，见图 2-6。河床一般比较宽而浅，有一定的规律。其河道的平面形式有顺直、微弯、蜿蜒、分汊和游荡型等数种。

平原河流由于河床纵坡平缓，水流通畅，水面比降较小，平均在 0.1‰ ~ 1‰以下，加之河槽宽阔、流速较小(小于 2 ~ 3m/s)，所以水流较平顺。

平原河流流经地势缓坦的平原区，汇流时间较长，洪水涨落较平缓，持续时间长，洪枯流量比值小。水位变幅亦较小，一般小于 10m。

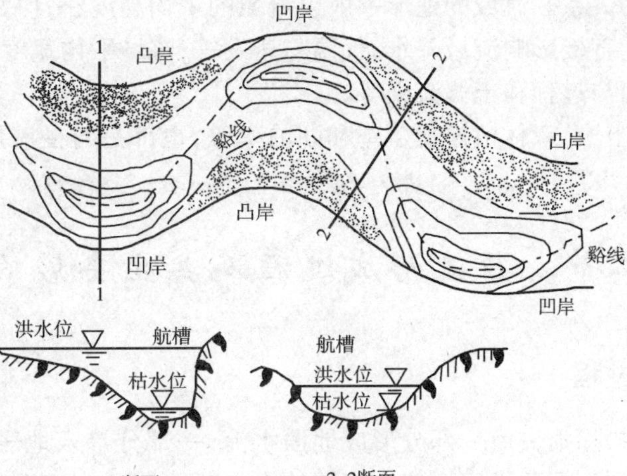

图 2-6　蜿蜒性河道平面状况及横断面图

二、流域

1. 流域、分水线与流域面积

降水落到地面形成的径流，被高地、山岭分隔而汇集到不同的河流中，汇集水流的同一区域称为某河流的流域。概括地说，流域就是河流的集水区域。

分隔水流的高地、山岭的山脊线，就是相邻流域的分界线，称分水线（或分水岭）。汇入河流的地面水和地下水往往具有不同的分水线。地面分水线和地下分水线相重合的流域，叫做闭合流域；地面与地下分水线不重合的流域叫做非闭合流域。

应指出，流域和出口断面是一一对应的。流域的分水线和出口断面所包围的面积，称为流域面积，或称集水面积。其单位为 km^2。中小流域面积一般根据实测地形图用求积仪或数方格的方法求出，大江河流域的河长与面积可依据分辨率高的卫星遥感影像图，通过计算机处理推求。

2. 流域特征

流域是河水补给的源地，流域的特征直接影响河川径流的形成和变化过程。流域的特征一般分为两类，即几何与自然地理特征。

（1）几何特征。主要指流域面积和流域形状。流域面积大小直接影响汇集的水量多寡和径流的形成过程。若自然地理条件相同，流域面积越大，径流量就越大，对径流变化的调节作用也越大，因而洪水涨落比较平缓；反之亦然。流域形状主要影响径流汇集时间长短和径流的过程状态。如流域狭长而呈羽形（图 2-7a），其出口断面洪峰流量小，径流过程历时长、变化小；若流域宽阔呈扇形（图 2-7b），则出口断面洪峰流量大，径流过程历时短，变化大。

（2）自然地理特征。主要是流域的地理位置和地形。地理位置一般以流域中心和周界的经纬度来表示，因为一切水文特征、气象特征，如降雨、蒸发和径流深等

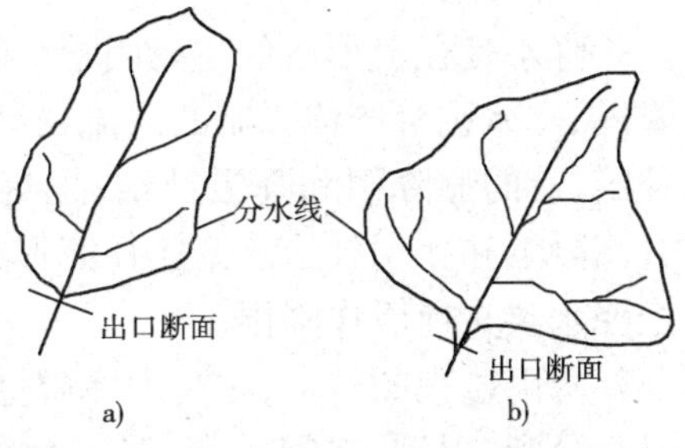

图 2-7　流域形状示意图

都与地理位置有密切关系。流域的地形一般以流域的平均高度、平均宽度和平均坡度表示，这是由于流域平均高度直接影响流域降水，气温与蒸发等；流域平均宽度和平均坡度影响径流的产量、下渗、汇流时间与过程和土壤流失等。

流域内的地质、土壤、森林植被覆盖率和湖泊率等，也都是与径流形成过程有关的自然地理特征。

第二节　径流形成过程及其主要影响因素

一、径流形成过程

流域内的降水，扣除损失后一部分形成地面水流，一部分渗入地表土壤，在含水层内形成地下水流，两者汇集到河网并沿河槽流出流域的出口断面，这种水流称为径流。由降水开始到水流流经流域出口断面的全部物理过程，称为径流形成过程。它是大气降水、蒸发和流域自然地理条件综合作用的过程。由于大气降水、蒸发的多变性和流域自然地理条件的多样性，使径流形成过程十分复杂。为了初步阐明径流形成现象的概念，有利于分析研究，可将其形成物理过程概化为四个阶段，即降水过程、流域蓄渗过程、坡面漫流过程和河槽集流过程。流域蓄渗过程俗称产流过程；坡面漫流和河槽集流过程统称汇流过程。图 2-8 与图 2-9 为径流形成过程和汇流过程示意图。

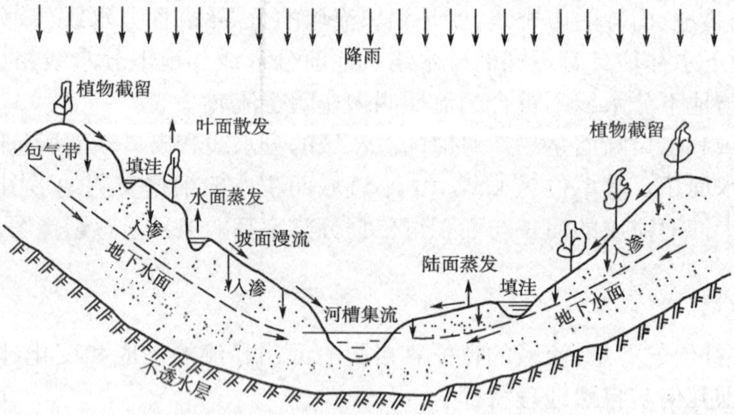

图 2-8　径流形成过程示意图

1. 降水过程

降水是径流形成的主要因素。降水是降雨、降雪、降冰雹等统称。有的河流径流主要靠降雨补给；有的靠降雨和降雪补给；也有主要靠气温升高融雪和冰川补给。论述径流形成概念时，常把降水狭义地看作降雨。

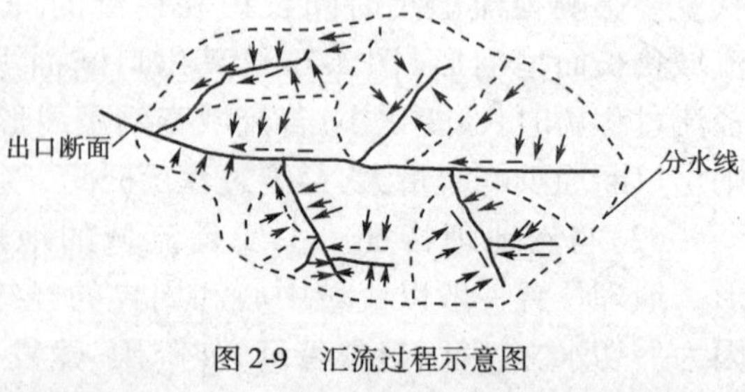

图 2-9　汇流过程示意图

降雨过程的特征，主要由降雨量、降雨强度、时程分配、雨型、空间分布、笼罩面积、暴雨中心位置和暴雨移动路径等物理量描述。

实际上，降雨过程中的各特征物理量变化都各不相同，因而径流过程的特征变化亦有差异，所以降雨过程常是径流形成过程的重要环节。

2. 流域蓄渗过程

降雨开始时，除直接降落于河槽水面上的雨水外，绝大部分落在流域地表，并不立即形成径流。首先，雨水被流域内生长的树木、杂草及农作物的茎叶截留一部分，称植物截留。然后，落到地面上的雨水，部分渗入土壤，称为入渗；单位时间内的入渗量称为入渗强度。降雨开始时入渗较快，若降雨强度大于入渗强度，超过入渗强度的雨，称超渗雨，它将产生地面水流动；随着降雨量的不断增加，土壤中的含水量逐渐趋于饱和，入渗强度减小，达到一个稳定值，称为稳定入渗；另外，还有一部分雨水被蓄留在坡面的坑洼里，称为填洼。

植物截留、入渗和填洼的整个过程，称为流域蓄渗过程；这部分雨水不产生地面径流，对降雨径流而言，称为损失，扣除损失后剩余的雨量，称为净雨。所谓的产流过程，就是由降雨扣除损失求净雨的过程。

3. 坡面漫流过程

流域蓄渗过程完成以后，剩余雨水沿着坡面流动，称为坡面漫流。流域内各处坡面漫流的起始时间是不一致的。由局部区域的坡面漫流，逐渐增多形成全流域坡面漫流。若降雨历时短，或局部暴雨，则很难形成全流域坡面漫流。客观上，坡面漫流的过程也有入渗、降雨和蒸发过程伴随着，这是一个复杂的过程。

4. 河槽集流过程

坡面漫流的雨水汇入河槽后，顺着河道由小沟到支流，由支流到干流，最后达到流域出口断面，这个过程称为河槽集流。汇入河槽的水流，一方面继续沿河槽迅速向下流动，另一方面也使河槽内的水量增多，水位亦随之上升；河槽容蓄的这部分水量，在雨止和坡面漫流结束后才缓慢地流向下游，使流域出口断面的过流量变得平缓，历时延长，从而起到河槽对洪水的调蓄作用。另外，入渗到土壤饱和层形成的地下水流，经地下水库调蓄汇集到河槽的历时将更长，通常与下一次降雨形成的径流衔接。

可见，所谓的汇流过程，就是净雨经坡面、地下水库和河槽调蓄，在时程上再分配的过程。

还应指出，降雨、蓄渗、坡面漫流和河槽集流，是从降雨开始到出口断面产生径流所经历的全部过程，它们在时间上并没有明显的分界，而是交错进行的。

二、影响径流的主要因素

从径流的形成过程来分析，影响径流的主要因素是气象气候因素、下垫面因素和人类活动因素。

1. 气象气候因素

气象气候因素中的降水（雨、雪）和蒸发是影响径流的最重要因素。

（1）降雨。空气中的水汽随气流上升，绝热膨胀冷却而凝结成水滴降落到地面上，形成降雨。一般根据水汽上升的原因分成四类，即①气旋雨，是气旋（即低气压）过境带来的雨；②对流雨，是地面受热，使下层湿空气上升冷却凝结的雨；③地形雨，是暖湿空气遇到高山阻挡被抬升凝结成的雨；④台风雨，是台风过境或边缘影响带来的雨。

不同的降雨类型，其降雨特征是有差异的，即降雨量，降雨强度，降雨时、空分布，降雨历时等不相同，对径流的形成影响程度是不一样的。如台风雨，降雨量大，强度大，波及面也广，产生的洪水过程是峰高、量大。又如地形雨，通常降雨量自山脚往山上逐渐增大，因此形成的洪水过程属峰高且偏后类型。又如对流雨，多雷阵雨天气，降雨强度虽然大，但历时短、范围小，所以形成峰高量小，陡涨陡落类型的洪水过程。再如气旋雨，通常历时较长、范围较大，若降雨走向是自流域下游往上游，则形成的洪水过程属起涨早、峰低、过程较胖类型；若降雨走向是自流域上游往下游移动，则形成的洪水过程属起涨晚、峰高偏后类型。有时较长历时的降雨过程是由两种天气类型的降雨组合成的，这种洪水过程量大、历时长，且属双峰型。

可见降雨因素不仅是径流形成的重要影响因素，而且是影响径流形成全过程的因素。

(2)蒸发。是水由液体状态变成气态的物理过程。流域总蒸发是由水面(湖、洼池、河槽和库水面)蒸发、陆面蒸发和植物散发组成。植物截留、填洼及渗入土壤包气带的前期降雨量称为损失量，是通过蒸、散发消耗掉的。若这部分量蒸发消耗的少，则下次降雨损失量就小点，相应产流量大些；反之则下次降雨损失加大，产流量减少。中国湿润地区年蒸发量占年降水量的30% ~50%，干旱地区达80% ~95%，其余部分才形成径流。可见蒸发是影响径流形成的又一重要因素，它主要影响径流的产流过程。

2. 下垫面因素

下垫面因素主要包括地形、土壤、地质、植被、湖沼和流域形态等。这些因子，一方面直接影响径流的大小和过程；另一方面通过气象气候因素间接影响径流。

(1)地形。流域地形特征，如地面高程、坡度、切割程度等，直接影响汇流过程。地势越陡，切割越深，坡面漫流和河槽集流速度越高，汇流时间越短，降雨损失小，流量过程线形状比较尖瘦，反之则较平缓。另外，随地面高程的增加，年平均降雨也增加；但气温却下降，因而蒸发量减小。综合效应使径流量随高程的增加而增加。

(2)土壤和地质。土壤的物理性质，含水量和岩层分层，倾斜情况，透水岩层的厚薄，储存地下水的地质条件等因素，明显地影响着流域降雨的入渗过程。在深厚的风化壳和第四纪疏松堆积物的地表，由于透水性强，一部分雨水入渗补给地下水，再经地下水库调蓄源源不断地补给河槽，从而减缓了河川径流的变化。土壤层深厚的黄土高原，入渗雨水几乎很少形成地下水或回补给河槽。岩溶地貌分布区，能使大量的降雨和地面径流转入地下，常出现地面及地下分水线不重叠。

(3)植被与湖沼。植被的截留雨水作用，减少了径流量，但是，它可增加地面糙度、改变土壤结构，具有高度持水性，有利于入渗，减缓坡面漫流速度，使河川径流获得良好的调节作用。湖沼一方面有流域蓄水量调节作用，影响径流的变化，另一方面因增加了流域蓄水面积，从而增加了蒸发量，减少了总径流量。

(4)流域形状和面积。这是两个影响径流形成过程的重要因子。流域面积大，径流总量大，其中地下径流量相应增多，使得径流过程较稳定。流域形状若是羽型或窄长型，则流域汇流历时长，过程线较平缓；若是扇型流域，各支流几乎同时汇入出口断面，故洪水过程线陡峻，汇流历时短。

上述的下垫面诸影响因子，有的影响径流形成的全过程，有的只影响一、两个阶段。

3. 人类活动对径流的影响

人类活动对径流的影响主要归纳为三类，即农业、林牧业和水利措施。

(1)农业措施。主要有坡地改梯田、旱田改水田、深耕密植等。起到拦截径流与泥沙作用，使下渗和蒸发增大，减少了径流。

(2)林牧业措施。主要是种草种树，增加植被覆盖率，使泥沙流失量减少，使下渗和蒸发增大，减缓坡面漫流速度，使流域汇流过程缓慢，即增加了调节能力。

(3)水利措施。包括谷坊、灌渠、塘堰和大、中、小型水库以及跨流域引水工程等，主要对径流期调蓄作用，改变汇流过程。

另外，随国民经济、人口增长，较大流域内城市化水平变化亦属人类活动范畴，其硬覆盖、引排水增加等，也在改变着产、汇流特征。

上述人类活动诸影响因子，基本上只影响径流形成过程的一、两个阶段。

第三节　河川水文情势

一、河川水文情势

河川水文要素，如水位、流量、泥沙和冰情等多年的一般变化情况，称为河川水文情势。它是流域气候、自然地理条件、下垫面特征及人类活动等因素综合作用的结果。通过分析大量河川径流资料可看出，河川水文情势的主要特点是不重复性、地区性、周期性和模糊性。

1. 不重复性

河川的流量，水位或泥沙过程随时随地都在变化着。同一测站，年与年之间的过程是不一样的，不同测站的过程差异更大，上游站的流量过程与下游站的流量过程没有重合的。这是因为，影响气候和水文要素的因子非常多，现象很复杂，经过多种因素的综合作用，各年径流情势就不可能完全相同。这种性质称为不重复性，可用多因子综合分析法寻求此特性。另外，同一测站有的年份汛期来得早，流量大，泥沙量多；有的年份汛期来得迟，流量偏小，泥沙也少。即某年汛期何时到来，洪峰多大，含泥沙多少，最高水位能达到多高等事先都不知道，这种不重复性亦称随机性，其特性通常用数理统计方法进行分析。

2. 地区性

由于各地区都有气候条件、自然地理和流域下垫面特征，因此反映在水文情势上就有明显的地区性。例如中国南方多雨，河流汛期早，地下水位高，植被覆盖率高，通常洪水量大，涨水较缓，退水历时较长；中国北方少雨，汛期较迟，地下水埋藏深，植被覆盖率低，通常洪水量小，涨水、退水都很快；西北地区一些靠融雪补给的河流，径流变化与温度关系密切；山区小河流多暴涨暴落，平原大河流涨落比较平缓。同一地区或流域水文气象自然地理特征相似的河流，或同一河流的上下游站，水文情势又有相似之处。由于水文情势具有地区性，因此当存在同一地区气候条件及其特性相似的流域时，便有可能借助水文比拟法或地区经验公式与图表，去解决缺乏资料站的水文情势问题。

3. 周期性

所谓的“周期”性，是指河川径流水文情势的变化特征经过一定的时间间隔再现的特性。通常水文情势都有明显的以1年为“周期”的循环性，因为影响水文的因素中，气候因素的变化是以年为周期，地球绕太阳旋转1年有春、夏、秋、冬四季之分，各季有其特殊的气候条件。例如中国长江流域夏季气温高，雨量充沛；冬季气温低，雨量稀少，年年如此；松花江流域，春季融雪形成一次春汛，夏季暴雨又形成夏汛，这种周期，长期以来没有本质的变化。因此可利用这个性质来推求和预估1年内水文情势变化的一般情况和可能情况。

4. 模糊性

河川水文情势的变化还存在明显的“中间过渡”性，即从一种水文情势过渡到另一种情势的特性，亦称模糊性。如非汛期到汛期中间有一个过渡时期，此期间任何1天，既属于非汛期，又属于汛期，但是隶属程度不同。在中国的北方江河，越接近7、8月，属于汛期的程度大，而属于非汛期的程度小些。反之，越接近1、2月，属于非汛期的程度大，而属于汛期的程度很小。通常称汛期或非汛期属模糊概念，可用模糊集合论来描述它。丰水年或枯水年亦属模糊概念等。

二、径流的度量单位

为了说明某一地区某一时段内径流的大小和便于比较，在研究和计算时常用下列度量单位：

1. 流量(Q)

流量指单位时间内流过断面的水体体积，常用单位为m^3/s。把瞬时流量按时间求平均值，可得到某时段的平均流量，如日、旬、月平均流量，年平均流量和多年平均流量等。

2. 径流总量(W)

径流总量指某时段T内流过断面的总径流体积，常用单位为m^3、亿m^3或km^3等。

3. 径流深(y)

径流深是径流总量平均分布在流域上的水深，常用单位为mm。

如计算时段长T(s)，时段平均流量Q(m^3/s)，流域面积为F(km^2)的径流总量为W(m^3)和径流深为y(mm)，则计算式为

$$W = Q \cdot T \tag{2-2}$$

$$y = \frac{Q \cdot T}{F \times 10^6} \times 10^3 = \frac{Q \cdot T}{1000F} \quad (\text{mm}) \tag{2-3}$$

4. 径流模数(M)

径流模数是单位流域面积上所“产生”的“流量”，常用单位为$L/s \cdot km^2$，L为升($0.001m^3$)，计算式为

$$M = \frac{Q}{F} \times 10^3 \quad (L/s \cdot km^2) \tag{2-4}$$

时段T内平均径流模数与总径流深关系为

$$y = \frac{M \cdot T}{10^6} \quad (\text{mm}) \tag{2-5}$$

年径流深

$$y_{年} = \frac{365 \times 86400}{10^6} M = 31.64M \qquad (\mathrm{mm})$$

5. 径流系数（α）

径流系数是某时段降雨量 x（mm）所形成的径流深 y 的比例数，以小于 1 的数或百分数表示，其计算式为

$$\alpha = \frac{y}{x} \tag{2-6}$$

因为降落到流域上的雨水总有损失，所以 α 一般只能小于 1。

第三章　河川水文测验

第一节　水 文 测 站

一、水文站的分类

水文资料是水文分析、计算和预报的基础。大部分水文资料是通过水文测站取得的，并每年整编后，以数据库的形式存储在水文勘测部门计算机内，可随时调用，或以《水文年鉴》的形式刊印成册。

水文站按设站的目的和性质可分为三类。

1. 基本站

基本站是国家水文部门在全国大中河流上统一布设和分级管理的永久性水文站，它按照《水文测验技术规范》的要求，长期地、系统地进行水位、流量、泥沙、降水和蒸发等项目观测，整编和存储，以满足各有关部门的综合需要。

2. 实验站

实验站是根据特定的实验研究任务而设定的站，如径流实验站、河床演变实验站、河口实验站和水库蒸发实验站等。

3. 专用站

专用站是为专门目的或特定工程的需要而设立的站，如港航勘测中临时布设的水文站；水库与水电站施工期临时水文站；水库洪水预报专门设置的降雨自动测报站等。

基本站因观测项目不同，又分为流量站、水位站、雨量站和泥沙站等。

二、测站的布设

测站的布设包括测验河段的选择和测站上布设的内容。

1. 测验河段的选择

建立水文测站之前，要先选择测验河段，它选择的恰当与否对测验工作影响很大，选择测验河段的原则在《水文测验试行规范》中有明确规定。测站河段应符合两个条件：①必须满足设站的目的和要求；②在保证成果具有必要精度的前提下，有利于简化资料整理工作。具体说，就是要尽可能使所选测验河段的水位流量关系曲线成为单一式的，从而可根据观测的水位较容易推求流量，减轻测验工作。根据水力学的原理可知，过水断面积、糙率、水力半径及水面比降是影响河段流量的主要因素。因此，在平原河流上，所选测验河段应尽可能顺直匀整，河段长不小于河宽的3～5倍，才能保证比降的一致；河岸及河床应尽量稳定、不易滋长水草；应不受下游干流支流汇入或湖泊等引起回水因素的变动影响。在山区河流上，所选测验河段应尽量避开石梁、急滩、卡口和乱石阻塞的影响，选择在河道顺直匀整，流态稳定的河段。

2. 基本水文站的布设

在基本水文测站上，主要是测水位、流量、泥沙、降水与蒸发等项资料。为此，通常在测站上设置水准点、水尺、测流断面及基线，建立各种测量标志，配置必要的仪器、工具，测量河段地形，填写测站考证簿等。

(1)布设基线和基本测流断面。通常在测站所选河段中部某位置处布设基本测流断面，使其垂直于断面平均流向，见图 3-1。然后在河岸上布设与基本测流断面相垂直的基线，基线的长度，应使基本测流断面上最远点的仪器与断面的夹角$\alpha > 30°$。

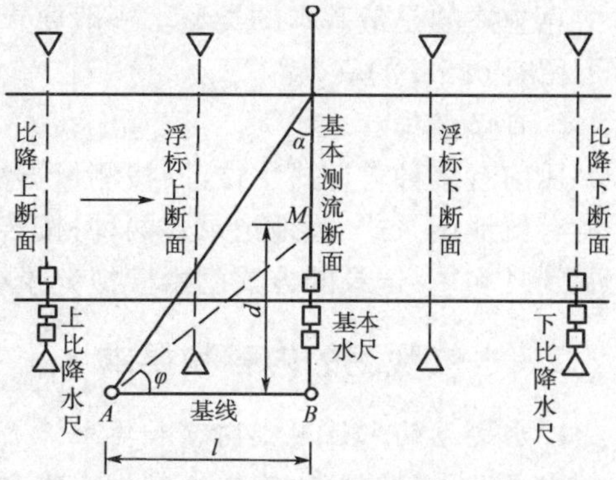

图 3-1　测站布设示意图

(2)布设浮标测流断面和比降断面。浮标断面包括上、中、下浮标断面，中断面与基本测流断面重合，上、下浮标断面间距一般不小于断面最大平均流速乘 50 ~ 80s。

比降观测的目的，是便于用流量资料来计算河道的糙率。比降断面设在基本测流断面的上、下游，要求两断面间的河段要顺直，断面形状基本一致，河底坡度和水面比降不应有明显的转折，两断面的间距应使测得的比降误差小于 15%，具体计算方法可参照规范。

(3)设立水准基点及水尺。水准基点是测定水文站建筑和水尺高程的主要依据。应设在测站附近，基础稳固，在最高洪水位以上，以免受淹。

为了观测河段的水位变化，需在基本测流断面上设立基本水尺；为观测水面比降，还需在上、下比降断面设立水尺。

(4)仪器及工具设置。主要是测船或自动观测缆车，流速仪，自动计算微机和控制设备；另外还设置测降水和蒸发的设备。

(5)其他。应进行河段地形（包括水下地形）、河道纵、横断面测量；绘制河段的水面流速和流向图等。

3. 港航勘测中临时水文测站布设

在进行航运开发过程中，为了借用距工程较远的基本水文站资料，常常需要设立临时水文站，进行短期必需的水文观测，为相关分析准备资料。

设立这类临时水文站的要求是：①测站必须设立在工程所在的位置；②测站布设内容，应与工程要求的观测目标一致。一般以水位观测为主，或观测水面比降和水面流向。当临时测站距基本水文站较远，或在基本水文站与工程所在处之间有较大支流汇入时，需测验水位与流量，建立水位 ~ 流量关系。

第二节　水位观测

一、水位观测设备及其布置

河川水位观测，主要指河流、水电站水库、闸坝、湖泊、港口码头等水位观测。目前，观测水位的设备主要是水尺和自记水位计。

1. 水尺

水尺是最简便、最可靠的水位观测装置。常用的水尺有直立式、倾斜式和矮桩式等数种。其中直立式的是最基本的类型。一般要求水尺安装都能够测得最高洪水位和最低洪水位，且上下留有0.5m的富余。

2. 自记水位计

目前有多种自记式水位计，按测量方法分类有机械式、电容式、超声波式三种；按传递距离分类有就地记录式、远地记录式两种；按传递方式分类有无线和有线两种。记录的周期已由日发展到月和季；记录的方式已由模拟记录纸发展到计算机存储、显示或打印。

二、水位观测的内容和要求

1. 水文站的水位观测内容和要求

水文站水位观测内容包括基本水尺和比降水尺的水位，具体要求是：

(1)观测时段要求。一般是每日08时和20时各观测一次，称二段制观测；枯水期每日08时观测一次；汛期水位变化大，实施四段制（每日02、08、14、20时观测）或八段制（每日02、05、…、20、23时观测）；当发生洪水时，为了能测得洪水的涨、落过程和最高洪水位，常需每隔半小时或数分钟观测一次。

(2)比降水尺的水位观测要求。比降水位是计算水面比降、分析河床糙率的依据，亦是分析水位流量关系的重要资料。观测的次数，以能观测到各级水位的水面比降为准。凡观测比降水位时，都必须观测基本水尺水位，而且要求同步观测。

(3)精度要求。受风和水面起伏影响的水尺，在无静水设备时，要读水面起伏的平均值；基本水尺读至1cm，比降水尺估读到0.5cm。

(4)在施测流速、流向和泥沙时，亦需同时观测基本水尺水位。

若采用自记水位计，水位观测将大大简化，观测者的任务就是监控计算机的正常运行，或是按时换记录纸、按要求摘录时段水位、定时水位校测和设备检查。

2. 港、航测设中的临时水位观测

临时水位观测具有观测时间短、无需测得连续过程的特点，大多以水尺为观测设备，主要内容要求是：

(1)滩险整治和新建港区的临时水位观测。对于船闸枢纽，为了建立坝下游水位~流量关系线，需在坝下设水尺观测。对于滩险水面变化的预测，需在滩的上、中、下三处设水尺。在弯道处还需两岸相对设水尺，观测横比降。对于港区，一般在码头附近设水尺观测即可。

(2)沿河同步水位观测。即在一较长河段上布设一系列水位桩，并同时观测读数，以便测得该河段同一时刻的瞬时水面线。它是将基本站最低设计通航水位转移到整治河段上的依据，亦是河道航运规划中不可少的资料。为了准确的测得它，凡水面发生转折处都应设水尺，观测时机应选在河水位比较平稳的枯水期，接近最枯水位时为最好。临时水位观测只需1~3次即可，之后便可撤去。

三、水位观测资料的整理

水位观测资料整理的内容包括日、月、年平均水位计算，编制"逐日平均水位表"、绘制日平均水位过程线与日平均水位历时曲线等。

1. 日平均水位计算

(1)算术平均法。当日内水位变化缓慢或等时距观测(或摘录)时采用此法,计算式为

$$\overline{H}=\frac{1}{n}\sum_{i=1}^{n}H_i \tag{3-1}$$

式中:$\overline{H}$——日平均水位,m;

H_i——各次水位观测值,m;

n——1 日内观测水位的次数。

(2)面积包围法。若一日内水位变化大且观测时距不等,则采用 0 ~ 24 时的水位过程线所包围的面积除一日的时间来计算日平均水位,称为面积包围法。结合图 3-2,计算式为

$$\overline{H}=\frac{1}{2\times24}[H_0a+H_1(a+b)+H_2(b+c)+\cdots+H_{n-1}(m+n)+H_nn] \tag{3-2}$$

式中:a、b、c、…、m、n——各观测时距,h;

H_0、H_1、…、H_{n-1}、H_n——各观测水位,m;

$\overline{H}$——日平均水位,m。

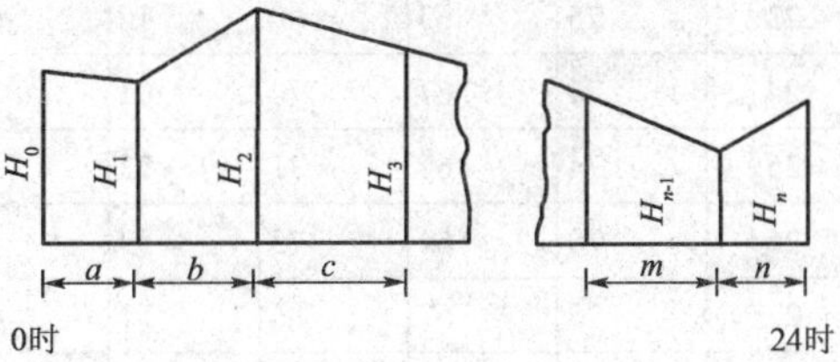

图 3-2　面积包围法示意图

在计算中,若零时与 24 时无实测值,则应根据前后相邻水位直线内插求得。

2. 编制"逐日平均水位表"

用式(3-1)或式(3-2)计算逐日平均水位,填入表 3-1 内;每月、每年按算术平均法求月、年平均水位,统计最高、最低值和相应的日期;表中各种保证率水位值,是将 1 年中日平均水位按大至小次序排列后,取指定时所对应的水位。

长江 × × 站逐日平均水位表　　表 3-1

1974 年　　冻结基面高程 0.168m(吴淞基面)　　水位以 m 计

日＼月	1	2	3	4	5	6	7	8	9	10	11	12
1	207.07	206.93	206.49	206.78	207.92	209.75	220.42	215.02	218.53	213.62	209.93	208.23
2	05	90	45	207.28	72	210.14	217.26	47	22	30	86	18
3	04	85	46	87	87	09	215.71	24	50	212.88	69	13
4	08	77	44	53	92	209.70	214.98	214.70	219.06	62	53	24
5	11	76	42	21	75	49	82	83	33	40	44	34
6	08	81	46	04	99	44	215.41	215.47	48	10	43	49
7	00	89	46	206.97	208.48	210.09	216.02	216.01	49	211.98	33	45
8	206.91	87	44	207.20	73	211.20	217.23	82	217.86	212.09	17	36
9	85	78	45	63	209.09	64	61	219.48	216.59	211.95	15	25
10	84	76	43	208.44	210.37	47	216.31	85	215.71	92	09	13
11	82	74	42	43	33	08	215.49	217.76	49	79	208.99	13
12	87	69	39	16	209.62	04	46	216.70	43	72	96	11
13	90	71	45	207.93	19	210.81	214.97	215.21	18	62	209.01	06

续上表

日＼月	1	2	3	4	5	6	7	8	9	10	11	12
14	93	63	61	89	02	63	80	213.97	214.56	37	08	07
15	92	63	61	99	208.90	68	74	18	20	09	07	12
16	90	61	59	70	64	72	73	212.83	04	210.94	12	12
17	87	62	62	49	51	41	80	213.90	12	93	13	02
18	82	65	59	27	57	18	71	216.58	16	84	14	02
19	82	65	71	27	39	79	55	219.44	21	87	03	207.99
20	80	62	88	80	45	213.23	27	16	68	83	208.89	99
21	80	63	93	208.01	59	48	213.96	215.83	215.30	57	75	95
22	77	60	87	04	66	212.45	63	214.72	74	47	70	82
23	75	63	80	10	63	04	21	215.98	59	22	65	78
24	74	67	74	01	78	16	212.98	216.33	40	23	53	71
25	74	67	71	53	52	43	73	215.31	21	15	50	62
26	70	64	73	59	44	62	67	214.58	00	10	47	62
27	75	57	86	52	41	57	214.09	47	214.87	04	39	59
28	75	53	91	49	54	46	217.67	46	59	02	36	59
29	80		84	31	89	213.36	219.54	215.22	12	06	34	53
30	84		82	09	209.11	219.57	218.21	217.10	213.68	04	28	53
31	93		72		30		215.94	218.49		04		57
平均	206.88	206.71	206.62	207.82	208.69	211.52	215.45	215.94	215.94	211.25	209.00	207.99
最高	207.15	206.96	206.95	208.79	210.53	221.64	221.66	220.34	219.97	213.71	210.00	208.50
日期	5	1	21	25	10	30	1	10	7	1	1	6
最低	206.68	206.51	206.37	206.71	207.70	209.43	212.63	212.76	213.60	209.99	208.23	207.51
日期	25	28	12	1	5	6	26	16	30	30	30	30
年统计	最高水位 221.66　7月1日				最低水位 206.37　3月12日				平均水位 210.34			
各种保证率的水位	最高 220.42	第15天 218.22	第30天 216.02	第90天 213.36	第180天 298.96	第270天 207.27	最低 206.39					
附注												

3. 日平均水位过程线及日平均历时曲线绘制

日平均水位过程线是以水位为纵坐标、时间为横坐标绘出的曲线，每年一条，是分析河流水情变化特点的重要资料。

日平均水位历时曲线是一个累积曲线，表示大于或等于某一水位值1年中出现的天数，航运工程设计时，很注重此特征值。

绘制方法是，将1年的日平均水位按一定的水位差分级，见表3-2，然后分项统计各级水位的历时和相应的累积历时，计算累积历时占全年总日数的百分数（称保证率），并取分级水位的下限为纵坐标，以保证率为横坐标绘曲线图。历时曲线又称保证率曲线。

长江××站1974年日平均水位历时曲线统计表 表3-2

水位分级 \ 月份 \ 项目	各月各级水位发生日数												分级水位日数	累积水位日数	保证率（%）
	1月	2月	3月	4月	5月	6月	7月	8月	9月	10月	11月	12月			
219.00～220.42						1	2	4	4				11	11	3.01
217.00～218.99							5	3	4				12	23	6.30
215.00～216.99							7	14	11				32	55	15.07
213.00～214.99						3	14	9	11	2			39	94	25.75
212.00～212.99						7	3	1		5			16	110	30.14
211.00～211.99						5				8			13	123	33.70
210.00～210.99					2	10				16			28	151	41.37
209.00～209.99					6	4					17		27	178	48.77
208.00～208.99				13	17						13	18	61	239	65.48
207.51～207.99				8	6							13	27	266	72.88
207.00～207.50	7			7									14	280	76.71
206.80～206.99	18	6	8	1									33	313	85.75
206.70～206.79	6	6	5	1									18	331	90.68
206.60～206.69		14	3										17	348	95.34
206.50～206.59		2	2										4	352	96.44
206.40～206.49			12										12	364	99.73
206.30～206.39			1										1	365	100
日最低206.37															
各月总日数	31	28	31	30	31	30	31	31	30	31	30	31		365	

上述两条曲线可绘于一张图中，见图3-3。两条曲线间的关系可从图中虚线所示的关系中看出，a 为大于等于水位 H_a 发生的历时。

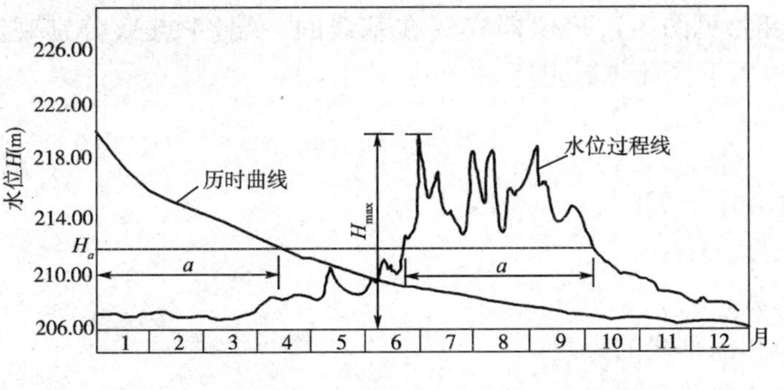

图3-3 ××站1974年日平均水位过程线、历时曲线

第三节 流量测验

一、断面测量

河道中的流量一般是通过河道的横断面面积和断面的流速测量后计算出来的。

横断面测量主要包括水深、起点距及水位测量。

1. 水深测量

通过测深点的垂线称为测深垂线，水深测量是指垂线的水深测量。测量水深的方法随水深、流速大小、精度要求及流量测量方法的不同而异。通常有以下几种方法：

(1)用测深器具测深。指用测深杆、测深锤和测深铅鱼测深。测杆精度高，适用于水深小于5m，流速小于3m/s；测锤重一般为5～10kg，适用于水深较大的情况；铅鱼重一般是10～50kg，个别达700kg，适用于水深流急的河道。测量时，要求每条垂线连续测两次，水深取两次平均值。

(2)缆道悬索测深。悬索上钩挂铅鱼，悬索靠行车移动，悬索的入水长度通过传感装置的计数器求得，即为水深。

(3)超声波测深。即用回声测深仪测深，这是目前最先进的测深仪器，其原理是根据超声波在水中传播速度和往返所经历的时间计算水深的。回声仪测深具有快速，精度高并不受水深和流速限制等明显优点。若水流中含沙量大或水流浪花区，因泥沙颗粒和气泡亦能反射超声波，造成记录失真，此时应当避免使用。

应注意的是，测深开始和结束时必须观测水位，大断面水深测量最好在水位变化平稳时进行，当水位变化较快时应记录每条垂线测深时的水位，以便根据各条垂线的施测水位和水深换算河底高程。

2. 起点距测量

测深垂线至某指定点(一般是基线与测流断面的交点)的水平距离称为起点距。起点距测量常用的方法有：

(1)断面索观读法。当河不太宽，有条件架设断面索时，可用索上的量距标志直接读出各条垂线的起点距。

(2)仪器交会法。有经纬仪或平板仪前方交会法、六分仪后方交会法两种。

用经纬仪交会时，见图3-1，将仪器安置在基线的一端(A点)，分别观测各测深垂线与基线的夹角φ，便可根据下式计算起点距

$$d = l \cdot \tan\varphi \tag{3-3}$$

式中：d——起点距，m；即BM长；

l——基线长度，m；

tan——正切函数；

φ——基线与测深垂线的夹角。

3. 横断面图的绘制

依据测深时的水位，测得的水深及起点距数据即可绘制过水断面图，若加上水面以上水准测量各点高程和起点距，就可绘制成大断面图，见图3-4。

二、流速测量及流量计算

1. 河道断面流速分布及测流原理

(1)断面流速分布。由于河道地形、水深，以及河岸形态对水流流态都有影响，因此天然

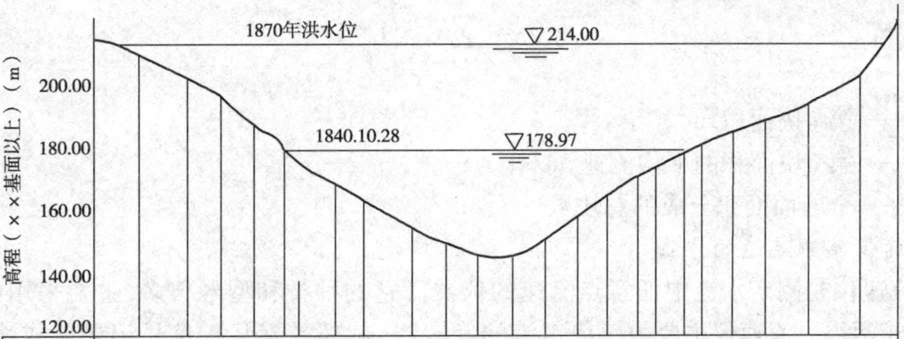

起点距（m）	-30.00	-15.00	0.00	10.00	20.00	30.00	35.50	45.00	55.00	70.00	80.00	90.00	100.00	110.00	120.00	130.00	140.00	145.00	155.00	160.00	170.00	180.00	195.00	210.00	220.00
水深（m）							3.36	9.40	16.70	23.20	29.00	32.80	33.10	29.60	22.60	14.50	8.60	6.20	0.01						
河底高程（m）	215.26	209.39	202.07	196.69	186.97	181.32	175.61	169.57	162.27	155.77	149.97	146.17	145.87	149.37	156.37	164.47	170.37	172.77	178.96	180.68	185.10	188.42	194.58	203.63	222.52

图 3-4　××站过水断面和大断面图

河道中横断面上流速分布是不均匀的，沿水深和横断面水平方向均在发生变化。

流速在断面上的分布情况，见图 3-5。通常，自河岸向河心流速逐渐增大，最大流速一般在最大水深处的水面附近。流速在垂线上的分布，从图 b）可看出流速从水面到河底逐渐减小，河底流速近乎于零，水面以下 0.2 倍水深处流速最大，垂线平均流速约在水面以下 0.6 倍水深处。

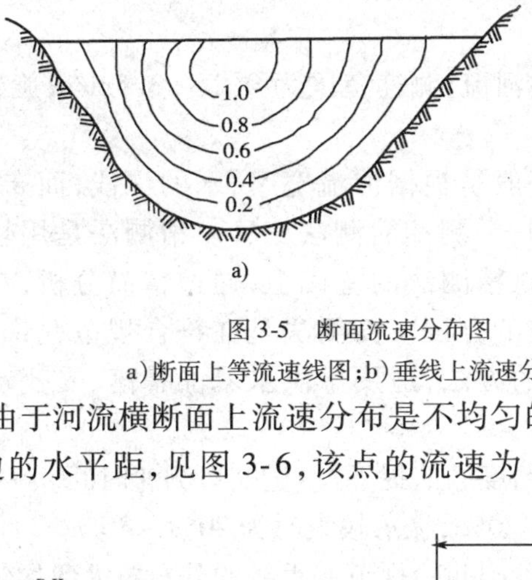

图 3-5　断面流速分布图

a）断面上等流速线图；b）垂线上流速分布图

（2）测流原理。由于河流横断面上流速分布是不均匀的，若以 h 表示断面内任意点的水深，b 表示该点至水边的水平距，见图 3-6，该点的流速为 v，则通过全断面的流量可用积分法求得

$$Q = \int_0^A v\,\mathrm{d}A = \int_0^B\int_0^H f(h,b)\,\mathrm{d}h\mathrm{d}b \qquad (3\text{-}4)$$

式（3-4）中 $v = f(h,\ b)$ 的关系很复杂，一般很少用积分公式推算流量。实际工作中是用实测断面面积和实测流速来推算流量的，即用分部求和公式（3-5）替代式（3-4）。

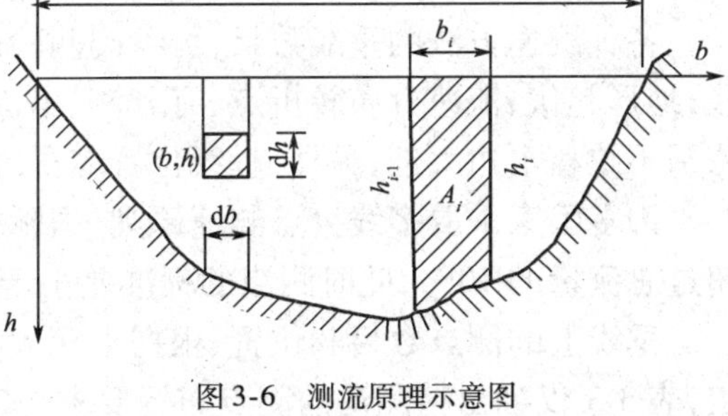

图 3-6　测流原理示意图

$$Q = \sum_{i=1}^{n} v_i \cdot A_i \tag{3-5}$$

式中：A_i ——第 i 块面积，m^2；

v_i ——第 i 块面积的平均流速，m/s；

n——全断面面积分成的总块数。

2. 流速仪实测流速的方法

(1)流速仪是测定水流中任意点流速的仪器。它的种类和型号很多，主要采用的有旋杯式和旋桨式两类。流速仪主要由感应水流的旋转器(旋杯或旋桨)，信号记录器或直接计算、显示测点流速的单板机与显示器，保持仪器正对水流的尾翼三部分组成。

旋杯或旋桨受水流冲动发生旋转，流速越大，旋转越快。根据每秒转数与流速关系，便可推算某一测点的流速。依据这一原理，每台仪器出厂前均需经过实验室检定，并附有检定公式和曲线。公式的形式为

$$v = kN + c \tag{3-6}$$

式中：v ——测点流速，m/s；

k——仪器检定常数，m；

N——每秒转数，亦称回转率，$N = n/T$，其中 n 为总转数，T 为测速历时，s；

c——仪器的摩阻系数，m/s。

测流时，只需记录 n 与 T，便可用式(3-6)推出测点流速。一般要求测流时间 $T > 100$s。

通常旋杯式流速仪适用于少沙河流，测速范围为 0.2 ~ 3.5m/s；旋桨式还能适用于多沙河流，测速范围为 0.2 ~5.0m/s。

(2)流速仪测流速的方法。一般是根据河流宽窄，水的深浅，而布设不同的测速垂线、测速点的数目，并依此可分为精测、常测和简测法三种。精测法是用较多垂线和测点精确测定断面流速的方法。常测法是在精测法的基础上，通过精简分析，在误差符合规范规定的前提下，以较少垂线和测点测速的方法。简测法是在符合规范允许误差要求的前提下，以极少数的垂线和测点快速测速的方法，适用于洪水暴涨暴落、受变动回水影响或流冰等特殊水情的测流。

选择方法的目的，就是在保证精度的前提下，尽量缩短测速时间。一般要求一次测流过程中的水位差小于平均水深的 10% ~20%，涨落较大时为 20% ~30%。

各种测速方法的垂线数目，可参阅测验规范。垂线的分布要大致均匀，但主槽应较河滩密些；地形起伏、流速分布转折点、有分流、串沟等情况应适当布设垂线；近岸垂线要照顾各级水位下不致离水边太近；另外，垂线位置应尽可能固定，便于各次测流成果比较。

许多国家采取多线少点测速原则，国际标准建议测速垂线不少于 20 条，任一部分流量不超过总流量的 10%，此时测流的标准差小于 2%。

垂线上的测点数目和位置，根据水深大小、仪器悬吊方式及垂线上流速分布特征等条件而定，表 3-3 仅列出精测法的测点布置要求，其他可参阅有关的规范。

精测法的流速测点分布 表 3-3

水深或有效水深(m)		垂线上测点数目和位置	
悬杆悬吊	悬索悬吊	畅流期	冰期
>1.0	>3.0	五点(水面,0.2、0.6、0.8 水深,河底)	六点(水面或冰底或冰花底,0.2、0.4、0.6、0.8 有效水深,河底)
0.6~1.0	2.0~3.0	三点(0.2、0.6、0.8 水深)或二点(0.2、0.8 水深)	三点(0.15、0.5、0.85 有效水深)
0.4~0.6	1.5~2.0	二点(0.2、0.8 水深)	二点(0.2、0.8 有效水深)
0.2~0.4	0.8~1.5	一点(0.6 水深)	一点(小于 0.5 有效水深)
0.16~0.2	0.6~0.8	一点(0.5 水深)	
	<0.6	改用悬杆悬吊或其他测流方法	改用悬杆悬吊
<0.16		改用小浮标法或其他方法	

注:有效水深为水深减去水浸冰厚和冰花厚求得。

3. 流速仪测流的步骤及流量计算

流速仪测流的流量计算有图解法和列表分析法,常用的是后一种方法,见表 3-4 和图 3-7。

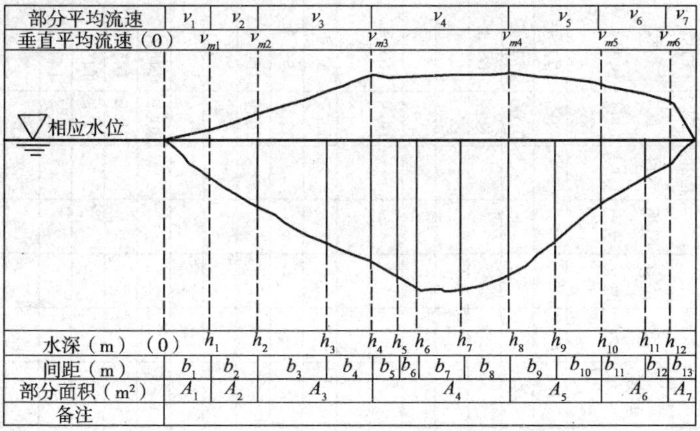

图 3-7　××站部分面积、部分平均流速示意图

(1)测各垂线上的测点流速。先测起点距、测水深、计算垂线上的测点位置(即流速仪位置),无自动计算与显示测点流速功能的测速仪,需记录仪器信号数(总转数)、测速历时,用流速仪检定公式(即表 3-4 左上角公式)计算测点流速。

(2)相应水位计算。因测流过程中水位不断变化,所以施测各条垂线时的水位是不相同的。所谓相应水位,就是与测得的断面流量相对应的水位(H_m),其计算方法有两种:

算术平均法:即测流开始的水位与结束时的水位的算术平均值作为相应水位。适用于测流断面平均水深 $\bar{h}>1$m,始末水位变化引起断面面积变化 $\Delta A/A<5\%\sim10\%$ 条件,或 $\bar{h}\leqslant 1$m 且 $\Delta A/A<10\%\sim20\%$。

北碚(二)站缆道测深、测速记载及流量计算表(一)

表 3-4

$v=0.2521N+0.0056$

施测时间:1985 年 3 月 7 日 8 时 20 分至 7 日 10 时 46 分　　(平均 7 日 9 时 33 分)　　天气:阴　　风向风力:　　流向:

流速仪牌号及公式:　　测深仪器牌号:　　检定后使用次数:17　　停表牌号:　　测深铅鱼重量:700kg

垂线号数		起点距(m)	测速时间或水位(时:分)(m)	水深计数器读数(m)	悬索偏角 水面/河底(°)	主索垂度(m)	行车至水面高差(m)	改正数(−m)			湿绳长度(m)	水深(m)	河底高程(m)	流速仪位置		测速记录		流速(m/s)			测深垂线间		水道断面面积(m²)		部分流量(m³/s)
测深	测速							干绳改正	位移改正	湿绳改正				相对	测点深(m)	信号总数/总转数	总历时(s)	测点	系数/垂线平均	部分平均	平均水深(m)	间距(m)	测深垂线间	部分	
右水边		35.5										0	177.55												
1		35.5										0.06	177.49								0.03	0	0		
2	1	45.0										8.4	169.15	0.2	1.66	6	107	0.020	0.043	0.039	4.23	9.5	40.2	40.2	1.55
														0.6	4.98	19	111	0.049							
														0.8	6.6	22	103	0.059							
3	2	55.0										14.4	163.12	0.2	2.88	37	115	0.087	0.10	0.072	11.4	10.0	114	114	8.21
														0.6	8.6	46	102	0.12							
														0.8	11.5	37	101	0.098							
4		70.0										22.2	155.34								18.3	15.0	275		
5	3	80.0										26.9	150.62	0.2	5.4	102	101	0.26	0.26	0.18	24.6	10.0	246	521	93.8
														0.6	16.1	106	100	0.27							
														0.8	21.5	92	101	0.24							
6		86.0										30.9	146.62								28.9	6.0	173		
7		90.0										31.9	145.66								31.4	4.0	126		
8		100.0										31.6	145.97								31.8	10.0	318		
9	4	110.0										28.4	149.15	0.2	5.7	112	101	0.29	0.27	0.26	30.0	10.0	300	917	283
														0.6	17.0	109	101	0.28							
														0.8	22.7	90	101	0.23							
10		120.0										21.0	156.60								24.1	10.0	247		
11	5	130.0										13.1	164.49	0.2	2.62	86	100	0.22	0.21	0.24	17.1	10.0	171	418	100
														0.6	7.9	84	100	0.22							
														0.8	10.5	77	101	0.20							

施测号数 56

续上表

施测时间:1985 年 3 月 7 日 8 时 20 分至 7 日 10 时 46 分 (平均 7 日 9 时 33 分) 天气:阴 风向风力: 流向:

流速仪牌号及公式: 测深仪器牌号: 检定后使用次数:17 停表牌号: 测深铅鱼重量:700kg

垂线号数 测深	垂线号数 测速	起点距(m)	测速时间或水位(时:分)(m)	水深计数器读数(m)	悬索偏角 水面/河底(°)	主索垂度(m)	行车至水面高差(m)	改正数(-m) 干绳改正	位移改正	湿绳改正	湿绳长度(m)	水深(m)	河底高程(m)	流速仪位置 相对	测点深(m)	测速记录 信号总数/总转数	总历时(s)	流速(m/s) 测点	系数/垂线平均	部分平均	测深垂线间 平均水深(m)	间距(m)	水道断面面积(m^2) 测深垂线间	部分	部分流量(m^3/s)
11		5	130.0									13.1	164.49												
																					10.7	10.0	107		
12			140.0									8.3	169.29												
																				0.18	6.7	5.0	33.5	141	25.4
13		6	145.0									5.0	172.54	0.2	1.00	51	100	0.13	0.14						
														0.6	3.00	53	101	0.14							
														0.8	4.00	56	103	0.14							
																				0.13	2.50	7.6	19.0	19.0	2.47
左水边		152.6										0	177.55												

水位(m)	基本水尺	始:177.55 终:177.55 平均:177.55	断面流量(m^3/s)	469	平均流速(m/s)	0.22	平均水深(m)	18.5
	自记台	始: 终: 平均:	断面面积(m^2)	2170	最大测点流速(m/s)	0.29	最大水深(m)	31.9
	相应		死水面积(m^2)		水面宽(m)	117	测线总数/测点总数	6/18
备注	借用 85-1#断面,两水边流速系数 0.9,用 SDL-2 型流速显示仪。							

操车: ____记录: ____计算: ____初校: (3 月 7 日)复核: (3 月 7 日)施测号数: 56

加权平均法：当水位变化超出上述范围时，一般用 $b'v_m$ 加权法计算相应水位，见图3-7，即

$$H_m = \frac{b'_1 v_{m1} H_1 + b'_2 v_{m2} H_2 + \cdots + b'_n v_{mn} H_n}{b'_1 v_{m1} + b'_2 v_{m2} + \cdots + b'_n v_{mn}} = \frac{\sum_{i=1}^{n} b'_i v_{mi} H_i}{\sum_{i=1}^{n} b'_i v_{mi}} \tag{3-7}$$

式中：b'_i ——测速垂线所代表的水面宽，m，等于该垂线两边两个部分宽的平均值；在岸边垂线上，为水边至垂线的间距加垂线至下一垂线间距的1/2；

v_{mi} ——第 i 条垂线的平均流速，m/s；

H_i ——第 i 条垂线测速时的水位，m。

（3）垂线平均流速。计算是根据各测速垂线上的点流速，算出垂线平均流速，计算公式及适用条件列入表3-5。公式中 v 的下标数，表示测点的相对深度。

垂线平均流速的计算公式一览表　　　　表3-5

按测点数区分的公式名称	计算公式	适用水深(m)
一点法	$v_m = v_{0.6}$	<1.5
二点法	$v_m = \frac{1}{2}(v_{0.2} + v_{0.8})$	1.5～2.0
三点法	$v_m = \frac{1}{3}(v_{0.2} + v_{0.6} + v_{0.8})$	2.0～3.0
五点法	$v_m = \frac{1}{10}(v_{0.0} + 3v_{0.2} + 3v_{0.6} + 2v_{0.8} + v_{1.0})$	>3.0

（4）部分面积计算。如图3-7所示，可按分块梯形（在相邻测速垂线间可能有几个梯形）或三角形计算。

（5）部分面积平均流速计算。即由相邻测速垂线平均流速相加除2求得。但岸边部分面积的平均流速可由紧靠岸边一条垂线平均流速乘以岸边流速修正系数 a 而得。a 值大致在0.6（死水边）至0.9（光滑陡岸边）之间，视岸边情况选取。

（6）部分流量和断面流量计算。部分流量等于部分面积 A_i 与部分平均流速 v_i 之乘积，即

$$q_i = v_i A_i$$

断面流量为各部分流量的代数和，即用式（3-5）计算

$$Q = \sum_{i=1}^{n} v_i A_i = \sum_{i=1}^{n} q_i$$

（7）其他水力要素计算。主要包括水道断面面积 A，断面平均流速 $\bar{v}$，水面宽 B，断面平均水深 $\bar{h}$，河段测流时比降 I 和河段平均糙率 n 等，各要素计算式为：

$$A = \sum_{i=1}^{n} A_i \ (\mathrm{m}^2)$$

$$\bar{v} = \frac{Q}{A} \quad (\mathrm{m/s})$$

B 等于两岸边起点距之差（m）

$$\bar{h} = \frac{A}{B}$$

$$I = \frac{\Delta Z}{L_{比}}$$

式中：ΔZ——上、下比降水尺的水位差，m；

$L_{比}$——上、下比降水尺的间距，m。

$$n = \frac{1}{v}R^{2/3}I^{1/2}$$

式中：R——水力半径，当宽浅河道时可取 $R = \bar{h}$。

将上述各要素填入表 3-4 中备用。

三、浮标法测流简介

1. 使用条件与基本假定

当汛期发生较大洪水时，若水深流急测船难以固定，或河水流速较大，超出流速仪的施测范围，则可采用水面浮标测流法。

浮标测流法的基本假定是：以浮标在水面移动的速度替代水面流速；以浮标移动的方向路线定水面流向；以水面流速替代垂线平均流速并求断面流量（这个流量称虚流量）；以模拟的浮标系数替代由虚流量推求实流量的修正系数。

这种方法简便，在水道、港口工程勘测设计中经常采用。

2. 浮标测流法基本要点

浮标测流方法的详细步骤和要求，可参见有关的测验手册和规范，下面仅介绍基本要点：

(1)测算点水面流速。将水面浮标（竹筒、稻草把等）陆续投放于浮标上断面上方的不同位置，测各浮标流过上下浮标断面间距 L_F 所花费时间 t(s)，求各浮标的平均流速，并用经纬仪测出浮标通过测流断面的起点距，浮标的平均流速替代该点垂线的水面流速。

(2)计算起点距之间部分面积。依据相应水位和水深及两个起点距间的水面宽，用梯形或三角形计算两起点距之间部分面积。

(3)计算部分面积平均流速。以两相邻垂线的水面流速的算术平均值作为部分面积的平均流速。

(4)计算部分虚流量和断面虚流量。仍可用流速仪法计算部分流量和断面流量的计算公式，只是因为用水面流速替代垂线平均流速，计算流量比实际流量偏大，因此流量前面加“虚”字。

(5)选定浮标系数，计算断面流量。因为上述的假定使断面虚流量 Q_f 大于断面实际流量 Q，经过流速仪法与浮标法对比实测多次求出浮标系数 $K_f = Q/Q_f$，$K_f = 0.8 \sim 0.9$，所以，选定 K_f 值后，便可由断面虚流量，用式 $Q = K_fQ_f$ 计算出断面实际流量。

第四节　水位～流量关系曲线

一、水位～流量关系曲线的绘制

用断面的实测流量和相应水位资料点绘的曲线，即称水位～流量关系曲线。它在水文分析计算中应用很广。主要用处是:可根据断面的水位推求相应的流量,大大减轻实测流量的繁重工作,将其简化为水位观测;还可将水文计算所得的设计流量(或水位)直接转换为设计水位(或流量);依据此关系才能整编流量资料。

天然河道中的水位~流量关系大体可分为两种。一种是单一关系,称“稳定良好”的水位~流量关系;另一种是一个水位值可能对应两个以上流量值,称“不稳定”的水位~流量关系。在绘制此类关系曲线时必须注意其特点。

1.稳定良好的水位~流量关系曲线

以水位为纵坐标,流量为横坐标,一一对应绘于坐标纸上,顺着点群分布的趋势,并通过点群中心绘出一条光滑关系曲线。为提高精度,可用最小二乘法定线(详见第四章第四节)。通常在绘制水位~流量曲线的同一张纸上绘出水位~面积(A)和水位~流速(v)两关系曲线,作为分析水位与流量关系的辅助线,见图3-8。

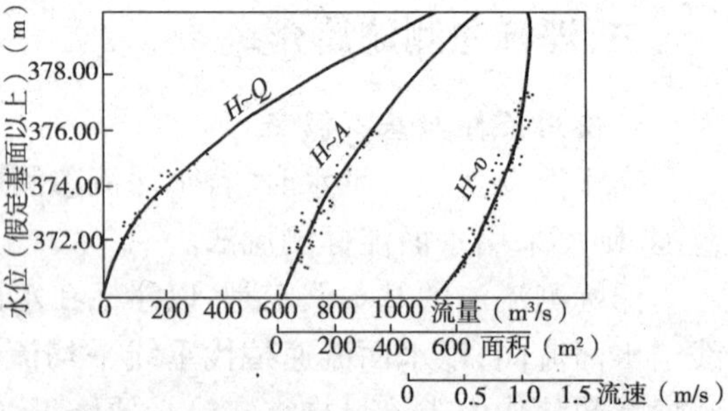

图3-8 稳定的水位~流量关系曲线

稳定良好的水位~流量关系一般发生在河床稳定、河道坡度较大、河段顺直的山区河流。

2.不稳定的水位~流量关系曲线

在天然河道中,在洪水的涨落、回水变动、河床冲淤变化以及水草生长或水面冰冻等情况下,都会引起断面面积、断面形状、比降或糙率发生变化而造成不稳定的水位~流量关系曲线。

(1)洪水涨落影响。洪水波在河道中传播的特点是波前比降大,因而流速大,波后则比降小,流速亦小。所以,对于同一水位,涨洪时流量大,使水位与流量关系点据偏向稳定曲线的右侧;落洪时流量小,使关系点据偏向稳定曲线的左侧,结果使水位流量关系曲线成绳套形,见图3-9。

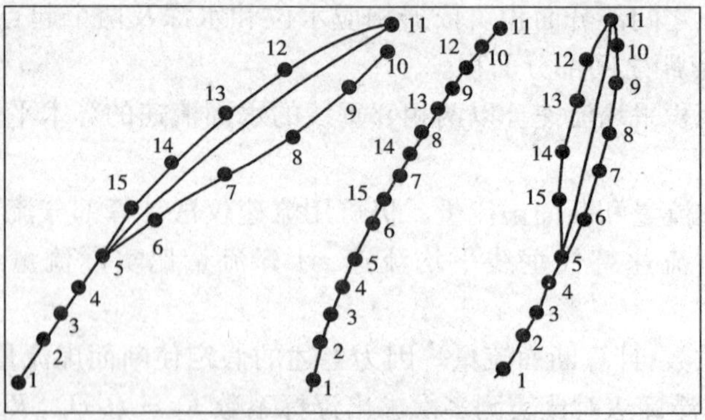

图3-9 受洪水涨落影响的水位~流量关系

(2)回水变动影响。当测流断面的水位受干支流涨水、下游闸门启闭、河道冰冻、漂木或其他漂浮物阻塞和海潮顶托等因素的影响时,测流断面的水位都会抬高,这种现象称为回水影响。回水虽然抬高了水位,但其径流流量却没变化,因此,在同一流量情况下,受回水影响的程度不同将会出现不同的水位,致使水位与流量,水位与流速的关系点据散乱,见图3-10。

(3)河床冲淤影响。最显著的是河床本身断面面积和形状的变化,使同一水位条件下流量不同,见图 3-11。河床发生普遍冲刷时,同一水位下断面面积增大,流量亦增大,因而 $H\sim Q$ 曲线右移。反之,当河床发生淤积时,$H\sim Q$ 曲线左移。

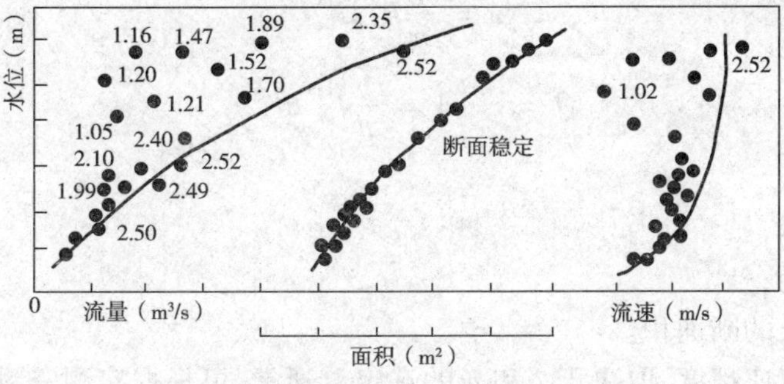

图 3-10　受回水影响的水位～流量关系曲线

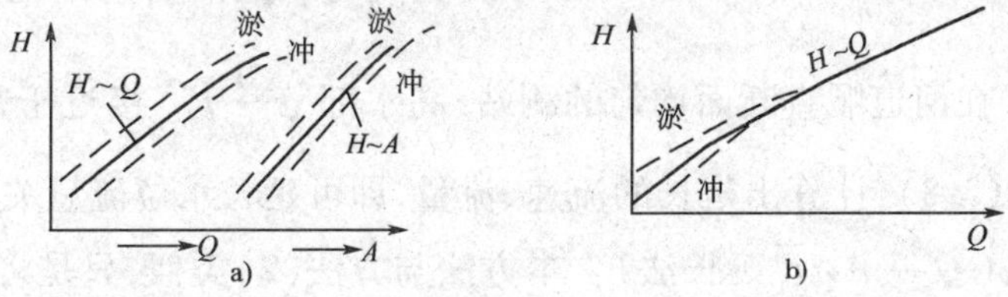

图 3-11　受冲淤影响的水位～流量关系曲线

a)普遍冲淤;b)局部冲淤

河床的局部冲淤一般发生在枯水河床,只在低水位部分显示其影响,使低水位的 $H\sim Q$ 曲线分叉;当水位较高、流量较大时,影响不明显,因而 $H\sim Q$ 仍呈单一曲线。

实际上,$H\sim Q$ 关系可能同时受到各种因素的综合影响,如何分清主、次影响因素,确定有效的 $H\sim Q$ 关系,需要由水文专业工作人员研究完成。

二、水位～流量关系曲线的延长

江河测流受条件限制或因观测年限短,往往只测到一般大小的流量点绘水位流量关系,然而水利工程规划管理中,常常需要极端(特大或特小,或某设计标准)的流量值,因此,研究水位～流量关系曲线的高水位、低水位条件外延的方法,进而推求极端流量,是十分重要的。

1. 水位～流量关系曲线高水位延长方法

延长水位流量关系($H\sim Q$)曲线高水位部分的方法较多,下面介绍常用的三种方法,可针对不同的延长幅度分别采用。

(1)水位～面积～流速关系延长法。当需要延长的水位变幅小于总水位变幅的 20% 时,可按曲线相关分析的趋势外延。若超过上述幅度,可借用 $H\sim A$,$H\sim v$ 曲线间接延长 $H\sim Q$ 曲线,即①先根据本年实测大断面,绘出 $H\sim A$ 关系曲线;②延长高水位的 $H\sim v$ 曲线,因为这部分曲线通常趋近于直线,延长后误差甚小;③根据任一高水位值,由上述两条线的延长部分查出相应的 A、v 值,据 $Q=A\cdot v$ 算出延长的流量,即可将 $H\sim Q$ 关系曲线延长。

(2)水力学公式延长法。本方法与方法(1)的区别是,延长 $H\sim v$ 曲线时,流速 v 是据水力学公式计算的。

断面平均流速用谢才公式计算,其中的谢才系数 C 用曼宁公式计算,即

$$v = C\sqrt{RI}, C = \frac{1}{n}R^{1/6}$$

所以

$$v = \frac{1}{n}R^{2/3}I^{1/2} \tag{3-8}$$

$$Q = v \cdot A = \frac{1}{n}I^{1/2}R^{2/3}A$$

式中：n——糙率；

I——水面比降；

R——水力半径；

A——高水延长的断面积。

本方法计算的流速精度，取决于 I 和 n 的选定。通常，可根据实测资料计算出各次测流时的 $\frac{1}{n}I^{1/2}$（由式(3-8)可知 $\frac{1}{n}I^{1/2} = v \cdot R^{3/2}$，每次测流时该式的右边是已知的），并据以点绘 $H \sim \frac{1}{n}I^{1/2}$ 关系线。在河道顺直断面均匀的测站，高水部分 $\frac{1}{n}I^{1/2}$ 接近于常数，可顺曲线的趋势延长，然后代入式(3-8)，计算出延长的流速、流量，即可延长水位流量关系。

(3)史蒂文森法（$Q \sim A\sqrt{R}$ 延长法）。本方法与方法(2)类似，只是将流量公式改写为

$$\sqrt{Q} = A \cdot C\sqrt{I}\sqrt{R} = C\sqrt{I} \cdot A\sqrt{R} \tag{3-9}$$

在高水位时 $C\sqrt{I}$ 大多接近于常数，若令 $K = C\sqrt{I}$，则由式(3-9)可得 $Q = KA\sqrt{\bar{h}}$。对于宽浅型天然河道，$R = \bar{h}$（平均水深），于是得到 $Q = KA\sqrt{\bar{h}}$，然后通过下列步骤延长 $H \sim Q$ 关系曲线：①据实测大断面和流量资料，计算 $\bar{h} = \frac{A}{B}$、$\sqrt{\bar{h}}$、$A\sqrt{\bar{h}}$ 值，分别填入表 3-6 中；②据表 3-6 中的数据绘制 $H \sim Q$、$H \sim A\sqrt{\bar{h}}$，$Q \sim A\sqrt{\bar{h}}$ 关系曲线，见图 3-12；③因高水位时 $Q \sim A\sqrt{\bar{h}}$ 近似于直线，故可顺势延长；④据表 3-6 最后一列数据，将 $H \sim A\sqrt{\bar{h}}$ 曲线绘至 a 点；⑤由 a 点引一水平线，交 $Q \sim A\sqrt{\bar{h}}$ 的延长线于 b 点，由 b 点作一垂线与水位 $H = 50.0$m 引出的水平线相交于 c 点，根据 c 点即可延长 $H \sim Q$ 关系曲线，c 点相对应的流量 $Q = 12\ 500\text{m}^3/\text{s}$。

史蒂文森法（$Q \sim A\sqrt{\bar{h}}$）计算表 表 3-6

水位 H(m)	流量 Q(m^3/s)	断面面积 A(m^2)	水面宽 B(m)	平均水深 $\bar{h}$(m)	$\sqrt{\bar{h}}$	$A\sqrt{\bar{h}}$
33.80	1.0	16.6	106	0.16	0.4	6.7
36.00	310	268.8	123	2.19	1.48	398
38.46	1150	583.6	133	4.39	2.10	1227
41.00	2700	945.6	152	6.22	2.49	2355
43.12	4400	1278.6	162	7.90	2.81	3590
44.90	6030	1590.6	188	8.46	2.91	4630
46.97	8250	1993.6	201	9.92	3.15	6280
48.13		2232.6	211	10.58	3.25	7250
50.00		2682.6	213	12.59	3.55	9520

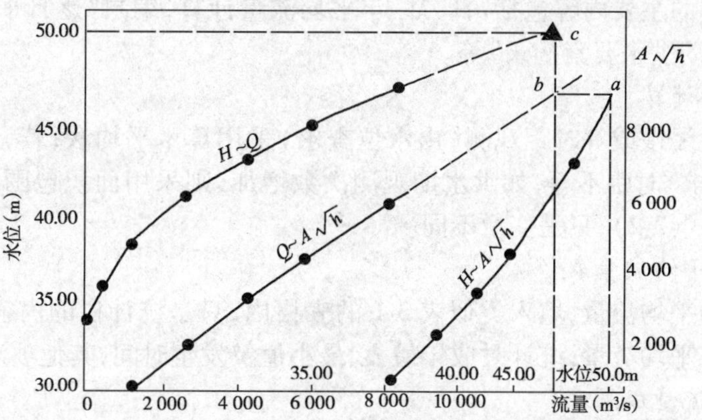

图 3-12 史蒂文森法延长水位~流量曲线

2. 水位~流量关系曲线低水位延长方法

$H \sim Q$ 曲线的低水位延长与高水位延长相比,因流量小,容易造成较大的相对误差,因此需要更加谨慎。

延长的方法是找出断流水位,以此为控制点,由实测部分向下延长,或按趋势延长,或借用上下游站的流量辅助。确定断流水位的方法基本有两种:

(1)纵横断面资料确定法。如测站下游有浅滩、石梁,可直接以滩顶或石梁顶高程作为断流水位;若测站下游长距离内河底平坦,则基本水尺断面处河底最低点高程作为断流水位。

(2)分析法。适用于河段的断面形状整齐,在延长部分的水位变幅内河宽变化不大,又无浅滩及分流等现象的测站。

分析法的基本要点是:在 $H \sim Q$ 曲线的中低水部分依次取 a、b、c 三点,并使三点流量关系满足 $Q_b = Q_a^{1/2} \cdot Q_c^{1/2}$ 或 $Q_b^2 = Q_a \cdot Q_c$,则其断流水位 Z 可按下式求得

$$Z = \frac{H_a H_c - H_b^2}{H_a + H_c - 2H_b} \tag{3-10}$$

式中: Z——断流水位,m;

H_a、H_b、H_c——水位流量关系线上 a、b、c 三点的水位,m。

本方法的基本假定是:$H \sim Q$ 关系线的低水部分可用 n 次抛物线方程描述,即

$$Q = K(H - Z)^n \tag{3-11}$$

式中:K,n——曲线方程参数。

若将 $Q_b^2 = Q_a \cdot Q_c$ 代入式(3-11),消去参数便可解得式(3-10)。

当求得断流水位后,以坐标(Z,0)为控制点,将 $H \sim Q$ 曲线向下延至最低水位。

三、流量资料整理

由于流量实测工作很费时,且难度亦大,所以,在1年的河川径流变化过程中,包括洪水涨落变化过程,通过大量观测获得许多水位资料。只有整编绘制出水位~流量关系曲线,才能由水位资料查求出1年河川流量变化过程和洪水流量变化过程。不难看出,水位~流量关系是流量资料整理的基础。

流量资料整理的主要内容包括：日、月、年平均流量计算，编制“逐日平均流量表”、“实测流量成果表”、“汛期洪水要素摘录”等。

1. 日平均流量计算

日内流量变化缓慢或等时距观测（由水位查求）采用算术平均法；若一日内流量变化大，且观测（由水位查求）时距不等，如洪水期观测次数增加，则采用面积包围法。两种方法的公式类同式(3-1)和式(3-2)，只是变量不同。

2. 编制“逐日平均流量表”

将逐日计算的平均流量，填入类似表3-1的表格内，只是统计栏的内容有些差异，也用算术平均法，求月、年平均流量；统计月或年最大、最小值及发生时间，其他项没有。

3. 编制“实测流量成果表”

表的格式，可参阅《水文年鉴》，主要把一年来历次实测流量的起止时间，相应水位，实测流量及其他水力要素（断面面积、平均流速、水面宽、比降和糙率）等汇总成表。

4. 编制“汛期洪水要素摘录”

表的格式也可参阅《水文年鉴》，此表主要把汛期（有时包括春汛）开始到结束，发生过的各次洪水完整过程记录下来，用时间、水位、流量表示，是绘制洪水过程的主要数据。

最后应指出，河川水文测验方法及其资料整编的内容方法除主要的水位和流量要素外，还有降雨、蒸发、含沙量、输沙率等，这些要素的测验和整编方法及其成果，可参阅《水文测验手册》、《水文年鉴》。

第四章　水文统计基础知识

第一节　随机变量及其概率分布

一、随机变量

进行随机现象试验，每次结果可用一个数值 x 来表示，每次试验出现 x 的数值是不确定的，常常是不相同的，但是，出现某一数值 x_i 常具有相应的概率，表明这种变量 x 带有随机性，故称为随机变量，或随机变数。

水文现象中的水文特征值常是随机变量，如某地年降水量，某站年最高水位、最大洪峰流量等。由随机变量所组成的系列，如 x_1，x_2，…，x_n，称为随机变量系列，可用大写字母 X 表示。系列的范围可以是有限的，也可以是无限的。

随机变量可以分为离散型和连续型两种。

如果相邻两个随机变量之间，不存在中间值，这种随机变量称为离散随机变量。如某站年降雨的总日数，出现的天数只有 1 到 365(366)种可能值，不能取其任何中间值。

如果随机变量的一个有限区间内可以取得任何数值，则称为连续随机变量。例如某河流上的任一断面的年平均流量，可以在某一流量与极限流量之间变化，取其任何实数值。

二、随机变量的概率分布

随机变量取得某一可能值是具有一定概率的。这种随机变量与其概率一一对应的关系，称为随机变量的概率分布规律，简称概率分布。它反映了随机现象的变化规律。

离散随机变量 X 只可能取有限个或是一连串的值。设 X 的一切可能值为 $x_1,x_2,\cdots,x_n$，且对应的概率为 p_1，p_2，…，p_n，即

$$P(X=x_1)=p_1,P(X=x_2)=p_2,\cdots,P(X=x_n)=p_n$$

或将 X 可能取值及其相应的概率列成表，称为随机变量 X 的概率分布表。

例 4-1　北方某站 8 月上旬降雨日数，共有 11 种可能结果，各种结果以随机变量 0、1、2、…、8、9、10 来表示。如设 x 的统计(试验)结果为：$p(x=0)=2\%$，$p(x=1)=4\%$，…，$p(x=7)=17\%$，…，$p(x=10)=4\%$，则其随机变量 X 的概率分布表，见表 4-1。

××站 8 月上旬降雨日数统计　　表 4-1

x(日)	0	1	2	3	4	5	6	7	8	9	10	
p(%)	2	4	6	8	10	13	15	17	13	8	4	100

若绘制概率 $p(x)$ 与 x 的关系，如图 4-1 所示。

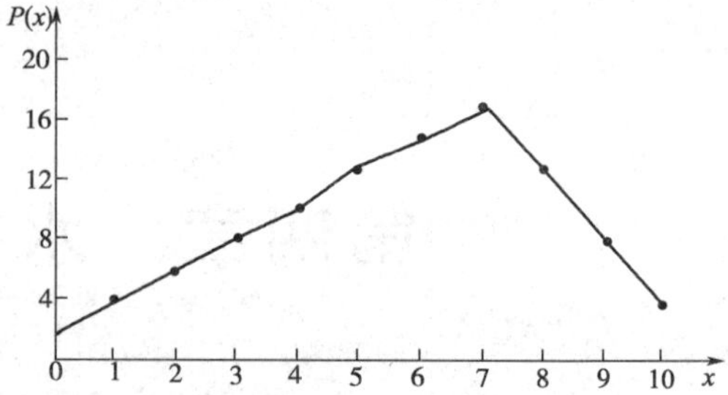
图 4-1 离散型随机变量分布图（8 月上旬降雨日数）

对于连续随机变量，它所有可能取值不同于离散型变量那样取得个别值的概率，而是充满某一个区间，取得任何个别值的概率趋近于零。连续随机变量只能研究某个区间的概率。一般为方便起见，研究 $X \geqslant x$ 的概率，将此概率表示为 $P(X \geqslant x)$；同样可研究 $X < x$ 的概率。两者之间有互换关系，即

$$P(X \geqslant x) = 1 - P(X < x)$$

因此只需研究一种概率。

显然，$P(X \geqslant x)$ 是随机变量 x 的分布函数，记为

$$F(x) = P(X \geqslant x)$$

它代表 X 大于某一取值 x 的概率，其几何曲线称为概率分布曲线；如果用实测资料点绘的，水文上称为累积频率曲线。

例 4-2 某站有 1962 年年降水量实测资料，试求年降水量频率分布规律。计算步骤如下：

(1)计算频率密度及累积频率。1962 年降水值按大到小排序，按 200mm 的级差分组，统计各组出现的次数、区间频率、频率密度、累积次数及累积频率，填入表 4-2(计算式在表中)。

某站年降水量统计表 表 4-2

年降水量组距 $\Delta x(=200\text{mm})$	发生在组距中的次数 Δm	区间频率 $\Delta p = \frac{\Delta m}{n}(\%)$	频率密度 $\frac{\Delta p}{\Delta x}(\%)$	累积次数 m	累积频率 $P = \frac{m}{n}(\%)$
①	②	③	④	⑤	⑥
2300 ~ 2101	1	1.6	0.008	1	1.6
2100 ~ 1901	2	3.2	0.016	3	4.8
1900 ~ 1701	3	4.8	0.024	6	9.6
1700 ~ 1501	7	11.3	0.057	13	20.9
1500 ~ 1301	13	21.0	0.105	26	41.9
1300 ~ 1101	18	29.1	0.146	44	71.0
1100 ~ 901	15	24.2	0.121	59	95.2
900 ~ 701	2	3.2	0.016	61	98.4
700 ~ 501	1	1.6	0.008	62	100.0
合计	62	100.0			

(2)绘制频率直方图。选取表 4-2 第④列各组的频率密度。$\Delta p/\Delta x$ 为横坐标，以年降水量的各组下限值 x 为纵坐标，按组绘成直方图，见图 4-2a)。各个长方形面积代表各组的区间频率，长方形面积之和为 100%，如资料年数无限增多，组距无限缩小，直方图会变成光滑的连续曲线，频率密度趋于概率密度，即 $\frac{\Delta p}{\Delta x} \to \mathrm{d}p/\mathrm{d}x$，见图 4-2a)的虚线，称为随机变量的概率密度

曲线。

(3)绘制累积频率曲线。以表 4-2 第⑥列累积频率为横坐标,分组下限值 x 为纵坐标,绘成阶梯形线图 4-2b),称为累积频率曲线。若资料年数无限增多,组距趋于无限小,则阶梯形线会变成光滑的连续曲线,见图中虚线,称为随机变量的概率分布曲线。

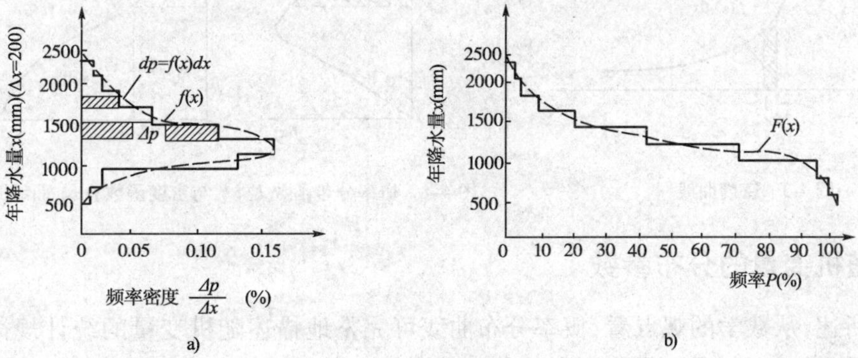

图 4-2　频率分布规律图

a)频率直方图;b)累积频率曲线

随机变量 X 落在区间$(x, x+\Delta x)$内的概率为

$$P(x+\Delta x > X \geqslant x) = F(x) - F(x+\Delta x) \tag{4-1}$$

相应的频率值 $P(x+\Delta x > X \geqslant x)$与组距 Δx 有关。为消除组距 Δx 的影响,研究随机变量 X 落入区间$(x,x+\Delta x)$的概率与区间长度(Δx)之比值,即

$$\frac{F(x) - F(x+\Delta x)}{\Delta x}$$

它表示 X 落入区间$(x,x+\Delta x)$的平均概率(密度)。当 $\Delta x \to 0$ 时,取极限,便称为随机变量 X 在取值 x 处的概率密度

$$\lim_{\Delta x \to 0} \frac{F(x) - F(x+\Delta x)}{\Delta x} = -\lim \frac{F(x+\Delta x) - F(x)}{\Delta x} = -\frac{\mathrm{d}F(x)}{\mathrm{d}x} = -F'(x)$$

式中 $F'(x)$为概率分布函数 $F(x)$的一阶导数,令

$$f(x) = -F'(x) = -\frac{\mathrm{d}F(x)}{\mathrm{d}x} \tag{4-2}$$

则函数 $f(x)$具有密度性质,故称 $f(x)$为概率密度函数,简称密度函数。密度函数的几何曲线称为密度曲线,见图 4-3。

$f(x)\mathrm{d}x$ 称为概率元素,其几何含义如图 4-3 中标阴影的面积。通过密度函数可以求出概率分布函数 $F(x)$,即

$$F(x) = P(X \geqslant x) = \int_x^{\infty} f(x)\,\mathrm{d}x \tag{4-3}$$

两者关系见图 4-4,随机变量 X 的最大上限一般取为无穷大。综上分析,连续随机变量的概率分布规律,可以通过密度函数和分布函数较完善的描述它。

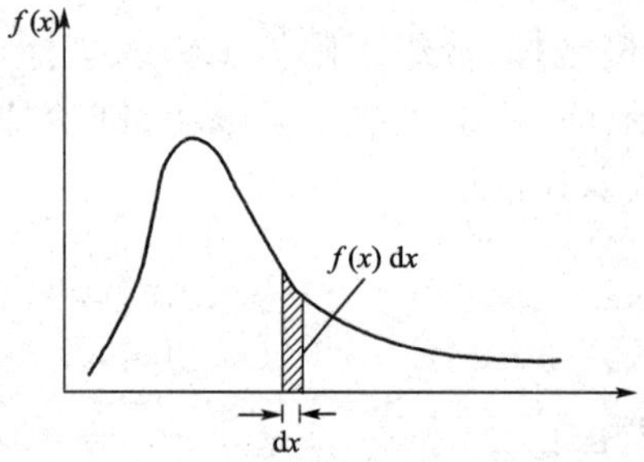

图 4-3　密度曲线

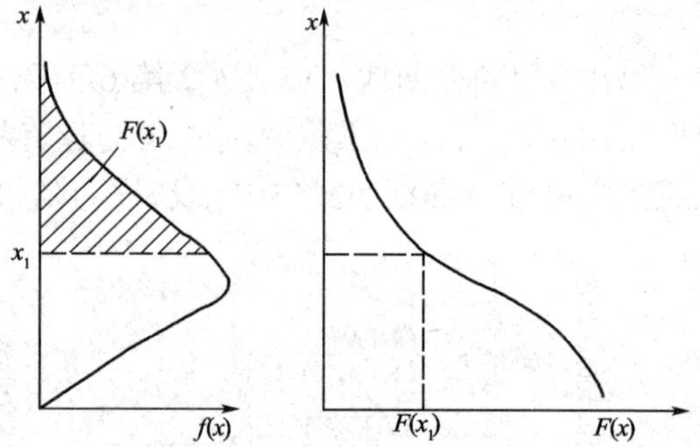

图 4-4　概率分布函数 $F(x)$ 与密度函数 $f(x)$ 曲线关系示意图

三、随机变量的分布参数

如前所述，从数学的观点看，概率分布曲线可完整地描述随机变量的统计规律，但从工程实用角度看，有时不一定都需要用完整的函数形式来说明随机变量，只要知道一些代表性的参数值，便能说明随机变量分布的主要特征。这种能说明随机变量统计规律的某些特征数值，称为统计参数，或特征参数。必要时，利用这些参数可以定出随机变量的概率分布函数，所以又称这些参数为分布参数。

在水文分析计算中常用的特征参数有：

1. 位置特征参数

(1)均值(平均数)($\bar{x}$)。设离散随机变量为 $x_1, x_2, \cdots, x_n$，其对应的概率分别为 $p_1, p_2, \cdots, p_n$，由于全部随机变量的概率之和应为100%，即 $\sum_{i=1}^{n} p_i = 1$，所以其均值计算式为

$$\bar{x} = \frac{x_1p_1 + x_2p_2 + \cdots + x_np_n}{p_1 + p_2 + \cdots + p_n} = \frac{\sum_{i=1}^{n} x_ip_i}{\sum_{i=1}^{n} p_i} = \sum_{i=1}^{n} x_ip_i \tag{4-4}$$

p_i 可看作为 x_i 的权重，这种加权平均数亦称为数学期望值，记为 $M(X)$，M 可以作为一个运算符，式(4-4)可改写为

$$M(X) = \sum_{i=1}^{n} x_ip_i$$

对于连续随机变量，可用类似方法求出均值，即

$$M(X) = \frac{\int_a^b xf(x)\,\mathrm{d}x}{\int_a^b f(x)\,\mathrm{d}x}$$

b 和 a 为 X 取值的上、下限，且 $\int_a^b f(x)\,\mathrm{d}x = 1$，故

$$M(X) = \int_a^b xf(x)\,\mathrm{d}x \tag{4-5}$$

均值是一个很重要的特征参数，它是表示系列的分布中心，代表随机变量系列的平均水

平，$\bar{x}$ 值大表示累积频率曲线或密度曲线的平均水平值高，$\bar{x}$ 值小则平均水平值低，见图 4-5 和图 4-6。

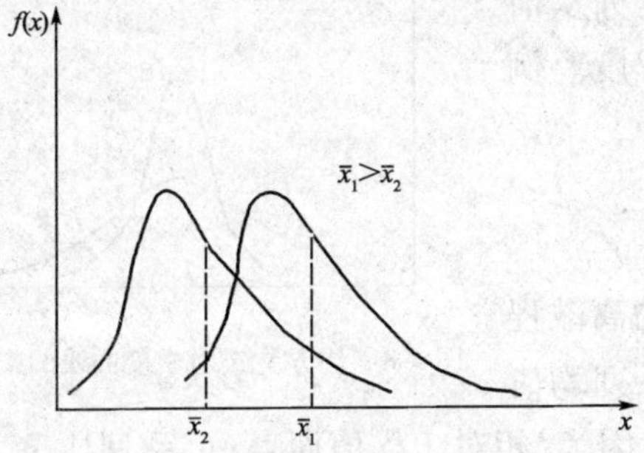

图 4-5　均值对密度曲线的影响

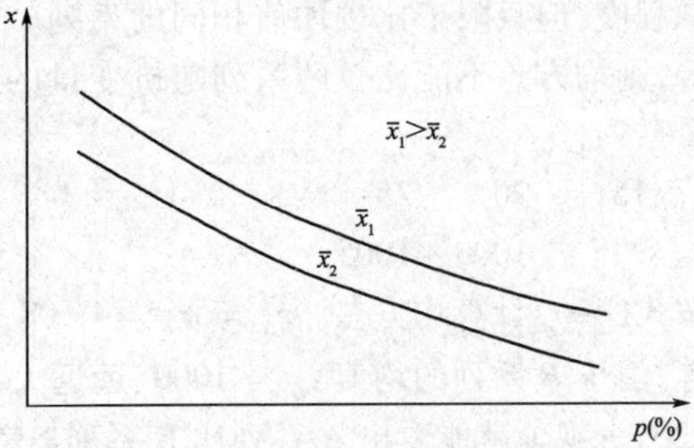

图 4-6　均值对累积频率曲线的影响

(2) 众值（众数）（$\hat{x}$）。概率密度曲线峰顶值在 x 坐标上相应的位置值，记为 $M_0(X)$ 或 $\hat{x}$。对于离散随机变量 X，当 $p_i > p_{i+1}$，且 $p_i > p_{i-1}$ 时，p_i 所对应的 x 坐标的值 x_i 就是分布的众值。对于连续随机变量，众值就是密度函数 $f(x)$ 为极大值时的 x 值，图 4-7 给出概率密度曲线正偏和负偏情况的众值位置。

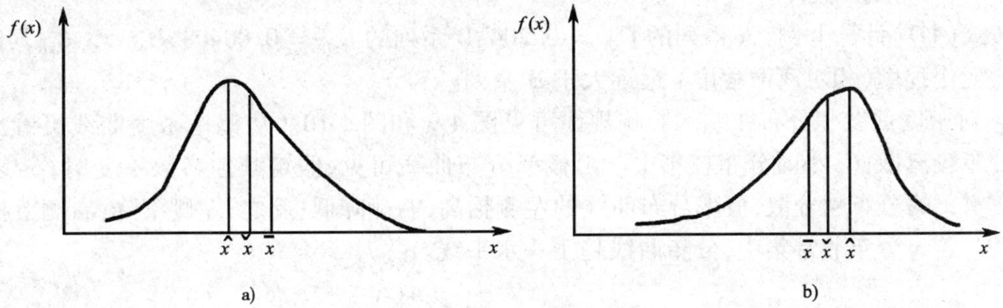

图 4-7　众值 $\hat{x}$、中值 $\check{x}$、均值 $\bar{x}$ 在密度曲线上位置关系图

a) 正偏情况；b) 负偏情况

(3) 中值（中位数）（$\check{x}$）。对于连续随机变量，把概率密度曲线下的面积分为两个相等部分所对应的 x 值为中值，记为 $M_e(X)$ 或 $\check{x}$。对于离散随机变量，将随机变量所有可能取值按大到小的次序排列，位置居中的数字为中值。随机变量大于或小于中值的概率都等于 1/2，见图 4-7。

2. *离散程度特征参数*

(1) 均方差（σ）。这是一描述概率分布离散趋势的特征参数，即均值相同时，随机变量之间的离散程度可能差异很大，量度这种变化程度用参数 σ，计算按如下公式

$$\sigma = \sqrt{\sum_{i=1}^{n}(x_i - \bar{x})^2/n} \tag{4-6}$$

式中的 $\bar{x}$ 是随机变量的均值；$x_i - \bar{x}$ 称离均差，表示变量偏离均值的差值。因为随机变量的取值有大于 $\bar{x}$ 值，有小于 $\bar{x}$ 值，故离均差有正有负，其均值为零，为使离均差的正值和负值不致相互抵消，一般取 $(x_i - \bar{x})^2$ 的平均数，再开方作为离散程度的标准，单位与 x 一致，称作均方差或标准差。

显然，随机变量分布越分散，均方差越大；分布越集中，均方差越小，见图 4-8。

（2）变差系数（C_v）。均方差虽然可以描述随机变量分布的离散程度，但只限于比较均值相同的系列。若两系列均值不相等，则均方差不能比较两系列随机变量的离散程度。例如两个系列：

x_A :15　　20　　25

x_B :995　　1000　　1005

按式（4-6）计算均方差。$\sigma_A = \sigma_B = 4.08$，两者的离散程度相等；由于 B 系列的均值 $\overline{X}_B = 1000$、远远大于 A 系列均值 $\overline{X}_A = 20$，直观地就能看出 A 系列比 B 系列离散得多，因为，相对于均值而言，A 系列比 B 系列相对离散程度大。因此，比较两个不同均值系列的离散程度时，宜采用均方差与均值之比值，用于衡量系列相对离散程度，此参数称为变差系数（或离差系数、离势系数）以 C_v 表示，计算式为

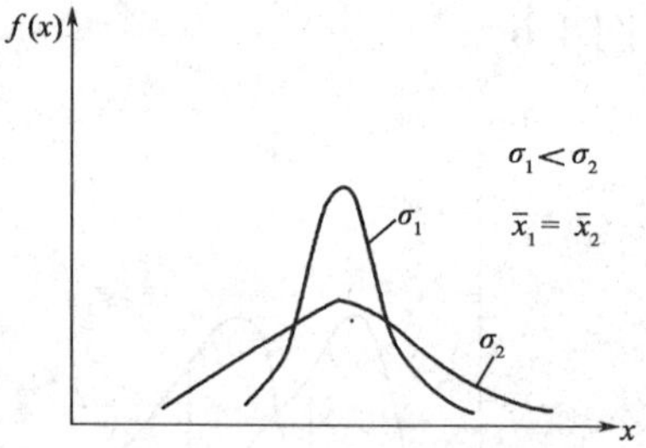

图 4-8　均方差 σ 对密度曲线的影响

$$C_v = \frac{\sigma}{\overline{x}} = \frac{1}{\overline{x}}\sqrt{\sum_{i=1}^{n}(x_i - \overline{x})^2/n} = \sqrt{\sum_{i=1}^{n}(k_i - 1)^2/n} \tag{4-7}$$

式中：k_i ——模比系数，$k_i = x_i / \overline{x}$。

按式（4-7）计算上例，A 系列的 $C_{vA} = 0.204$，B 系列的 $C_{vB} = 0.00408$，$C_{vA} \gg C_{vB}$，可见 A 系列的变化程度（相对离散程度）远远大于 B 系列。

C_v 对密度曲线和分布曲线的影响规律可见图 4-9 和图 4-10。从概率密度曲线可看出，C_v 大时分布较离散；C_v 小时分布较集中。由概率分布曲线可见，假定其他参数不变时，C_v 越大，随机变量 x 的分布越分散，概率分布曲线的左侧抬高，右侧降低；反之，左侧下降，右侧上抬，见图 4-10。若 x 分布非常集中，分布曲线趋于一水平线。

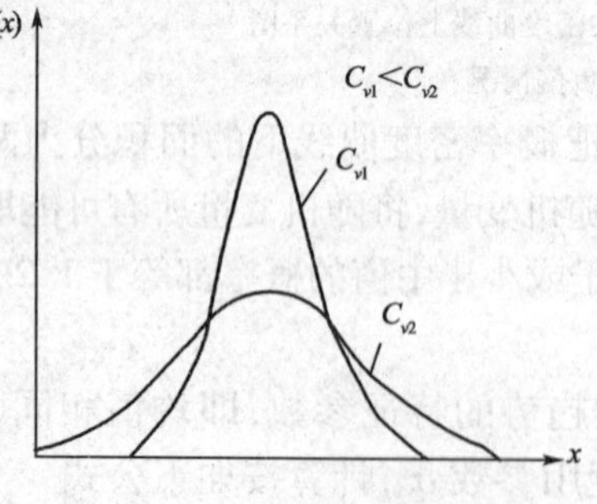

图 4-9　C_v 对密度曲线的影响

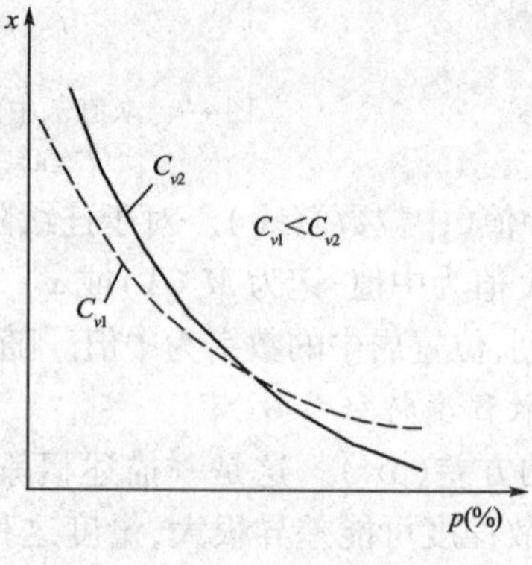

图 4-10　C_v 对概率分布曲线的影响

对于某条河流的年径流量来说，C_v 越大，其年际变化越大；若两条河流比较时，一般大河的调节作用比小河要大，所以大河年径流分布的 C_v 值比小河的小。

3. 偏态系数（C_s）

除均值及变差系数分别反映随机系列的平均水平及相对离散程度外，还可以用偏态系数（或称偏差系数）C_s 来反映密度曲线的对称特征，即衡量系列在均值的两侧分布对称或不对称

（偏态）程度的参数。统计数学可以证明：若随机变量 X 对其平均数 $\bar{x}$ 是对称分布时，则其所有离均差 $(x_i-\bar{x})$ 奇次幂之和的平均值都等于零，$\sum_{i=1}^{n}(x_i-\bar{x})^m/n=0, m=1,3,5,\cdots$，奇数。除 $m=1$，上式恒等于零以外，$m=3,5,\cdots$ 的上式都可以用来衡量随机系列分布的不对称程度，考虑到 $m=3$ 时的计算式最简单，所以 C_s 的计算式为

$$C_s=\frac{\sum_{i=1}^{n}(x_i-\bar{x})^3}{n\cdot\sigma^3}=\frac{\sum_{i=1}^{n}(k_i-1)^3}{n\cdot C_v^3} \tag{4-8}$$

式中符号含义同式（4-6）和式（4-7）。

C_s 大小对密度曲线及概率分布曲线的影响，见图 4-11 及图 4-12。

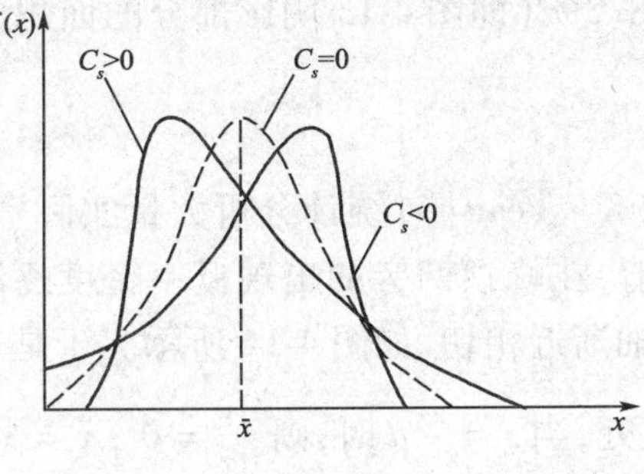

图 4-11　C_s 对密度曲线的影响

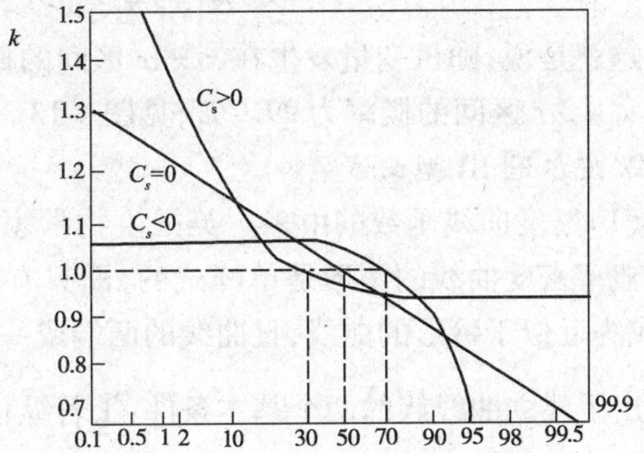

图 4-12　C_s 对概率分布曲线的影响

当 $C_s>0$ 时，密度曲线峰顶在均值的左边，即 $\hat{x}<\bar{x}$，称为左偏或正偏，概率分布曲线绘在概率纸上为向下凹曲线。

若 $C_s<0$ 时，密度曲线峰顶在均值的右边，即 $\hat{x}>\bar{x}$，称为右偏或负偏，概率曲线绘在概率格纸上为向上凸曲线。

如 $C_s=0$ 时，密度曲线峰顶在均值处，即 $\hat{x}=\bar{x}$，属对称分布或正态分布，其概率曲线在概率格纸上为一直线。

水文现象大多属于正偏，$C_s>0$。当其他参数不变（指 $\bar{x}$、C_v）时，C_s 值越大，则概率曲线在概率纸上的凹度越大，即两端都在正态直线以上，中间部分向下。

四、几种常用的概率分布曲线

目前水文分析计算中，常用的概率分布类型有以下几种。

1．正态分布

水文观测与抽样误差符合正态分布。正态分布具有如下形式的概率密度函数：

$$f(x)=\frac{1}{\sigma\sqrt{2\pi}}e^{-\frac{(x-\bar{x})^2}{2\sigma^2}}\qquad(-\infty<x<+\infty) \tag{4-9}$$

式中：e——自然对数的底；

　π——圆周率；

其他符号含义同前。

正态分布的密度曲线有以下几个特点：①单峰形，密度函数只有一个极大值（$\hat{x}$ 众值）；②以均值为轴对称，$C_s=0$，故 $\bar{x}=\hat{x}=\check{x}$；③曲线两端趋于 $\pm\infty$，并以 x 轴为渐近线。

正态分布密度函数中，只包含两个参数，若某个随机变量呈正态分布，则只要求出它的 $\bar{x}$ 和 σ 的参数值，分布便完全决定了。

可以证明，正态分布曲线在 $x\pm\sigma$ 处出现拐点，并且：

$$\frac{1}{\sigma\sqrt{2\pi}}\int_{\bar{x}-\sigma}^{\bar{x}+\sigma} e^{-\frac{(x-\bar{x})^2}{2\sigma^2}}\cdot \mathrm{d}x=0.683$$

$$\frac{1}{\sigma\sqrt{2\pi}}\int_{\bar{x}-3\sigma}^{\bar{x}+3\sigma} e^{-\frac{(x-\bar{x})^2}{2\sigma^2}}\cdot \mathrm{d}x=0.997$$

这就是说，随机变量发生在 $x\pm\sigma$ 区间的概率为68.3%（即图4-13阴影部分的面积）；发生在 $x\pm3\sigma$ 区间的概率为99.7%，见图4-13。

2. 皮尔逊 III 型曲线

(1)密度曲线函数的由来。英国生物学家皮尔逊（K · Pearson）统计分析大量实际资料，发现概率密度曲线的图形是单峰式的，即只有一个众值，在峰顶两旁的出现概率密度逐渐减小，成为近似于铃形的曲线，且曲线的两端或一端与横轴渐近相切，如图4-14所示。于是皮尔逊提出了建立曲线族的两个基本条件：①若纵轴在均值处，当 $x=-d$ 时，则 $\frac{\mathrm{d}y}{\mathrm{d}x}=0$，$\bar{x}=\hat{x}$；②当 $y=0$ 时，应使 $\frac{\mathrm{d}y}{\mathrm{d}x}=0$，即曲线与横坐标相切。

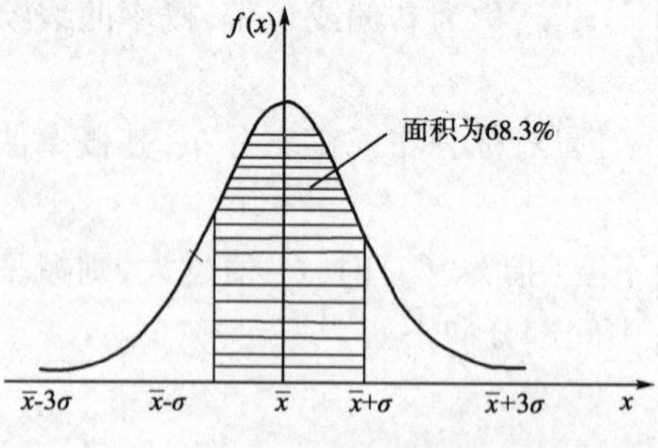

图4-13　正态分布的密度曲线

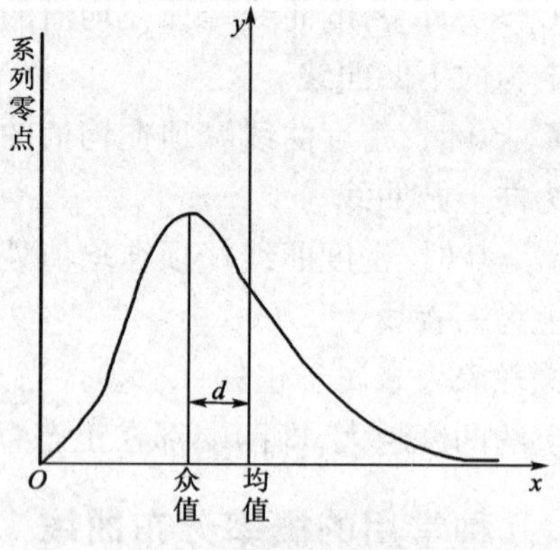

图4-14　皮尔逊概率密度曲线

皮尔逊从这两个简单的基本概念出发，建立了概率密度曲线的一般性微分方程式：

$$\frac{\mathrm{d}y}{\mathrm{d}x}=\frac{(x+d)y}{b_0+b_1x+b_2x^2} \tag{4-10}$$

式中参数 b_0、b_1、b_2 如取不同数值，上式积分后便可得出不同形式的概率密度曲线。

根据方程式(4-10)所得出的皮尔逊曲线族，共分13型。其中 $b_2=0$ 时，所得的曲线称为皮尔逊 III 型。其概率密度曲线的微分方程式为

$$\frac{\mathrm{d}y}{\mathrm{d}x}=\frac{(x+d)y}{b_0+b_1x} \tag{4-11}$$

如果将坐标原点移至水文系列变量的实际零点，则可得到皮尔逊 III 型曲线的常见形式：

$$y=f(x)=\frac{\beta^{\alpha}}{\Gamma(\alpha)}(x-a_0)^{\alpha-1}e^{-\beta(x-a_0)} \tag{4-12}$$

式中：$\Gamma(\alpha)=\int_0^{\infty}t^{\alpha-1}e^{-t}\mathrm{d}t$，称为 α 的伽马函数；

a_0——曲线起点的横坐标值，待定参数；

α、β——亦是两个待定参数。

由这三个参数决定的皮尔逊 III 型曲线的形式是一端有限，另一端无限的不对称单峰概率密度曲线，见图 4-15。

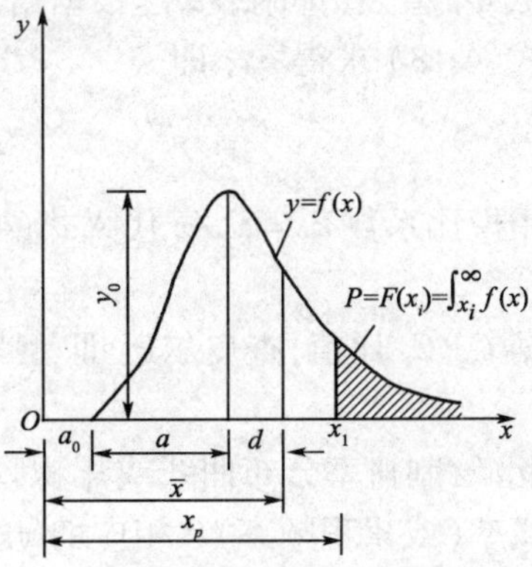

图 4-15　皮尔逊 III 型曲线

(2)曲线参数与统计参数之间关系。皮尔逊 III 型曲线方程中含有 3 个参数：α、β、a_0，可以用均值 $\bar{x}$、变差系数 C_v 及偏态系数 C_s 表示，通过统计分析得出如下关系：

$$\alpha=\frac{4}{C_s^2} \tag{4-13}$$

$$\beta=\frac{2}{\bar{x}C_vC_s} \tag{4-14}$$

$$a_0=\bar{x}\left(1-\frac{2C_v}{C_s}\right) \tag{4-15}$$

(3)皮尔逊 III 型概率分布曲线的绘制。根据式(4-12)至式(4-15)可知，当 3 个参数 $\bar{x}$、C_v 和 C_s 一经确定，则皮尔逊 III 型曲线的概率密度函数就完全确定，而且通过积分完全可求出概率分布曲线，即

$$P(X\geqslant x)=F(x)=\int_x^{a}f(x)\mathrm{d}x=P$$

或

$$P=\frac{\left[\dfrac{2}{\bar{x}C_vC_s}\right]^{\frac{4}{C_s^2}}}{\Gamma\left(\dfrac{4}{C_s^2}\right)}\int_x^{\infty}\left(x-\bar{x}+\frac{2C_v}{C_s}\bar{x}\right)^{\frac{4}{C_s^2}-1}\cdot\exp\left(-\frac{2}{\bar{x}C_vC_s}\left(x-\bar{x}+\frac{2C_v}{C_s}\bar{x}\right)\right)\mathrm{d}x \tag{4-16}$$

式中：$\Gamma\left(\frac{4}{C_s^2}\right)$——$\Gamma$ 函数，令 $\frac{4}{C_s^2}=t$，则 $\Gamma(t)=\int_0^{\infty}x^{x-1}e^{-x}\mathrm{d}x$。

由式(4-16)可知，$\bar{x}$、C_v 和 C_s 三参数一经确定，x 仅与 P 有关，即可由 P 唯一地来计算 x。

工程水文分析与计算中，常常需要求出指定累积频率(如设计累积频率)所相应随机变量 x_P(如设计水位、设计流量等)，完全可以直接用积分式(4-16)计算，由计算机完成。当然，通过查算制成的专用表也可使计算工作大为简化。

取标准化变量

$$\Phi=\frac{x-\bar{x}}{\bar{x}C_v} \tag{4-17}$$

称 Φ 为离均系数，其均值为零，标准差为1，为制专用表，将式(4-17)代入式(4-16)中，得

$$P(\Phi > \Phi_P) = \int_{\Phi_P}^{\infty} f(\Phi, C_s)\mathrm{d}\Phi$$

因而只要给定 C_s 就可以算出 Φ_P 和 P 的对应值，其关系可见皮尔逊 Ⅲ 型累积频率曲线的离均系数 Φ_P 值表(即附表2)。根据给定的 C_s 和设计累积频率 P，由附表2查出离均系数 Φ_P 后即可由式(4-18)求得 x_P，即

$$x_P = (\Phi_P C_v + 1)\bar{x} \tag{4-18}$$

若用模比系数 $k_P = x_P/\bar{x}$ 代入式(4-18)，可得

$$k_P = \Phi_P C_v + 1 \tag{4-19}$$

根据 C_s/C_v 比值，查皮尔逊 Ⅲ 型累积频率曲线的模比系数 k_P 值表，即附表3，于是

$$x_P = \bar{x} \cdot k_P \tag{4-20}$$

因此，绘制概率分布曲线或累积频率曲线，归结为：由已知参数 $\bar{x}$、C_v 和 C_s，查找附表3，求出各种概率(或累积频率)P 相应的 x_P 值，点绘关系曲线。

例 4-3 已知某河洪峰的均值 $\overline{Q} = 100\text{m}^3/\text{s}$，变差系数 $C_v = 0.6$，偏态系数 $C_s = 4C_v = 2.4$。如流量的概率分布与皮尔逊 Ⅲ 型相符，试求累积频率曲线和百年一遇($P = 1\%$)的设计洪峰流量值。

首先查附表3，取 $C_s = 4C_v$、$C_v = 0.6$ 的各项 P 值和对应的 k_P 值，列入表4-3内，用公式(4-20)计算累积频率曲线纵坐标 Q_P 值，以累积频率 P 为横坐标点绘在概率格纸上，即为皮尔逊 Ⅲ 型累积频率曲线，见图4-16，从曲线上查得 $P = 1\%$ 的设计流量值 $Q_P = 329\text{m}^3/\text{s}$。

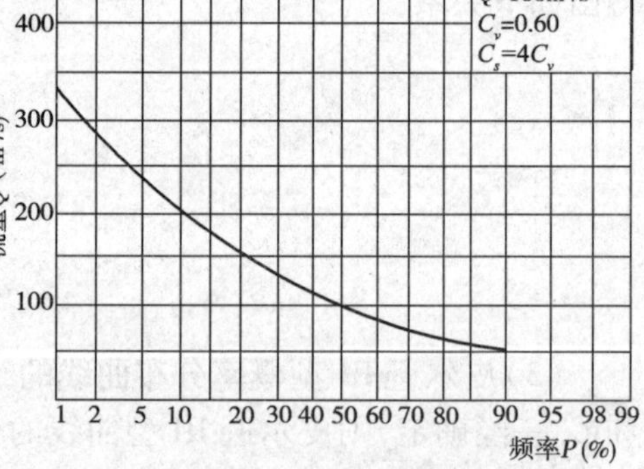

图4-16 皮尔逊Ⅲ型累积频率曲线

皮尔逊Ⅲ型累积频率曲线表 表4-3

$\overline{Q} = 100\text{m}^3/\text{s}, C_v = 0.6, C_s = 4C_v$

P(%)	1	2	5	10	20	50	75	90	95	99
k_P	3.29	2.81	2.21	1.76	1.32	0.79	0.59	0.52	0.51	0.50
Q_P	329	281	221	176	132	79	59	52	51	50

3. 耿贝尔分布

耿贝尔(E. J. Gumbel)于1941年首先把极值分布应用到水文分析中，所以称为耿贝尔曲线。

设有一随机变量系列 x_1、x_2、…、x_k 共有 k 个变量，其分布函数 $G(x)$ 称原始分布。如果在同一条件下，作 n 次试验，能得 n 组随机变量，每组随机变量中都有一个最大项和最小项，把 n 组的最大项组成一个分布，n 组的最小项亦组成一个分布，因为最大项或最小项都是极值，所以其分布称为极值分布，由 $F(x)$ 表示。

最大项的极值分布函数 $F(x)$ 与原始分布函数的关系为

$$P(X \geqslant x) = F(x) = 1 - [1 - G(x)]^k \tag{4-21}$$

原始分布 $G(x)$ 为指数型分布,近似写作

$$G(x) = \frac{1}{k}e^{-y} \tag{4-22}$$

当变量数充分大,即 $k \to \infty$ 时,式(4-21)为

$$P(X_a \geqslant x) = F(x) = 1 - [1 - G(x)]^k = 1 - \left[1 - \frac{1}{k}e^{-y}\right]^k = 1 - e^{-e^{-y}}$$

其中的 $y = \alpha(x - u)$;u 为极值分布的众值 $\hat{x}$;α 为众值密度函数 $g(\hat{x})$ k 倍,即

$$\alpha = kg(\hat{x})$$

u 和 α 是曲线的两个参数,耿贝尔用最小二乘法解得:

$$\alpha = \frac{\sigma_n}{S_n}$$

$$u = \bar{x} - \frac{\bar{y}_n}{\alpha}$$

其中:

$$S_n = \sqrt{\frac{1}{n}\sum x_i^2 - \left(\frac{1}{n}\sum x_i\right)^2} = \sqrt{\frac{1}{n}\sum (x_i - \bar{x})^2}$$

$$\sigma_n = \sqrt{\frac{1}{n}\sum y_i^2 - \left(\frac{1}{n}\sum y_i\right)^2} = \sqrt{\frac{1}{n}\sum (y_i - \bar{y}_n)^2}$$

$$\bar{x} = \frac{1}{n}\sum x_i$$

$$\bar{y}_n = \frac{1}{n}\sum y_i$$

由于 σ_n、$\bar{y}_n$ 仅与累积频率 P 有关,即是项数 n 的函数,所以当 n 确定后,耿贝尔由值 $P = \frac{m}{n+1}$ 式求出 σ_n、$\bar{y}_n$ 值(m 为变量 x 按递减次序排列的序号),n 与 σ_n、$\bar{y}_n$ 的关系可用曲线或表格形式给出,见图 4-17。

对于指定变量 x_p 值的累积频率为

$$P = 1 - \exp[-\exp(-y_P)] \tag{4-23}$$

而

$$y_P = \alpha(x_P - u) \tag{4-24}$$

代入上式,得

$$x_P = u - \frac{1}{\alpha}\ln[-\ln(1 - P)] \tag{4-25}$$

将 $u = \bar{x} - \frac{\bar{y}_n}{\alpha}$、$\alpha = \frac{\sigma_n}{S_n}$ 和

$$S_n = \sqrt{\frac{1}{n}\sum x_i^2 - \left(\frac{1}{n}\sum x_i\right)^2} = \sqrt{\frac{1}{n}\sum (x_i - \bar{x})^2}$$

代入上式,得

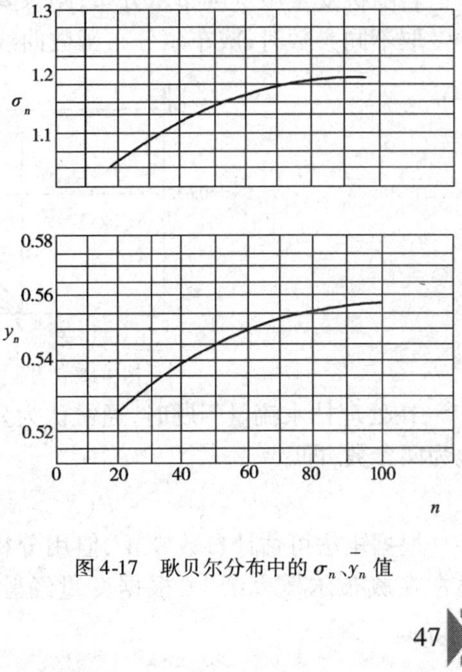

图 4-17　耿贝尔分布中的 σ_n、$\bar{y}_n$ 值

$$x_P = \bar{x} - \frac{\bar{y}_n \cdot S_n}{\sigma_n} - \frac{S_n}{\sigma_n}\ln[-\ln(1-P)]$$

$$= \bar{x} + \frac{1}{\sigma_n}\{-\ln[-\ln(1-P)] - \bar{y}_n\} S_n \tag{4-26}$$

令

$$\lambda_{P_n} = \frac{1}{\sigma_n}\{-\ln[-\ln(1-P)] - \bar{y}_n\}$$

则

$$x_P = \bar{x} + \lambda_{P_n} S_n \tag{4-27}$$

式(4-27)称Ⅰ型极值分布律,式中 λ_{P_n} 仅与 P 和 n 有关,并已制成表格,见附表4(Ⅰ型极值分布律的 λ_{P_n} 值表)。$\bar{x}$、S_n 可由实测资料计算。

同样,可导出最小项极值分布律计算式:

$$x_P = \bar{x} - \lambda_{P_n} S_n \tag{4-28}$$

计算最小项经验累积频率时,x 变量应按递增次序排列。

《海港水文规范》中规定,潮位频率分布曲线采用耿贝尔分布。具体应用可参阅第七章。实际上,年最大洪峰流量也遵循此分布。

4. 威布尔分布

威布尔分布是瑞典物理学家威布尔(W. Weibull)在1939年提出的,最初用于材料的破坏强度分布,其后1954年Gumbel应用到年最枯流量的水文统计分析中,亦称最小值分布类型III。随机变量分布函数

$$P(X \geqslant x) = F(x) = \begin{cases} 1 - e^{(x-\gamma)^{\beta}/\alpha} & x \geqslant \gamma \\ 0 & x < \gamma \end{cases} \tag{4-29}$$

式中:α——尺度参数;

β——形状参数;

γ——位置参数。

若随机变量服从威布尔分布,则只要知道以上3个参数便可确定分布曲线。

取不同参数时,威布尔分布函数曲线形状,如图4-18所示。

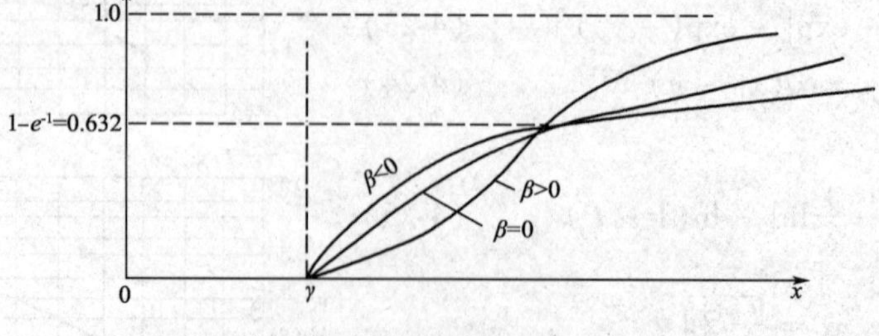

图4-18 当 α、γ 相同,β 不相同时的 $F(x)$ 曲线

在处理枯水流量问题时,通常认为分布的下限值为零较好,即当 $\gamma = 0$ 时,则分布函数简化为两参数,即

$$P(X \geqslant x) = F(x) = 1 - e^{-x^{\beta}/\alpha} \tag{4-30}$$

根据矩法可估计参数 β、α,但用分析法来确定威布尔分布参数的计算工作很麻烦,所以通常在威布尔概率纸上,根据变量经验累积频率点据进行图解适线求得,或用最小二乘法

拟合。

五、重现期

由于水文现象中的水文特征值常是随机变量,因此在进行工程规划、设计时,对这些基本的水文特征值必须应用随机分析方法,求得这些特征值在不同线型下的累积频率曲线,从而可以知道某一特征值在不同累积频率下的量值。在工程设计中,对于那些以年为周期的水文特征值,如设计洪水、设计波浪等,在取用其设计值时,常引入"重现期"概念,并根据工程规模、某一水文特征值的特点和工程重要性,在工程设计标准中对重现期作出规定。重现期是指,在某一随机变量系列多次出现的一些数值中,某一数值重复出现的时间间隔的平均数,即平均重现间隔期。重现期 T 与累积频率 P 有一定的对应关系,可表达为

$$T = \frac{1}{P} \tag{4-31}$$

式中:T——重现期,以年计;

P——累积频率,以小数或百分数计。

若某一年水文特征值,例如洪峰或洪量的累积频率为 $P=0.1\%$,代入式(4-31)得 $T=1/0.001=1000$ 年,即可以说设计标准为千年一遇。

若需要研究的某一年水文特征值,例如枯水位,其累积频率 $P>50\%$,则重现期与累积频率关系的表达式为

$$T = \frac{1}{1-P} \tag{4-32}$$

若某一河段最低水位设计累积频率为 $P=95\%$,代入式(4-32)得 $T=1/(1-0.95)=20$ 年,即可以说设计标准为 20 年一遇。

应指出,上述累积频率是指多年平均出现的机会;重现期则是指平均若干年出现一次,而不是固定周期。所谓百年一遇,并不意味着每隔百年发生一次,实际上某一百年内可能出现若干次,也许不出现,只反映在很长时间内,平均一百年可能出现一次的机遇。通常,对于某一水文特征值(例如洪峰),所说的"百年不遇",是指其在近百年内的最大值,与百年一遇的该水文特征值的概念不同,它可能小于、等于或大于其百年一遇的标准。

第二节　统计参数的估计

一、总体与样本

统计数学将研究对象中全部个体的总和,称为总体,总体所含个体的数目,叫作总体的容量。

实际上,随机现象的总体往往不知道,为使问题简化为不需研究总体,因而,常从总体容量中抽取一部分来进行分析研究。总体中的一部分个体称为样本。样本所含个体的数目,叫作样本容量。同一总体可以划分为多种样本。如果样本是任意抽取而不带任何主观成分,这种样本称为随机样本,这种抽样的过程叫随机抽样。

水文现象的总体应该包括河流生消过程的全部变量，可视为一无限总体。而现有的水文要素观测系列只是其中一小部分，仅是一个随机样本。

由于样本是总体的一部分，因此样本的特征在一定程度上反映出总体的特征。在总体难以获取的情况下，往往借助样本的规律来推测总体规律性或为了简化其分析计算。至于由样本所推得的规律是否能真实地反映总体规律性，主要看样本对总体的代表性程度。例如某断面年径流样本系列，若要代表性好，就应包括丰水、平水和枯水的各种资料。通常样本容量大的比容量小的代表性好。在实际工作中，选取代表性系列之前，应进行实地调查和考证历史文献并比较邻近地区的水文资料。

二、统计参数估计

与随机变量总体的概率分布参数相对应，随机变量样本的累积频率曲线参数也有 3 个，即均值、变差系数和偏态系数。这些参数的估算常用矩法。

1. 矩法简介

矩的概念在力学中广泛用于描述质量分布，如静力矩、惯性矩等。统计学借用这一概念估计参数，常采用原点矩和中心矩两种形式。

(1)原点矩。随机变量 X 对原点的离差，其 k 次幂的数学期望 $M(X^k)$，称为随机变量 X 的 k 阶原点矩，以符号 v_k 表示，即

$$v_k = M(X^k) \quad k = 1,2,\cdots,n \tag{4-33}$$

对离散随机变量
$$v_k = \sum_{i=1}^{n} x_i^k p_i$$

对连续随机变量
$$v_k = \int_{-\infty}^{\infty} x^k f(x)\,\mathrm{d}x$$

对样本系列
$$v_k = \frac{1}{n}\sum_{i=1}^{n} x_i^k \tag{4-34}$$

$k=0$ 时，$v_0 = M(X^0) = \sum\limits_{i=1}^{n} p_i = 1$，即 0 阶原点矩就是随机变量所有可能取值的概率之和，等于 1。

$k=1$ 时，$v_1 = M(X)$，即一阶原点矩就是数学期望，见式(4-4)与(4-5)。

(2)中心矩。随机变量 X 对分布中心 $M(X)$ 的离差，其 k 次幂的数学期望 $M\{[X-M(X)]^k\}$，称为 X 的 k 阶中心矩，以符号 μ_k 表示，即

$$\mu_k = M\{[X - M(X)]^k\} \quad k = 1,2,\cdots,n \tag{4-35}$$

对离散随机变量
$$\mu_k = \sum_{i=1}^{n} [x_i - M(X)]^k p_i$$

对连续随机变量
$$\mu_k = \int_{-\infty}^{\infty} [x_i - M(X)]^k f(x)\,\mathrm{d}x$$

对样本系列
$$\mu_k = \frac{1}{n}\sum_{i=1}^{n}(x_i - \bar{x})^k \tag{4-36}$$

显然，$\mu_0 = 1$，$\mu_1 = 0$，二阶中心距就是方差 $\mu_2 = M\{[X - M(X)]^2\} = D(X) = \sigma^2$，见式(4-6)。

2. 矩法估计样本系列统计参数

(1)样本的均值 $\bar{x}$ 估算。即按照式(4-34) 样本系列一阶原点矩 v_1 估算样本的均值

$$\bar{x} = \frac{1}{n}\sum_{i=1}^{n} x_i \tag{4-37}$$

(2)样本的变差系数 C'_v 估算。先按式(4-36)样本系列二阶中心矩 μ_2 计算样本的方差

$$S^2 = \mu_2 = \frac{1}{n}\sum_{i=1}^{n}(x_i - \bar{x})^2$$

然后，为保证在 $\bar{x}$ 相同的基础上比较离散特性，其构造可写成

$$C'_v = \frac{S}{\bar{x}} = \sqrt{\frac{1}{n}\sum_{i=1}^{n}\left(\frac{x_i}{\bar{x}} - 1\right)^2} = \sqrt{\frac{1}{n}\sum_{i=1}^{n}(k_i - 1)^2} \tag{4-38}$$

$$k_i = \frac{x_i}{\bar{x}}$$

(3)样本的偏态系数 C'_s。估算先按式(4-36)计算样本系列三阶中心矩

$$\mu_3 = \frac{1}{n}\sum_{i=1}^{n}(x_i - \bar{x})^3$$

然后，为了保证在相同 S 基础上比较偏态特征，其构造可写成

$$C'_s = \frac{\mu_3}{S^3} = \frac{\frac{1}{n}\sum_{i=1}^{n}(x_i - \bar{x})^3}{S^3} = \frac{\sum_{i=1}^{n}(k_i - 1)^3}{nC'^3_v} \tag{4-39}$$

3. 样本参数的无偏估计值

假设具有许多同样容量的样本系列，每一样本系列都可计算出统计参数，其多个样本参数的期望值等于相应的总体参数，则称此估计值为无偏估计值；反之，不等于相应的总体参数，则称为有偏估计值。

根据统计推理，据式(4-37)计算的 $\bar{x}$ 值，其多个样本均值的期望值可望等于总体的均值，因此样本的均值为无偏估计值。而用式(4-38)和式(4-39)求得的 C'_v 和 C'_s，是有偏估计值，但经统计推理，通过以下修正可得到无偏估计值：

$$C_v = \sqrt{\frac{n}{n-1}}C'_v = \sqrt{\frac{\sum_{i=1}^{n}(k_i - 1)^2}{n-1}} \tag{4-40}$$

$$C_s = \frac{n^2}{(n-1)(n-2)}C' \approx \frac{\sum_{i=1}^{n}(k_i-1)^3}{(n-3)C_v^3} \tag{4-41}$$

参数估计的概率权重法、双权函数法可参阅《水利水电工程设计洪水计算规范》(SL 44—93)之附录A。

三、抽样误差

上述无偏估计值的概念，是从平均意义上讲的，其多组样本的参数获得的平均数等于总体的参数，而不是说一个样本的估计量是无偏的。如果用随机抽取的一个样本，按式(4-37)、式(4-40)、式(4-41)计算的样本统计参数去估计总体相应的概率分布参数，常会出现一定的误差。这种由随机抽样而引起的误差，在统计学中称为抽样误差。

设从某随机变量的总体中任意抽取 m 个容量相同的样本，分别算出各个样本的均值 $\bar{x}_1$、$\bar{x}_2$、…、$\bar{x}_m$，这也是一种随机变量，具有一定的概率分布，称为样本均值的 $\bar{x}$ 抽样分布，基本上服从正态分布。样本均值 $\bar{x}$ 抽样误差大小，通常用其均方差来度量。为了区别，将此均方差以 $\sigma_{\bar{x}}$ 表示，称为样本均值的均方误。

由正态密度曲线可知，样本均值 $\bar{x}$ 的抽样误差落在 $\pm\sigma_{\bar{x}}$ 范围内的概率等于68.3%；落在 $\pm3\sigma_{\bar{x}}$ 范围内的概率等于99.7%。也就是说，如果随机抽取一个样本，以此样本的均值作为总体均值的估计值时，其误差有68.3%的可能不超过 $\sigma_{\bar{x}}$；有99.7%的可能不超 $3\sigma_{\bar{x}}$。

同理，也可推求样本变差系数 C_v 和偏态系数 C_s 的抽样分布的均方误 σ_{C_v}、σ_{C_s}。

根据数理统计学的推导，当某随机变量属于皮尔逊III型分布，抽样误差的各统计参数的均方误公式如下：

$$\begin{cases} \sigma_{\bar{x}} = \dfrac{\sigma}{\sqrt{n}} \\ \sigma_\sigma = \dfrac{\sigma}{\sqrt{2n}}\sqrt{1+\dfrac{3}{4}C_s^2} \\ \sigma_{C_v} = \dfrac{\sigma C_v}{\sqrt{2n}}\sqrt{1+2C_v^2+\dfrac{3}{4}C_s^2-2C_vC_s} \\ \sigma_{C_s} = \sqrt{\dfrac{6}{n}\left(1+\dfrac{3}{2}C_s^2+\dfrac{5}{16}C_s^4\right)} \end{cases} \tag{4-42}$$

式中：$\sigma_{\bar{x}}$、σ_σ、σ_{C_v} 及 σ_{C_s} —— 样本均值、均方差、变差系数和偏态系数的均方误；

n——样本容量；

σ、C_v 及 C_s ——随机变量 X 总体的均方差、变差系数和偏态系数，只能用样本估计替代。

由上述可知，样本统计参数的均方误是随着样本容量、变差系数及偏态系数值的变化而变化的。表4-4列出 $C_s = 2C_v$ 时，由式(4-42)计算的各参数的抽样误差(以相对误差 $\sigma_{\bar{x}}/\bar{x}$、σ_{C_v}/C_v 及 σ_{C_s}/C_s 表示)。明显可见，$\bar{x}$ 及 C_v 的误差小，而 C_s 的误差特别大。当 $n=100$ 时，

C_s 的误差在 40% ~126% 之间;当 $n=10$ 时, C_s 的误差大于 126% 。水文系列一般较短,即 $n<100$,因此由样本计算的 C_s 相对误差太大,很难满足设计要求。而对 $\bar{x}$ 和 C_v 来说,如 $C_v<1.0$, $n\geqslant25$, 相对误差可望低于 20% 。

样本参数的均方误(相对误差,%)　　表 4-4

误差 \ 参数 n \ C_v	$\bar{x}$				C_v				C_s			
	100	50	25	10	100	50	25	10	100	50	25	10
0.1	1	1	2	3	7	10	14	22	126	178	252	390
0.3	3	4	6	10	7	10	15	23	51	72	102	162
0.5	5	7	10	16	8	11	16	25	41	58	82	130
0.7	7	10	14	22	9	12	17	27	40	56	79	125
1.0	10	14	20	32	10	14	20	32	42	60	85	134

需注意的是,上列参数的均方误公式,只能反映许多同容量样本误差的平均情况。至于某个实际样本的误差,则可能小也可能大,不能单凭以上公式计算,须看资料代表性的好坏而定。

另外,经验证明,矩法估算参数,除了有上述的抽样误差外,还具有系统误差(一般小于总体值),因此,工程水文计算中,常采用所谓的适线法,而矩法所算的参数,只能作为适线的参考。

第三节　水文频率计算求矩适线法

一、概述

水利、水电和航运工程的规划设计中,往往需要推求某种水文特征值(如工程所处河段断面洪峰流量、最低水位等)及其在工程使用期内可能出现的机遇(累积频率);或要求提供规定设计标准(累积频率)的某一水文特征值,作为确定建筑物规模的依据。这些特征值一般可通过频率计算求得,其计算核心是求累积频率曲线。

假定水文特征资料足够长,接近于总体容量,完全可以用本章例 4-2 方法,以式 $P=\dfrac{m}{n}\times100\%$ 计算系列累积频率,见表 4-2,并按数据绘制出累积频率曲线;或者假定参数能代表总体特征,且符合某种概率分布(如皮尔逊 III 型),便可像例 4-3 那样,直接应用式(4-16)积分求得累积频率,并绘制累积频率曲线。但是水文资料的实测系列一般都比较短,难于符合上述假定,若要推求稀有累积频率(如设计标准累积频率 $P=0.1\%$、校核标准累积频率 $P=0.01\%$ 等)的设计值,则必须将有限资料点绘的经验累积频率曲线向外延伸。而主观地顺势外延,任意性强。为了减少任意性,通常需借助某种概率分布曲线(如第四章第一节介绍的几种常用线型)作为确定累积频率曲线和外延经验累积频率曲线的重要参考。

目前,工程规划与设计时应用的累积频率曲线绘制方法有:求矩适线法、三点法、读点补矩法等,其中应用最广泛的是求矩适线法,简称适线法。

二、绘制累积频率曲线的求矩适线法

1. 求矩适线法绘制累积频率曲线的基本要点

首先据实测资料计算经验累积频率点据，点绘在概率格纸上。然后以实际资料作样本，用矩法计算统计参数 $\bar{x}$ 、C_v ，并估计其可能误差。再选定比较合适的概率分布曲线，亦称理论累积频率曲线（如皮尔逊 III 型等），由统计参数参数 $\bar{x}$ 、C_v 及 C_s（假定为 C_v 的若干倍）绘制理论累积频率曲线，与经验点据分布比较其配合情况。如不一致，可适当修改 C_s 的倍数，必要时，还可在一定误差范围内适当调整另外两个统计参数 $\bar{x}$ 与 C_v ，使得理论累积频率曲线与经验累积频率点据配合较好为止，找到一条较满意的累积频率曲线。

实际上，工程规划设计时最终选用的统计参数及相应的累积频率曲线，不仅要从水文统计方面论证，还要密切结合水文现象的成因及其特征值的地区分布规律，进行综合分析对比才能确定。

2. 经验累积频率计算公式

由于水文特征实测资料短，不能用分组方法和直接求积方法求经验累积频率。目前，我国水文分析计算中广泛采用经验累积频率计算公式作为数学期望公式，第四章第一节提到，耿贝尔用过如下公式：

$$P = \frac{m}{n+1} \times 100\% \tag{4-43}$$

式中：P ——经验累积频率；

n ——系列的总项数（样本容量）；

m ——样本系列的变量由大到小排序的序号。

为计算方便已制成表格备查用，见附表 1。

3. 用适线法绘制累积频率曲线的具体步骤

（1）绘制经验累积频率曲线。将经过审核的实测水文特征资料，按变量由大到小的次序排列，以各变量的序号 m ，代入式（4-43），计算其经验累积频率 P 。以变量值为纵坐标，P 为横坐标，将经验累积频率点（ x ，P ），点绘到概率格纸上，连线或过点群中心绘一条线，即经验累积频率曲线。

（2）矩法求样本统计参数。按公式（4-37）、式（4-40）和式（4-42）计算样本统计参数均值 $\bar{x}$、变差系数 C_v 及其均方误 $\sigma_{\bar{x}}$ 和 σ_{C_v} 。如果样本系列很长，可据式（4-41）计算系列的偏态系数 C_s 作为参考数据。如系列不长，直接计算 C_s 的抽样误差太大，一般不进行计算，可假定几个 C_s 值，对于年径流系列，$C_s = (2 \sim 3)\ C_v$ ；而对暴雨洪水系列，$C_s = (2.5 \sim 4)\ C_v$ ，由适线法确定。

（3）选定线型。一般选皮尔逊 III 型曲线，如确实配合不好，再选其他线型。

（4）适线。即根据计算的 $\bar{x}$ 、C_v 及假定的若干 C_s 值（如 $2.0\ C_v$ 、$2.5\ C_v$ 、$3.0\ C_v$ …）组成几组方案，分别查皮尔逊 III 型累积频率曲线的离均系数 Φ_P 值表（见附表 2），由 C_s 及 P 得出对应的 Φ_P 值，代入式（4-18）中计算相应的 x_P 。以 x_P 为纵坐标，以 P 为横坐标，在点绘经验累积频率曲线的同一张概率格纸上绘出几条理论累积频率曲线。从多方面进行分析论证和综合比较区域的参数规律，选取一条与经验点据线配合较好的曲线，作为答案，并确定相应的统计参数 $\bar{x}$、C_v 和 C_s。按此频率曲线，回答设计所要求的有关问题。

例 4-4　某工程拟建断面水文站有 35 年实测流量资料，试求最大流量的累积频率曲线及相应于设计标准 $P=1\%$ 和校核标准 $P=0.1\%$ 的最大流量值。

计算步骤如下：

（1）计算经验累积频率。将已审核的最大流量系列资料，按大到小排序，填入表 4-5 第①、第②列内，按式 $P=m/(n+1)\times100\%\ (n=35)$ 计算经验累积频率，填入表第⑥列内，依据第②、⑥列数据绘制经验累积频率点据图，见图 4-19 的黑点群。

某站最大流量的统计参数及经验累积频率计算表　　表 4-5

序号 m	最大流量 Q_i（m^3/s）	模比系数 k_i	k_i-1	$(k_i-1)^2$	经验累积频率 $P=\frac{m}{n+1}\times100\%$
①	②	③	④	⑤	⑥
1	18500	2.09	1.09	1.1881	2.8
2	17700	2.00	1.00	1.0000	5.6
3	13900	1.57	0.57	0.3249	8.3
4	13300	1.50	0.50	0.2500	11.1
5	12800	1.44	0.44	0.1936	13.9
6	12100	1.37	0.37	0.1369	16.7
7	12000	1.35	0.35	0.1225	19.4
8	11500	1.30	0.30	0.0900	22.2
9	11200	1.26	0.26	0.0676	25.0
10	10800	1.22	0.22	0.0484	27.8
11	10800	1.22	0.22	0.0484	30.6
12	10700	1.21	0.21	0.0441	33.3
13	10600	1.20	0.20	0.0400	36.1
14	10500	1.19	0.19	0.0361	38.9
15	9690	1.09	0.09	0.0081	41.7
16	8500	0.96	-0.04	0.0016	44.4
17	8220	0.93	-0.07	0.0049	47.2
18	8150	0.92	-0.08	0.0064	50.0
19	8020	0.91	-0.09	0.0081	52.8
20	8000	0.90	-0.10	0.0100	55.6
21	7850	0.89	-0.11	0.0121	58.3
22	7450	0.84	-0.16	0.0256	61.1

续上表

序号 m	最大流量 Q_i(m³/s)	模比系数 k_i	$k_i - 1$	$(k_i - 1)^2$	经验累积频率 $P = \frac{m}{n+1} \times 100\%$
①	②	③	④	⑤	⑥
23	7290	0.82	-0.18	0.0324	63.9
24	6160	0.70	-0.30	0.0900	66.7
25	5960	0.67	-0.33	0.1089	69.4
26	5950	0.67	-0.33	0.1089	72.2
27	5590	0.63	-0.37	0.1369	75.0
28	5490	0.62	-0.38	0.1444	77.8
29	5340	0.60	-0.40	0.1600	80.6
30	5220	0.59	-0.41	0.1681	83.3
31	5100	0.58	-0.42	0.1764	86.1
32	4520	0.51	-0.49	0.2401	88.9
33	4240	0.48	-0.52	0.2704	91.7
34	3650	0.41	-0.59	0.3481	94.4
35	3220	0.36	-0.64	0.4096	97.2
总计	310010	35.00	0.00	6.0616	

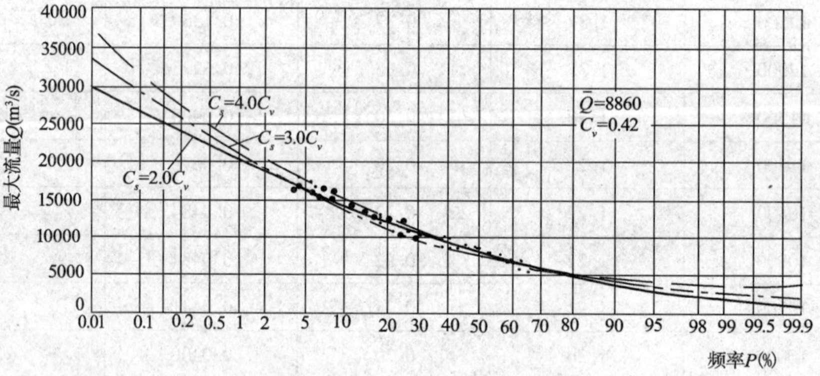

图 4-19 某站最大流量累积频率曲线

(2)矩法求样本统计参数 $\overline{Q}$、C_v。计算均值和变差系数时,采用计算公式与列表相结合的方法:即先列表计算最大流量之和 $\sum_{i=1}^{35} Q_i = 310010$ m³/s 见表 4-5 第②列末行总计,再用公式计算均值

$$\overline{Q} = \frac{1}{n}\sum_{i=1}^{n} Q_i = \frac{1}{35} \times 310010 = 8860\text{m}^3/\text{s}$$

将第②列各流量除以均值 $\overline{Q}$ 得模比系数 k_i 列入第③列,计算 $k_i - 1$ 和 $(k_i - 1)^2$ 分别填入第④和第⑤列中,$\sum_{i=1}^{35}(k_i - 1)^2 = 6.0616$ 见第⑤列末行,最后用公式计算变差系数

$$C_v = \sqrt{\frac{\sum (k_i - 1)^2}{n - 1}} = \sqrt{\frac{6.0616}{34}} = 0.42$$

(3)理论累积频率曲线计算与绘制。根据统计参数 $\overline{Q}$ =8860m³/s, C_v =0.42,试定 C_v/C_s = 2,3,4 ,查附表2得 Φ_P ,代入式 $k_P = 1 + C_v\Phi_P$ 及 $Q_P = \overline{Q} \cdot k_P$,算得 Q_P ,列入表4-6中,并以点据(Q_P , P)绘出三条理论累积频率曲线,见图4-19。

(4)适线情况分析。$C_s = 2C_v$ 线头部有两个点偏离较远;$C_s = 4C_v$ 线头部有一个点稍偏,尾部偏离太大;$C_s = 3C_v$ 线头部的点据配合的较好,尾部也较好。又综合考虑上下游断面 C_s 的参数取值亦是3 C_v ,故最后确定统计参数为:$\overline{Q}$ =8860m³/s, C_v =0.42、$C_s = 3C_v$ =1.26。从表4-6中可查得 P =1% 的最大流量 $Q_{1\%}$ = 20700m³/s ;P = 0.1 的最大流量 $Q_{0.1\%}$ = 27100m³/s。

理论累积频率曲线计算表　$\overline{Q}$ =8860m³/s, C_v =0.42　　表4-6

C_s/C_v	项目 \ P(%)	0.01	0.1	1	5	10	25	50	75	90	95	99	99.9
2	Φ_P	5.59	4.30	2.92	1.83	1.34	0.58	-0.14	-0.73	-1.16	-1.37	-1.71	-1.97
	k_P	3.35	2.81	2.23	1.78	1.56	1.24	0.94	0.69	0.51	0.42	0.28	0.17
	Q_P	29700	24900	19800	15800	13800	11000	8330	6110	4520	3720	2480	1510
3	Φ_P	6.55	4.90	3.19	1.92	1.34	0.51	-0.20	-0.74	-1.07	-1.22	-1.41	-1.52
	k_P	3.75	3.06	2.34	1.80	1.56	1.22	0.91	0.69	0.55	0.49	0.41	0.36
	Q_P	33200	27100	20700	16000	13800	10800	8060	6110	4870	4340	3640	3190
4	Φ_P	7.50	5.48	3.43	1.97	1.32	0.44	-0.27	-0.72	-0.97	-1.07	-1.15	-1.18
	k_P	4.15	3.31	2.44	1.83	1.55	1.18	0.89	0.70	0.59	0.55	0.52	0.50
	Q_P	36800	29300	21600	16200	13700	10500	7880	6200	5220	4870	4600	4430

最后应指出,上述介绍的累积频率计算方法,是采用“列表计算、公式计算、手工绘图相结合”的方法,有利于掌握基本概念和原理。在此基础上可以编程,人机交互或自动绘制累积频率曲线及其相应的统计参数,推求设计所需要的成果。

三、频率计算中的几个特殊问题

1.基准面变化对参数的影响

水位累积频率计算与流量、降雨等的累积频率计算方法相似,所不同的是在水位累积频率计算中,其统计参数 $\overline{x}$ 、σ 、C_v 、C_s 与水位基准面有关。如基准面取得不同,系列的均值 $\overline{x}$ 和变差系数 C_v 也就不同,但均方差 σ 和偏态系数 C_s 则不变。因为 $\overline{x}$ 反映随机变量的位置特征,基准面增减一个数,相当随机变量密度曲线的坐标原点左右移动,曲线左右平移,密度曲线的离散度和对称性都没变。所以若 $\overline{x}$ 变化,σ 与 C_s 都不变,但 $C_v = \sigma/\overline{x}$,因而 C_v 亦变。

变化关系式为:

$$\overline{x}_{\pm a} = \overline{x} \pm a \tag{4-44}$$

$$(C_v)_{\pm a} = \frac{\overline{x}}{\overline{x} \pm a} C_v \tag{4-45}$$

式中：$\bar{x}_{\pm a}$ ——基准面增加或减少常数 a 后的均值；$\bar{x}$ 为变动前的均值；

$(C_v)_{\pm a}$ ——基准面增或减一个常数 a 后的变差系数；C_v 为变动前的变差系数。

在水位资料审查与使用过程中，有时需要进行基准面转化，如由测站基面转换为绝对基面，或由原基面转换为全国统一的黄海基面，或将同一河流上的不同测站统一到同一基面上，这时可对原有水位资料统一加或减一个常数 a，如原参数已经过计算，则应用式(4-44)和式(4-45)便可求得新统计参数。

实际工作中，常取接近最低水位(或断流水位)作为基准面进行频率计算。如果基准面过低，均值太大，则 C_v 变小，相对误差增大。

2. 负偏态线型($C_s<0$)的频率计算

一般情况下，水文资料样本绘制的经验累积频率曲线，用皮尔逊 III 型累积频率曲线适线时，偏态系数 $C_s>0$。但是，有时进行年最小特征值(如最小流量和最低水位)频率分析时，经验点据往往呈负偏，$C_s<0$，因此需用负偏累积频率曲线对经验点进行适线。而现有的 K_p 和 Φ_p 值表均属正偏情况，不能用于负偏，故需作修正。

对于负偏频率密度，可设想一个频率密度相同，但方向相反(即为正偏)的情况，如图 4-20 所示。它们的频率密度曲线分别为 $f(x)$ 负偏和 $f(x')$ 正偏。从图形可以看出，两者的统计参数除偏态系数 C_s 值负号不同外，其余参数则是一样的(以 AB 为对称轴，A 点即 $\bar{x}=\bar{x}'$ 点)。它们的频率有如下关系：

$$P(x)=\int_{x_i}^{x_0}f(x)\,\mathrm{d}x=1-\int_{x_i'}^{\infty}f(x')\,\mathrm{d}x'=1-P(x')$$

式中：$P(x)$ ——原负偏系列密度曲线图中，实线下由 x_i 积分到 x_0 的累积频率，右部阴影部分面积；

$P(x')$ ——虚线图由 x'_i 积分到右端(无穷大)的累积频率。

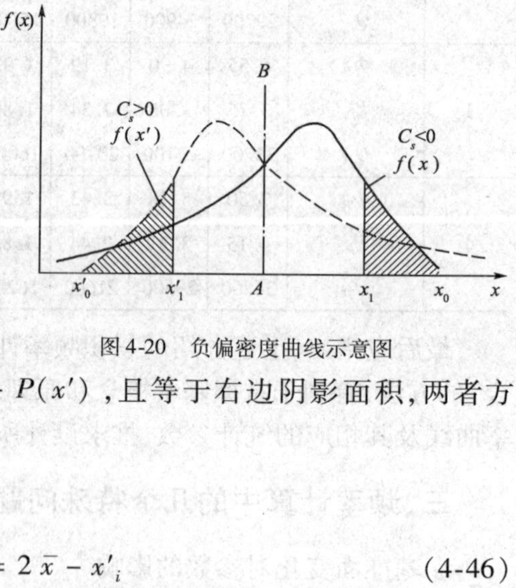

图 4-20 负偏密度曲线示意图

密度曲线下总面积为 1，左边阴影面积等于 $1-P(x')$，且等于右边阴影面积，两者方向相反。

由图 4-20 可知

$$\bar{x}=\bar{x}'$$

$$x_i=x'_i+2(\bar{x}-x'_i)=2\bar{x}-x'_i \tag{4-46}$$

已知对于正偏的离均系数

$$\Phi'=\frac{x'_i-\bar{x}'}{\bar{x}'C_v}$$

所以对于负偏，将式(4-46)代入上式

$$\Phi=\frac{x_i-\bar{x}}{\bar{x}\cdot C_v}=\frac{2\bar{x}-x'_i-\bar{x}}{\bar{x}\cdot C_v}=-\frac{x'_i-\bar{x}}{\bar{x}C_v}=-\Phi'$$

因此负偏与正偏的 Φ 值其绝对值相等，符号却相反。所以对于指定的累积频率来说，如求负偏分布 $P(x_p)$ 的 Φ 值，可根据 $1-P(x_p)$ 查求正偏离均系数表先得对应的 Φ' 值，将 Φ' 改为负值，即 $\Phi = -\Phi'$，求得 $P(x_p)$ 之 Φ 值。

例如 $C_s = -0.3$，要 $P = 1\%$ 的 Φ 值。可先求查 $C_s = 0.3$，$P' = 1 - P(x) = 1 - 1\% = 99\%$ 相应的附表2的离均系数 $\Phi' = -2.10$，然后改变负值为正，即得出 $C_s = -0.3$，$P = 1\%$ 时相应的 $\Phi = 2.10$。此后便可应用一般频率计算方法求得所需的累积频率曲线。

3. 特大值处理问题

在港、航工程规划设计的水文频率计算中，往往发现年最高洪水位或流量连续系列内具有个别突出的数值(特大值)，若点绘经验累积频率线很容易发觉这突出数值与其他数值之间有明显突变不连续现象。突出点的重现期比现有的观测年数(即系列的项数)要长得多。

因此在频率分析中，不能把这个特大值与系列中的其他值同等对待，而应适当的处理或调整其重现期，即所谓的特大值处理问题。

特大值的出现可见图4-21，有的在实测系列之外(图a)，有的则在实测系列之内(图b)，或实测系列内、外都有(图c)。

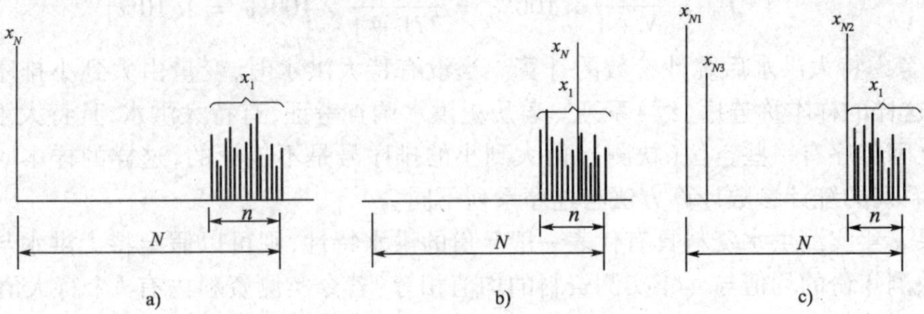

图4-21　考虑特大值系列示意图

特大值资料，有的测站能观测得到，有的则要通过调查才能得到。特大值处理，近乎将原有的实测系列由几年延长到相当于特大值考证期 N 的年限，从而起了展延系列的作用，增加了资料的代表性和计算成果的可靠性。

如，华北某河某站1955年规划时，$n = 20$ 年，计算设计标准 $P = 0.1\%$，洪峰 $Q_{0.1\%} = 7500\text{m}^3/\text{s}$；1956年发生特大洪水，实测洪峰流量 $13700\ \text{m}^3/\text{s} > Q_{0.1\%}$。若加入1956年资料，不处理，$n = 21$，则求得的 $Q_{0.1\%} = 25900\ \text{m}^3/\text{s}$，为原计算成果的3倍；如1956年作特大洪水处理，考证重现期 $N = 162$ 年，则计算 $Q_{0.1\%} = 19700\ \text{m}^3/\text{s}$。可见，特大洪水对计算成果的影响是非常大的。

处理特大值的关键，在于调查考证重现期 N。通常把有实测洪水资料的年份以前至能调查到历史洪水中最远的年份，这段时期称为调查期。调查期以前的历史洪水情况，可进一步通过历史文献资料的考证获得。通常把有历史文献资料可考证的时期称考证期。考证期与调查期结合起来称调查考证期，一般是通过历史洪水调查和历史文献考证求得的。

考虑特大洪水的经验累积频率计算及统计参数计算方法如下：

(1)特大洪水的经验累积频率计算方法。设在实测系列内有 l 次特大洪水，实测系列外有 b 次特大洪水(l、$b = 0,1,2,\cdots$)，则特大洪水的经验累积频率计算式为

$$P = \frac{M}{N+1} \times 100\% \quad (M = 1,2,\cdots,b+l) \tag{4-47}$$

式中：N——首项特大洪水的调查考证期(重现期)；

M——特大洪水由大至小排列的序号。

一般的经验累积频率计算仍用式(4-43)。

如某站有1953～1996年共44年实测洪峰流量，通过调查考证，得出该站历史洪水资料：1829年($3890m^3/s$)；1935年($4980m^3/s$)；1960年($2960\ m^3/s$)。

经调查当地90岁老人和考证历史文献(当地县志)，1935年和1829年的洪水是1726年以来发生的两次特大洪水，1726～1996年为271年($N = 1996 - 1726 + 1$)，于是可用式(4-47)计算三个特大洪水累积频率，按1935年、1829年和1960年排序，$M = 1,2,3$，所以

$$P_1 = \frac{1}{N+1} \times 100\% = \frac{1}{271+1} \times 100\% = 0.37\%$$

$$P_2 = \frac{2}{N+1} \times 100\% = \frac{2}{271+1} \times 100\% = 0.74\%$$

$$P_2 = \frac{3}{N+1} \times 100\% = \frac{3}{271+1} \times 100\% = 1.10\%$$

(2)考虑特大洪水后统计参数的计算。当没有特大洪水时，变量由大到小排序的序号是相连的，这样的样本称连序(续)系列。若历史洪水调查考证，有特大洪水，且特大洪水与其他洪水值之间年序有一些空位(缺测)，由大到小的排序号是不连续的，这样的样本叫不连序系列，此类系列的统计参数计算方法与连序系列不同。

如果n年实测洪水资料具有代表一般年份的洪水特性，则可以假定特大洪水与实测系列之间的缺测年份的均值与n年实测资料的均值相等(若令实测资料内有l个特大值，之外有b个特大值，$l + b = a$)，所以包括特大洪水及一般洪水的N年系列的均值为：

$$\bar{x}_N = \frac{1}{N}\left[\sum_{j=1}^{a} x_j + \frac{N-a}{n-l}\sum_{i=l+1}^{n} x_i\right] \tag{4-48}$$

同理，假定缺测年份的方差与n年实测资料的方差相等，则包括特大值的均方差为：

$$\sigma_N = \sqrt{\frac{1}{N-1}\left[\sum_{j=1}^{a}(x_j - \bar{x}_N)^2 + \frac{N-a}{n-l}\sum_{i=l+1}^{n}(x_i - \bar{x}_N)^2\right]} \tag{4-49}$$

变差系数为

$$C_{v_N} = \frac{\sigma_N}{\bar{x}_N} = \sqrt{\frac{1}{N-1}\left[\sum_{j=1}^{a}(k_j - 1)^2 + \frac{N-a}{n-l}\sum_{i=l+1}^{n}(k_i - 1)^2\right]} \tag{4-50}$$

式中：k_j——特大洪水模比系数，$k_j = \dfrac{x_j}{\bar{x}_N}$，$j = 1,2,\cdots,a$；

k_i——实测洪水模比系数，$k_i = \dfrac{x_i}{\bar{x}_N}$，$i = 1,2,\cdots,n-l$；

$\bar{x}_N$——考虑特大洪水后的均值。

当求出$\bar{x}_N$和C_{v_N}后，便可用适线法推求考虑特大洪水的累积频率曲线。

(3)考证期N的敏感性分析。即分析考证期N对统计参数$\bar{x}_N$、C_{v_N}的影响程度。从连续系列参数$\bar{x}$、C_v的均方误(相对误差，%)表4-4可看出，当$C_s = 2C_v$，$C_v < 1.0$，若样本容量$n > 25$，则$\bar{x}$与C_v相对误差$< 20\%$；如果$n \geq 100$，则相对误差$< 10\%$。目前实测样本容量$n \geq 100$的站、址极少，人们为了减少参数估计的相对误差，而提出考证历史洪水或实测特大洪

水的重现期 N 的方法，应用式(4-48)和式(4-50)计算不连续系列统计参数 $\bar{x}_N$ 和 C_{v_N}。很明显，N 的确定是有误差的，尤其是通过近百岁老人的回忆确定 N 值时误差较大，这种误差对参数的影响程度如何，可通过算例来说明。

例 4-5　已知某坝址断面 17 年连续实测洪峰流量资料(略)，$\sum Q_i = 86750\text{m}^3/\text{s}$，调查历史洪水 1936 年洪峰 $Q_N = 10000\text{m}^3/\text{s}$，通过访问不同年龄的老人考证重现期结果不同，即 $N = 38$、70、104、115、125、135 年，试分析 N 对参数 Q_N、C_{v_N} 的影响。

应用式(4-48)和式(4-50)的计算成果列入表 4-7 中。

考证期 N 对参数 Q_N、C_{v_N} 影响　　表 4-7

N	$\overline{Q}_N$	$\Delta\overline{Q}_N$	$f_Q(\%)$	k_N	(k_N-1)	$\Sigma(k_i-1)^2$	C_{v_N}	ΔC_{v_N}	$f_{C_v}(\%)$
38	5230			1.9120	0.8317	1.8069	0.3588		
70	5173	57	1.09	1.9331	0.8707	1.8549	0.3490	0.0098	2.7310
104	5150	23	0.44	1.9417	0.8868	1.8653	0.3440	0.005	1.4330
115	5146	4	0.08	1.9434	0.8900	1.8681	0.3431	0.0009	0.2620
125	5142	4	0.08	1.9447	0.8925	1.8714	0.3432	0.0001	0.0292
135	5139	3	0.06	1.9458	0.8945	1.8726	0.3432	0.0000	0.0000
备注	$f_Q = (\Delta\overline{Q}_N/\overline{Q}_N)\times 100$；$f_{C_v} = (\Delta C_{v_N}/C_{v_N})\times 100$								

从表中可以明显看出 $N > 100$ 后，考证期对参数 $\overline{Q}_N$ 和 C_{v_N} 影响很小，即 N 的敏感性较差，$f_Q(\%) \approx 0.06\% \sim 0.08\%$，$f_{C_v}(\%) \approx 0 \sim 0.262\%$

当 N 值取 38、104、135 时，$P \approx 0.1\%$ 的设计洪峰流量值 Q_N，如取 $C_s/C_v = 2.0$，则分别为 $13000\text{m}^3/\text{s}$、$12400\text{m}^3/\text{s}$ 和 $12300\text{m}^3/\text{s}$，如取 $C_s/C_v = 4.0$，则分别为 $14900\text{m}^3/\text{s}$、$14100\text{m}^3/\text{s}$ 和 $14000\text{m}^3/\text{s}$。取 N 值为 38 年与 135 年相比，其差值在 5% 左右，而取 N 值为 104 年与 135 年相比，其差值仅在 0.8% 左右。由此可见，对于 N 值的考证，只要有一个比较可靠的范围即可，而不必拘泥于十分确切的数值，这给我们的调查工作带来极大的方便。

第四节　相关分析

一、概述

自然界中许多现象之间是互相联系的。两种现象或两变量之间关系可依照密切程度划分为以下三类。

1. 完全相关(函数关系)

变量 x 的每个确定值都有一个确定的 y 值与它相对应，称 y 是 x 的函数，两者属完全相关(即数学上的函数关系)。相关的形式可以是直线或是曲线，见图 4-22。欧姆定律、物体抛物线运动规律都属函数关系。

2. 零相关

若两种现象互不影响，毫不相关，它们的相关点在图上分布散乱，或成水平或成垂线，则称零相关，见图 4-23。

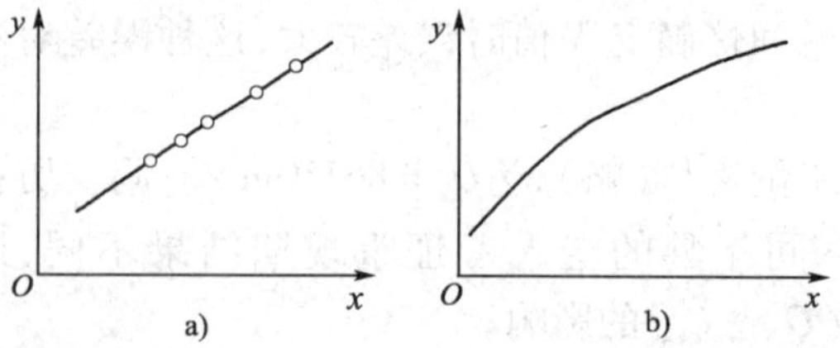

图 4-22　完全相关
a)直线关系;b)曲线关系

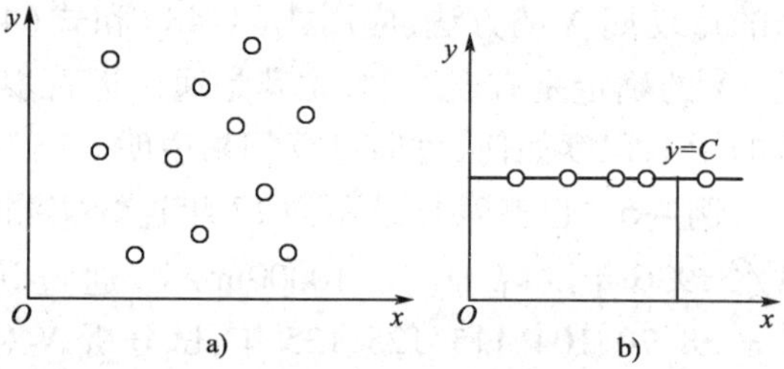

图 4-23　零相关

3. 相关关系(统计相关)

变量 x 的每个确定值所对应的变量 y,由于受到众多偶然因素的影响,数字是不完全确定的,但是根据 x 与 y 对应值所绘出的点子,虽不严格成直线或曲线函数关系,但仍显示出一定的趋势,见图4-24。这种介于完全相关与零相关之间的关系,称统计相关或相关关系。大量水文分析中要研究这种关系,如降雨与径流;洪峰与洪量;水位与流量;上、下游站洪水流量之间相关关系等。

水文分析计算中进行相关分析的目的,主要是通过相关关系分析,把短期系列的资料展延为长期,提高系列的代表性,增加计算成果的可靠性。另外,水文长、中、短期预报方案编制时亦需进行相关分析。

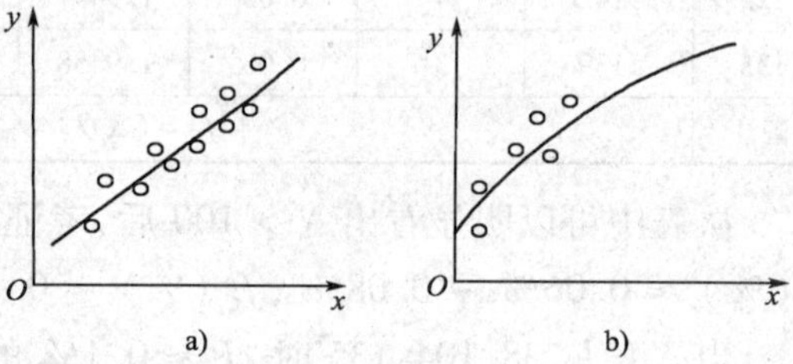

图 4-24　相关关系
a)直线相关;b)曲线相关

在相关分析中,按变量的多寡可分为简单相关和复合相关两种类型。简单相关是指只有一个自变量和一个因变量之间的关系;而复合相关则指几个变量和一个因变量之间的相关关系。在简单相关中,又有直线和曲线相关两种型式。在水文计算中,简单相关的直线相关计算应用得较多。故本节重点介绍这种相关关系。

二、相关分析法

相关分析一般有图解法和回归分析法两种。

1. 图解法

当两个变量之间关系比较密切时,可把两变量的对应观测资料点绘于一张图上,再通过相关点据群中心目估一条相关线,使相关点均匀分布在线的两侧,这种方法叫图解法。

2. 回归分析法

上述的图解法简单明了,但目估定线任意性强,且缺乏判断两变量关系密切程度的指标。

因此,目前常用分析法,即建立两变量间的回归方程,计算描述变量相关程度的相关系数。

设 x_i 、y_i 为两变量的观测值,$i = 1,2,\cdots,n$,即共有 n 对,将相关点 (x_i,y_i) 点绘在方格纸上,看点据分布的情况。若平均趋势接近直线,见图 4-25,可用直线相关分析。

设直线方程式为

$$y = a + bx \tag{4-51}$$

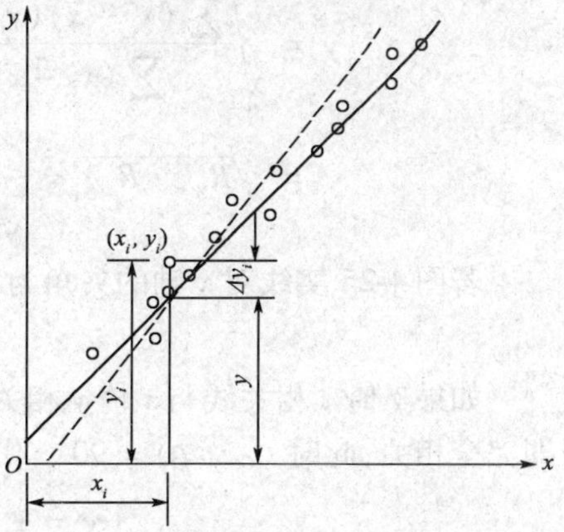

图 4-25　直线相关图

式中：y、x——因变量和自变量；

a、b——直线的截距和斜率。

要使直线方程式(4-51)与相关点群配合得“最好”，根据最小二乘法的原理，该直线应满足使各点与直线之间的纵标离差的平方之和达到“最小”的条件。从图 4-25 可看出，若任一点的坐标 (x_i, y_i) 与直线之间纵标离差为

$$\Delta y_i = y_i - y = y_i - (a + bx_i)$$

所有相关点纵坐标离差 Δy_i 的平方之和为

$$\sum_{i=1}^{n}(\Delta y_i)^2 = \sum_{i=1}^{n}(y_i - y)^2 = \sum_{i=1}^{n}(y_i - a - bx_i)^2$$

欲使上式取得极小值，应分别以 a 和 b 为自变量对上式求一阶偏导数，并令其等于零，即

$$\partial\left[\sum_{i=1}^{n}(\Delta y_i)^2\right]/\partial a = 0 \tag{4-52}$$

$$\partial\left[\sum_{i=1}^{n}(\Delta y_i)^2\right]/\partial b = 0 \tag{4-53}$$

解得

$$a = \bar{y} - b\bar{x} \tag{4-54}$$

$$b = \sum_{i=1}^{n}(x_i - \bar{x})(y_i - \bar{y}) \Big/ \sum_{i=1}^{n}(x_i - \bar{x})^2 = b_{y/x} \tag{4-55}$$

由于计算 a 与 b 的两式中所有的量都可从观测数据中提出，因此直线方程式(4-51)便可确定，写成回归直线的形式如下：

$$y = \bar{y} + b_{y/x}(x - \bar{x}) = \bar{y} + R_{y/x}(x - \bar{x}) \tag{4-56}$$

式中：$b_{y/x}$——y 倚 x 而变的回归方程的回归系数，亦可用 $R_{y/x}$ 表示，即是图 4-25 实线对 x 轴的斜率。

同理可用资料 (x_i, y_i) 推求出 x 倚 y 而变的回归直线方程：

$$x = \bar{x} + b_{x/y}(y - \bar{y}) = \bar{x} + R_{x/y}(y - \bar{y}) \tag{4-57}$$

式中：$b_{x/y}$——x 倚 y 而变的回归方程的回归系数，亦可用 $R_{x/y}$ 表示，即是图 4-25 虚线对 y 轴的斜率。

以上相关线代表了两变量之间的相关关系，但还不能直接说明相关密切程度，为此引入描述相关程度特征值，称相关系数，以 γ 表示，令

$$\gamma^2 = \frac{\left[\sum(x_i - \bar{x})(y_i - \bar{y})\right]^2}{\sum(x_i - \bar{x})^2 \cdot \sum(y_i - \bar{y})^2} \tag{4-58}$$

由式(4-55)可知，

$$\gamma = \sqrt{\frac{\sum (x_i - \bar{x})(y_i - \bar{y})}{\sum (x_i - \bar{x})^2} \cdot \frac{\sum (x_i - \bar{x})(y_i - \bar{y})}{\sum (y_i - \bar{y})^2}} = \sqrt{b_{y/x} \cdot b_{x/y}}$$

$$= \sqrt{R_{y/x} \cdot R_{x/y}} = \frac{\sum (x_i - \bar{x})(y_i - \bar{y})}{\sqrt{\sum (x_i - \bar{x})^2 \cdot (y_i - \bar{y})^2}} \tag{4-59}$$

若图4-25实线对 x 轴的夹角为 α；虚线对 y 轴夹角为 β，则 $R_{y/x} = \tan\alpha$、$R_{x/y} = \tan\beta$，并有

$$\gamma = \pm \sqrt{\tan\alpha \cdot \tan\beta} \tag{4-60}$$

如果 y 倚 x 相关线与 x 倚 y 相关线相重合，为一条线，即 x 与 y 变量之间是一一对应关系，即完全相关，此时 $(\alpha + \beta) = 90^\circ$，代入式(4-60)，得

$$\gamma = \pm \sqrt{\tan\alpha \cdot \tan(90 - \alpha)} = \pm 1$$

如果两条线 $\alpha = \beta = 0^\circ$，则两变量之间为零相关，此时 $\gamma = 0$。

如果两条线有 $0^\circ < \alpha + \beta < 90^\circ$ 关系，则两变量之间为相关关系，此时 $0 < |\gamma| < 1$，可见，相关系数是一个衡量两变量直线相关程度的特征值。

另外，回归系数还可用相关系数 γ 和变量的均方差表示，即

$$R_{y/x} = \gamma \frac{\sigma_y}{\sigma_x};\ R_{x/y} = \gamma \frac{\sigma_x}{\sigma_y}$$

三、回归线的误差

上述的回归线仅是观测点据的最佳配合线，通常观测点据并不完全落在回归线上，而是以回归线为中心向两旁分布，因此回归线只能反映两变量间的平均关系，利用回归线来插补展延短期系列时，总有一定误差。其分布一般服从正态分布。为了衡量回归线与观测点之间的误差，常采用其均方误 S_y 表示：

$$S_y = \sqrt{\frac{\sum_{i=1}^{n} (y_i - \hat{y})^2}{n}} \cdot \sqrt{\frac{n}{n-2}} = \sqrt{\frac{\sum_{i=1}^{n} (y_i - \hat{y})^2}{n-2}} \tag{4-61}$$

式中：S_y——y 倚 x 回归线的均方误；

y_i——观测点的纵坐标值；

$\hat{y}$——由 x_i 在回归线查得的纵坐标值；

n——观测资料的项数；

$\sqrt{\frac{n}{n-2}}$——样本计算总体均方误的修正值。

y 倚 x 回归线的均方误 S_y 与 y 的均方差 σ_y，从性质上是不同的。前者是由观测点与回归线估计值 $\hat{y}$ 之间的离差求得，而后者是由观测点与其均值之间的离差求得的。根据统计数学上推理，可证明两者具有下列关系：

$$S_y = \sigma_y \sqrt{1 - \gamma^2} \tag{4-62}$$

因为假定 y 近似服从正态分布，则由正态分布性质可知：

y 落在 $y \pm S_y$ 范围内的概率约为68.3%；

y 落在 $y \pm 3S_y$ 范围内的概率约为99.7%。

即当给定 x 值用回归线估计的 y 值时，有68.3%的把握其误差不超过 $\pm S_y$；同样有99.7%的把握其误差不超过 $\pm 3S_y$。

四、相关系数显著水平

前面曾论述过，两个变量线性关系的密切程度，可用相关系数 γ 来表示。

对于某具体问题，只有当相关系数 γ 的绝对值大到一定程度时，才可用回归线近似的表示 x 与 y 之间的关系，并可用 x 插补延长 y 值，在这种情况下，称相关系数显著。一般是通过样本资料相关对总体的相关程度作出判断，由于抽样误差存在，用样本推断总体，很有可能作出这样或那样的错误判断；这种错误判断的概率 α 称为显著水平。在水文中进行检验时，显著水平按要求常用 $\alpha=0.05$ 或0.01，标准较高的工程 α 取小值，较低取大值。通常，相关系数 γ 达到显著的值与样本容量 n 及显著水平 α 有关。数理统计学中用 t 检验法得出相关系数检验表4-8，其中列出样本容量 n（表中为 n-2），显著性水平 α 为0.01、0.02、0.05及0.1时相关系数达到显著的最小值，以 γ_α 表示。

不同显著性水平下所需相关系数最低值 γ_α　　表4-8

γ_α / α / $n-2$	0.10	0.05	0.02	0.01
1	0.98769	0.99692	0.99951	0.99988
2	0.90000	0.95000	0.98000	0.99000
3	0.8054	0.8783	0.93433	0.95873
4	0.7293	0.8114	0.8822	0.91720
5	0.6694	0.7545	0.8329	0.8745
6	0.6215	0.7067	0.7887	0.8343
7	0.5822	0.6664	0.7498	0.7977
8	0.5494	0.6319	0.7155	0.7646
9	0.5214	0.6021	0.6851	0.7348
10	0.4973	0.5760	0.6581	0.7079
11	0.4762	0.5529	0.6339	0.6835
12	0.4575	0.5324	0.6120	0.6614
13	0.4409	0.5139	0.5923	0.6411
14	0.4259	0.4973	0.5742	0.6226
15	0.4124	0.4821	0.5577	0.6055
16	0.4000	0.4683	0.5425	0.5897
17	0.3887	0.4555	0.5285	0.5751
18	0.3783	0.4438	0.5155	0.5614

续上表

γ_α α / $n-2$	0.10	0.05	0.02	0.01
19	0.3687	0.4329	0.5034	0.5437
20	0.3598	0.4227	0.4921	0.5368
25	0.3233	0.3809	0.4451	0.4869
30	0.2960	0.3494	0.4093	0.4487
35	0.2746	0.3246	0.3810	0.4182
40	0.2573	0.3044	0.3578	0.3932
45	0.2438	0.2875	0.3384	0.3721
50	0.2306	0.2732	0.3218	0.3541
60	0.2108	0.2500	0.2948	0.3248
70	0.1954	0.2319	0.2737	0.3017
80	0.1829	0.2172	0.2565	0.2830
90	0.1726	0.2050	0.2422	0.2673
100	0.1638	0.1946	0.2301	0.2540

注：n——样本容量。

例如，相关分析依据资料知 $n=20$ 即 $n-2=18$，则查表可得 $\alpha=0.1$、0.05、0.01 时，相应显著水平的最小相关系数 $\gamma_{0.1}=0.3783$、$\gamma_{0.05}=0.4438$、$\gamma_{0.01}=0.5614$。如要求显著水平 $\alpha=0.05$，且相关分析计算所得之 $|\gamma|=0.51$，则因 $|\gamma|>\gamma_{0.05}$，即 $0.51>0.4438$，满足显著水平要求，可以建立线性相关关系线，用于插补延长资料。否则，不可用于插补延长。

例 4-6 设某河某站有 15 年的年平均流量资料（以 y 代表），另有较长期年降水量记录（以 x 表示），为了由 x 系列延长 y 系列，需相关分析 x 与 y 的关系。计算步骤如下。

（1）整理同期对应的流量与降水资料 $n=15$，x、y 对应资料，列入表 4-9 第②、③列内。

（2）绘制点据图（图略），从 15 对数据绘制的点据图分析，其关系大致可用直线方程表示。

（3）列表计算相关系数与检验，见表 4-9，首先计算均方差：

$$\sigma_x=\sqrt{\frac{\sum(x_i-\bar{x})^2}{n-1}}=\sqrt{\frac{18618}{14}}=36.5$$

$$\sigma_y=\sqrt{\frac{\sum(y_i-\bar{y})^2}{n-1}}=\sqrt{\frac{7342}{14}}=22.9$$

x 与 y 相关计算表　　表 4-9

项次	x_i	y_i	$x_i - \bar{x}$	$y_i - \bar{y}$	$(x_i - \bar{x})^2$	$(y_i - \bar{y})^2$	$(x_i - \bar{x})(y_i - \bar{y})$
①	②	③	④	⑤	⑥	⑦	⑧
1	110	25	-18	-17	324	289	306
2	184	81	56	39	3136	1521	2184
3	145	36	17	-6	289	36	-102
4	122	33	-6	-9	36	81	54
5	165	70	37	28	1369	784	1036
6	143	54	15	12	225	144	180
7	78	20	-50	-22	2500	484	1100
8	129	44	1	2	1	4	2
9	62	1	-66	-41	4356	1681	2706
10	130	41	2	-1	4	1	-2
11	168	75	40	33	1600	1089	1320
12	95	20	-33	-22	1089	484	726
13	111	40	-17	-2	289	4	34
14	178	64	50	22	2500	484	1100
15	98	26	-30	-16	900	256	480
总计	1918	630	-2	0	18618	7342	11124
平均	128	42					

然后计算相关系数：

$$\gamma = \frac{\sum (x_i - \bar{x})(y_i - \bar{y})}{\sqrt{\sum (x_i - \bar{x})^2 \cdot \sum (y_i - \bar{y})^2}} = \frac{11124}{\sqrt{18618 \times 7342}} = 0.95$$

显著水平检验：：$n = 15$，$n - 2 = 13$；显著水平 α 取 0.01，查表 4-8 得 $\gamma_{0.01} = 0.6411$。

因为 $\gamma = 0.95 \geqslant \gamma_{0.01} = 0.6411$，故 γ 是显著的，可以进行相关分析计算，关系是密切的。

(4)建立回归方程，首先计算回归系数：

$$R_{y/x} = \gamma \cdot \frac{\sigma_y}{\sigma_x} = 0.95 \times \frac{22.9}{36.5} = 0.6$$

$$R_{x/y} = \gamma \cdot \frac{\sigma_x}{\sigma_y} = 0.95 \times \frac{36.5}{22.9} = 1.51$$

建立 y 倚 x 的回归方程

$$y - \bar{y} = R_{y/x}(x - \bar{x})$$
$$y - 42 = 0.6(x - 128)$$
$$y = 0.6x - 35$$

(5)回归线的误差计算均方误：

$$S_y = \sigma_y\sqrt{1-\gamma^2} = 22.9 \times 0.31 = 7.1$$

(6)根据回归方程插补延长 y 系列。

五、曲线相关和复合相关简述

1. 曲线相关

由于曲线的种类繁多，分析计算也较复杂，故多半根据相关点分布趋势，直接目估绘制相关线。需要作详细分析时，可凭相关点据规律试选配某种曲线函数形式。如这种曲线函数能通过变量转换变成另一新变量的直线关系，则仍然可以采用前面介绍过的直线相关分析法进行计算，推求相关线。水文计算中常见如下几种曲线函数形式的相关。

(1)代数多项式。两种变量之间的关系，选配为代数多项式：

$$y = a + bx + cx^2 + \cdots + kx^m \tag{4-63}$$

式中有 $m+1$ 个待定参数。根据最小二乘法的原理，可得出下列 $m+1$ 个方程式：

$$\frac{\partial\left[\sum_{i=1}^{n}(y_i-y)^2\right]}{\partial a}=0,\ \frac{\partial\left[\sum_{i=1}^{n}(y_i-y)^2\right]}{\partial b}=0,\cdots,\ \frac{\partial\left[\sum_{i=1}^{n}(y_i-y)^2\right]}{\partial k}=0 \tag{4-64}$$

由此方程组解得 $m+1$ 个待定参数，选配的曲线形式也就完全确定。

配合曲线的均方误可用下式计算：

$$S_y = \sqrt{\frac{\sum_{i=1}^{n}(y_i-y)^2}{n}}\cdot\sqrt{\frac{n}{n-(m+1)}} = \sqrt{\frac{\sum_{i=1}^{n}(y_i-y)^2}{n-m-1}} \tag{4-65}$$

式中：$\sqrt{\frac{n}{n-(m+1)}}$ ——以样本估计总体均方误的修正系数。

相关的密切程度可用相关指数 ρ 来判断：

$$\rho = \pm\sqrt{1-(S_y/\sigma_y)^2} \tag{4-66}$$

$|\rho|$ 值越接近 1，说明相关关系越密切，$|\rho|$ 值越小，说明两者相关关系越不密切。

(2)幂函数。一般形式为：

$$y = ax^b \tag{4-67}$$

将式(4-67)两边分别取对数，以新变量代替原来变量，假定 $Y=\lg y$，$X=\lg x$，$B=b$，$A=\lg a$，可得相关式

$$Y = A + BX \tag{4-68}$$

将所有相关点 (x_i, y_i) 变换成 (X_i, Y_i)，其他计算步骤与直线相关分析法完全相同。通过分析计算 A、B，求出 Y 倚 X 的回归方程式，再将它还原成 y 与 x 的关系。

(3)指数函数。一般形式为：

$$y = ae^{bx} \tag{4-69}$$

同样地将此式等号两边分别取对数，得

$$Y = A + Bx \tag{4-70}$$

式中 $Y=\lg y$，$A=\lg a$，$B=b\lg e=0.43429b$（e 为自然对数的底数）。于是，也可用直线相关的分析法得到相关线。

2. 复合相关

复合相关中也有线性和非线性相关两种形式。

具有多个自变量的线性复合相关回归方程的一般形式为

$$y=b_0+b_1x_1+b_2x_2+\cdots+b_mx_m \tag{4-71}$$

式(4-71)又称“多元线性回归方程”，式中因变量 y 随着自变量 x_1、x_2、…、x_m 的变化而变化，b_0、b_1、b_2、…、b_m 为回归系数，由实测的因变量 Y_k 和自变量资料估计出各回归系数以后，回归方程便确定。

回归系数估计也用最小二乘法的原理，即选取式(4-71)中的 b_i 使残差 e_k 平方和达到最小

$$\min\left\{Q=\sum_{k=1}^{N}e_k^2=\sum_{k=1}^{N}(Y_k-y_k)^2=\sum_{k=1}^{N}[Y_k-(b_0+b_1x_{k_1}+\cdots+b_mx_{k_m})]^2\right\} \tag{4-72}$$

令

$$\frac{\partial Q}{\partial b_0}=\frac{\partial Q}{\partial b_1}=\cdots=\frac{\partial Q}{\partial b_m}=0 \tag{4-73}$$

且据 N 次实测资料计算离差

$$\begin{cases}S_{ij}=S_{ji}=\sum\limits_{k=1}^{N}(x_{ki}-\bar{x}_i)(x_{kj}-\bar{x}_j)\\ S_{iY}=\sum\limits_{k=1}^{N}(x_{ki}-\bar{x}_i)(Y_k-\bar{Y})\\ i,j=1,2,\cdots,m\end{cases} \tag{4-74}$$

最后得方程组

$$\begin{cases}S_{11}b_1+S_{12}b_2+\cdots+S_{1m}b_m=S_{1Y}\\ S_{21}b_1+S_{22}b_2+\cdots+S_{2m}b_m=S_{2Y}\\ \cdots\cdots\\ S_{m1}b_1+S_{m2}b_2+\cdots+S_{mm}b_m=S_{mY}\end{cases} \tag{4-75}$$

式(4-75)是以 b_1、b_2、…、b_m 为未知数的 m 阶线性代数方程组。求解的方法较多，可用消去法。最后再求

$$b_0=\bar{Y}-(b_1\bar{x}_1+b_2\bar{x}_2+\cdots+b_m\bar{x}_m) \tag{4-76}$$

通常，总是假设实测数据组数大于相关因子的个数，即 $N>(5\sim10)m$；并假设相关因子之间相关系数很小，这时式(4-75)方程组才有唯一解。

检验回归效果的复相关系数用下式计算

$$R=\sqrt{1-\frac{Q}{S_{YY}}} \tag{4-77}$$

式中：

$$S_{YY}=\sum_{k=1}^{N}(Y_k-\bar{Y})^2 \tag{4-78}$$

$$Q = S_{YY} - \sum_{i=1}^{m} b_i S_{iY} \tag{4-79}$$

显然 R 越接近 1,即残差 Q 趋于零,回归效果越好。

非线性复合相关回归分析中,比较困难的是选择合适的曲线类型。在数学分析中曾讲到,相当广泛的一类曲线可以用多项式去逼近,即

$$y = a_0 + a_1 x + a_2 x^2 + \cdots + a_m x^m \tag{4-80}$$

把 x、x^2、$\cdots$、x^m 看成 m 个自变量,就变成一个多元线性回归的问题。只要求出 a_0、a_1、$\cdots$、a_m ,式(4-80)即可建立。

详细计算可参阅中国科学院数学研究所统计组编写的《常用数理统计方法》,科学出版社 1973 年出版。亦可根据上述的基本原理与方法编程,上机计算。目前已有许多共享的相关分析软件,可上网搜索引用。

第五章　河道工程设计水位及流量推求

第一节　设计洪水

一、概述

天然河道不能满足航运要求时，常需采取一些工程措施，诸如疏浚滩险，整治河槽；进行渠化，淹没滩险；修建库、闸等，增加河道调节流量，加大水深，达到通航的目的。

港航工程规划、设计和施工所依据的流量或水位称为设计流量或设计水位。

设计流量或设计水位通常分两类。①与工程安全和经济有关的洪水流量与水位。如确定拦河坝所需的断面洪水流量，太大不经济，太小又不安全；又如确定码头陆域标高的设计水位，定得过低可能被淹没，过高又将浪费且运营不便。这类设计流量和水位，常以累积频率为标准，如表5-1所示。②关于正常通航的设计流量和设计水位。如保证河道有足够水深和跨河或通航建筑不碍航的设计流量和水位；洪水期桥梁净空不碍航的设计流量和水位。

码头前沿高程设计标准　　表5-1

设计标准（年最高水位累积频率）／河流类别／码头高程分类	河网地区	平原地区	山区河流
一类	1%	2%	2% ~5%
二类	2%	5%	5% ~10%
三类	5%	10%	10% ~20%

注：码头分类按其受淹时将造成的损失大小而分；损失重大者为一类，有一定损失者为二类，损失较小者为三类。

第①类问题，主要是通过频率分析方法解决设计洪水问题。第②类问题，除应用频率分析解决设计通航高水位问题外，还需运用历时曲线和保证率频率法推求设计通航最低水位。其中关键之一是设计洪水的推求问题。设计洪水涉及以下若干基本概念和内容：

1. 洪水过程特征要素

第二、三章曾论述径流成因及其流量测验，最后整理得到的汛期摘录可提供洪水变化过程图，见图5-1。

洪水过程通常用三个要素描述，即洪峰流量 Q_m、一次洪水过程总量 W（图中 $ABCDE$ 所包围的面积，AC 为地面和地下径流分割线）、洪水历时（由涨水历时 t_1，与退水历时 t_2 相加求得）。实际洪水过程可能退水

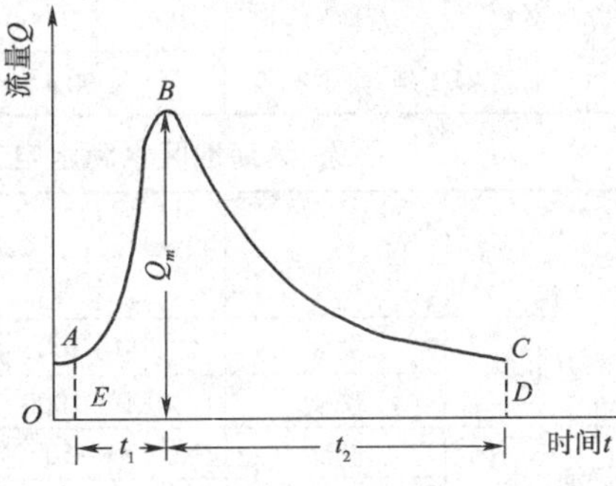

图5-1　洪水流量过程

历时很长，为简化而取 C 点，使其与起涨流量相等，假定 C 以后的退水水量与 A 点以前上次洪水的退水水量相等。

2. 设计洪水和设计标准

设计任何水工建筑物时，都需要选定某一量级的洪水作为设计依据，以便规划设计建筑物规模、进行结构计算等。若洪水的量级定得太大，工程规模大，投资多而不经济；如量级定得太小，工程不安全，可能造成巨大损失。因此须选择一个对水工建筑物，既安全又经济的合适量级洪水作为设计依据。

现行的方法是，按照规范要求选择某一累积频率（如1%，0.1%）的洪水作为设计依据，或标准。一方面把洪水作为随机现象，考虑洪水资料实际分布状况，以概率形式估算未来可能发生的洪水；另一方面采用洪水出现累积频率作为设计标准，可视工程大小与重要程度选定不同累积频率（或重现期）。如水库大、防护对象重要，设计标准可高一些（$P=0.2\%$ 或 0.1%）；若水库较小且下游无防洪问题或不重要，设计标准可定得低一些（$P=1\%$ 或 2%）。设计标准确定后，按标准推求的洪水，称为设计洪水。

为保证水库大坝安全，规范中又规定了校核标准。一般情况下校核标准也用累积频率（或重现期）表示，但对重要的土石坝水库，除以累积频率作为设计标准外，还规定以可能最大洪水作为保证大坝安全的校核标准。所谓的可能最大洪水（PMF），是指当代气候条件下，流域可能产生的最大降水所形成的洪水。

水利工程的规划与设计所依据的规范中，按照地区和工程的种类、重要性，将永久性水工建筑物划分为若干等级，根据不同级别规定出相应的设计标准和校核标准。详见表5-2和表5-3。根据设计标准洪水，调节计算决定水利枢纽工程的设计洪水位。依据校核标准洪水，调节计算决定校核洪水位。如发生校核洪水时，可以允许水库的最高水位至坝顶之间的安全超高留得少一些，水电站的正常工作允许暂时破坏，但水库的主要建筑物（如大坝、溢洪道等）必须确保安全。如所设计的水工建筑物负担保护下游地区的防洪任务时，还规定有下游防护对象的防洪标准。这种标准，依被保护对象的类型（城市、农田等）和重要程度差别而不同。但此标准都比大坝的设计标准低，通过洪水调节计算求得相应的防洪高水位，详细可参见水利水电工程等级划分及洪水标准规范（SL 252—2000）。

山区、山陵地区水利水电工程永久性水工建筑物洪水标准（重现期（年）） 表5-2

建筑物级别		1	2	3	4	5
设计		1000 ~ 500	500 ~ 100	100 ~ 50	50 ~ 30	30 ~ 20
校核	土石坝	PMF或10000 ~ 5000	5000 ~ 2000	2000 ~ 1000	1000 ~ 300	300 ~ 200
	混凝土坝、浆砌石坝	5000 ~ 2000	2000 ~ 1000	1000 ~ 500	500 ~ 200	200 ~ 100

平原、滨海地区水利水电工程永久性水工建筑物洪水标准（重现期（年）） 表5-3

项目		建筑物级别				
		1	2	3	4	5
水库工程	设计	300 ~ 100	100 ~ 50	50 ~ 20	20 ~ 10	10
	校核	2000 ~ 1000	1000 ~ 300	300 ~ 100	100 ~ 50	50 ~ 20
拦河水坝	设计	100 ~ 50	50 ~ 30	30 ~ 20	20 ~ 10	10
	校核	300 ~ 200	200 ~ 100	100 ~ 50	50 ~ 30	30 ~ 20

3. 设计洪水计算的内容和方法

(1)设计洪水计算的内容。主要包括设计洪峰流量、不同时段(最大3、5、7、11日等)的设计洪水总量和设计洪水过程三项。工程特点不同,需要计算的设计洪水内容和重点亦不同。如无调蓄能力的堤防、桥涵和航运为主的渠化工程,调节能力极低的小水库,径流式电站等,要求计算设计洪峰流量,因为它对工程起控制作用。如蓄洪区、水库工程,都有一定的调节库容,水库的出流过程与水库的整个入流过程有关,不仅只是与一、两个入流洪水特征(如峰或某时段洪量)有关,而且还需要计算设计洪峰流量或某时段设计洪量和计算完整的设计洪水过程线。

(2)推求设计洪水的基本方法。按资料条件和设计要求,基本方法有三种类型:①由流量资料推求设计洪水。流量资料比较充分时,先求一定累积频率的设计洪峰流量和各时段的设计洪量;然后选择典型洪水过程线,用所求得的设计洪峰、洪量放大或缩小成一个完整的设计洪水过程线。②由暴雨推求设计洪水。当实测暴雨资料较多时,可先用频率分析法求设计暴雨过程,再经产流和汇流计算,最后求得设计洪水过程线;如果暴雨是通过天气形势分析,并统计风速、露点等气象资料,加以移置、改正推求的可能最大暴雨,则经产汇流计算推求出来的是可能最大洪水过程。③资料非常少或缺乏时,可用水文比拟法、等值线图法、水力学公式法等来推求。

本书仅介绍由流量推求设计洪水的方法,而由暴雨资料推求设计洪水的方法可参阅《水利水电工程设计洪水计算规范》(SL 44—93)附录B、C或专门文献,如王国安撰写的《可能最大暴雨和洪水计算原理与方法》,1999年1月中国水利水电出版社和黄河水利出版社联合出版。

二、由流量资料推求设计洪水

由流量资料推求设计洪水的方法,基本上应用第四章介绍的频率分析计算法,主要包括资料审查、选样、插补延长,特大洪水处理,累积频率计算及其合理性检查,设计洪水过程线推求等内容。

1. 洪水资料的审查

在应用资料之前,先要对原始资料的可靠性、一致性和代表性进行审查。

(1)可靠性审查。重点审查1949年以前和站址有移动的观测记录,以及对设计洪水计算影响大的洪水年份。审查的项目包括了解水尺位置、零点高程、水准基面的变动情况,重点是水位~流量关系高水位延长方法合理可靠性,可通过历年水位与流量关系对照(重视高水位部分),上下游、干支流相邻断面洪水过程对照,暴雨径流关系的分析等方面来进行检查。对调查洪水,应深入分析论证其峰值和重现期的可靠性。调查考证期有否大洪水遗迹,可用近代提出的古洪水调查判别法,即用放射性元素^{14}C,通过测古洪水洪痕的沉积物的微量元素含量断定洪水的重现期。

(2)资料一致性审查。主要是了解流域各年洪水成因是否一致。如发现某些年份有较大的变化,如修建水库、溃堤、分洪等,则应将资料加以修正还原到同一基础。

(3)洪水资料代表性审查。主要审查样本系列对总体的代表性。常用参证站同期洪水资料,以它对其长期资料的代表性来评定本站样本系列的代表性。也可用本站较长期的暴雨资料,分析洪水样本系列中是否包括了大、中、小洪水及特大与特小水年,若包括了则说明代表性好,否则需插补延长。

2. 洪水资料的选样

选样问题就是如何从洪水资料抽取特征值(如洪峰,不同时段洪量等),组成频率分析计算的样本系列。每年内可能发生几次洪水,有几个洪峰和不同时段洪量。根据频率计算的原理,应满足独立随机选样的要求,经分析,一般而言,年内的几次洪峰之间有相关性,只有年际之间的洪峰才具有独立随机性。因此目前选样采用"年最大"法,即每年选择一个最大洪峰流量(或1日、3日、5日等洪量),若有 n 年资料,便可组成容量为 n 的样本系列。

原始资料可由水文年鉴和水文资料数据库中取得。

3. 洪水资料的插补延长

缺少资料、资料较短或代表性较差时,可用第四章介绍的相关分析法插补延长。

(1)利用上游或下游站、干支流站或邻近流域测站的流量资料进行插补延长。如果河流设计断面处没有实测资料,而其上、下游附近有实测流量资料,若两处控制面积差小于20%,全流域暴雨分布较均匀,且区间河道无特殊调蓄作用时,可按如下相关关系将实测流量资料换算至设计断面处:

$$Q_1 = (F_1/F_2)^k Q_2 \tag{5-1}$$

式中:Q_1、Q_2——设计断面、参证站的洪峰流量值;

F_1、F_2——设计断面、参证站的流域面积;

k——指数。可根据本流域或邻近流域上、下游实测资料分析确定。对大、中河流,$k=0.5\sim0.7$,较小河流,$k>0.7$。

用于插补某段洪量资料时,取 $k=1$。

(2)利用本站峰量关系进行插补延长。选择数次较大洪水资料,点绘同次洪峰与洪量之间的相关图,用图解法或相关分析法确定峰量关系回归方程。根据此方程,既可由洪峰插补洪量,又可由洪量推求洪峰。通常洪水调查,以洪痕仅能推求洪峰,相应的洪量可用相关方程推求。

4. 特大洪水的处理和频率分析计算确定统计参数

特大洪水的处理包括洪水调查与考证,重现期的确定,按式(4-47)计算特大洪水的经验累积频率。

用考虑特大洪水的矩法公式(4-48)和式(4-50)计算参数 $\bar{x}_N$, C_{v_N},通过相应的适线,并考虑区域性的规律来确定统计参数和相应的累积频率曲线。据累积频率曲线便可求出不同设计累积频率相应的设计洪峰、设计洪量。

5. 推求设计洪水过程

已知设计标准的洪峰和不同时段设计洪量,可用同倍比或同频率法放大典型洪水过程推求设计洪水过程。

(1)同倍比放大法。按同一个倍比放大典型洪水过程的各纵坐标值,从而得到设计洪水过程线的方法,称为同倍比放大法。有些调节能力低的水利工程,以设计标准的洪峰与典型洪水的洪峰的比例放大,称峰倍比放大;有些调蓄能力高的水利工程,以设计标准的洪量与典型洪水的洪量的比例放大,称量倍比放大。此方法工作量小,但前者可以保证峰达到设计标准,而不能保证量达到设计标准;后者则相反。

(2)同频率放大法。在放大典型过程线时,按峰和不同时段的洪量分别采用不同倍比,使放大后的设计洪水过程,其峰和各时段的洪量都符合于同一设计累积频率(标准),这种放大法称同频率放大法。以15日洪水过程为例,洪峰和各种时段洪量的放大倍比如下:

$$k_Q = Q_{mP}/Q_{md} \tag{5-2}$$

$$k_{w_1} = W_{1p}/W_{1d} \tag{5-3}$$

$$k_{w_{3-1}} = (W_{3p} - W_{1p})/(W_{3d} - W_{1d}) \tag{5-4}$$

$$k_{w_{7-3}} = (W_{7p} - W_{3p})/(W_{7d} - W_{3d}) \tag{5-5}$$

$$k_{w_{15-7}} = (W_{15p} - W_{7p})/(W_{15d} - W_{7d}) \tag{5-6}$$

式中: Q_{mp}、Q_{md}——设计、典型洪水之洪峰流量;

W_{1p}、W_{3p}、W_{7p}、W_{15p}——设计洪水的1、3、7、15日洪量;

W_{1d}、W_{3d}、W_{7d}、W_{15d}——典型洪水的1、3、7、15日洪量;

k_Q、k_{w_1}、$k_{w_{3-1}}$、$k_{w_{7-3}}$、$k_{w_{15-7}}$——洪峰、1日洪量、3至1日、7至3日、15至7日洪量放大系数。

由于过程线的各时段放大比例不同,所以在交界处产生不连续现象,见图5-2。此时,须加以修匀,使其成为光滑曲线。修匀时要注意保持设计洪峰和各种时段的设计洪量不变。

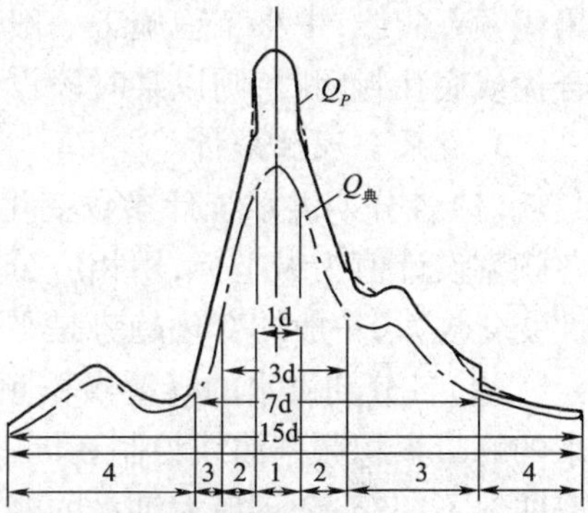

图5-2　各级的放大倍比及锯齿形过程示意图

1-k_{w_1};2-$k_{w_{3-1}}$;3-$k_{w_{7-3}}$;4-$k_{w_{15-7}}$

典型过程线的选择应遵循以下原则:(1)选择峰高量大,稀遇的实测洪水,发生的季节、洪峰次数、主峰位置及峰量关系能代表流域特性;(2)为安全计,选择峰形集中,主峰偏后形。

三、施工设计洪水

水工建筑物施工常用方法是分期筑围堰,使围堰内基坑无水,进行干地修建水工建筑物。为防止施工期基坑进水,常需研究河水如何通过缩窄的河道,即施工导流问题。妥善解决这个问题可以降低工程造价,加快施工进度;否则,可能会延缓工期,甚至发生淹没基坑而造成巨大损失。

施工导流建筑物包括围堰、明渠、隧洞、底孔等,都要根据需宣泄洪水的大小来决定。确定某一设计洪水作为导流建筑物设计的基本依据,称作施工设计洪水。施工设计流量系指施工期内可能出现的设计最大流量。一般施工应尽量安排在枯水期进行,可是大型工程施工期会超过1年或更长,也有度汛问题。

施工期设计洪水也采用某种累积频率作为标准。此累积频率应该明显低于枢纽设计洪水标准,由施工部门根据工程具体情况研究确定。

施工设计洪水的标准与施工进度密切相关。施工期较长时,不同施工阶段抵御洪水的能力也有差异,例如随着坝体升高,泄洪条件不断变化,需要推求各个分期内的设计洪水。

1. 施工设计洪水的分期

(1)全年设计洪水。当工程施工期大于1年,围堰工程必须抗御汛期的洪水,因此围堰设计必须以全年最大流量为依据，进行施工设计洪水计算。

(2)分季设计洪水。分季的长短一方面应根据施工的要求，另一方面还应考虑洪水的成因。一般采用枯水期、中水期和洪水期等来划分。由施工部门提出几个可能的施工时段，对历年各时段内的洪峰流量分别进行频率计算，得出各时段设计洪水，选择其中施工期较长而径流量又较小的情况推荐作为施工时期。为防止反常现象出现，在分期时，可提前或拖后1个月调整洪水统计时段。

2. 施工期设计洪水计算方法

施工设计洪水与一般设计洪水的计算方法基本相同。首先亦应对资料进行收集、插补延长，进行资料的可靠性、代表性和一致性审查。

确定分期后，可以定期独立取样，也用年最大法，即用逐年分期时间内最大值组成样本系列；为安全计，允许跨期取样，前后各跨5至10天。分期洪水的统计参数计算和适线原则与一般的全年最大洪水一样。如果样本容量较大，因为施工设计洪水标准低，一般不必选配“理论”累积频率曲线，只要绘出经验累积频率曲线即可。

根据工程的类型，如属大型工程，施工初期围堰防洪阶段，应以峰控制为主，需绘峰值经验累积频率曲线；中小工程施工一般也需绘制峰累积频率曲线推求设计洪峰；大型工程后期围堰合拢或底孔封闭时，则以某时段设计洪量控制为主，需绘相应时段洪量经验累积频率曲线。

3. 成果合理性分析

(1)各分期洪水统计参数变化规律性分析。以各分期洪水的统计参数均值和变差系数或各频率设计值为纵坐标，用相应分期的中间日期为横坐标，点成各种分期的分布图，分析季节性变化规律，一般的变化趋势是平顺曲线，否则应加以调整。

(2)各分期洪水的峰量累积频率曲线变化规律的合理性分析。将这些曲线与全年最大洪水的峰量累积频率曲线绘制在同一张概率纸上，检查其相互关系是否合理。通常各条累积频率曲线不相交，全年最大洪水的峰量累积频率曲线在最上端。若出现相交，是不合理的，应以全年最大洪水的峰量累积频率曲线为基准进行调整。

第二节　设计通航水位与设计流量推求

一、概述

设计水位通常包括对应设计标准(累积频率)的水库设计洪水过程线调节所得的水库设计水位，对应通航设计标准的设计通航水位，本节主要论述后者的推求方法，论述资料长短不同情况下的设计通航水位的推求，而同设计通航水位相对应的设计流量，可用水位～流量关系确定。

资料比较充分时，可采用频率分析法推求设计通航最高水位，使用历时曲线和保证率频率法，推求设计最低通航水位；资料短缺时，则采用相关分析法推求；缺乏资料时，只能移用邻近站资料。

无论那种条件、那种方法求得的设计通航水位或流量，都对应于通航标准，也是用概率作指标。设计最高通航水位以“累积频率或重现期”作为设计指标(标准)；设计最低通航水位以

"保证率"或"重现期"作为设计指标(标准)。

按照《内河通航标准》(GB 50139—2004)要求,不受潮汐影响和潮汐影响不明显的河段,设计最高通航水位应采用表5-4的规定;潮汐影响明显的河段,设计最高通航水位应采用年最高潮位频率为5%的潮位,按极值I型分布律计算确定。

按照《内河通航标准》(GB 50139—2004)要求,不受潮汐影响和潮汐影响不明显的河段,设计最低通航水位可采用综合历时曲线法计算确定,可用多年历时保证率表示;也可采用保证率频率法计算确定,利用年保证率和重现期表示,详见表5-5的规定;潮汐影响明显的河段,设计最低通航水位应采用低潮累积频率为90%的潮位。

天然河流设计最高水位标准　表5-4

航道等级	洪水重现期(年)
Ⅰ~Ⅲ	20
Ⅳ、Ⅴ	10
Ⅵ、Ⅶ	5

天然河流设计最低通航水位标准　表5-5

航道等级	多年历时保证率(%)	保证率频率法	
		保证率(%)	重现期(年)
Ⅰ、Ⅱ	≥98	98~99	5~10
Ⅲ、Ⅳ	95~98	95~98	4~5
Ⅴ~Ⅶ	90~95	90~95	2~4

注:航道等级Ⅰ~Ⅶ以通航船舶吨级3000、2000、1000、500、300、100、50表示。

按年计,通航保证率用正常通航历时的百分数表示,即

$$通航保证率 = \frac{正常通航日数}{全年总日数} \times 100\% \tag{5-7}$$

式中的正常通航日数为正常通航历时 t^*,以日计,即正常通航水位 H 在上限水位 H_{max} 及下限水位 H_{min} 之间的历时,$t^* = t(H_{max} \geqslant H \geqslant H_{min})$。其他时间$(365 - t^*)$不具备正常通航条件。见图5-3,$365 - t^* = t_2 + t_4 + t_6 + t_8$。

实际上,保证率是指统计年限内能正常通航天数占总天数的百分比,是年平均概念。通航保证率是本应该同时考虑高水位和低水位情况下的通航,在具体分析计算时,由于设计目标与要求不同,需对高水位和低水位分别进行计算,即设计最高通航水位和设计最低通航水位计算。

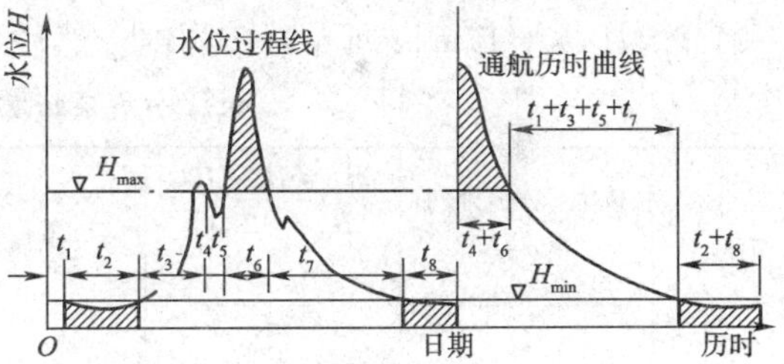

图5-3　水位过程线和通航历时曲线

前者是通航建筑物正常营运的上限水位和跨河建筑物净高的起算水位,如通航桥梁净高设计,船闸闸门、闸墙、导航墙顶高程确定等;后者是航道与通航建筑物标准水深和水下过河建筑物标高的起算水位,如船闸闸首门槛、引航道底高程,以及整治工程中水下过河建筑物高程的确定等。由此可见,设计通航水位是航运工程规划设计施工的重要依据。

应当指出,某一保证率的设计最低通航水位,只表明当水位大于或等于此水位时的保证通航程度,没有考虑高水位断航情况;同样,对于某一频率的设计最高通航水位,也只考虑当水位小于或等于该水位时满足通航的设计频率,并没有考虑低水位断航情况。

由于设计最高通航水位计算方法,基本上与设计洪水计算方法相似,本节将重点阐述设计最低通航水位推求方法。

二、有长期观测资料条件下设计通航水位及流量推求

天然河道变化不太大时,一般可以直接用水位资料推求设计通航水位。

若设计断面具有实测流量资料，且河槽变化较为明显时，如需进行渠化工程，应先由流量资料推求设计通航流量，再通过水位～流量关系曲线转换为设计通航水位。这是因为河道渠化后，水流条件改变，修建工程前的水位资料将不适用于工程后，而流量资料则由于流域自然地理条件变化不大，故工程前、后亦变化不大，采用流量资料可保持前、后的一致性。但是，由流量资料推求水位，存在着两种误差，流量测验误差和水位～流量关系曲线的误差。

1. 设计最高通航水位的推求

通常采用累计频率曲线法，与推求设计洪水的方法、步骤相同，但需另外考虑如下几个问题。

(1)有调蓄能力的水利枢纽通航要求。即设计的最高通航水位不得高于枢纽的设计洪水位，不得低于正常蓄水位或汛期限制水位。

(2)以通航为主无调蓄的水利工程且设计标准不高的山区河流频率计算要求。采用日平均流量作为统计变量进行频率计算，不用洪峰流量作为统计变量。因为，在这种情况下，洪峰持续历时很短，对于货运量要求不很高的航运工程影响不大，否则将造成投资上的不经济。

(3)简化计算问题。当用水位资料推求设计最高通航水位时，为便于计算和减少误差，又不致出现过小的 C_v 值，常将原水位系列中各项数值都减一个常数 H_0（H_0 取低于该系列中最枯水位的整数值），然后进行频率计算，最后求的结果需再加上 H_0。

例 5-1 长江中游某水位站有 41 年水位资料，试求该站 $P=5\%$（20 年一遇）的设计最高通航水位。

首先，将 41 年最高水位 H_i 按大小顺序列入表 5-6 第①列中。其次，从各年水位值中减去一个常数（$H_0=17\text{m}$），列入第②列内。然后用矩法初估参数

长江中游某站最高水位累积频率计算表 表 5-6

序号	按大→小排列 H_i(m)	$H_i'=H_i-H_0$ $H_0=17.00$ H_i'(m)	k_i	k_i-1		$(k_i-1)^2$	$P=\frac{m}{n+1}$(%)
				+	−		
	①	②	③	④	⑤	⑥	⑦
1	34.37	17.37	1.21	0.21		0.044	2.38
2	33.29	16.29	1.13	0.13		0.017	4.77
	⋮	⋮	⋮	⋮		⋮	⋮
	⋮	⋮	⋮	⋮		⋮	⋮
34	29.48	12.98	0.90		0.10	0.010	81.0
	⋮	⋮	⋮	⋮		⋮	⋮
	⋮	⋮			⋮	⋮	⋮
38	29.16	12.16	0.84		0.16	0.026	90.5
	⋮	⋮		⋮	⋮	⋮	⋮
40	28.86	11.86	0.82		0.18	0.032	95.2
41	28.31	11.31	0.79		0.21	0.044	97.6
总计		590.60	41.00			0.38	
平均		14.40					

$$\overline{H'} = \frac{\sum H'_i}{n} = 590.60/41 = 14.40\text{m}$$

$$C_v = \sqrt{\frac{\sum (K_i - 1)^2}{n-1}} = \sqrt{\frac{0.38}{40}} = 0.098 = 0.10$$

最后，适线选定统计参数：$\overline{H'} = 14.40\text{m}$，$C_v = 0.1$，$C_s = 2.5C_v$，该曲线与经验点据配合较好，见图5-4。

由图或附表3，可查得模比系数 $k_{5\%} = 1.17$，所以设计最高通航水位为：

$$H_{5\%} = \overline{H'} \cdot k_{5\%} + H_0 = 14.4 \times 1.17 + 17 = 33.85\text{m}$$

2.设计最低通航水位的推求方法

目前，多采用历时曲线法及保证率频率法推求设计最低通航水位。

1)历时曲线法

图5-5为某站某年历时曲线，一种反应河流径流分配的特性曲线。绘制这种曲线时，可取年、季或月为时段，水位(流量)可取瞬时、日平均、旬或月平均值。应用最广的是以年为时段，水位(流量)取日平均值，称作日水位(流量)历时曲线。曲线的历时坐标用百分数表示，则称为相对历时曲线或保证率曲线。绘制这种曲线的方法有综合法、平均法、代表年法和简化法。

(1)综合法。①依据统计年份中日平均最高和最低水位变动范围，分日平均水位为若干级，见表5-7第i列。在航道部门，取5～20cm作为一级。在水利部门，按水位过程线的比例来确定水位级，例如，水位比例为1∶100时，取每10cm为一级；水位比例为1∶200时，取每20cm作为一级等。②编制水位历时统计表，见表5-7，水位级别取10cm，20年中，水位变幅在12.00～29.99m之间，见第i列；将历年逐日平均水位出现的日数，按其所属的水位级，记入表第ii列；从上至下计算累积天数，累积到最下一级的天数，应等于参加统计的总天数7305天，见第iii列末行；将各级水位发生的累积天数除以统计年份的总天数，得各级水位的保证率，见第iv列。③以水位为纵坐标，以保证率为横坐标，按表5-7第i和第iv列数值，点绘在图上，便可得到综合历时曲线(又称保证率曲线)，见图5-5。

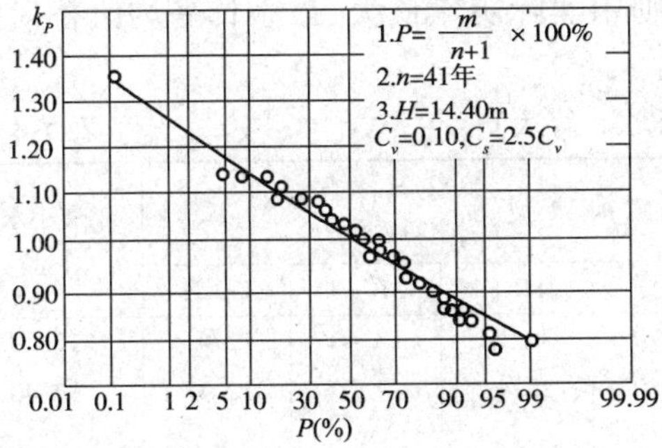

图5-4　某站最高水位累积频率曲线

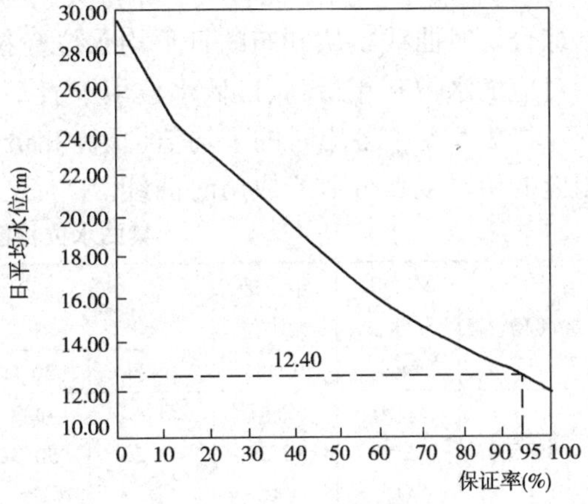

图5-5　综合历时曲线(保证率曲线)

水位历时统计表

表 5-7

i	ii	iii	iv
水位级别(m)	发生历时(d)	累计天数	保证率(%)
29.99～29.90	5	5	0.07
29.89～29.80	9	14	0.19
⋮	⋮	⋮	⋮
12.19～12.10	22	7294	99.70
12.09～12.00	11	7305	100.00

点绘图时，除第一点为最高值，最末一点是最低值外，其他各点都是各级水位的下限值，各点连线即成。

有了水位历时曲线，即可根据设计标准（保证率）查求设计水位。从图 5-5 可查出相应保证率为 95% 的设计水位为 12.40m。

综合历时曲线法反映的是水文变量的多年平均情况，并用通航日保证率反映航运效益，概念直观。它适用于河流补给源较一致，变量年际间变化不大，且资料系列较长的条件，当径流年际变化大，资料系列短，要求设计标准较高时，使用此方法受到限制。

由于河流受流域面积大小、气候等因素影响，历时曲线的坦、陡不同。平坦曲线的保证率相差 1%～2%，水位影响不大；而陡峭曲线则可相差数十厘米，须给予关注。

流量历时曲线绘制方法与水位相似，不再赘述。

（2）平均法和代表年法。①平均法。将设计断面处多年实测逐日平均水位（流量）资料，分年按表 5-7 格式进行统计；点绘各年水位（流量）历时曲线，n 年有 n 条历时曲线；任何一历时对应有 n 个水位（流量）值 $Z_i(p)$，$i=1,2,\cdots,n$，取其算术平均值 $\sum Z_i(p)/n = \bar{Z}(p)$ 与相应历时(p)绘制曲线，即得该断面处水位（流量）平均历时曲线。②代表年法。从多年实测逐日平均水位（流量）资料中选取丰、平、枯 3 个代表年，按表 5-7 格式进行统计，然后将同一历时的 3 个水位（丰、平、枯）加以平均，以平均值与其对应的历时点绘曲线，即代表年历时曲线。此法实质上是平均历时曲线法的一种简化方法。

（3）简化法。由于综合法工作量大，在规划阶段只需粗略计算，因此，可用下述简化法绘制综合历时曲线。从刊布的日平均水位资料表中，选用每年历时为 15、30、90、180、270、330 日所对应的水位和年最高、最低水位填于表 5-8 中，算术平均确定各种历时的水位平均值。

将表 5-8 中各历时的平均值（最高和最低水位则用实际历年最大、最小日平均值替代）与相应的历时或百分数绘成历时曲线。

某站水位特征表（简化法计算表）

表 5-8

年份	平均年水位(m)	年最大水位(m)	各种历时水位(m)						年最小水位(m)
			15 日	30 日	90 日	180 日	270 日	330 日	
1917	51.91	59.41	53.42	48.31	35.70	29.10	18.40	12.41	12.39
1918	52.73	70.39	62.30	50.32	38.80	28.43	17.59	12.48	12.40
⋮	⋮	⋮	⋮	⋮	⋮	⋮	⋮	⋮	⋮
1964	50.84	60.49	55.51	51.48	37.90	30.50	16.84	11.40	11.90
平均	51.73	70.10	58.35	49.40	38.10	30.50	17.10	12.10	12.10

对于枯期径流变化不大的河流，历时曲线法是一种简便适用的方法。

2）保证率频率法

此方法在保证率中引进频率概念。例如，n 年可绘出 n 条保证率曲线，任一指定保证率 p_i，各年均有与其对应的水位 $Z_i(p_i)\ i=1,2,\cdots,n$。保证率频率法是将这些水位看作随机变量，进行频率分析，然后在累计频率曲线上求得指定频率下的水位（流量），作为设计水位（流量）。其步骤为：①根据通航要求，按规范确定频率和保证率；②在每年的水位（流量）历时曲线中，根据选定的保证率摘取水位（流量）值；③将选取的各年水位（流量）作为样本进行频率分析计算。最后根据指定的累积频率在曲线上查得相应的设计水位（流量）。

例 5-2　试推求某工程 10 年一遇、保证率为 95% 的设计最低水位值。

首先在多年水位资料所绘制的历时曲线上摘取相应于年保证率 95% 的枯水位、逐年最枯水位，见表 5-9 之第 ii、iii 列，再以历年最枯水位（即 1958 年最枯水位 9.70m）为零点水位，求出各年相对零点的 95% 保证率水位，填入表 5-9 第 iv 列。

某水位站历年枯水位统计表　　表 5-9

年份	年最枯水位（m）	保证率为95%的水位（m）	以历年最枯水位为零点的95%水位（m）	年份	年最枯水位（m）	保证率为95%的水位（m）	以历年最枯水位为零点的95%水位（m）
i	ii	iii	iv	1962	10.05	10.09	0.39
1952	9.90	9.91	0.21	1963	10.01	10.06	0.36
1953	9.96	9.99	0.29	1964	10.08	10.12	0.41
1954	9.96	9.97	0.27	1965	10.10	10.20	0.50
1955	10.05	10.08	0.38	1966	9.91	9.94	0.24
1956	9.91	9.93	0.23	1967	10.03	10.07	0.37
1957	9.88	9.91	0.21	1968	10.11	10.16	0.46
1958	9.70	9.72	0.02	1969	10.01	10.04	0.34
1959	10.01	10.04	0.34	1970	9.86	9.90	0.20
1960	9.88	9.91	0.21	1971	9.86	9.89	0.19
1961	9.98	10.00	0.30	平均	9.96	9.996	0.296

然后把表 5-9 中第 iv 列或第 iii 列保证率为 95% 的水位作为随机变量进行频率计算，应用求矩适线法，结合表 5-10 初估计算参数：

$$\overline{Z} = \sum H/n = 9.9965$$

$$C_v = \sqrt{\frac{\sum (k_i - 1)^2}{n-1}} = \sqrt{\frac{2.723}{19}} = 0.38$$

某水位站保证率为95%的水位累积频率计算表　　表5-10

序号	年份	保证率为95%的水位H(m)	按大小排列年份	按大小排列水位H(m)	以最枯水位起算水位y(m)	$k_i=\frac{y_i}{\bar{y}}$	(k_i-1)	$(k_i-1)^2$	$P=\frac{m}{n+1}\times100\%$
1	1952	9.91	1965	10.20	0.50	1.685	0.685	0.470	4.8
2	1953	9.99	1968	10.16	0.46	1.550	0.550	0.303	9.5
3	1954	9.97	1964	10.12	0.42	1.416	0.416	0.173	14.3
4	1955	10.08	1962	10.09	0.39	1.315	0.315	0.099	19.1
5	1956	9.93	1955	10.08	0.38	1.281	0.281	0.079	23.8
6	1957	9.91	1967	10.07	0.37	1.248	0.248	0.062	28.6
7	1958	9.72	1963	10.06	0.36	1.214	0.214	0.046	33.3
8	1959	10.04	1969	10.04	0.34	1.146	0.146	0.021	38.1
9	1960	9.91	1959	10.04	0.34	1.146	0.146	0.021	42.8
10	1961	10.00	1961	10.00	0.30	1.012	0.012	0.000	47.6
11	1962	10.09	1953	9.99	0.29	0.977	−0.023	0.000	52.3
12	1963	10.06	1954	9.97	0.27	0.911	−0.089	0.008	57.1
13	1964	10.12	1966	9.94	0.24	0.809	−0.191	0.036	61.9
14	1965	10.20	1956	9.93	0.23	0.777	−0.223	0.050	66.6
15	1966	9.94	1952	9.91	0.21	0.709	−0.291	0.085	71.4
16	1967	10.07	1957	9.91	0.21	0.709	−0.291	0.085	76.2
17	1968	10.16	1960	9.91	0.21	0.709	−0.291	0.085	81.0
18	1969	10.04	1970	9.90	0.20	0.676	−0.324	0.105	85.7
19	1970	9.90	1971	9.89	0.19	0.642	−0.358	0.128	90.5
20	1971	9.89	1958	9.72	0.02	0.067	−0.933	0.867	95.3
			平均	9.9965	0.2955		Σ20.00	Σ2.723	

取$C_v=0.38$,$C_s=2C_v$适线,发现左端偏低,右边偏高,经调整参数$C_v=0.40$,$C_s=2C_v$再适线,结果较满意,见图5-6。

最后从累积频率曲线上查出$P=90\%$(因重现期$T=10$,$P=(1-1/T)\times100\%=90\%$)即10年一遇、保证率为95%的设计最低水位为9.86m。

保证率频率法,也是一种频率分析计算法,只是系列组成时的选样方式不同。此方法既考虑了停航减载的历时,又考虑了该历时出现的频率。同时考虑了年内和年际两种航运效益指标。对资料的适应性也较历时曲线法好。当设计标准较高时,此法较为可行。

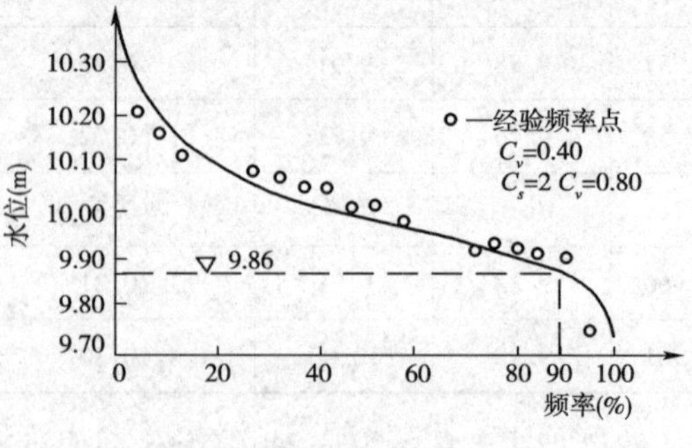

图5-6　某站水位累积频率曲线

三、短缺资料条件下设计通航水位及流量的推求

1. 资料不足条件下设计通航水位及流量的推求

资料不足时,常用相关分析法,插补延长资料,提高样本系列的代表性,减少抽样误差。延

长系列后，仍可采用上述有资料条件下推求设计航运水位方法进行推求，故不再赘述。

2. 资料缺乏时设计通航水位及流量的推求方法

主要指参证站设计水位转移法，其中包括比降推算法、水位相关法和瞬时水位法。

(1)比降推算法。当设计断面距离参证站较近且河段顺直，断面形状变化不大时(即区间水面比降变化不大时)，可用参证站设计洪水位，按实测高水水面比降线推算到设计断面，求得设计断面的设计洪水位，即

$$H_{设} = H_{参} \pm L \cdot I \tag{5-8}$$

式中：$H_{设}$、$H_{参}$——设计断面、参证站设计洪水位，m；

L、I——设计断面距参证站基本水尺的距离，m；参证站实测高水水面比降。

(2)水位相关法。当设计断面距参证站较远时，可在设计断面处设临时水位站，观测至少一个水文年度的水位(洪水期初至枯水期末，包括洪枯水位变幅)，建立两站的水位相关图，然后根据参证站的设计水位，在相关线上查得设计断面处的设计水位。对于设计航运高水位的相关延长要慎重。

(3)瞬时水位法。若设计断面处水位资料不多，不能绘出设计断面处与参证站之间水位相关线，则可采用瞬时水位相关法。如求设计枯水位，可选择枯水期水位稳定时(其升降不超过5cm)的水位资料，列表算出其瞬时平均落差，见表5-11末行数值。由参证站设计水位减去落差值便求得断面设计水位，计算方法列入表中说明栏内，故不再赘述。

参证站和设计站瞬时水位表 表5-11

日　期	参证站水位(m)	设计站水位(m)	落差(m)	计 算 方 法
1月2日	6.30	5.50	0.80	参证站的设计水位为6.00m，则设计站的设计水位为6.00 − 0.81 = 5.19m，取用5.00m，此例参证站位于设计断面处上游
1月3日	6.28	5.47	0.81	
1月4日	6.24	5.42	0.82	
1月5日	6.20	5.39	0.81	
总　计	25.02	21.78	3.24	
平　均			0.81	

四、缺乏实测资料条件下水位～流量关系曲线的拟定

港航工程设计运用中，常需要确定一系列断面的水位～流量关系曲线。如果工程设计断面附近有水文站，便可直接移用水文站的水位流量关系曲线。然而多数涉及断面不具备这个条件。为解决问题常用如下两个方法。一是在各断面作短时期巡回测验，按第三章方法绘水位～流量关系，但是巡测时间短，实测水位变幅较小，难以按照实测成果绘制水位～流量关系。二是间接方法，以实测资料为基础，通过相关或水力学方法来拟定水位流量关系曲线。

1. 水位相关法

利用设计站短期实测水位资料与邻近水文站水位之间建立相关关系，并通过此关系把水文站(参证站)的水位～流量曲线转换成设计断面的水位～流量关系曲线。

(1)具体步骤。①设计断面设水尺读水位，特别注意峰、谷水位观测；②选择参证站，原则是选择区间无大支流汇入，区间集水面积小，河槽调蓄不大、不受回水顶托，靠近设计断面；③绘制和延长参证站的水位～流量关系，方法见第三章；④根据设计断面和参证站同期水位观测资料，考虑洪水传播的影响，找出各级水位下的相应水位，即以相应峰谷水位来绘制水位相

关线，高水部分可通过洪水调查，分析外延；⑤绘制设计断面处水位流量关系线，就是通过水位相关线把参证站的水位～流量曲线转换成设计断面水位流量关系。

(2)水位相关法适用条件。①拟建工程处有水文资料，附近有水文站可参证；②枢纽至参证站间距离近，区间入流少；③枢纽与参证站的水文要素变化具有一致性，且不受回水顶托；④河槽水力因素相似或相等，尤其是河床比降较为接近或相等。

2. 水力学公式法

此方法采用水力学曼宁公式推求流量的方法，见公式(3-8)。关键在于确定糙率 n 和比降 I。n 值可根据测验得到的资料逆推，并且根据河床地质情况参照糙率表，绘制糙率与水位的关系曲线。各个河段的比降 I 不同，而且随着水位而变化，所以不能简单地移用其他河段资料，只能利用实测成果，参照洪痕调查资料，绘制水位与比降之间关系曲线。由断面资料计算断面面积 A 和水力半径 R，代入曼宁公式，求出各种水位相应的流量值，便可绘出水位～流量曲线。

如有下游变动回水或洪水涨落影响，应参照上、下游邻近水文测站关系曲线的形状，选用适当的参数，按趋势定线。

应当指出，水力学公式法比水位相关法精度差，但当枢纽断面不能满足水位相关法的适用条件(如区间入流影响大、受回水顶托等)，本法还是行之有效的。

第六章　海　　浪

第一节　海浪要素和分类

一、海浪要素

海洋中的波浪是海水运动形式之一，它的产生是外力、重力与海水表面张力共同作用的结果。引起海水波动的外力因素很多，如风、大气压力的变化、天体的引潮力、海底地震以及人为引起的船体运动等。由这些因素引起的海水波动，其周期可在极宽的范围内变化，如潮波的周期为半天至1天，海啸的周期为几十分钟，风浪的周期为几秒钟，而海水表面张力波的周期则不足1s。本章将主要论述由风引起的重力波，它是风浪、涌浪和近岸波浪的总称。风浪主要是指在风直接作用下产生的波浪。涌浪指风停止、转向或离开风区传播至无风水域的波浪。涌浪传播到浅水区，由于受到水深和地形变化的影响，发生变形，出现波浪的折射、绕射和破碎而形成近岸波浪。

虽然海浪的剖面形状复杂，但人们常把它理想化为如图6-1所示的规则剖面，并以各种波浪要素来表征其特性。

各波浪要素的定义如下：

(1)波峰：波浪剖面高出静水面的部分，其最高点称为波峰顶。

(2)波谷：波浪剖面低于静水面的部分，其最低点称为波谷底。

(3)波峰线：垂直波浪传播方向上各波峰顶的连线。

(4)波向线：与波峰线正交的线，即波浪传播方向。

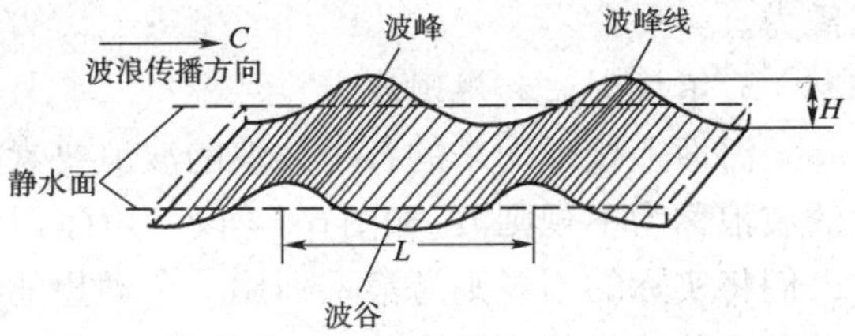

图6-1　波浪要素

(5)波高：相邻波峰顶和波谷底之间的垂直距离，通常以 H 表示，单位以米(m)计。在我国台湾海峡曾记录到波高达15m的巨浪。

(6)波长：两相邻波峰顶(或波谷底)之间的水平距离，通常以 L 表示，单位以米(m)计。海浪的波长可达上百米，而潮波的波长则可达数公里。

(7)周期：波浪起伏一次所需的时间，或相邻两波峰顶通过空间固定点所经历的时间间隔，通常以 T 表示，单位以秒(s)计。在我国沿海波浪周期一般为4~8s，曾记录到周期为20s的长浪。

(8)波陡：波高与波长之比，通常以 δ 表示，即 $\delta = H/L$。海洋上常见的波陡范围在1/30~

1/10之间。波陡的倒数称为波坦。

(9)波速:波形移动的速度,通常以 C 表示,它等于波长除以周期,即 $C = L/T$,单位以米/秒(m/s)计。

二、海浪分类

海浪可以按各种不同的标准进有分类

1. 强制波、自由波和混合浪

强制波指引起波浪的扰动力连续作用于水面,波动性质依赖于扰动力性质的波动。在风直接作用下产生的风浪就是一种强制波,其外形相对于垂直轴是不对称的,见图6-2,波浪的背风面较迎风面为陡。自由波指扰动力消失后在重力作用下继续传播的波浪,其性质已不完全依赖于原有的扰动力。如风停止后海面上继续存在的波浪或离开风区传播至无风水域上的涌浪就是一种自由波。涌浪的外形比较规则,波面光滑。海面上还经常遇到风浪与风区外传播来的涌浪相叠加而成的波浪,称为混合浪。

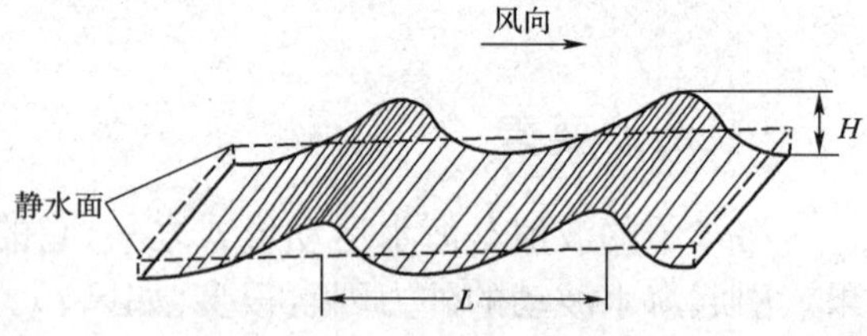

图6-2　风浪外形

2. 毛细波、重力波和长周期波

按使海水水质点在运动过程中恢复到平衡位置的复原力的性质对波浪进行分类。复原力以表面张力为主时称为毛细波或表面张力波,如海面上刚起风,或风力很小时海面上出现的微小皱曲的涟波就是毛细波,其周期常小于1s。当波浪尺度较大时,水质点恢复平衡位置的力主要是重力,这种波浪称为重力波,如风浪、涌浪、地震波以及船行波等。长周期波主要指日、月引力造成的潮波,还包括大洋涌浪、海湾风壅振荡等周期较长的波动,其复原力是重力及科氏力。

3. 不规则波和规则波

海面上接踵而来的各个波浪的波浪要素是不断变化的,它是一种不规则的随机现象,这样的波浪称为不规则波,如图6-3所示为海面上一段实际的测波记录。为了便于研究波浪运动,人们将实际的不规则海浪系列用一个理想的各个波的波浪要素均相等的波浪系列来代替,这种理想的波浪称为规则波,如实验室内用人工方法产生的规则波。海上涌浪也接近规则波。

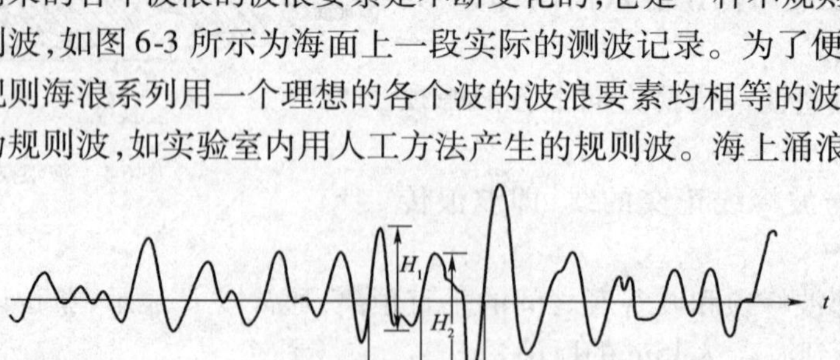

图6-3　海面实测波浪记录

4. 长峰波和短峰波

在海面上可清楚地看到一个个接踵而来的波峰和波谷,波峰线是一些很长的,几乎互相平行的直线时,这种波浪称为长峰波或二维波。涌浪就是一种长峰波。而在大风作用下,波峰线难以辨别,波峰和波谷如棋盘格般交替出现,这种波浪称为短峰波或三维波。风浪通常为短峰波。

5. 前进波和驻波

海面上形成的波峰线向前或向岸传播的波浪称为前进波。驻波(或称立波)是波形不向前传播,波峰和波谷在原地作周期性升降的波浪,它是前进波遇到海岸陡崖或直墙式建筑物后反射回去与前进波相互干涉的结果,此时驻波的波高是前进波的两倍。

6. 深水前进波和浅水前进波

在水深 d 大于半波长的水域中传播的波浪称为深水前进波(简称深水波)。深水波不受海底的影响,其水质点运动轨迹接近于圆形,且波动主要集中于海面以下一定深度的水层内,又常称为短波。当深水波传至水深 d 小于半波长的水域时,称为浅水前进波(简称浅水波)。浅水波受海底摩擦的影响,水质点运动轨迹接近椭圆,且水深相对于波长较小,故又称长波。

根据微幅波理论(线性理论),规则深水波的波速、波长和周期的相互关系如下

$$C_0 = L_0/T_0 = \sqrt{gL_0/2\pi} \quad 或 \quad L_0 = gT_0^2/2\pi \tag{6-1}$$

规则浅水波的波速、波长和周期的相互关系为

$$C = \sqrt{\frac{gL}{2\pi}\tanh\frac{2\pi d}{L}} \quad 或 \quad L = \frac{gT^2}{2\pi}\tanh\frac{2\pi d}{L} \tag{6-2}$$

式中:g——重力加速度,m/s^2;

d——水深,m;

$2\pi d/L$——以正切双曲线函数表示的浅水因子。式中凡带脚标"0"者表示深水波要素,不带脚标者表示浅水波要素。观测表明,波浪由深水传入浅水后,周期不变,即

$$T = T_0 \tag{6-3}$$

7. 振荡波和推移波

在一个波周期内,水质点运动的轨迹是封闭的或接近于封闭,即水质点仅在原地作振荡运动,这种波动称为振荡波。而在一个波周期内,水质点有明显位移,称为推移波。浅水波传向近岸,发生变形,波陡增大,直至波浪破碎,而破碎后继续向岸推进,形成击岸波,并多次破碎,都属于推移波。击岸波最后一次破碎后形成击岸水流。

根据波浪行近海岸时的变化,对于坡度较缓的海滩,近岸水域按不同水深可大致划分为四个区域,即深水区、浅水区、击岸波区及岸边区,见图 6-4。事实上,由于波浪的不规则性,确切地划分各个区域的分界位置是不可能的,图 6-4 所示仅是根据理想规则波确定的。图中 d_b 表示波浪破碎处水深,对应的波高称为破碎波高,以 H_b 表示。

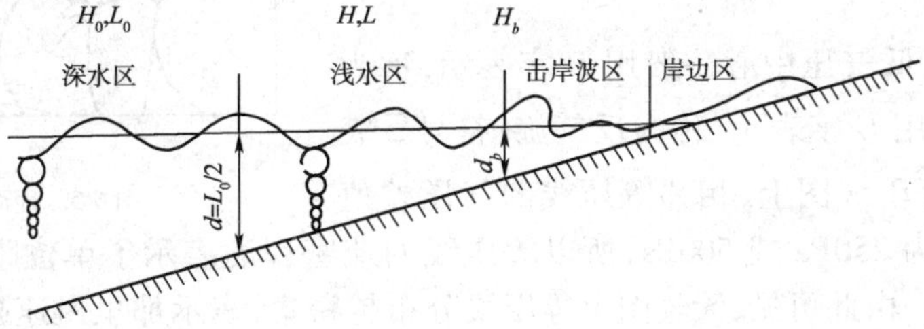

图 6-4 海岸区划分

第二节　风况基础知识

一、风的形成及类型

地球南北两极与赤道之间存在的温差为驱动地球大气环流提供所需的能源。在热能向动能转换产生大气运动的过程中，必定包含大气的水平及上下升降运动。大气运动的主要原因是水平和垂直方向上气压差的存在。受地球向下作用的引力场影响，使地面以上的气压随高度的增加而有一定的降低，这种重力和垂直气压梯度力之间的相互平衡称为静力平衡，它极大地限制了大气的垂直运动，因此，除特殊情况下，局部地区空气的垂直运动可以忽略不计。主要是空气在水平方向上的气压差形成的水平运动，称为风，因此气压随时间和空间的分布及其变化就成为分析风速、风向及其变化必须掌握的资料，从而也是研究海浪的形成及其变化的基础。

包围在地球表面的大气是有重量的，气压就是大气作用于地球表面单位面积上的力。气压的单位是帕(Pa)。

大气压力随高度增加而减小，其递减率约为10Pa/m。大气压力还与空气温度有关，平均海平面上，当温度为15℃时的气压是101325Pa，称为标准气压。

地球表面上的气压分布是不均匀的，气压场受温度、高度及其他因素的影响而在随时随地变化着。在气压场中，用来表示各种气压形势的方法有两种：一种是在等高面上用等压线表示气压分布，叫做地面天气图；另一种是在等压面上用等高线表示其高度分布，叫做高空天气图。为分析地(海)面上的风，通常使用的是地面天气图。

所谓地面天气图就是由气象部门绘制的地(海)面上的各气象要素的实况分布图，它的资料主要来自陆上和岛屿上的气象台站以及海上船舶观测的资料。一般每天四次将各台站北京时间02、08、14和20时的定时观测资料分别标在专用的地图上绘制而成，故地面天气形势图一般每天4张，特殊天气情况下则加密至每天8～12张。海平面等压线图是地面天气图的内容之一。在空白地图上把某一时刻气压观测值(不同高度观测到的气压值均校正至平均海平面)相等的各个点联成线，称为等压线，它表明地(海)面上当时气压的分布，见图6-5。

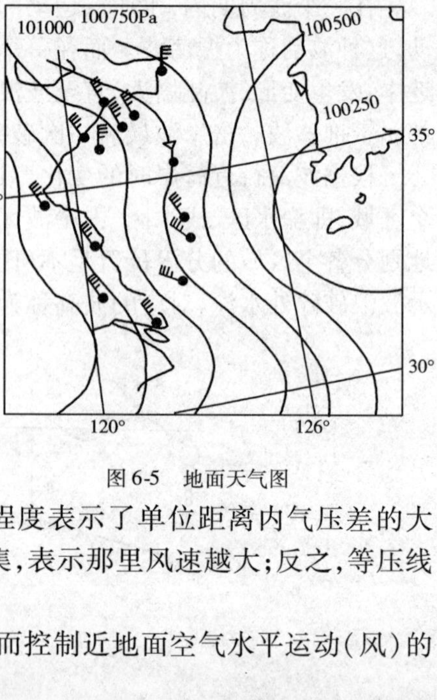

图6-5　地面天气图

地面天气图上低气压中心一般用D字表示，称为气旋；高气压中心用G字表示，称为反气旋；符号S表示台风中心。在等压线图上，相邻等压线的气压差值是一个定值，一般为250Pa或500Pa，所以等压线的疏密程度表示了单位距离内气压差的大小，称为气压梯度。由此可见，天气图上等压线分布越密集，表示那里风速越大；反之，等压线分布越稀，表示那里风速越小。

空气运动的主要原因是水平气压梯度的存在和维持，而控制近地面空气水平运动(风)的因素有四个:即作用在空气微团上的气压梯度力、地球自转形成的地转偏向力(即科氏力)离心力和摩擦力。

1. 气压梯度力

气压梯度可分为水平和垂直两个分量,但正如以上所指出的那样,垂直分量几乎和重力相平衡,可忽略不计,故水平气压梯度是空气运动的起动力,它使空气从较高的气压区流向较低的气压区,而其他的力则阻止空气直接穿越等压线运动。

单位质量的气压梯度 G 的数字表达式为

$$G = -\frac{1}{\rho}\frac{\mathrm{d}p}{\mathrm{d}n} \approx -\frac{1}{\rho}\frac{\Delta p}{\Delta n} \tag{6-4}$$

式中:ρ——空气密度,当气温为0℃、气压为101325Pa时,$\rho = 1.225 \times 10^{-3}\mathrm{g/cm^3}$;

Δn——水平面上气压差为 Δp(定值)的两条等压线之间的垂直距离。

根据地面天气图计算水平气压梯度时,气压单位用帕(Pa),距离的单位用赤道度或当地纬距度(即赤道上经度或纬度1°的长度,它约等于111km)表示。显然气压梯度越大(Δn 越小),风速就越大,另外,气压梯度还与空气密度成反比,这对了解高空风的状况尤为重要。

2. 地转偏向力(科氏力)

风既然由水平气压梯度力的作用而产生,则风向应该完全沿着梯度力的方向运动,但观测到的实际风向和气压梯度方向有所偏离,以至于与梯度力方向近于垂直,这主要是地转偏向力作用的结果。所谓地转偏向力就是地球自转对运动着的空气所产生的一种惯性力。单位质量所受的地转偏向力 A 的表达式为

$$A = 2\omega U \sin\varphi \tag{6-5}$$

式中:ω——地球自转角速度($15°/\mathrm{h} = 7.29 \times 10^{-5}\mathrm{rad/s}$);

φ——地理纬度;

U——空气水平运动的速度(风速);

$2\omega\sin\varphi$——科氏参数,常以 f 表示。

由上式可见地转偏向力的大小正比于空气的水平速度及地理纬度的正弦。显然在赤道平面处地转偏向力不存在。

自由大气(超出受地面摩擦影响的高度,大约位于海平面上500~1000m处)中,如等压线是平直的,则所观测到的风向几乎与气压梯度垂直(即平行于等压线),在北半球,若背风而立,高压在右,低压在左;在南半球相反,高压在左,低压在右。这意味着气压梯度力恰好与作用在相反方向上的科氏偏向力所平衡,见图6-6。这种理想情况下高空的风称为地转风。于是由式(6-4)及式(6-5)得地转风的风速(U_g)表达式为:

$$U_g = \frac{1}{2\omega\sin\varphi \cdot \rho}\frac{\mathrm{d}p}{\mathrm{d}n} \tag{6-6}$$

3. 离心力

如果等压线不是直线,而是曲线,例如低压或高压的封闭等压线。这时空气微团还将受到指向转动中心的加速度力作用,即沿半径向外作用的离心力。单位质量的空气所受的离心力 C 为

$$C = \frac{U^2}{r} \tag{6-7}$$

式中：r——曲率半径。

于是空气在气压梯度力、地转偏向力和惯性离心力三种力作用下，速度和方向不断改变，到了三种力达到相对平衡时，进入稳定状态，空气保持等速运动，这时的风称为梯度风。由于等压线有气旋性弯曲和反气旋性弯曲两大类，因而有气旋区内和反气旋区内的梯度风的区别，图6-7为北半球梯度风和等压线的关系，由该图可见：在气旋区 $G = A + C$；在反气旋区 $G = A - C$。

于是梯度风 U 可由下式求得

$$\pm \frac{U^2}{r} + 2\omega U\sin\varphi - \frac{1}{\rho}\left|\frac{\Delta p}{\Delta n}\right| = 0 \qquad (6\text{-}8)$$

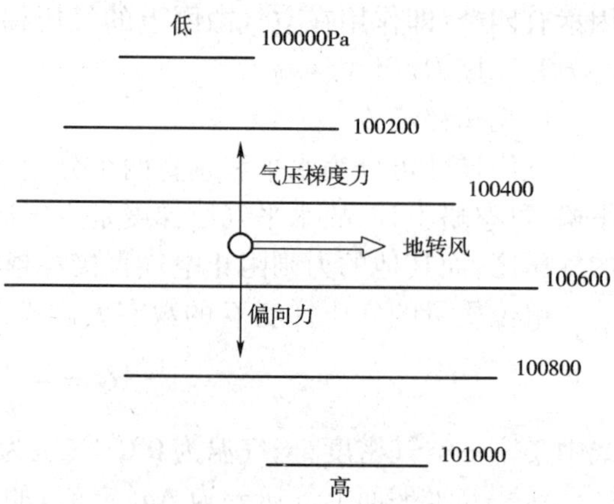

图6-6　北半球地转风与等压线关系

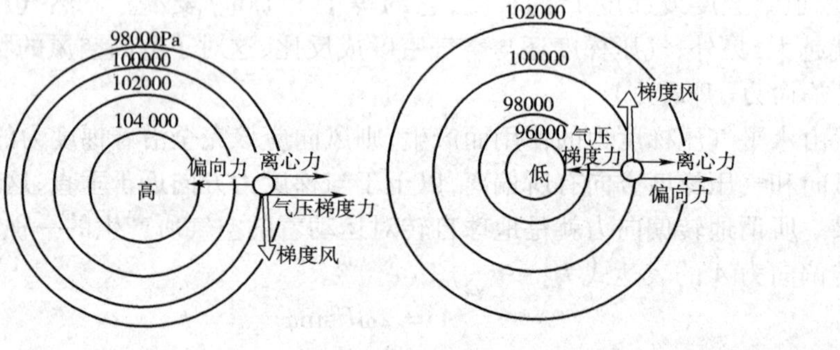

a)　　b)

图6-7　北半球梯度风和等压线的关系

式中离心力项，在气旋区取正号，在反气旋区取负号。用二次方程求根公式则可计算出梯度风 U 如下：

$$\left.\begin{aligned} U_{低} &= -\omega r\sin\varphi + \sqrt{\omega^2 r^2 \sin^2\varphi + \frac{r}{\rho}\left|\frac{\Delta p}{\Delta n}\right|} \\ U_{低} &= +\omega r\sin\varphi - \sqrt{\omega^2 r^2 \sin^2\varphi - \frac{r}{\rho}\left|\frac{\Delta p}{\Delta n}\right|} \end{aligned}\right\} \qquad (6\text{-}9)$$

必须指出，上列两式中根号前对气旋区必须取正号，对反气旋区必须取负号，梯度风才有明确的物理意义。因为只有这样，当气压梯度为零时，才会使梯度风不存在，即 $\Delta p/\Delta n = 0$，$U = 0$。

梯度风的风向和等压线平行，在北半球的气旋区以逆时针方向绕中心吹，在反气旋区则顺时针方向绕中心吹。在南半球则相反，在气旋区顺时针绕中心吹，在反气旋区逆时针吹。

通常情况下离心力一般很小，只有在风速很大时才比较重要，即只有在科氏力可忽略不计的赤道附近的强大气旋中它才起重要作用。在这种情况下，当极大的气压梯度力与离心力相平衡时的空气运动称为旋衡风，其风速可由下式求得：

$$-\frac{1}{\rho}\left|\frac{\Delta p}{\Delta n}\right| + \frac{U^2}{r} = 0 \qquad (6\text{-}10)$$

低纬度地区出现的台风或龙卷风就是气压梯度力和离心力保持平衡时的旋衡风。这种风的旋转方向可以是逆时针或顺时针，但中心必须是低压，其最大风速可达50～60m/s以上。

4.摩擦力

最后一个对空气运动起重要作用的力是由地（海）表面摩擦引起的摩擦力。由上述可见，地转风、梯度风以及旋衡风可以按照海平面气压场根据理论计算出来，它们都没有把气流与地（海）面及气流内部的摩擦作用考虑进去。在离海平面500～1000rn的自由大气中，可忽略摩擦力的影响。在自由大气以下的摩擦层内，空气运动受摩擦力作用，随高度下降，风速将逐渐减小，风向发生偏转，它逐渐偏离等压线方向，越来越接近气压梯度的方向，即穿越等压线指向低压区。于是在北半球的气旋区，风一面沿逆时针方向偏转，一面向低压中心汇流，形成逆时针内流的气流；在反气旋区，风一面沿顺时针方向偏转，一面向周围低气压的地方辐射开来，形成顺时针外流的旋转式气流。而在南半球则相反。风向与等压线的夹角随地理纬度而异，平均而言，在海面上该夹角约为10°～20°，在陆地上为25°～35°，见图6-8。

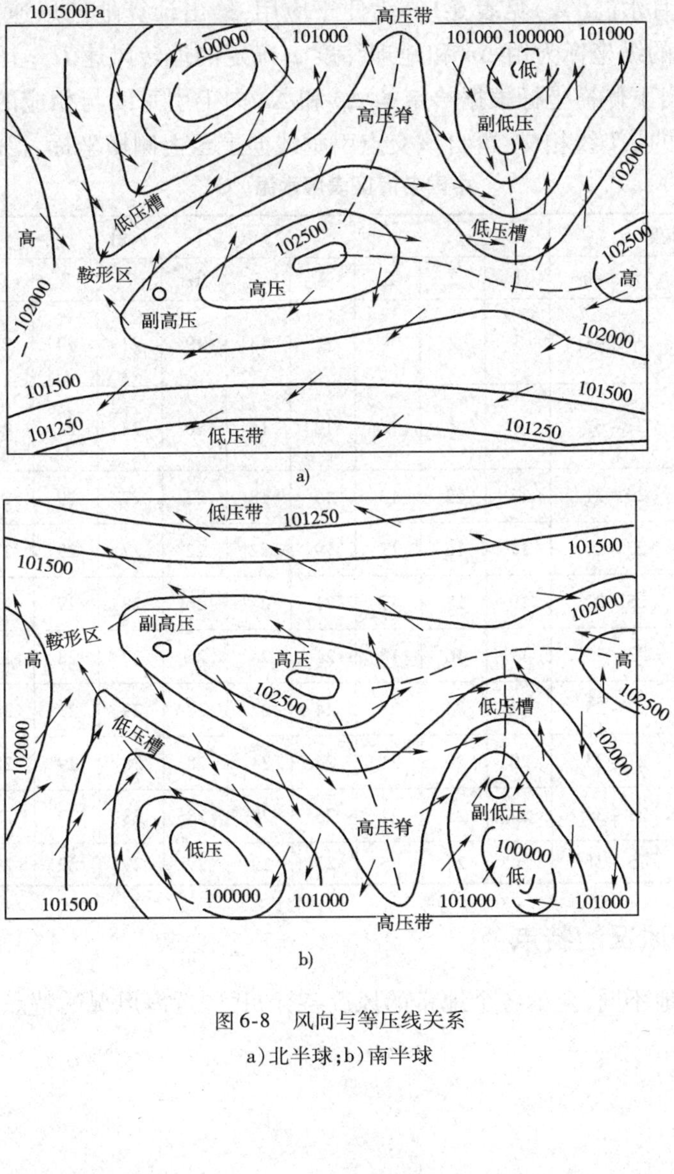

图6-8　风向与等压线关系

a)北半球；b)南半球

综上所述,各种力对空气运动所起的作用在不同场合有着主次之分。在自由大气中,摩擦力可以不计,地转风和梯度风就成为空气水平运动的主要形式。在贴近地、海面的摩擦层内,摩擦力又起着主要作用。对于大范围的空气运动来说,离心力可以忽略不计,风速取决于气压梯度力和地转偏向力。对于赤道附近的低纬度地区和尺度很小的气旋来说,地转偏向力可以忽略,这时地、海面风速主要取决于梯度力、离心力和摩擦力。

在除台风以外的通常情况下,如不计微小曲率的作用,地(海)面风就体现了气压梯度力与垂直于空气运动方向的科氏力以及平行于空气运动方向的摩擦力之间的平衡。于是如无风的实际观测资料,需根据海平面气压场估算海面风速时,可利用地转风公式(6-6)进行计算并订正至海面而得。订正值主要取决于大气的垂直温度分布,根据我国海区资料的分析,地转风速 U_g 与海面风速 U_s 的关系如下:

$$U_s = (0.01\Delta T + 0.7)U_g \tag{6-11}$$

式中:ΔT——海水与空气的温度差,当气温大于水温时,ΔT 为负值。

我国各海区各月水温(℃)见表6-1。为便于应用,绘出计算地转风速与海面风速的诺谟图,见图6-9。图中的纵坐标为由 Δn 和地理纬度 φ 确定的地转风速 U_g,上侧横坐标则为海面风速 U_s。使用时,自下侧横坐标根据给定的 Δp 和 Δn 向上引垂线与相应的 ϕ 线相交,自此交点引水平线与相应的 ΔT 线相交,再自该交点引垂线向上至上侧横坐标,得海面风速 U_s。

中国各海区表层水温(℃) 表6-1

海区	经纬度		月份											
	东经	北纬	1	2	3	4	5	6	7	8	9	10	11	12
渤海及黄海北	119~125	37~41	3	2	4	9	13	19	21	24	22	19	12	10
黄海南部	119~125	31~37	8	7	7	12	14	20	24	28	24	20	18	21
东海	121~125	29~31	13	13	13	15	18	22	27	29	27	23	20	16
	120~125	27~29	17	16	17	19	22	22	27	29	27	24	22	19
	119~125	25~27	19	18	19	21	24	26	28	29	27	25	24	20
台湾海峡	116~121	23~25	17	16	18	21	24	26	27	28	27	26	23	19
	121~125	23~25	23	23	23	24	27	28	29	29	28	26	25	23
	113~121	21~23	20	20	21	24	24	28	28	29	28	26	24	21
	121~125	21~23	24	23	24	26	28	28	28	29	28	27	26	24
南海	106~125	15~21	24	24	25	27	29	29	29	29	29	28	26	25

二、我国近海风况的特点

由于气团发源地不同,全球各个地带的风况各异,我国近海风况的特点主要表现为:季风、寒潮大风和台风。

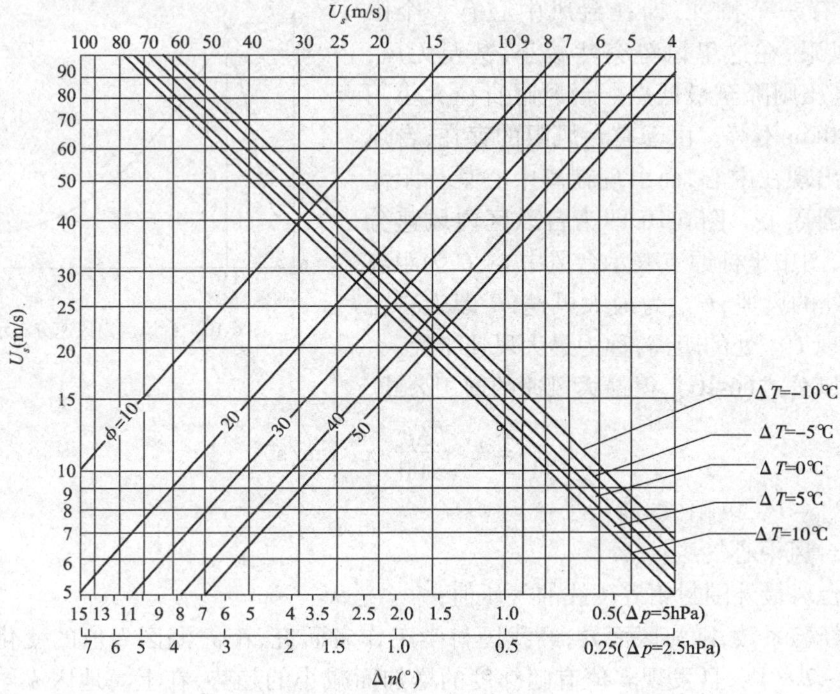

图 6-9 海面风速计算图

1. 季风

由于海陆间热力差异为主导因素，随着季节变化而引起高、低压中心和风带的移动，形成冬、夏两季盛行方向几乎相反的风，夏季由海向陆吹，冬季由陆向海吹，称为季风。我国是世界上著名的季风国家之一，每年 10 月至次年 3 月盛行偏北风，6 月以后盛行偏南风，4、5 月和 8、9 月为季风转换季节。冬季渤海和黄海多西、西北和北风，占 60%；东海多北和东北风；南海多东北和东风，占 88% 左右。夏季多为东南、南和西南风，渤海、黄海占 50% 左右；东海、南海占 56% 左右。

2. 寒潮大风

中央气象台规定：冷空气入侵后，气温在 24h 内降低 10℃以上，且最低气温降至 5℃以下，称为寒潮，它是我国冬季主要的天气过程之一，一般持续 3 ~ 5 天。寒潮路径较稳定，它发源于极地，经西伯利亚，主要从偏西方向进入我国，风力可达 8 ~ 9 级，阵风 10 ~ 11 级。寒潮大风在一些迎风的海岸，如山东莱州湾易引起增水现象（风暴潮），工程设计中应特别注意。

3. 台风

台风就是热带气旋，它起源于赤道南北纬度 5° ~ 20° 的海洋面上，以太平洋最多，约占 66%，尤以西太平洋更多，占 36% 以上。中央气象台把热带气旋按中心最大风力分为四级：中心风力 8 级以下称为热带低压；8 ~ 9 级称为热带风暴；10 ~ 11 级称为强热带风暴；12 级及以上称为台风。台风直径约 600 ~ 1000km，台风区内等压线分布近似圆形，中心气压可降至 90000Pa 以下，气压梯度一般为 15 ~ 16Pa/km，地面最大风速可达 50 ~ 60m/s，台风中心移动速度约 10 ~ 50km/h。台风多出现在 7 ~ 10 月。台风路径很复杂，很难找到两个路径完全相同的台风，对我国沿海而言，归纳起来主要分为西行台风、登陆台风和转向台风。

台风还有一个特征，即在台风中心有一个眼区，称为台风眼，在这里风势突然减小，甚至无风，云消雨散，气压则降至最低点。台风眼直径大小不一，自 10 ~40km 不等。由于有台风眼的存在，台风最大风速不出现在中心，而出现在离中心某一距离 R 为半径的圆周上。图 6-10 即为台风区内风速分布的示意图，图中坐标原点表示台风中心，U 为距离中心任意 r 处的风速，U_{max} 为最大风速，R 即为自台风中心至出现 U_{max} 处的距离，称为最大风速半径。

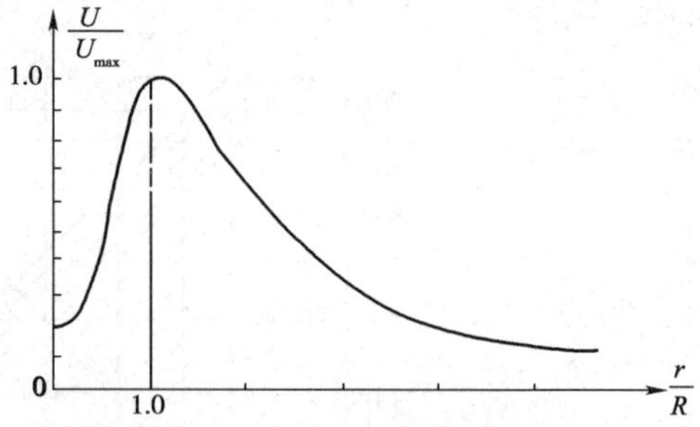

图 6-10　台风区内风速分布示意图

由旋衡风公式(6-10)，得最大风速的通用公式

$$U_{max} = k\sqrt{\frac{\Delta p}{100}} \quad (m/s) \tag{6-12}$$

式中：$\Delta p = P_{\infty} - P_0$，以帕(Pa)计；

P_0——台风中心气压；

P_{∞}——台风最外围封闭等压线的气压值；

k——经验系数，随海区而异，经我国科学工作者研究，南海海区 k 值的变化范围在 5.6 ~7.2 内，且发现 k 值有随纬度的增加而减小的趋势，在上海地区 $k=5.7$，在莺歌海 $k=6.5$。

最大风速半径 R 反映台风气压分布的陡度，R 越大，风速也越大($r \geq R$ 处)，它对于每场台风及不同时间是变化着的。R 值可按由气压场模式推导出的公式计算如下

$$R = r\ln\frac{P_{\infty} - P_0}{P - P_0} = r\ln\frac{\Delta P}{P - P_0} \tag{6-13}$$

式中：P——台风区域内任一测站的气压；

r——该测站离台风中心的距离。

式(6-13)是由美国的迈耶(Myers)气压场模式导出的，其表达式为

$$P = P_0 + \Delta p\exp(-R/r) \tag{6-13'}$$

其他还有日本的藤田气压场模式，其分布形式与上式基本一致。

影响 R 的因素是很多的，对于一个台风过程，R 值的变化也是很大的，在这种情况下，不同时刻、不同方向和同一方向不同的 r 值，求得的 R 值差别往往很大。为了避免这种现象发生，一般在台风移动的方向上，同时选取不同的 r 值，分别计算出 R，然后取其平均值作为某时刻该台风的最大风速半径。为此需查阅各测站同一时刻的气压值，工作量很大，需反复计算。

为克服这一缺点，美国的格雷厄姆(Graham)和纽恩(Nunn)提出一个经验公式，该式除考虑了台风中心气压外，还考虑到地理纬度及台风中心移动速度对 R 值的影响，更主要的是它避免了按气压场模式计算时的麻烦，其表达式如下

$$R = 28.52\tanh[0.0873(\varphi - 28°)] + 12.22\exp[(P_0 - 1013.2)/33.86] + 0.2V_F + 37.22 \tag{6-14}$$

式中：R——最大风速半径，km；

V_F——台风中心移动速度，km/h；

φ——地理纬度；

P_0——台风中心气压，hPa。

台风是我国沿海主要的严重灾害性天气，主要表现为狂风与暴雨袭击和增水引起的灾害。我国沿海各省都曾受台风侵袭，造成严重破坏，特别是福建、广东、海南、台湾省受影响最大，它是海港工程设计中需特别注意的灾害性天气系统。

三、风况观测

由地面天气图上等压线的分布来确定近海水域上的风速场往往不是很可靠的，只能供预报或后报使用，因此必须进行风况的现场观测。

风的特征常用风速和风向两个量来表示。风速是空气在单位时间内所流过的水平距离，单位一般用米/秒（m/s）、公里/时（km/h）或海里/时（n mile/h）表示。风向指风吹来的方向，一般用16个方位表示。16个方位与度数的换算关系见表6-2，无风时用C表示。由于风场是一随时间变化的过程，其瞬时变化还具有显著的脉动特性，因此测定风况需要观测一段时间内的风速和风向并确定其平均值，有时还需瞬时最大值。

为研究风速的不稳定及脉动特性，以满足某些工程设计的特殊需要，有时需要进行风速谱的观测。有了风速谱就可分析结构物或某些构件在风作用下的动态响应，从而在设计上尽量避免结构物的自振频率与风速谱中能量显著部分的频率相接近，而产生共振现象。

16个方位与度数换算表 表6-2

方 位	度 数	方 位	度 数
N（北）	348.9°~11.3°	S（南）	168.9°~191.3°
NNE（北东北）	11.4°~33.8°	SSW（南西南）	191.4°~213.8°
NE（东北）	33.9°~56.3°	SW（西南）	213.9°~236.3°
ENE（东东北）	56.4°~78.8°	WSW（西西南）	236.4°~258.8°
E（东）	78.9°~101.3°	W（西）	258.9°~281.3°
ESE（东东南）	101.4°~123.8°	WNW（西西北）	281.4°~303.8°
SE（东南）	123.9°~146.3°	NW（西北）	303.9°~326.3°
SSE（南东南）	146.4°~168.8°	NNW（北西北）	326.4°~348.8°

在陆地上，测风站应设置在空旷、不受建筑物影响的地点。在我国风况观测一般采用自动记录的电接式风向风速仪。该仪器由风速感应器、风向感应器、指示器和记录器组成，感应器安装在室外桅杆上。从记录器的记录纸带上可读取任意10min的平均风速和风向。指示器给出瞬时风速和风向。水文气象台站报表上的测风记录多为用指示器测得的2min平均值。

为补充沿海观测站的不足，国家海洋站要求在沿海航行的我国船舶每天4次定时将所在海域的水文气象资料向岸上台站报告。在海上当无风速仪时，常利用海面特征目测风速，风向则用罗盘测定。目测的风速用蒲福风级表表示，见表6-3，表中按风速大小将风分为12级，并说明相应的海面特征。后来发明的测风仪器测出自然界存在风速大于12级的风况，并将风级扩展到17级。

风力等级表　　　　表6-3

风级	风名	相当风速		海面征象	海面浪高(m)		海面状况
		n mile/h	m/s		一般	最高	
0	无风	小于1	0~0.2	海面如镜	/	/	如镜
1	软风	1~3	0.3~1.5	海面有波纹,但还没有白色的波顶	0.1	0.1	微波
2	轻风	4~6	1.6~3.3	波纹虽小但已明显,波顶透明像玻璃,但不碎	0.2	0.3	小浪
3	微风	7~10	3.4~5.4	波较大,波顶开始分裂,泡沫有光,间或见到白色波浪	0.6	1.0	小浪
4	和风	11~16	5.5~7.9	小浪,波长较大,往前卷的白碎浪较多,有间断呼啸声	1.0	1.5	轻浪
5	清风	17~21	8.0~10.7	白碎浪很多,呼啸声不断,间或有浪花溅起,中浪	2.0	2.5	中浪
6	强风	22~27	10.8~13.8	开始成大浪,波浪白沫飞布海面,呼啸声大作	3.0	4.0	大浪
7	疾风	28~33	13.9~17.1	海面像由波浪堆积而成,碎波的白泡沫开始成纤维状,随风吹散飞过几个波顶	4.0	5.5	巨浪
8	大风	34~40	17.2~20.7	中高浪,波长更大,随风吹起的纤维状更明显,呼啸声大作	5.5	7.5	狂浪
9	烈风	41~47	20.8~24.4	海浪卷翻,泡沫可能影响能见度,高浪	7.0	10.0	狂涛
10	狂风	48~55	24.5~28.4	大高浪,海浪颠簸好象抛击,浪花飞起白色,能见度受影响	9.0	12.5	狂涛
11	暴风	56~63	28.5~32.6	特高浪,中小型的船在海上有时可能被波浪所遮蔽,波顶边缘被风吹成泡沫,能见度低	11.5	16.0	非凡现象
12	飓风	64~71	32.7~36.9	空气中充满泡沫和浪花,海面成白色状态,能见度剧烈降低	14.0	/	
13		72~80	37.0~41.4				
14		81~89	41.5~46.1				
15		90~99	46.2~50.9				
16		100~108	51.0~56.0				
17		109~118	56.1~61.2				

在地面天气图上,各台站某时的实测风速、风向以符号标明,见图6-5。图中符号“·”表示台站位置,指向台站的竖线表示风向,与竖线垂直的每一长线段代表4m/s风速,短线段代表2m/s,如“”表示风速为6m/s,风向为北风,三角形代表20m/s,如“”表示北风,风速24m/s。

测风所得的记录经分析整理后还需填入各类报表中,工程设计上常需查阅的是月报表。需指出的是:国家气象局所属气象站的月报表是每日四次定时(北京时02、08、14、20)整编的,而国家海洋局所属水文站的测风与波浪观测同步,虽然也是每日四次,但时间为白天的08、11、14、17时,其原因主要受目前所使用的测波仪功能的限制。

四、测风资料的整理

在收集到气象台站或水文站的测风资料后,为供工程规划设计使用,需经统计整理后,绘制成各种风况图,因其图形似花朵,又称风况玫瑰图。

所谓风况图是指用来表达风的时间段、风速、风向和出现频率四个量的分布情况图。风况图一般按16个方位绘制。四个量有各种不同的组合方式,而且一幅风况图内也常常不能表达出这四个量的全部情况，所以常按工程需要分别绘制各种形式的风况图，其中最常见的有以下两种。

1. 风况玫瑰图

(1)风向频率玫瑰图。将收集到的多年测风资料(每日四次)分方向统计后，用百分数表示出各风向的出现频率，并以一定比例绘在极坐标上。零级风(无风)可用一个以无风频率为半径，以极坐标原点为圆心的空心圆表示，或直接用数字标出。可按需要绘制全年的、某一季度或某月的风向频率玫瑰图，以满足统计港口作业或工程施工天数的需要。气象上季节的划分以3~5月为春季，6~8月为夏季，9~11月为秋季，12~次年2月为冬季。

为在风向频率玫瑰图上同时反映出各级风的出现频率，统计风向时分风级进行，见表6-4，然后将表中各向大于等于某级风(通常以6级风为界)的次数相加，并以全部观测次数除之，在图上用斜线划分出来，见图6-11。

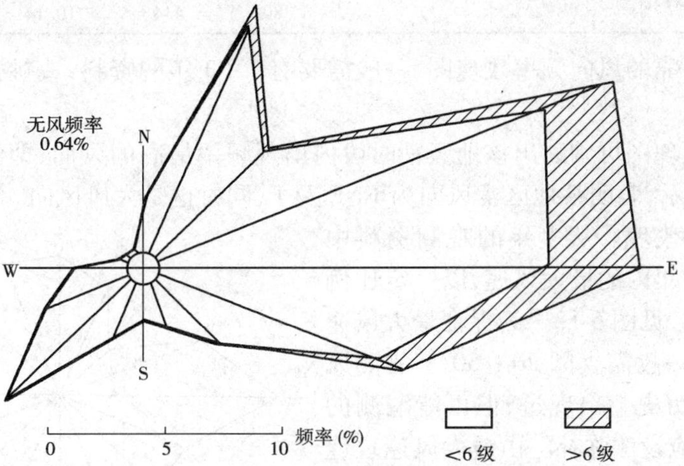

图6-11 风向频率玫瑰图

表6-4

风向	次数			总次数	≥6级次数	≥6级频率(%)	≥8级频率(%)	总频率(%)
	0~5级	6~7级	≥8级					
	0.1~10.7m/s	10.8~17.1m/s	≥17.2m/s					
N	91	8		99	8	0.18		2.26
NNE	486	39		525	39	0.89		11.99
NE	292	5		297	5	0.11		6.78
ENE	779	137	3	919	140	3.20	0.07	20.98
E	728	170	3	901	173	3.95	0.07	20.57
ESE	446	49	3	498	52	1.19	0.07	11.37
SE	173	2	1	176	3	0.07	0.02	4.02
SSE	94	2		96	2	0.05		2.19
S	70	1		71	1	0.02		1.62
SSW	121	2		123	2	0.05		2.81

续上表

风向	次数			总次数	≥6 级次数	≥6 级频率(%)	≥8 级频率(%)	总频率(%)
	0～5 级	6～7 级	≥8 级					
	0.1～10.7m/s	10.8～17.1m/s	≥17.2m/s					
SW	324	8		332	8	0.18		7.58
WSW	172	5	1	178	6	0.14	0.02	4.06
W	97	3		100	3	0.07		2.28
WNW	17			17				0.39
NW	6			6				0.14
NNW	11	1	1	13	2	0.05	0.02	0.30
C				28				0.64
Σ				4 380	444	10.14	0.27	100.00

为绘制较为可靠的风向频率玫瑰图，一般需要有 1～3 年的资料，或挑选出具有代表性的若干年份的资料。

由风向频率玫瑰图可判断出该地区某时段内出现频率最高的风向，即常风向以及大风的风向，如图 6-11 所示，表明某地区常风向为 ENE 及 E，同时也是大风风向。

(2)最大风速玫瑰。从多年的观测资料中找出各个方向上多年内的最大风速，以一定比例绘于极坐标上而成，见图 6-12。为保证最大风速玫瑰图的可靠性，一般需查阅 20～30 年的测风记录，特别要重视历史上出现过，但可能漏测的大风资料，必要时应设法弥补。由最大风速玫瑰图可判断当地风力最大的强风向，如图 6-12 所示，该地区强风向为 ENE、E 及 SSE，最大风速都达到 40m/s。

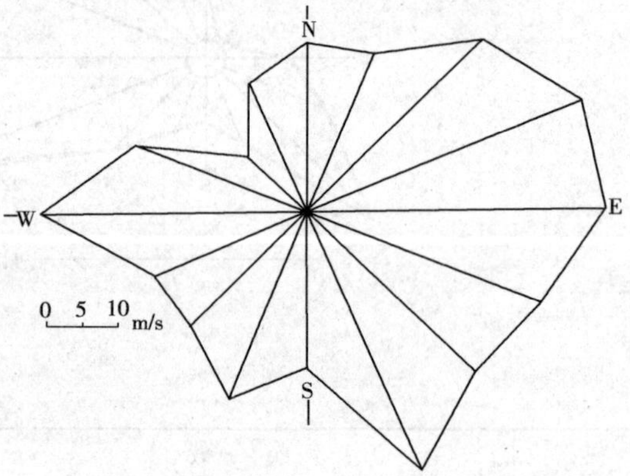

图 6-12　最大风速玫瑰图

由于风速在时间上和空间上的变化是很大的，因此风速的取值在时距上和高度上应有一个统一的标准。我国海港工程技术规范规定：对于波浪推算采用的标准是海面上 10m 高度处 2min 风速的平均值；对于港口建筑物设计采用的标准是海面上 10m 高度处 10min 风速的平均值。当所取得的资料不符合这些标准时，就需要进行风速的高度换算和时距换算。

2. 风速的换算

(1)风速的高度换算。如上所述，由于地面摩擦的影响，摩擦层内近地面处的空气运动较为复杂：风向逐渐偏离等压线方向，而风速，即使气压场随高度不变化，其垂直分布也是变化的，即随高度降低风速逐渐减小。一般认为在近地(海)面处，风速沿高度的变化规律接近于对数律；从海面以上 100m 至摩擦层顶，如气压场随高度无明显变化，则风速沿高度的变化规律接近于乘幂规律。

用对数表示，近地(海)面处不同高程上风速的比值关系为

$$\frac{U_{z_2}}{U_{z_1}} = \frac{\lg z_2 - \lg z_0}{\lg z_1 - \lg z_0} \tag{6-15}$$

式中：U_{z_1}、U_{z_2}——高程 z_2、z_1 处的风速；

z_0——地（海）面粗糙度，对地面取 0.03m，对海面取 0.003m。

由式(6-15)，按测风仪所处地面或海面确定粗糙度 z_0 后，已知测风仪所在高度 z_1 测得风速 U_1，就可换算任意高程 z_2 处的对应风速 U_2。

为方便使用，按上式可得离地（海）面 10m 处的风速 U_{10} 与离地（海）面任意 z 处的风速 U_z 的关系为

$$U_{10} = K_z U_z \quad 或 \quad K_z = U_{10}/U_z \tag{6-16}$$

式中：K_z——风速高度换算系数。对于陆地上的台站，计算出的 K_z 值列于表 6-5。

风速高度换算表 表 6-5

风速仪离地面高度(m)	K_z	风速仪离地面高度(m)	K_z
5.0	1.14	12.5	0.96
5.5	1.12	13.0	0.96
6.0	1.10	13.5	0.95
6.5	1.08	14.0	0.95
7.0	1.07	14.5	0.94
7.5	1.05	15.0	0.94
8.0	1.04	15.5	0.93
8.5	1.03	16.0	0.93
9.0	1.02	16.5	0.92
9.5	1.01	17.0	0.92
10.0	1.00	17.5	0.91
10.5	0.99	18.0	0.91
11.0	0.98	18.5	0.90
11.5	0.98	19.0	0.90
12.0	0.97	20.0	0.89

海面以上 100m 至摩擦层顶，风速沿高度的变化规律为

$$\frac{U_{z_2}}{U_{z_1}} = \left(\frac{z_2}{z_1}\right)^p \tag{6-17}$$

式中：p——与气温沿垂线变化有关的指数，其值在 0 ~ 1 范围内。对于开敞海域及海面风速较大的情况下，可采用 $p = 0.13 \sim 0.15$，此时式(6-17)与式(6-15)在 100m 高度处基本衔接。

由于在海面上进行系统风速观测的测站很少，故风浪推算时，常利用沿岸陆上气象台的风速资料以代替海面风速，即必须将已知的岸上离地面 10m 高度处的风速换算成海面上 10m 高度的风速。

在水平气压梯度相同的情况下，海面上的风速一般说来要比陆上风速为大，为此将岸上离地面10m处的风速乘以一个大于1的系数

$$(U_{10})_{海} = (U_{10})_{陆} \cdot K \tag{6-18}$$

式中：K——海面风速增大系数。

由上式可见，岸站的海拔高度不予考虑，即认为风能顺坡而上或下，这点对于离海边很近的岸站尤为重要，否则可导致风速明显偏小。K值除主要与陆上岸站与海岛上气象站的距离有关外，还与风速大小及风向有关。K值变化的一般规律为：离海岸线远的海面，K值大，反之离海岸近K值小；陆上风速小时K值大，陆上风速大时K值小；离岸风（风向从陆地吹到海上）比向岸风（风向从海上吹到陆上）的K值大。如当地缺乏实测的海、陆风对比资料，K值可参考表6-6的数值使用，表中K值只考虑海、陆台站间的距离，未计入风速大小及风向的影响。

海、陆风速换算系数 表6-6

海面或海岛距海岸距离（km）	海上与沿海陆上风速比值K
2以内	<1.1
2~30	1.10~1.14
30~50	1.14~1.23
50~100	1.23~1.30
100以外	根据实测或调查资料确定

（2）风速的时距换算。即使在气压场很稳定的情况下，风速也是不稳定的，具有很大的脉动性，因此风速的取值常用在一定时间间隔内的平均值来代表，该指定的时间间隔称为时距。在我国的工程设计中，常用的时距有10min和2min两种，相应的风速分别称为时距10min的平均风速$\overline{U}_{10}$和时距2min的平均风速$\overline{U}_2$，前者用于风荷载计算，后者用于波浪推算。

同一风况条件下，时距取值不同，风速也不同，时距越小，相应风速值越大，因此，在收集风速资料时，必须注意该风速取值时所采用的时距。不同时距风速的换算通过平行观测的定时和自记的风速记录进行相关分析求得，经部分资料统计得

$$\overline{U}_2/\overline{U}_{10} \approx 1.103 \tag{6-19}$$

当无实测对比资料时，此值可参考使用。

另一个值得注意的问题是：我国在1968年以前大部分台站采用风压板测风。该种仪器除存在目测误差外，还存在由风的阵发性造成的风压板惯性误差，故记录的风速偏大，使用时需乘以一个小于1的系数K。该系数与风速大小和台站所在地的地形坡度有关。风速越大，K值越小；坡度越大，K值也越小。在风速小于或等于40m/s、地形坡度小于或等于30°范围内，K值的范围约在1.0~0.55之间。实际工作中，如1968年后的观测资料足够，应尽量避免采用1968年前的资料。

综上所述，在收集风况资料时，应特别注意气象台站的地理位置、所采用的测风仪器、风标仪离地面高度、风速取值时距等及其历年来的变迁情况，然后进行各种必要的换算，以保证统计资料的一致性。

第三节 海浪观测

一、波浪观测的方法

为了掌握筑港地区的波浪状况,最可靠的办法是进行现场观测。20 世纪 60 年代以来,为了适应建设的需要,国家海洋局在沿海各地陆续建立了一系列海洋水文气象观测台、站,进行系统的观测以积累资料,图 6-13 即为我国沿海海洋水文站的分布图。另外,在筑港地区现场,根据需要也设立了不少临时观测站,以补充国家台站的不足。

测波仪的种类很多,根据其工作原理大致可分为:岸用光学测波仪、压力式测波仪、声学测波仪、测波杆、船舷测波仪、遥测重力测波仪以及还未形成标准产品的激光测波仪等。我们着重介绍国内各台站最早开始使用,且至今仍在沿用的目测岸用光学测波仪、技术先进连续自记的遥测重力测波仪以及压力式测波仪。

1. 岸用光学测波仪

(1)波浪观测的项目和要求。我国国家海洋局颁布的“海滨观测规范”规定:海浪观测的项目有海况、波型、波向、波高和周期,同时观测风速、风向和水深。

海况是指在风力作用下海面外貌特征,共分为 10 级,根据图、表与海面对照确定,见表 6-7。

海况等级表 表 6-7

海况等级	海面征状
0	海面光滑如镜,或仅有涌浪存在。
1	波纹或涌浪和波纹同时存在。
2	波浪很小,波峰开始破裂,浪花不呈白色而呈玻璃色。
3	波浪不大,但很触目,波峰破裂,其中有些地方形成白色浪花——白浪。
4	波浪具有明显的形状,到处形成白浪。
5	出现高大的波峰,浪花占了波峰上很大的面积,风开始削去波峰上的浪花。
6	波峰上被风削去的浪花,开始沿着波浪斜面伸长成带状,有时波峰出现风暴波的长波形状。
7	风削去的浪花带布满了波浪斜面,并且有些地方到达波谷,波峰上布满了浪花层。
8	稠密的浪花布满了波浪斜面,海面变成白色,只有波谷内某些地方没有浪花。
9	整个海面布满了稠密的浪花,空气中充满了水滴和飞沫,能见度显著降低。

波型指波浪形态,分风浪、涌浪和混合浪三类。风浪在记录表中记为 F;涌浪记为 U;混合浪以风浪为主时记为 F/U,以涌浪为主时记为 U/F;风、涌浪并存,相差不大时记为 FU;无浪时记为 C 或空白。

波向和风向一样,指波浪的来向,用 16 个方位记录,见表 6-2。当海面有浪,但浪向难以辨别时,记为 * 。风浪和涌浪并存时,需对两者的波向分别观测记录。

由于海浪是不规则波,目测的岸用光学测波仪不可能对波列中所有的波连续观测记录,为便于观测和满足实际应用需要，规范制定了严格的观测程序。

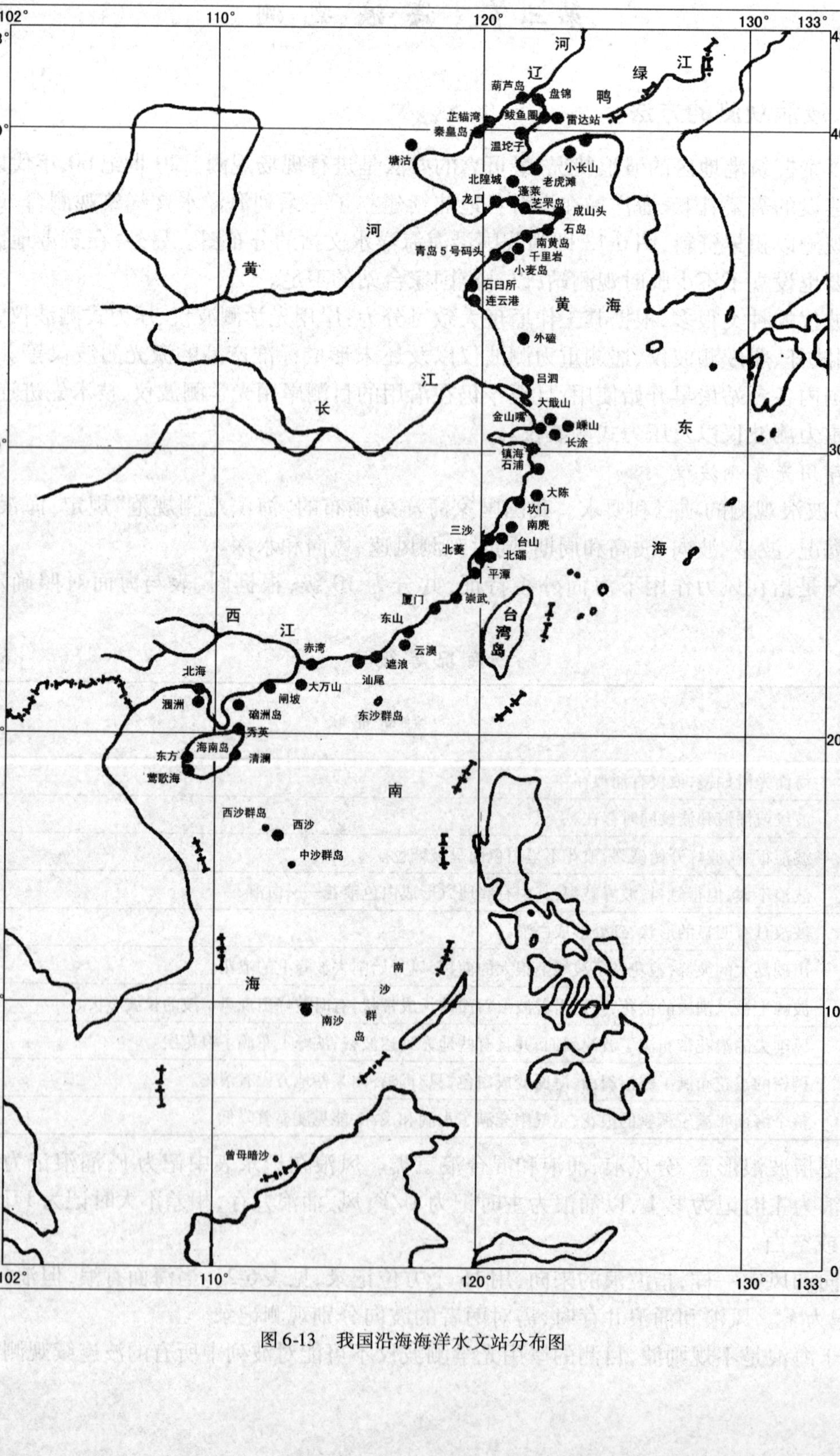

图 6-13　我国沿海海洋水文站分布图

规范规定：应首先进行波浪周期的观测，分 3 次连续进行。每次用秒表测出 10 个连续波（即 11 个波峰顶）经过一固定点（即测波浮筒顶端）的时间，用 30 除以 3 次观测得的时间之和，则得平均周期，单位为秒（s），精确到 0.1s。取上述算出的平均周期的 100 倍，作为该次波高的观测时间长度，然后在该时间段内，观测记录下 15～20 个大波波高，从中选出 10 个最大者加以平均，得平均值，记为 $H_{1/10}$，单位为（m），精确到 0.1m，最后从这 10 个波中选出最大值记录下来。观测记录填入日报表中，经分析计算填入月报表中，再经统计汇总至年报表中。工程设计中常需查阅的是月报表。

（2）观测方法。设置在岸坡上的岸用光学测波仪由配有透视网格的单筒望远镜和带有水准仪的分度盘组成，透视网格见图 6-14。透视网格正中垂线为测距标尺，以 km 表示；B 为波高标尺，$B=0.5$ 指每格代表 0.5m；$H=10$m 指要求仪器的光学轴高程离海平面的设置高度为 10m；上端横线为海天分界线；F 为物镜焦距；斜线供测漂流流速用。

测波浮筒设置在水深足够且海面开阔的海滨地区。浮筒与岸上测波仪的水平距离一般应为仪器所要求的设置高度的 20 倍左右。我国生产的岸用测波仪有 3 种，其设置高度分别为 10m、20m 和 40m。浮筒顶上有的还安装照明灯，可定时点亮供晚间观测。

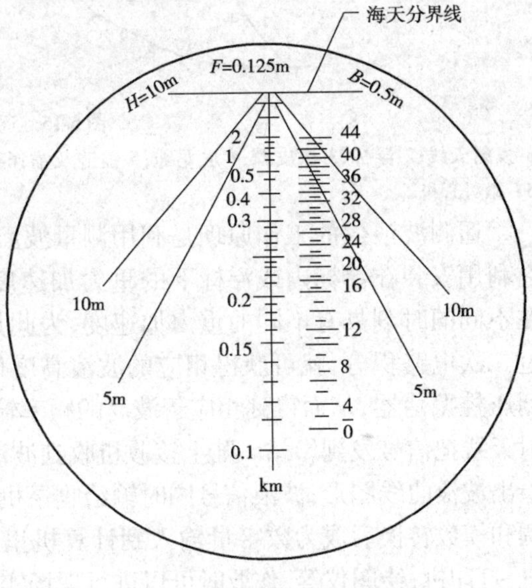

图 6-14 岸用测波仪透视网格

观测时，浮筒跳动一次的时间间隔就是周期；浮筒杆顶端在波高标尺上的跳动格数乘以波高标尺 B 值就是波高；使视线平行于波峰线，转动 90°后，即为波向线，由罗盘读取波向。

设置仪器时，因受地形限制，实际的设置高度不可能正好等于所要求的设置高度 h，且潮位时刻变化着，浮筒也随之涨落，故所得的波高应乘以订正系数 $k=h_i/h$，h_i 就是实际设置高度，它与仪器高程及各时刻潮位有关。

岸用光学测波仪每天 4 次定时（北京时 08、11、14、17）进行观测，如大浪出现在夜间或雾天就可能漏测，这是该类仪器最大的缺点之一。其次，海上表层海流和风都能使测波浮筒发生偏移，从而影响测量精度。但该类仪器结构简单、操作方便、价格低廉，我国沿岸台站 30 余年的波浪资料基本上都是用它观测的，因此应对它有所了解，利于正确使用观测记录。

2. 遥测重力测波仪

遥测重力测波仪是 20 世纪 60 年代逐渐发展起来的新型测波仪器，它分为船用和浮标用两类。浮标用的重力测波仪又称测波浮标，国外在海洋调查中已普遍采用，其典型产品有荷兰的"波浪骑士"测波浮标和美国恩迪科 956 型遥控测波仪等。我国研制的 SBF1—1 型近海遥测波浪仪也已投入使用。

这类仪器由海上、陆上两大部分组成。海上部分主要是浮标主体和弹性的锚系系统，它包括浮标体、加速度计、闪光灯、电子线路、组合电池、发射天线及锚系等，统称为发射系统。陆上部分由接收天线、接收机、鉴频器、时控电路、记录仪、调制解调器、磁带式磁盘记录器及附属的后处理系统,如计算机等组成,图6-15为其结构组成示意图。

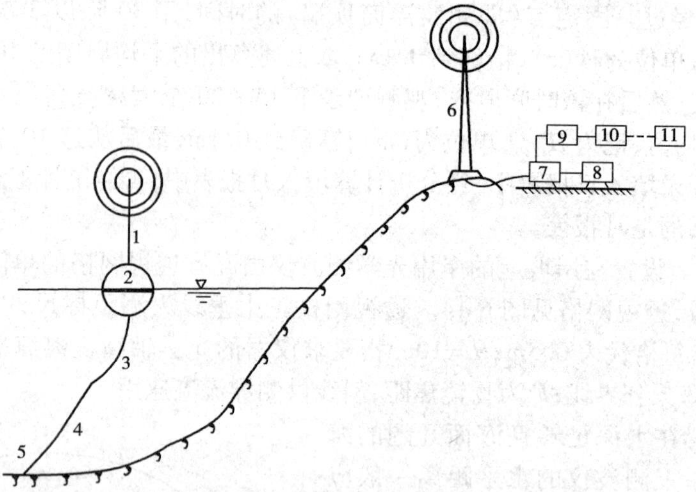

图6-15 遥测重力测波仪组成

1-发射天线;2-浮标;3-橡皮缆;4-尼龙绳;5-锚链及锚;6-接收天线;7-接收机;8-记录仪;9-调制解调器;10-磁带记录器;11-微处理机

遥测波浪仪的工作原理是利用测量波面水质点运动的加速度的办法来实现测量波高的,它利用安装在浮标内或浮标下的重力加速度计来反映海面水质点的运动。海面质点(浮标)在不同的时刻具有不同的重力加速度,为此只需把测得的反映重力加速度大小的频率信号经过二次电路积分,就可获得相应的波浪高度信号。积分器输出的相应于波高的电压信号,输入到压控振荡器,从而得到相应于波高的频率输出,并作为调制信号来调制发射机载波,再通过发射天线把信号发到岸站。陆上接收机收到波浪信号,再把频率信号转换回到电压值,由记录仪描绘出波浪曲线图形,波浪信号同时输给收录机记录在磁盘或磁带上。磁盘或磁带通过回放,经解调和模数转换后成为数字量输入到计算机里进行各种处理分析。后处理系统主要包括微处理机、打印机、绘图仪等,作业时可以进行现场实时处理,也可以事后磁盘磁带回放处理。

美国恩迪科956型测波仪除测量波高和周期外,还能测出波向,这是其他测波浮标所不具备的。

遥控测波仪的工作方式是由时钟控制定时记录,如每3h、4h或6h记录一次,每次15~30min,视机种不同而异,亦可根据需要,启动机器进行连续记录。

这类测波仪测量的最大波高可达20~30m,遥控距离10~50km不等,是光学测波仪无法比拟的。浮标内蓄电池工作寿命可达6~10个月。

测波输出资料除波形曲线外,经微处理机处理后还给出波浪的各种特征值,如平均波高$\overline{H}$、平均周期$\overline{T}$、最大波高H_{max}、最大周期T_{max}等及波浪频率谱以至方向谱等。

遥控测波仪的优点是自动化程度高、适应性强、不受天气影响,可获得大风浪时的资料;其缺点是成本高、维修费用大、浮标易丢失或受损、有些仪器还不能给出波向。因此,目前在我国这类仪器还仅局限于海洋调查和筑港地区的临时观测站使用。

3. 压力式测波仪

压力式测波仪的基本原理是利用海面波动时所形成的不同的水柱压力差来测定波高的。

这类仪器的特点是采用差动式压力变换器。在它的一侧感受总的静水压力，其时各种周期性的波动由低通过滤器滤去，而另一侧则感受总的水柱压力加上波浪压力，两者之差即为波浪信息，该信息与由潮汐变化、大气压力变化等所引起的水柱变化无关。仪器采用硅半导体应变计式传感器，电子设备中采用集成电路，压力传感器由一个充满油的膜盒与水隔离，故不受阻塞、生物污损及泥沙淤积影响。压力传感器可装在海底以上 0 ~ 60m 各种水深处，可嵌装在结构物上，也可系于缆绳上，但波浪感应压力随水深增加而衰减，故仪器最大安置水深不宜过深，以不超过 15m 为宜。

这种测波仪在国内外开始大量应用，且已有典型的商品化产品，如美国 InterOcean 公司的系列产品 WG/7500 型等。该类测波仪因传感器位于水下，无活动部件，故仪器的平均无故障工作时间比其他仪器高，缺点是无法记录波向。这类仪器的另一个缺点是波浪中的高频短波会随着传感器设置水深的增加而更多地被滤掉。

为弥补沿海台站的不足，在沿海航行的我国船舶每天四次定时将所在水域的水文气象资料向岸台发报，称为船舶报。船舶报的内容包括：观测时船舶所在海域的经、纬度、风速和风向、波高、周期和波向。如船上备有测波仪，则能分别给出风浪波高、涌浪波高和各自的波向；如无测波仪器，则采用目测，即按海面征象，根据表 6-3 的风力等级表，按波级记录。各个波级的波高范围见表 6-8。船舶报资料的优点是地域范围广泛；缺点是观测不定点、不连续、不定期。

波 级 表 表 6-8

波级	波 高 范 围(m)		波浪名称
0	0	0	无浪
1	$H_{1/3}<0.1$	$H_{1/10}<0.1$	微浪
2	$0.1\leqslant H_{1/3}<0.5$	$0.1\leqslant H_{1/10}<0.5$	小浪
3	$0.5\leqslant H_{1/3}<1.25$	$0.5\leqslant H_{1/10}<1.5$	轻浪
4	$1.25\leqslant H_{1/3}<2.5$	$1.5\leqslant H_{1/10}<3.0$	中浪
5	$2.5\leqslant H_{1/3}<4.0$	$3.0\leqslant H_{1/10}<5.0$	大浪
6	$4.0\leqslant H_{1/3}<6.0$	$5.0\leqslant H_{1/10}<7.5$	巨浪
7	$6.0\leqslant H_{1/3}<9.0$	$7.5\leqslant H_{1/10}<11.5$	狂浪
8	$9.0\leqslant H_{1/3}<14.0$	$11.5\leqslant H_{1/10}<18.0$	狂涛
9	$H_{1/3}\geqslant 14.0$	$H_{1/10}\geqslant 18.0$	怒涛

二、海浪资料的整理

在收集波浪资料时，应特别注意测波点的地理位置及测波仪类型。

波浪观测的原始数据填入日报表后，经分析填入月报表中，再经统计汇集成年报表。筑港工程设计中常需查阅的是月报表。

对于用岸用光学测波仪观测记录的月报表中，其内容包括当月每日四次定时记录的风速、风向、海况(级)、波型、风浪向、涌浪向、周期、波高、最大波高和测波点水深。应指出的是:报表中的"周期"指平均周期;"波高"指连续100个波中,按波高从大至小排列,前10个大波的平均值;而"最大波高"指100个波高中的最大值,使用时应特别注意。

至于遥测的波浪资料,一般都记录波高和周期的各种特征值,必要时还可调出当时波浪剖面形状或频谱供研究。

表示某海区各向各级波浪出现频率及其大小的图称为波浪玫瑰图。为绘制波浪玫瑰图应对海区多年的波浪观测资料进行统计整理,先将波高或周期分级,一般波高可每间隔0.5~1.0m为一级,周期每间隔1s为一级,然后从月报表中统计各向各级波高或周期的出现次数,并除以统计期间的总观测次数,即得频率。为得到可靠的波浪玫瑰图,一般需1~3年的连续资料,或选择有代表性的典型年份的资料,见表6-9,表中 m 为出现次数;P 为频率,以%计。

波高玫瑰图有多种绘制方法,图6-16所示则为其中一种,同理可绘制出相应的周期频率玫瑰图。波浪玫瑰图也可以根据工程施工、营运等需要,分别按月或季节绘制。

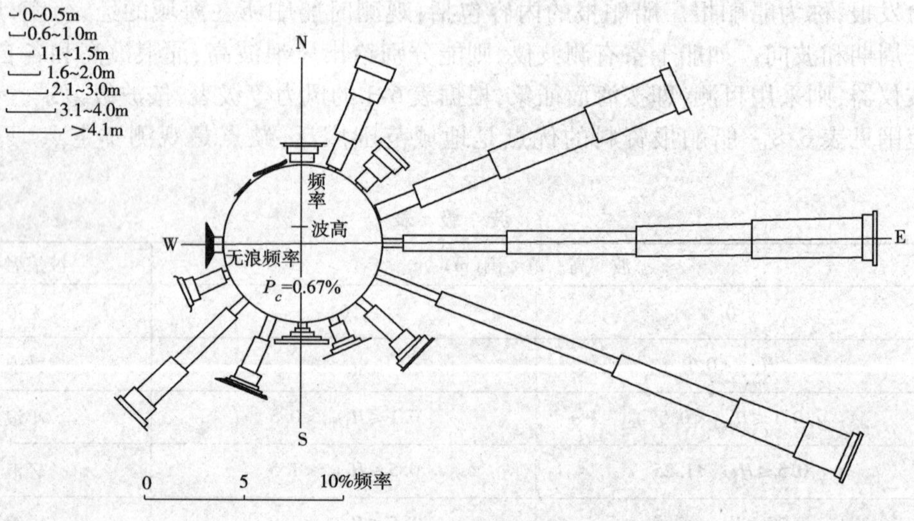

图6-16 波高玫瑰图

当海区或其邻近无波浪观测站时,船舶报资料就成为唯一可以使用的实测资料。

由于船舶报的观测记录是不定点不定期不连续的,亦即时间上空间上分布极不均匀,对这些资料如不加以分析、选择,笼统统计,得出的频率分布是不可靠的。特别是我国东、南沿海台风出现地区,因船舶避风要求,台风期间常无记录,导致夏、秋季节记录明显少于冬、春各月。为此必须在满足统计学上对采样的代表性、连续性要求的前提下,才能统计分析出海区一年内波况及风况的频率分布特征。

船舶报资料是以经纬度分海区汇总的。汇总表中资料按月的顺序排列整理,在该月内按年、日的先后次序排列,各月间记录次数分布是不平衡的,如受台风影响的海区,有时甚至某天毫无记录。由于水文气象的变化规律是以年为周期的,所以一年内365天每天的记录可以取自不同的年份,由此组成的系列可以代表一年内水文气象的变化规律。

每日采样次数视资料多寡而定,以2~4次为宜,少于2次,则代表性差,多于4次补缺有困难。

每日采样的原则，当每日可供选择的记录多于规定的采样次数时：①避免取同年同月同日的两次记录作为样本，目的是增加样本的代表性，防止同一场风的同一记录作为两个样本；②在相同的条件下取值大的那次记录，以保证安全；③避开缺乏代表性的异常记录，如冬季偶然出现的偏南风。当每日记录少于规定的采样次数时，可利用与邻近海域相关分析求得的相关方程补缺。在选取两海区对应记录时，除日期一致外，还需保证浪向（风向）的一致，即方向差不宜大于22.5°。

表6-9

波向	0.0～0.5m		0.6～1.0m		1.1～1.5m		1.6～2.0m		2.1～3.0m		3.1～4.0m		≥4.1m	
	m	*P*(%)	*m*	*P*(%)	*m*	*P*(%)	*m*	*P*(%)	*m*	*P*(%)	*m*	*P*(%)	*m*	*P*(%)
N	1	0.02	7	0.16	21	0.48	15	0.35	7	0.16	1	0.02		
NNE	10	0.23	69	1.59	99	2.29	56	1.29	27	0.62				
NE	6	0.14	34	0.79	36	0.83	23	0.53	9	0.21				
ENE	5	0.12	90	2.08	183	4.23	227	5.24	183	4.23	23	0.53	1	0.02
E	45	1.04	230	5.31	276	6.37	250	5.77	237	5.47	22	0.51	5	0.12
ESE	152	3.51	413	9.54	273	6.30	157	3.63	96	2.22	15	0.35	4	0.09
SE	37	0.85	83	1.92	31	0.72	9	0.21	16	0.37	3	0.07		
SSE	23	0.53	37	0.85	13	0.30	6	0.14	1	0.02			1	0.02
S	15	0.35	18	0.18	7	0.16	1	0.02	5	0.12	1	0.02	3	0.07
SSW	53	1.22	77	1.78	28	0.65	5	0.12	7	0.16	1	0.02	1	0.02
SW	43	0.99	163	3.76	105	2.42	35	0.81	11	0.25	1	0.02		
WSW	8	0.18	67	1.55	22	0.51	10	0.23	3	0.07	3	0.07		
W	3	0.07	20	0.46	4	0.09	4	0.09	2	0.05	1	0.02		
WNW														
NW			1	0.02	1	0.02								
NNW					4	0.09	1	0.02			1	0.02		
C	29	0.67												
Σ	430		1 307		1 103		799		604		72		15	
总次数 $n=4330$														

在上述工作基础上取得的(2～4)×365个记录，可认为是满足定期性连续性要求，由此绘出的波浪玫瑰图或风玫瑰图才是比较可靠的。

第四节　海浪要素统计规律

一、固定点波高和周期的统计分布

如果用连续自动记录的遥测重力测波仪进行波浪观察，则可以记录到海面上某固定点波面随时间变化的过程线，见图 6-17，它显然不同于规则波，而是一个复杂的不规则波波列，因此需要对它另外给出波浪要素的定义。图 6-17 中横轴表示时间，同时也代表静水面，纵轴代表波面相对于静水面的垂直位移。波面自上而下跨过横轴的交点称为下跨零点（例如 3、6 点），而自下而上跨过横轴的交点称为上跨零点（例如 0、9 点）。相邻的两个上跨零点（或下跨零点）间的时间间隔称为周期，由此依次读取的各个周期是不等的，其平均值称为平均周期 $\bar{T}$。在一个周期内取波面的最高点作为波峰顶（例如 4 点），同样，波面的最低点作为波谷底（例如 7 点），而 5、8 点不能作为波峰顶、波谷底，峰顶与谷底之间的垂直距离定义为波高，显然由此依次读取的各个波高也是不等的，其平均值称为平均波高 $\bar{H}$。统计表明，无论采用上跨零点或下跨零点定义波高和周期，其平均值是基本相同的。

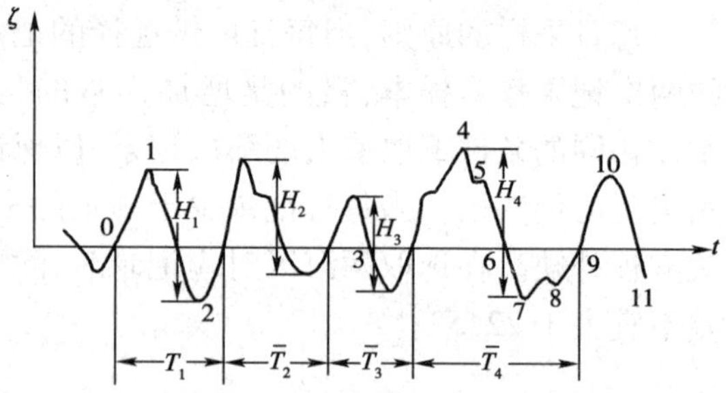

图 6-17　不规则波波浪要素定义

如在某一固定时刻，沿波浪传播方向（波向线）取波面的垂直剖面，得波面随位置变化的曲线。同样用上跨零点法可依次读取波长，并计算出平均波长 $\bar{L}$。实测资料的分析结果表明，不规则波的平均周期 $\bar{T}$ 与平均波长 $\bar{L}$ 的关系已不同于规则波的式(6-1)和式(6-2)，它们之间的关系可近似用下式表示

$$\bar{L} = k\left(\frac{g\bar{T}^2}{2\pi}\right) \tag{6-20}$$

系数 k，根据充分成长的劳曼谱可推得 $k = 2/3$。

表 6-10 为我国沿海某站实际观测记录按上跨零点法取值后得到的连续 100 个波的波浪系列实例。从该表可以看出，在一个波浪系列中，各个波浪不仅大小各不相同，而且它们的出现次序也是无序偶然的。如果在这场风浪中（风浪处于定常稳定状态下）再连续读取 100 个波，则这个波列波高和周期的次序和大小和上一个波列又有所不同，但它们所反映的是同一海浪状态，因此，在一个波浪系列中，波浪的大小分布具有偶然性，亦即可以看作一随机事件。

表 6-10

H(m)	T(s)	H(m)	T(s)	H(m)	T(s)	H(m)	T(s)	H(m)	T(s)
2.0	9.2	1.3	5.3	0.8	4.5	0.6	11.4	2.1	9.2
3.0	6.6	3.2	7.3	2.5	6.6	1.4	6.6	2.7	9.8
2.5	6.6	5.3	6.8	4.1	7.3	1.6	5.6	3.2	8.6
3.1	6.9	3.3	6.9	3.8	6.9	1.1	5.3	1.9	5.6
1.6	8.6	1.5	8.3	1.7	6.9	1.6	8.3	0.2	4.1
1.9	7.1	1.2	8.6	1.0	5.3	2.1	6.0	1.4	7.9
2.2	5.4	1.9	6.6	2.0	5.8	1.1	23.0	2.1	5.6
3.3	7.1	1.5	5.6	1.8	5.8	3.0	6.9	3.3	6.6
3.0	6.6	3.1	6.6	2.0	9.4	2.6	6.9	2.2	7.9

续上表

H(m)	T(s)	H(m)	T(s)	H(m)	T(s)	H(m)	T(s)	H(m)	T(s)
4.9	7.5	1.8	6.4	1.8	8.3	1.7	8.8	2.1	6.4
1.6	8.1	1.4	4.5	1.3	9.6	1.5	4.5	1.6	7.5
1.5	8.1	1.8	5.8	1.3	6.8	3.9	7.1	1.3	8.3
0.9	4.3	1.8	6.2	1.5	5.4	3.0	8.1	2.4	7.5
1.1	5.4	1.5	4.3	1.0	4.1	2.4	16.1	3.7	7.3
3.1	7.5	4.3	6.6	2.0	5.8	3.3	6.2	3.8	6.4
3.2	6.8	4.8	7.1	1.4	7.5	2.0	6.4	2.4	6.2
2.3	6.6	4.1	6.9	0.3	3.6	1.1	6.2	2.6	7.3
1.2	4.5	3.9	6.6	1.3	10.5	2.5	5.8	1.3	4.3
1.5	4.9	2.9	6.4	2.0	8.4	2.1	5.3	2.2	6.8
2.7	6.2	0.7	4.1	2.0	8.1	3.5	7.1	3.3	8.1

如第四章所述，对于随机事件可采用数理统计的方法研究其规律。此时，波列中各个大小不同的波高或周期就是随机事件中的随机变量，而风浪处于稳定状态过程中所有的波高或周期就是总体，从中任意取出的连续的100个波就是样本。我们将通过对样本的研究来估计总体的变化规律。

反映随机事件规律的第一个特征值是样本的平均值，表6-10波列的平均波高 $\overline{H}$ 或平均周期 $\overline{T}$ 按下式计算

$$\overline{H}=\frac{1}{N}\sum_{i=1}^{N}H_i,\quad \overline{T}=\frac{1}{N}\sum_{i=1}^{N}T_i \tag{6-21}$$

式中：N——所取样本总个数。本例中 $N=100$，平均波高 $\overline{H}=2.2\text{m}$，平均波高反映了波列总体的大小，例如根据两场风浪的记录计算出的平均波高不同，显然平均波高大的那场波浪比平均波高小的那场波浪为大。

为研究波高或周期大小的分布规律，必须绘制频率直方图。为此计算各波高的比值 $H_i/\overline{H}$，即为波高的模比系数 K_i，显然平均波高的模比系数等于1.0。

为绘制频率直方图，以适当的间距（即组距）$\Delta H/\overline{H}$，将波列分成若干组，计算出各间距上、下限对应的波高，见表6-11第1、2栏，本例中取组距 $\Delta H/\overline{H}=0.2$。统计各组波高的出现次数 n_i，见表中第3栏，将 n_i 除以总次数 N，得各组波高出现的区间频率

$$f_i = n_i/N \tag{6-22}$$

见表6-11中第4栏，显然 $\sum f_i=1.0$。由第4栏可见，各组波高出现的频率不同，在模比系数等于1.0，即平均波高附近出现的波高次数多，而在两端出现频率较小。

为求各组距内任何一个波高可能出现的频率，即平均频率，假定组距内任一波高出现的机会均等，且组距内所有波高出现的总频率应等于区间频率。于是平均频率就是区间频率除以

组距,即$f_i/\frac{\Delta H}{\overline{H}}$,见表6-11中第5栏。

表6-11

波高模比系数 $k_i=\frac{H_i}{\overline{H}}$	波高分组 H_i	出现次数 n_i	区间频率 f_i	平均频率 $f_i\Big/\frac{\Delta H}{\overline{H}}$	累积次数 $\sum n_i$	累积频率 $F(\%)$
1	2	3	4	5	6	7
2.4~2.2	5.3≥H>4.8	2	0.02	0.10	2	2
2.2~2.0	4.8≥H>4.4	1	0.01	0.05	3	3
2.0~1.8	4.4≥H>4.0	3	0.03	0.15	6	6
1.8~1.6	4.0≥H>3.5	5	0.05	0.25	11	11
1.6~1.4	3.5≥H>3.1	9	0.09	0.45	20	20
1.4~1.2	3.1≥H>2.6	10	0.10	0.50	30	30
1.2~1.0	2.6≥H>2.2	9	0.09	0.45	39	39
1.0~0.8	2.2≥H>1.8	18	0.18	0.90	57	57
0.8~0.6	1.8≥H>1.3	23	0.23	1.15	80	80
0.6~0.4	1.3≥H>0.9	14	0.14	0.70	94	94
0.4~0.2	0.9≥H>0.4	4	0.04	0.20	98	98
0.2~0.0	0.4≥H>0.0	2	0.02	0.10	100	100
		100	1.0			

以模比系数为纵坐标,平均频率为横坐标,绘出图6-18a)所示的波高平均频率直方图。显然,图上各个矩形的面积就是各组的区间频率f_i且各面积之和为1.0。当组距接近于无限小时,直方图趋于曲线,该曲线与纵轴包围的面积就是1.0,此时横坐标转化为频率密度,而曲线即为频率密度曲线。波高频率密度曲线的特点是"两头小、中间大",即平均值附近的波高出现机会最多。

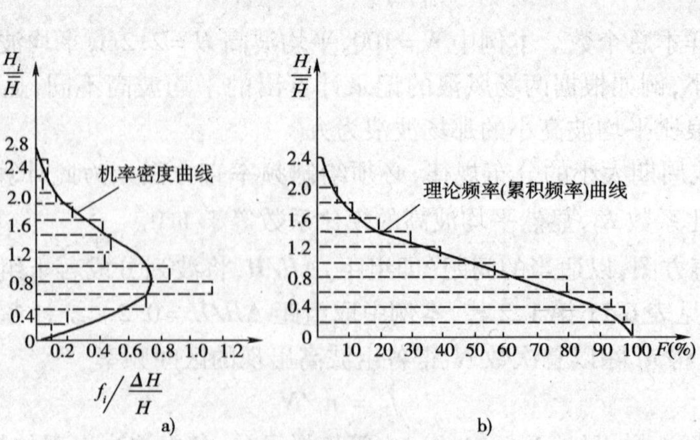

图 6-18

a)平均频率直方图;b)累积频率图

在工程设计中,通常要求知道波列中大于等于某一波高的机会,即某一波高的累积频率,

或要求知道给定某一累积频率的波高值。为此只需按表 6-11 中第 7 列求出累积频率 F_i

$$F_i = \frac{\sum n_i}{N} \times 100\% \tag{6-23}$$

按表中第 1 及第 7 栏则可绘出波高的经验累积频率图,当组距接近无限小时,得累积频率曲线,见图 6-18b)。

至此,我们对于某一波列的波高用统计方法找到了其统计分布规律。用同样的办法也能找出周期以及波长的统计分布规律。图 6-19 则为表 6-10 波列的周期的平均频率直方图。

经验表明,取用连续的 100 ~150 个波进行统计就已能充分准确地反映波浪的统计性质,这些波经历的时间约为 10 ~20min。如果取的波数太少,则不能保证样本的代表性,使统计结果不稳定;反之,波数取得太多太长,又不能保证波浪处于稳定的定常状态,即不能保证采样的一致性,从而影响成果的可靠性。

二、固定点波高和周期的理论分布函数

海洋上空的风暴大小千变万化,因而海浪的尺度也各不相同,初视之下,似无规律可循。但是大量波浪观测资料的统计分析表明,无论海浪多大,其波列的频率分布特性却极其相近。因此,人们着手从理论上研究海浪的分布规律,以便与图 6-18 及图 6-19 所示的经验统计的分布规律相印证。

1. 波高与波长的理论分布函数

假定复杂的海浪是由很多个振幅不等、频率不等、位相错置的简谐波叠加而成,如图 6-20 所示。图中曲线 1 ~4 表示 4 列振幅和频率都不等且初相也不同的简谐波,它们叠加后的结果为曲线 5,可见合成后的波动比原来的简谐波复杂得多。因此可以想象,将更多的简谐波叠加起来,将得到更复杂的波动,而每个简谐波称为组成波。基于以上假定,海上某固定点的波面方程可写为

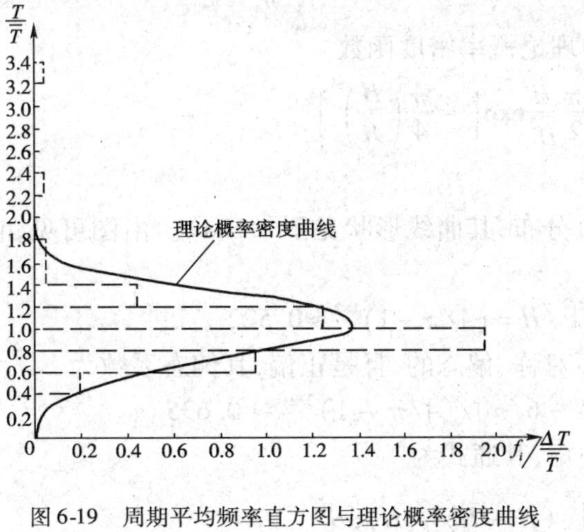

图 6-19 周期平均频率直方图与理论概率密度曲线

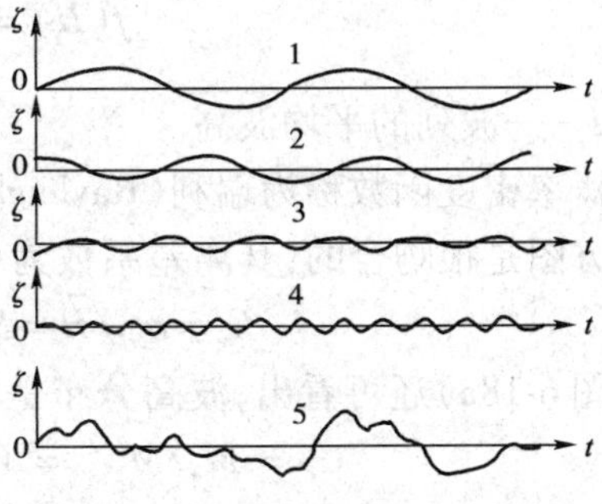

图 6-20 简谐波的合成

$$\zeta(t) = \sum_{n=1}^{\infty} \zeta_n = \sum_{n=1}^{\infty} a_n \cos(\omega_n t + \varepsilon_n) \tag{6-24}$$

式中:ζ——波面在静水面以上的高度;

a_n——组成波的振幅;

ω_n——组成波的圆频率,$\omega_n = 2\pi/T_n$;

T_n——组成波的周期;

ε_n——组成波的初位相;

t——时间。

各组成波的初位相是任意的,是一个随机量,其变化范围在 $0 \sim 2\pi$ 之间。由于时间 t 时余弦函数的值随位相而异,因此如果位相是随机的,则函数值也是一个随机量。于是波面 ζ 就是无数个随机量之和,所以它也是一个随机变量。由于组成波的个数可以认为接近无限,所以各组成波的振幅可认为是极小的。

概率论中的李雅普诺夫定理说明:如果某随机变量是大量独立互不依赖的一系列量值很小的随机变量的总和,那么不论它们各自的分布规律如何,它们之和的分布规律总是服从正态分布。因此波面 ζ 的概率密度函数可写为

$$f(\zeta) = \frac{1}{\sigma\sqrt{2\pi}}\exp\left(-\frac{\zeta^2}{2\sigma^2}\right) \tag{6-25}$$

式中:σ——波面高度的均方差。正态分布的另一个参数是平均值,对于标准化正态分布,平均值 $\bar{\zeta}=0$,即波面的平均位置就是静水面。

实测资料表明,经验的概率密度曲线与式(6-25)极为相似。

在式(6-25)的基础上,朗格特—希金斯(Longuet-Higgins)利用包络线理论推导出波面振幅 a 的概率密度函数为

$$f(a) = \frac{a}{\sigma^2}\exp\left(-\frac{a^2}{2\sigma^2}\right) \tag{6-26}$$

利用求原点矩的方法可得平均振幅 $\bar{a}$ 与均方差 σ 的关系

$$\bar{a} = \int_0^\infty af(a)\mathrm{d}a = \sqrt{\frac{\pi}{2}}\sigma \text{ 或 } \sigma = \sqrt{\frac{2}{\pi}}\bar{a} \tag{6-27}$$

将 $H=2a$,$\bar{H}=2\bar{a}$ 代入上式得波高的理论概率密度函数

$$f(H) = \frac{\pi}{2}\frac{H}{\bar{H}^2}\exp\left[-\frac{\pi}{4}\left(\frac{H}{\bar{H}}\right)^2\right] \tag{6-28}$$

式中:$\bar{H}$——波列的平均波高。

此概率密度函数称为瑞利(Rayleigh)分布,其曲线形状见图 6-18a)。由图可见,它与经验频率直方图是很吻合的,其离差系数为

$$C_v = \sigma_H/\bar{H} = M_2^{1/2}/\bar{H} = (4/\pi - 1)^{1/2} \approx 0.522 \tag{6-29}$$

由图 6-18a)还可看出,波高分布是不对称、偏态的,且是正偏,其偏态系数为

$$C_s = M_3/M_2^{3/2} = (2-6/\pi)/(4/\pi-1)^{3/2} \approx 0.635 \tag{6-30}$$

式中:M_2、M_3——$f(H)$的二次及三次中心矩,其通式为

$$M_n = \int_0^\infty (H-\bar{H})^n f(H)\mathrm{d}H \tag{6-31}$$

曲线上概率密度最大值处所对应的波高 H_m 可利用求极值的条件 $\mathrm{d}f(H)/\mathrm{d}H=0$ 求得

$$H_m = \sqrt{2/\pi}\,\bar{H} \approx 0.8\bar{H} \tag{6-32}$$

上式表明平均波高并不是出现机会最多的波高，出现机会最多的波高比平均波高小。

将式(6-28)从 H 积分至∞，得累积频率函数 $F(H)$，即分布函数，见图6-18b)。

$$F(H) = \int_H^\infty f(H)\,\mathrm{d}H = \exp\left[-\frac{\pi}{4}\left(\frac{H}{\overline{H}}\right)^2\right] \tag{6-33}$$

在工程设计中需要的往往是对应于指定累积频率 $F(\%)$ 的波高，为此将式(6-33)改写为

$$H_F/\overline{H} = \left(\frac{4}{\pi}\ln\frac{1}{F}\right)^{1/2} \tag{6-33'}$$

实测资料的检验证明：式(6-18)及式(6-33)仅适用于深水区。当波浪由深水逐渐传向浅水区时，波高的分布规律发生变化，水深 d 开始影响波高的分布。如令 $\overline{H}/d = H^*$，此时，波高的分布可用以下分布函数表示

$$\left.\begin{aligned} F(H) &= \exp\left[-\frac{\pi}{4(1+H^*/\sqrt{2\pi})}\cdot\left(\frac{H}{\overline{H}}\right)^{\frac{2}{1-H^*}}\right] \\ \text{或}\quad H_F/\overline{H} &= \left[\frac{4}{\pi}\left(1+\frac{H^*}{\sqrt{2\pi}}\right)\ln\frac{1}{F}\right]^{\frac{1-H^*}{2}} \end{aligned}\right\} \tag{6-34}$$

该分布函数称为格鲁霍夫斯基(Глуховский)分布。当 $H^*=0$，即水很深时，上式还原为深水中的式(6-33)。

式(6-34)是经验性的，无法从理论上予以推导，但因它与实际资料很吻合，且与式(6-33)在 $H^*=0$ 处能衔接，故被接受。应该指出该式中的平均波高 $\overline{H}$，已不再是深水中的平均波高，而是相应水深 d 处的平均波高。

为使用方便按式(6-33)及式(6-34)计算出深水及浅水中各种累积频率所对应的波高模比系数，见表6-12，表中 H_F 为某累积率波高。

由表6-12可见，随着水深的变浅，波列中波高的分布趋于集中，实际的观测资料也证实了理论的分布。

举例：已知如表6-10深水波列的平均波高 $\overline{H}=2.2\text{m}$，试求累积频率为1%和5%的波高 $H_{1\%}$ 及 $H_{5\%}$。

查表6-12按 $\overline{H}/d=H^*=0$ 得 $H_{1\%}/\overline{H}=2.421$，$H_{5\%}/\overline{H}=1.953$，于是

$H_{1\%}=2.2\times2.421=5.3\text{m}$；$H_{5\%}=2.2\times1.953=4.3\text{m}$。

$H_F/\overline{H}$ 值

表6-12

$F(\%)$ \ $H^*=\frac{\overline{H}}{d}$	0 (深水)	0.1	0.2	0.3	0.4	0.5 (破碎)
0.5	2.597	2.403	2.213	2.029	1.854	1.687
1	2.421	2.256	2.092	1.932	1.777	1.628
2	2.232	2.096	1.960	1.825	1.692	1.563
5	1.953	1.859	1.762	1.662	1.562	1.463
10	1.712	1.651	1.586	1.516	1.444	1.369

续上表

$H^*=\overline{H}/d$ \ $F(\%)$	0（深水）	0.1	0.2	0.3	0.4	0.5（破碎）
20	1.432	1.406	1.374	1.337	1.296	1.252
30	1.238	1.233	1.223	1.208	1.188	1.164
40	1.080	1.091	1.097	1.098	1.095	1.088
50	0.939	0.962	0.981	0.996	1.007	1.014
60	0.806	0.839	0.868	0.895	0.919	0.940
70	0.674	0.713	0.752	0.789	0.825	0.859
80	0.533	0.578	0.623	0.670	0.717	0.764
90	0.366	0.412	0.462	0.515	0.572	0.633
95	0.256	0.298	0.346	0.400	0.461	0.529

表6-10中100个连续波中最大一个波，其累积频率相当于1%，其值为5.3m，与理论计算值一致。

表6-10深水波列进入$d=20$m的浅水区后，其平均波高已由2.2m降为2.06m(其具体计算方法将于本章第八节叙述)，试求该水深处的$H_{1\%}$及$H_{5\%}$。

由$\overline{H}/d=2.06/20=0.103\approx0.10$，查表6-12得$H_{1\%}/\overline{H}=2.256$，$H_{5\%}/\overline{H}=1.859$，于是$H_{1\%}=2.06\times2.256=4.7\text{m}$，$H_{5\%}=2.06\times1.859=3.8\text{m}$。

在工程实践中，除累积频率波高外，有时还希望知道连续N个波中最大的那个波高。显然由于所取样本N不同，这个最大波高H_{max}也是随机量。根据概率论可推导出深水中最大波高H_{max}的数学期望与波数N的近似关系为

$$H_{max}/\overline{H}=\frac{2}{\sqrt{\pi}}(\ln N)^{1/2} \tag{6-35}$$

在浅水中H_{max}还与H^*有关

$$H_{max}/\overline{H}=\left[1+\frac{H^*(1-H^*)}{2\sqrt{2\pi}}\right]\cdot\left[\frac{4}{\pi}\ln N\right]^{\frac{1-H^*}{2}} \tag{6-36}$$

同样当$H^*=0$时，式(6-36)还原为式(6-35)。

用与波高同样的办法可推导出波长L的分布，其形式与波高分布一样，也服从瑞利分布，且与实际观测资料相符，即

$$f(L)=\frac{\pi}{2}\frac{L}{\overline{L}^2}\exp\left[-\frac{\pi}{4}\left(\frac{L}{\overline{L}}\right)^2\right] \tag{6-37}$$

2.周期的理论分布函数

有了波长的分布，利用微幅波理论中周期与波长的关系式(6-1)可导出周期的概率密度函数如下

$$f(T)=4\Gamma^4\left(\frac{5}{4}\right)\frac{T^3}{\overline{T}^4}\exp\left[-\Gamma^4\left(\frac{5}{4}\right)\left(\frac{T}{\overline{T}}\right)^4\right] \tag{6-38}$$

式中：$\overline{T}$——平均周期；

$\Gamma(x)$——伽玛函数,$\Gamma^4\left(\frac{5}{4}\right)=0.675$,$4\Gamma^4\left(\frac{5}{4}\right)=2.7$。

由式(6-38)得周期的分布函数为

$$F(T) = \exp\left[-\Gamma^4\left(\frac{5}{4}\right)\left(\frac{T}{\overline{T}}\right)^4\right] \tag{6-39}$$

同样可利用$f(T)$的二次及三次中心短得周期分布的离差系数 $C_v\approx0.283$,偏态系数 $C_s\approx0$。可见周期的分布比波高的分布更集中,且几乎是对称的,因此出现机会最多的周期就是平均周期,即 $T_m\approx\overline{T}$。图6-19所示曲线则为由式(6-38)绘出的理论概率密度函数,它与实测的周期平均频率直方图是基本吻合的。

观测表明,海浪由深水进入浅水后,平均周期几乎不变。浅水周期的分布规律与水深无关,且变化很小,格鲁霍夫斯基提出其概率密度函数为

$$f(T) = \frac{\pi}{1.2}\frac{T^3}{\overline{T}^4}\exp\left[-\frac{\pi}{4.8}\left(\frac{T}{\overline{T}}\right)^4\right] \tag{6-40}$$

其分布函数为

$$F(T) = \exp\left[-\frac{\pi}{4.8}\left(\frac{T}{\overline{T}}\right)^4\right] \tag{6-41}$$

比较式(6-38)与式(6-40),式(6-39)与式(6-41)可见,深水周期和浅水周期的理论分布也是极为接近的,两组公式可以互用。

为使用方便,式(6-39)可改写为

$$T_F/\overline{T} = \left[\frac{1}{\Gamma^4(5/4)}\ln\frac{1}{F}\right]^{1/4} \tag{6-39'}$$

表6-13为按式(6-39′)的计算结果。比较表6-13与表6-12,可见周期的分布确比波高的分布集中得多。

表6-13

$F(\%)$	$T/\overline{T}$	$F(\%)$	$T/\overline{T}$	$F(\%)$	$T/\overline{T}$
0.5	1.67	20	1.25	70	0.85
1	1.62	30	1.16	80	0.76
2	1.56	40	1.08	90	0.62
5	1.46	50	1.01	95	0.52
10	1.36	60	0.94		

3. 波高与周期的联合分布

在实际工作中往往希望了解与某一累积率波高对应的最可能的平均周期及可能周期的范围,这就需要了解波高和周期的联合概率分布。

以往认为在随机海浪现象中,波高和周期是相互独立的随机变量,根据随机变量独立性的假定,可按$f(H\cdot T)=f(H)\cdot f(T)$求联合概率密度。但实际上波高与周期并非完全独立,而是有一些关系,上述假定与实际不符。

目前已有一些从理论上推导出的波高与周期的联合概率分布函数,但它们与实际观测资料绘的联合概率分布图都有一定的出入,难以应用。因此希望从实际资料中找到分布规律。

国内外实测资料表明,在影响波高与周期联合分布的众多参数中,波高与周期之间的相关

系数 $R(H,T)$ 对它们之间的联合概率分布的影响最为明显。图 6-21 则为由国外大量实测资料，并经国内资料验证，按不同的相关系数 $R(H,T)$ 绘制的波高与周期的联合概率分布图。

由图 6-21 可见，当 R 值较小时，不同波高对应的周期的分布相对于平均周期 $\overline{T}$ 几乎是对称的，出现机会最多的是平均周期，随 R 值的逐渐增大，周期的分布已不再对称，出现机会最大的周期已不是平均周期，而要比它大。

例 6-1　表 6-10 所示波列，已计算出 $\overline{H}=2.2\text{m}$，$\overline{T}=7.0\text{s}$，相关系数 $R(H,T)=0.063$，试求 $H=4.4\text{m}$ 的波高对应的周期范围及其最可能值。

先计算出无因次波高 $H/\overline{H}=2.0$，按 $R=0.063$ 查图 6-21a）得无因次周期范围在 $0.6\sim1.3$ 之间，则周期范围为 $4.2\sim9.1\text{s}$，出现机会最多的周期是 $0.92\times7.0\approx6.5\text{s}$，比平均周期略小。对比表 6-10 中的实测周期，当波高在 4.4m 左右时，实测周期均在上述计算范围之内，证明图 6-21 是符合实际的。

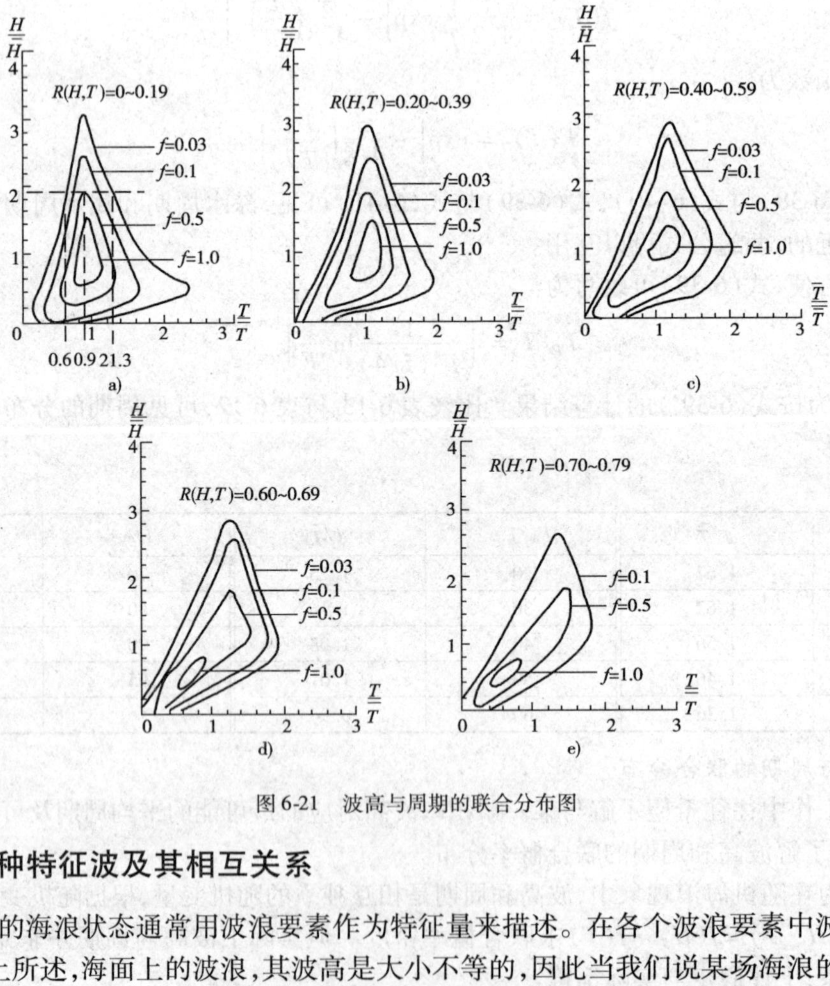

图 6-21　波高与周期的联合分布图

三、两种特征波及其相互关系

海面上的海浪状态通常用波浪要素作为特征量来描述。在各个波浪要素中波高是最重要的，但是如上所述，海面上的波浪，其波高是大小不等的，因此当我们说某场海浪的波高是多少时，应指明该波高在统计意义上的含义，这就是所谓特征波高。反映海浪大小的另一个重要波要素是周期，同样，当说明周期的大小时，也应该指明其统计含义，即特征周期。特征波高与特征周期统称特征波。

1. 特征波高的两种表示方法

目前特征波高有两种表示方法。一种是在波列中选取某一累积频率对应的波高作为特征波高，即 H_F，如 $H_{1\%}$，$H_{5\%}$ 等。这种特征波高反映出某给定波高值在波列中出现的可能性，如 $H_{1\%}$ 表示在波列中大于等于该波高的出现概率为 1%，以此类推。如上所述，波高服从一定的分布规律，如已知波列中任一累积频率的波高，就可换算成任意所要求的累积频率波高，如表 6-12 所示。平均波高 $\overline{H}$ 是各种累积率波高间的换算媒介，所以它是一种最常用的特征波高。

另一种方法是以所谓部分大波的平均波高作为特征波高，其含意为：将波列中的波高由大到小依次排列，其中最大的 P 部分波高的平均值就称为 P 部分大波的平均波高，记为 H_p。例如连续 1000 个波中最大的 100 个波，或连续 100 个波中最大的 10 个波的平均波高称为 1/10 大波的平均波高，记为 $H_{1/10}$，该波高又称为显著波高；又如波列中最大的 1/3 大波的平均值，记为 $H_{1/3}$，该波高又称为有效波高。上述表达方法如用算式表示，则部分大波的平均波高可写为

$$H_P = \frac{1}{NP}\sum_{i=1}^{NP} H_i \tag{6-42}$$

式中：N——波列中的总波数。

如取 $P = 1/10$ 或 $1/3$，则依上式可得

$$H_{1/10} = \frac{10}{N}\sum_{i=1}^{N/10} H_i \quad 及 \quad H_{1/3} = \frac{3}{N}\sum_{i=1}^{N/3} H_i$$

例 6-2 试求表 6-10 所示波列的 $H_{1/10}$ 及 $H_{1/3}$。按上式计算得 $H_{1/10} = 4.3\text{m}$，$H_{1/3} = 3.4\text{m}$。

回顾第三节中使用岸用光学测波仪目测记录波浪时，波高的记录值是在波周期 100 倍的时间段内读取 15～20 个明显较大的波高，然后从中取出 10 个最大值，求其平均值而得，该值在统计上的含意相当于 $H_{1/10}$，而不是平均波高，因此在使用这些由岸用光学测波仪观测记录下的“波高”值时应特别注意。

2. 两种特征波高的相互关系

既然波高服从一定的分布规律，因此各种部分大波的平均波高之间及它们与累积频率波高之间应有一定的关系，可以从理论上予以推导。如令 $P = F$，以深水波为例，利用式(6-33′)，并令 $x = H_F/\overline{H}$，按部分大波的平均波高的定义，其模比系数可写为

$$\frac{H_P}{\overline{H}} = \frac{1}{F}\int_0^F \left(\frac{4}{\pi}\ln\frac{1}{F}\right)^{1/2} \mathrm{d}F = \frac{1}{F}\int_0^F x\,\mathrm{d}F$$

利用分部积分原理，并将 F 用式(6-33)代入，上式最终变为

$$\frac{H_P}{\overline{H}} = \frac{H_F}{\overline{H}} + \frac{1}{F}\left[1 - \mathrm{erf}\left(\ln\frac{1}{F}\right)^{1/2}\right] \tag{6-43}$$

式中：$\mathrm{erf}(x)$——误差函数（或称概率函数），其值变化于 0～1 之间。

由于式(6-43)中的第二项为一个正小数，因此，如 $P = F$，则 $H_P/\overline{H}$ 总是大于 $H_F/\overline{H}$，即 $H_{1/10} > H_{10\%}$，$H_{1/3} > H_{33\%}$ 等等。

在浅水中，利用同样的原理，代入式(6-34)也可推导出浅水中部分大波的平均波高与累积

频率波高之间的关系，只是式子比较复杂，此处不拟列出。为使用方便，将计算结果列于表6-14。

$H_P/\overline{H}$ 值 表 6-14

P \ $\overline{H}/d$	0（深水）	0.1	0.2	0.3	0.4	0.5（破碎）
1/100	2.662	2.444	2.239	2.045	1.864	1.693
1/50	2.490	2.301	2.121	1.950	1.789	1.636
1/20	2.241	2.092	1.949	1.811	1.679	1.552
1/10	2.031	1.915	1.801	1.690	1.582	1.477
1/5	1.795	1.713	1.630	1.548	1.467	1.386
3/10	1.641	1.578	1.515	1.452	1.388	1.324
1/3	1.598	1.540	1.483	1.424	1.366	1.306
2/5	1.520	1.473	1.424	1.375	1.323	1.272
1/2	1.418	1.382	1.346	1.307	1.269	1.227
3/5	1.327	1.302	1.274	1.246	1.215	1.184
7/10	1.243	1.226	1.207	1.186	1.165	1.142
4/5	1.163	1.153	1.141	1.129	1.115	1.101
9/10	1.084	1.080	1.075	1.069	1.063	1.056
100/100	1.0	1.0	1.0	1.0	1.0	1.0

例 6-3 表 6-10 所示深水波列的 $\overline{H}=2.2\text{m}$，查表 6-14 按 $H^*=\overline{H}/d=0$，得 $H_{1/10}=2.031\times2.2=4.5\text{m}$，$H_{1/3}=1.598\times2.2=3.5\text{m}$，可见计算结果与表 6-10 的统计值是基本一致的。

比较表 6-14 与表 6-12，可见 $H_{1/10}$ 相当于累积频率 4% 的波高 $H_{4\%}$，而 $H_{1/3}$ 大致相当于累积频率为 13% 的 $H_{13\%}$，即 $H_{1/100}\approx H_{0.4\%}$，$H_{1/10}\approx H_{4\%}$，$H_{1/3}\approx H_{13\%}$。

有了以上两表，当已知波列中任一个特征波高 H_F（或 H_P），就可换算任意其他的 H_P（或 H_F），而平均波高 $\overline{H}$ 是一个转换媒介。

由于在各种观测记录报表中所列的波高往往不是平均波高 $\overline{H}$，如上所述，岸用光学测波仪给出的波高是 $H_{1/10}$，而海上目测给出的可能是波级，再由表 6-8 查出 $H_{1/10}$ 或 $H_{1/3}$，而表 6-12 及表 6-14 的浅水因子是以平均波高表示，$H^*=\overline{H}/d$，使用时需试凑，极不方便。为方便使用，图 6-22 给出除 $\overline{H}/d$ 以外，又以 $H_{4\%}/d$（相当于 $H_{1/10}/d$）及 $H_{13\%}/d$（相当于 $H_{1/3}/d$）表示浅水因子时，不同水深下各种常用累积频率波高之间的换算曲线，图中上横坐标是 $\overline{H}/d$，下横坐标就是 $H_{4\%}/d$ 及 $H_{13\%}/d$。有了此图，只要已知当地水深及波列内的 $\overline{H}$、$H_{1/10}$ 或 $H_{1/3}$ 三者之一，即可方便地换算出其他常用的累积频率波高或平均波高。

3. 与某一累积频率波高对应的特征周期

仔细分析表 6-10 所示波列，可以发现：波高较大的波所对应的周期未必大，而波高较小的波所对应的周期有时却很大，亦即波高与周期两者的大小次序并不对应。因而某一累积频率的波高所对应的周期显然与按式(6-39′)或表6-13计算的同一累积频率的周期不一致。设计中如果波高和周期都取同一累积频率显然是不匹配、不合理的,因为它们同时出现的机会是极小的。因此希望知道某一累积频率波高 H_F 所对应的波周期为多大,即求 T_{H_F}。为此,必须将表6-10波列中的周期值 T_i 按对应波高的大小次序排列,即波高大的波,其周期排在前面,而不依周期本身的大小顺序排列,然后即可计算各种累积频率 F 的波高所对应的 T_{H_F}。根据大量实测资料的统计得 $T_{H_{4\%}} \approx T_{H_{1/10}} \approx 1.31\overline{T}, T_{H_{13\%}} \approx T_{H_{1/3}} \approx 1.15\overline{T}$。

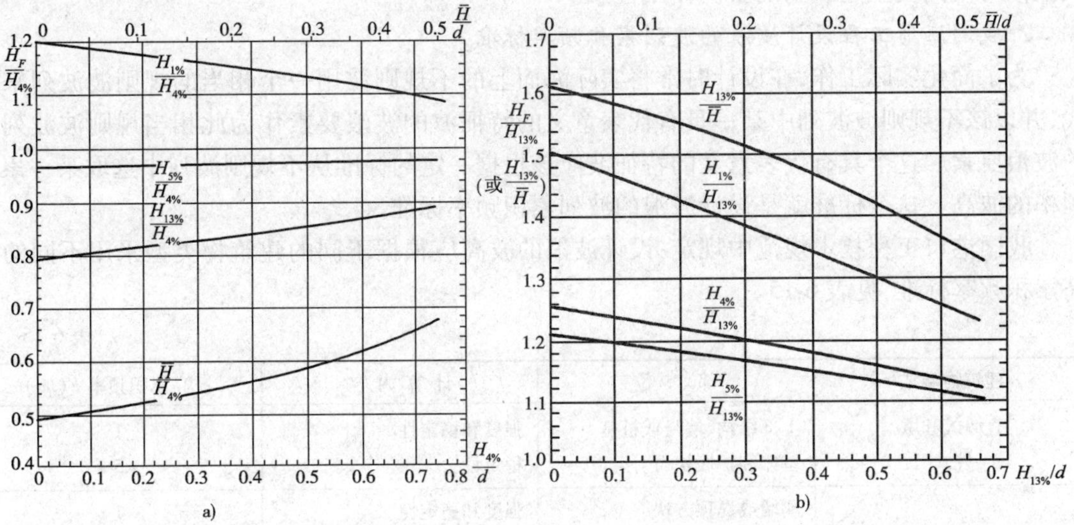

图 6-22

a) $H_F/H_{4\%}$ 与 $H_{4\%}/d$ 关系图;b) $H_F/H_{13\%}$ 与 $H_{13\%}/d$ 关系图

从理论上也可以利用波高和周期各自的分布规律推导出指定累积频率波高时周期的条件分布。此分布也服从正态分布,它表明对于大的波高,其波周期的分布比较集中于平均周期附近,而对于小的波高,其波周期的分布就比较分散,亦即,对于大的波高,一般不会遇到比平均周期大得很多的波周期;而对于小的波高,则有可能遇上比平均周期大得多的波周期,这点在工程设计上尤为重要,表6-10所示波列就是证明。此外,图6-21波高与周期的统计联合概率分布也证明了当波高模比系数较大时,周期分布范围较窄;当波高模比系数接近1或更小时,周期的分布范围就宽得多。

四、我国海港工程设计波浪的波列累积频率标准

1. 设计波浪标准

所谓设计波浪这一名称泛指在海港工程设计中,在设计各类建筑物和它们的各个部分时所选用的波浪要素。对于不同的设计项目,可以采用不同的设计波浪标准。因为港口工程造价很高,所以在选取设计波浪时,既要考虑到长期使用中可能出现的不利情况,保证建筑物的安全,又要符合经济节约的原则。

设计波浪的标准包括两个方面:①设计波浪的重现期标准;②设计波浪的波列累积频率标准。

设计波浪的重现期是指某一特定的波列平均多少年出现一次,它代表波浪要素的长期(以几十年计)统计分布规律。设计波浪的重现期标准主要反映建筑物的使用年限和重要性。指定重现期标准的设计波浪的推算方法将在本章第六节叙述。

设计波浪的波列累积频率标准指的是设计波浪要素在实际海面上不规则波列中的出现概率,它代表波浪要素的短期(以十几分钟计)统计分布规律。在该统计期间,可以认为海面处于定常状态,或者说波浪要素的平均状态不随时间而改变。设计波浪的累积频率标准主要反映波浪对不同类型建筑物的不同作用性质。

2. 我国海港工程设计波浪的波列累积频率标准

为了简化实际工作,在设计时常将实际海面上的不规则波用一个相当的规则波波列来取代,并以该不规则波波列中某一具有代表意义的特征波的波浪要素作为此相当规则波波列中的波浪要素。这个具有代表意义的特征波应该根据一定的标准从不规则波列中选取某一累积频率的波高。这个标准就是设计波浪的波列累积频率标准。

我国港口工程技术规范中规定:设计波浪的波高应根据不同的建筑物类型采用不同的波高累积频率标准,见表6-15。

表6-15

建筑物型式	部　位	计 算 内 容	波高累积频率 F(%)
直墙式和墩柱式	上部结构、墙身或桩基	强度和稳定性	1
	基床和护底块石	稳定性	5
斜坡式	胸墙或堤顶方块	强度和稳定性	1
	护面块石或块体	稳定性	13*
	护底块石	稳定性	13

注:当平均波高与水深比值 $\overline{H}/d<0.3$ 时,F 宜采用5%。

表中的设计波高累积频率标准主要是根据国内外工程实践经验和一些不规则波的模型试验结果得出的。这个标准表明了不同类型的建筑物及其不同部位的结构物对于波浪的反应是不同的。总的来说,直墙式和墩柱式(包括桩基式)建筑物对波浪的反应较灵敏,波列中个别的大波即可影响建筑物的安全,所以应该采用较小的波高累积频率值,即标准要高一些。而对于斜坡式建筑物,经验表明破坏是逐步造成的,个别大波造成局部损坏并不起决定性作用,不影响整体稳定性,而且局部损坏也较易修复,所以可采用较大的波高累积频率值,即标准可以低一些。同一类型建筑物上不同部位结构物的累积频率标准也不同,对于其破坏将影响整个建筑物安全的关键部位结构物,设计累积频率标准就要高些;反之,其他部位的设计标准就可低一些。

若水深很浅时,推算出的波高大于浅水极限波高(其推算方法见本章第八节)时,则无论何种建筑物,均以极限波高作为设计波高。

对于校核有掩护的港口水域内水面泊稳度的设计波浪,其波高累积频率采用4%。

关于设计周期及设计波长问题,如上节所述,不同累积频率的波高所对应的周期是不同的,但它们只是统计出来的大致规律,理论关系还未完全确定。为简化起见,在规范中规定设计周期采用平均周期 $\overline{T}$;设计波长则按规则波公式(6-1)及(6-2)按 $\overline{T}$ 确定。实际计算时,因式(6-2)需通过迭代计算求得，使用不便，通常可按深水波长 $L_0=\frac{g\overline{T}_0^2}{2\pi}$ 和当地水深 d 查附表 8 求得。

五、我国沿岸海域波况的特点

根据海洋观测站资料的统计，我国沿岸海域，除南沙群岛以外，年平均波高（$H_{1/10}$的年平均值）总的趋势是由北向南递增。渤海沿岸大致为 0.3～0.6m，渤海海峡、山东半岛南部和苏浙一带沿岸大致为 0.6～1.2m；两广沿岸大致为 1.0m；海南岛和北部湾北部沿岸为 0.6～0.8m；西沙海域为 1.4m。

各海区各季节波浪的大小分布也是不同的。北方海域冬季波浪较大，如渤海海峡冬季平均波高可达 1.7m，居全国各海区同期之首。春季各海区平均波高都较小。夏、秋季南方海域平均波高较北方大，西沙海区约为 1.4m，广东、广西、福建、浙江沿岸为 1.0～1.3m，其他海区大致在 0.6～0.9m。

我国沿海的大浪受台风与寒潮大风的影响十分明显，最大波高（指 $H_{1\%}$）的分布：冬季在寒潮大风作用下，北方沿海波浪较大；夏天东南沿海受台风影响，南方沿海波浪较大。最大波高超过 10m 与平均周期 10s 以上的大浪多出现在开敞的东海。例如，1986 年 8 月 27 日用海洋遥测浮标测得我国近海最大波高达 18.2m 的巨浪（见中国重大自然灾害及减灾对策（分论）1993），其次浙江嵊山海洋站也曾观测到最大波高 17m 和周期 19.8s 的大浪。表 6-16 为中国沿海最大波浪的分布统计。表中所列波高和周期均为各观测站观测到的历史上之最大值，但并非同一场波浪的对应值。

中国沿海最大波浪分布统计　　表 6-16

海区	测站名称	最大波高（$H_{1\%}$）		最大周期 $\overline{T}$(s)	备注
		波高（m）	波向		
黄、渤海	小长山	5.5	SSW	9.7	
	老虎滩	8.0	SW	9.0	7416 号台风
	葫芦岛	4.6	SSW	8.2	
	塘沽	6.5	NE	7.3	
	妃姆岛	7.2	NE	13.1	
	北隍城	13.9	N	13.5	6208 号台风
	成山头	8.0	ENE	13.3	1973 年 5 月 1 日
	小麦岛	6.1	ESE	14.7	
	连云港	5.0	NE	8.3	
东海	引航船	6.2	E	16.1	
	嵊山	17.0	E	19.8	8114 号台风
	南麂	10.0	E	14.8	6007 号台风
	北礵	15.0	ESE	11.3	6014 和 7123 号台风
	平潭	16.0	ESE	10.1	
	崇武	6.9	SE	10.1	

续上表

海区	测站名称	最大波高($H_{1\%}$)		最大周期 $\overline{T}$(s)	备注
		波高(m)	波向		
南海	云澳	6.5	SW、WSW	11.5	
	硇洲岛	9.5	ESE	10.1	7908 号台风
	玉苞	9.8	E	10.3	6508 号台风
	东方	7.7	NE	10.9	
	莺歌海	6.0	NNW	9.5	
	涠洲岛	9.0	ESE	9.1	7914 号台风
	白龙尾	4.1	SE	8.4	
	西沙	11.0	SSW	18.8	

第五节　海浪谱基础知识

一、海浪谱的概念

海浪是一种十分复杂的流体运动，仅简单的规则波动不能充分说明它，上节所叙述的统计规律也只能反映它外在表现的规律，而不能说明其内部结构。为了进一步研究波浪，提出了海浪谱的概念。海浪谱揭示海浪的内部结构及其能量分布。显然海浪的内部结构和外观表现规律又是密切联系的，因为研究的是同一个对象，只是从两个方面入手而已。也正因为海浪的内部结构复杂，导致其外观表现千变万化。

如上节所述，复杂的海浪可理解为许多(理论上为无限)个振幅和频率不等，且初相错置的简谐波的叠加。因此朗格特—希金斯(Longuet-Higgins)提出海面上某一固定点的波面方程为式(6-24)(见上节)

$$\zeta(t)=\sum_{n=1}^{\infty}a_n\cos(\omega_n t+\varepsilon_n) \tag{6-24}$$

由于组成波的初位相 ε_n 是随机量，它的变化范围在 $0\sim2\pi$ 之间，且均匀分布，故其概率密度函数为

$$f(\varepsilon)=\frac{1}{2\pi}$$

式(6-24)中每个组成波具有不同的能量，根据微幅波理论的波能公式，可知单位面积垂直水柱(自波动水面至水底)内各个组成波的能量为

$$E_n=\frac{1}{2}\rho g a_n^2 \tag{6-44}$$

式中：ρ——水的密度；

g——重力加速度。

于是任意频率间隔($\omega\sim\omega+\delta\omega$)内的波能量为

$$\frac{1}{2}\rho g\sum_{\omega}^{\omega+\delta\omega}a_n^2$$

此能量显然比例于频率间隔 $\delta\omega$，并与此间隔内各频率的组成波的能量有关，令

$$S(\omega)\delta\omega = \frac{1}{2}\sum_{\omega}^{\omega+\delta\omega} a_n^2 \tag{6-45}$$

式中：$S(\omega)$——频率的某一函数。

为了说明函数 $S(\omega)$ 的物理意义，研究量

$$\frac{1}{\delta\omega}\sum_{\omega}^{\omega+\delta\omega}\frac{1}{2}\rho g a_n^2 \tag{6-45'}$$

上式求和符号 $\sum$ 代表频率介于 $\omega \sim \omega+\delta\omega$ 范围内各组成波的能量之和，除以 $\delta\omega$ 得此间隔内的平均能量。函数 $S(\omega)$ 显然比例于式(6-45′)，$S(\omega)$ 乘以常数 ρg 就是频率位于间隔 $\omega \sim \omega+\delta\omega$ 内各组成波所提供的能量，亦即它表示波浪能量相对于组成波频率的分布。如取 $\delta\omega = 1$，式(6-45′)表示单位频率间隔内的能量，从而 $S(\omega)$ 比例于单位频率间隔内的能量，即能量密度。$S(\omega)$ 称为波谱，由于它反映能量密度，故亦称为能谱，又由于它给出能量相对于频率的分布，故也称为频谱。

显然，将波谱在整个频率范围内从 $0 \sim \infty$ 积分，其结果就是海浪总能量，即

$$E = \rho g\int_0^{\infty} S(\omega)\,\mathrm{d}\omega \tag{6-46}$$

如以频率 ω 为横坐标，$S(\omega)$ 为纵坐标，则可绘得波能量相对于频率的分布图，见图 6-23。

由图 6-23 可见，$\omega=0$ 附近的谱值很小，随 ω 加大，谱密度急骤地增大至最大值 S_{max}，它对应的频率，称为谱的峰频 ω_{max}，ω 再增大，谱密度较快并逐渐缓慢地减小，最后趋于零。理论上 $S(\omega)$ 分布于 $\omega=0 \sim \infty$ 范围内，但实际上，其显著部分集中于较窄的频率带内。换言之，在构成海浪的组成波中，频率很小及很大者提供的能量很小，能量的主要部分集中在某一频率范围内。

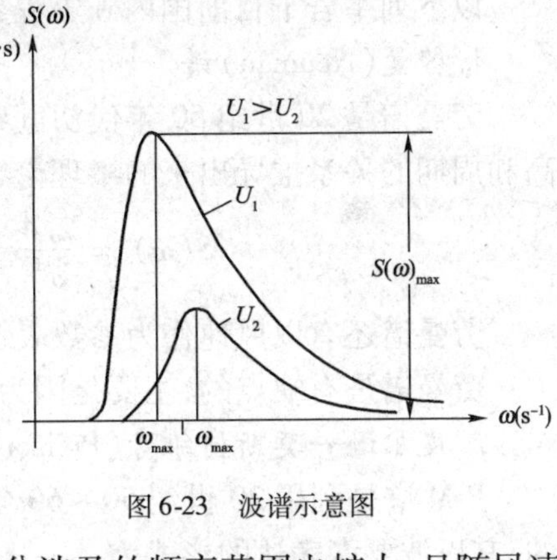

图 6-23 波谱示意图

这种波浪内部结构的特点也反映到海浪外在表现的性质：我们直接观测到的海浪高低长短不齐，但其中频率很小（周期很大）和频率很大（周期很小）的波都很少，大多数波浪的频率介于一较狭窄的频率范围内。显然，图 6-23 中波谱曲线与横坐标所包围的面积比例于波浪的总能量 E。随着风场风速 U 的增大，谱曲线下面的总面积增大，则总能量增大，谱的显著部分涉及的频率范围也扩大，且随风速增大，谱的显著部分向低频率方向推移，因此风浪中显著部分的波周期随之增大。

由式(6-44)可看出，如长度和时间的单位取 m 和 s，则谱密度的单位为 $m^2 \cdot s$。

理论上可以证明波面纵坐标 $\zeta(t)$ 的方差 σ^2 比例于波动的总能量，即

$$\sigma^2 = \int_0^{\infty} S(\omega)\,\mathrm{d}\omega = m_0, r = 0 \tag{6-47}$$

式中：m_0——谱的零阶矩；

r——阶矩数。谱的各阶矩的通式为

$$m_r = \int_0^{\infty}\omega^r S(\omega)\,\mathrm{d}\omega \tag{6-48}$$

波面的方差 σ^2 是由波浪外观表现统计出的统计特征值，而 m_0 是波浪内部能量结构的特征值，因此波浪的外观表现就是通过式(6-47)与其内部能量结构联系起来的。

有时波谱的横坐标 ω（也称圆频率）以频率 $f(f=1/T)$ 代替，此时 $S(\omega)$ 转换为以 f 表示的波谱 $S(f)$。因为 $\omega=2\pi/T=2\pi f$，两频率比值 $\omega/f=2\pi$，为一常值。设 $\delta\omega$ 对应的 f 的间隔为 δf，且在两间隔中能量相等，即 $S(f)\delta f=S(\omega)\delta\omega$，于是得 $S(f)=S(\omega)\delta\omega/\delta f$，因此

$$S(f)=2\pi\cdot S(\omega)\quad 或\quad S(\omega)=S(f)/2\pi \tag{6-49}$$

此概念极为重要，计算中千万不能混淆。

海浪谱的出现为海浪研究开辟了新的途径，同时也给海港工程设计中有关波浪和波浪力的推算带来了巨大的改革，为可靠度研究打下重要基础，改变了过去依据单一理想规则波进行设计的方法，进一步考虑复杂的海浪系列对建筑物所产生的动力作用，达到保证安全、降低造价的目的。此外，海浪谱对研究海岸带泥沙运动规律及海岸演变也有重要意义。

二、海浪谱形式举例

迄今为止，国内外已提出很多风浪频谱，其最常见的一般形式为

$$S(\omega)=\frac{A}{\omega^p}\exp\left[-\frac{B}{\omega^q}\right] \tag{6-50}$$

式中：A、B——包含风要素（风速、风时、风距）或波要素（波高、周期）的参量；

p、q——指数，p 常取 4 ~ 6；q 常取 2 ~ 4。

以下列举若干目前国内外工程界常使用的风浪谱。

1. 劳曼（Neuman）谱

劳曼谱是 20 世纪 50 年代初世界上最先提出的波谱，它是利用在不同风速下观测到的波高和周期的关系推导出来的半理论半经验公式，该式适用于充分成长的风浪，其形式为

$$S(\omega)=\frac{2.4}{\omega^6}\exp\left[-\frac{4.44(H_{1/10})^{-4/5}}{\omega^2}\right]\quad (\mathrm{m^2\cdot s}) \tag{6-51}$$

劳曼谱还有以风速作为参数表示的形式，本书从实用目的出发，仅列出上式。

劳曼谱是有缺点的，主要是因为使用的是目测资料，精度较差，故目前已趋淘汰。

2. 皮尔逊—莫斯柯维奇（Pierson-Moscowitz）谱，简称 P-M 谱

P-M 谱是利用 20 世纪 50 ~ 60 年代在北大西洋得到的几百段波浪观测资料分析后得到的，其以波要素表达的形式为

$$S(\omega)=\frac{0.78}{\omega^5}\exp\left[-\frac{1.225}{H^2\omega^4}\right]=\frac{0.78}{\omega^5}\exp\left[-\frac{3.11}{H_s^2\omega^4}\right]\quad (\mathrm{m^2\cdot s}) \tag{6-52}$$

式中：H_s——有效波 $H_{1/3}$。

P-M 谱为经验谱，由于所依据的资料比较充分可靠，分析方法比较合理，使用也较方便，故在波浪研究和工程设计中得到广泛应用，已逐渐取代了劳曼谱，它适用于风浪的充分成长阶段。

3. JONSWAP（Joint North Sea Wave Project）谱

此谱是用 20 世纪 60 年代英国、荷兰、美国和法国等在北海进行波浪观测的资料得到的，其表达式为

$$S(\omega)=\frac{0.78}{\omega^5}\exp\left[-\frac{3.11}{H_s^2\omega^4}\right]\gamma^{\exp\left[-\frac{(\omega-\omega_{\max})^2}{2\sigma^2\omega_{\max}^2}\right]} \tag{6-53}$$

式中：γ——称为谱峰升高因子，$\gamma=1.5\sim6$ 之间，一般取平均值 $\gamma=3.3$；

$\omega_{\max}$——谱峰频率；

σ——峰形系数，取为

$$\left.\begin{aligned}\sigma&=0.07,当\ \omega\leqslant\omega_{\max}\\ \sigma&=0.09,当\ \omega>\omega_{\max}\end{aligned}\right\} \tag{6-54}$$

比较式(6-53)与式(6-52)，可见 JONSWAP 谱仅比 P-M 谱多乘了一项谱峰升高因子 γ，所以其谱形在谱峰附近将比 P-M 谱增大，变得更尖突，说明波浪能量高度集中于谱峰频率附近。

由于此谱是由迄今最系统的海浪观测结果得来的，资料又包括了深、浅水充分成长风浪和成长过程的风浪，因此得到广泛的应用。

4. 勃列斯奈德（Bretschneider）—光易谱

此谱是日本学者光易在原勃氏谱的基础上进行了修正得到的，其形式为

$$S(f)=0.257H_s^2T_s(T_sf)^{-5}\exp[-1.03(T_sf)^{-4}] \tag{6-55}$$

式中：T_s——有效波周期，经统计 $T_s=1.11\overline{T}$。

$S(f)$ 与 $S(\omega)$ 的关系见式(6-49)。此谱适用于风浪成长阶段，故在工程问题上也得到了广泛的应用。

5. 文圣常谱

上述介绍的几种谱的特点是谱形简单，使用方便，有一定弹性，可描述相当一部分的风浪状态，但也有一些缺点：首先，它们都有不同程度的经验性，有时不足以精确地描述谱形，有些谱，如 JONSWAP 谱，计算也比较繁难。这些国外的研究成果与我国海况有时并不能完全符合。

1989 年我国青岛海洋大学文圣常教授等提出了文圣常谱。此谱是由理论导出的，谱中包含的参数很易求得，精确度高于 JONSWAP 谱，且适用于深、浅水，并通过检验证明与实测资料相符合。该谱已被列入我国海港工程技术规范，作为规范谱使用。谱函数中引入尖度因子 P 和浅水因子 H^*，当已知有效波高 H_s(m)和有效波周期 T_s(s)时，其表达式为：

(1)对于深水水域，当水域深度 d 满足 $H^*=0.626H_s/d\leqslant0.1$ 的条件时，风浪频谱的形式为

$$\left.\begin{aligned}S(f)&=0.0687H_s^2T_sP\cdot\exp\left\{-95\left[\ln\frac{P}{1.522-0.245P+0.00292P^2}\right](1.1T_sf-1)^{12/5}\right\}\\&\qquad 当\ 0\leqslant f\leqslant1.05/T_s\\ S(f)&=0.0824H_s^2T_s^{-3}(1.522-0.245P+0.00292P^2)\cdot f^{-4}\\&\qquad 当\ f>1.05/T_s\end{aligned}\right\} \tag{6-56}$$

式中：P——谱尖度因子，

$$P=95.3H_s^{1.35}/T_s^{2.7} \tag{6-57}$$

P 还应满足 $1.54\leqslant P<6.77$ 的条件。

(2)对于浅水水域,当 $0.5 \geqslant H^* > 0.1$ 时,风浪频谱中引入浅水因子 $H^* = \overline{H}/d$,频谱的表达式为

$$\left.\begin{aligned} S(f) &= 0.0687 H_s^2 T_s P \cdot \exp\left\{ -95\left[\ln \frac{P(5.813-5.137H^*)}{(6.77-1.088P+0.013P^2)(1.307-1.426H^*)} \right](1.1T_s f-1)^{12/5} \right\} \\ &\qquad \text{当 } 0 \leqslant f \leqslant 1.05/T_s \\ S(f) &= 0.0687 H_s^2 T_s \frac{(6.77-1.088P+0.013P^2)(1.307-1.426H^*)}{(5.813-5.137H^*)} \left(\frac{1.05}{T_s f}\right)^m \\ &\qquad \text{当 } f > 1.05/T_s \end{aligned}\right\} \tag{6-58}$$

式中:$m = 2(2-H^*)$;尖度因子 P 仍由式(6-57)计算,其值应满足 $1.27 \leqslant P < 6.77$。

应指出的是,式(6-56)及式(6-58)中的圆括号 $(1.1T_s f-1)$ 的值,当 f 较小时,它是负值,此时应先取平方,然后再取6/5次方,以保证谱密度不出现负值。

图6-24为使用表6-10中的统计值 $\overline{H}=2.2\text{m}$,$\overline{T}=7.0\text{s}$ 绘制出的文圣常谱密度曲线,虚线为深水波进入浅水区变形后的谱密度曲线。由图可见,文圣常谱谱形的特点是左侧随 f 的增加,谱密度从0迅速增大,而当大于谱峰频后就缓慢衰减至0。

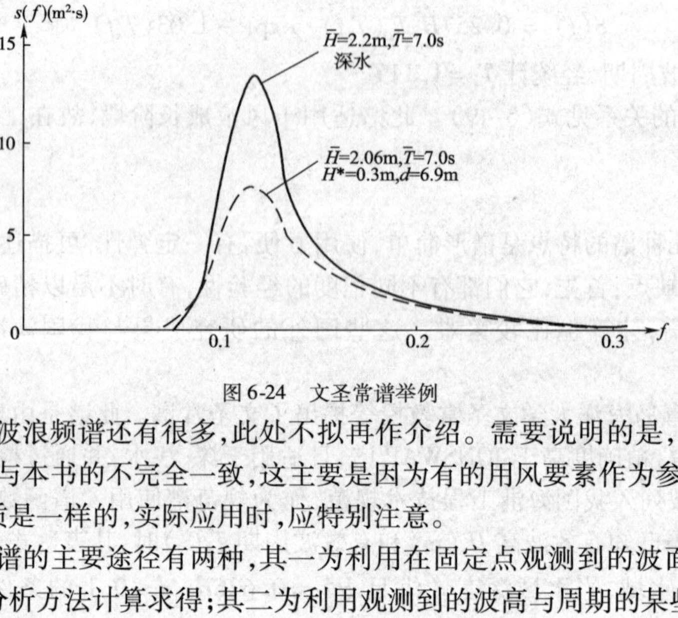

图6-24　文圣常谱举例

国内外提出的波浪频谱还有很多,此处不拟再作介绍。需要说明的是,在不同的著作中,各种频谱的表达式与本书的不完全一致,这主要是因为有的用风要素作为参数,有的定义或符号不同所致,其实质是一样的,实际应用时,应特别注意。

目前取得海浪谱的主要途径有两种,其一为利用在固定点观测到的波面随时间变化的记录,通过专门的谱分析方法计算求得;其二为利用观测到的波高与周期的某些规律进行理论推导得出半理论、半经验形式的谱。因为都需要专门的数学知识,本教材不拟介绍,必要时可参阅专门的著作。

三、海浪的方向谱

上节我们介绍了波浪的频率谱,它的前提是如式(6-24)所示,波浪的能量由无数个频率不同的组成波提供。但是式(6-24)仅能描述固定点的波面随时间的变化,不涉及波浪的传播方向,而实际上海面的波浪场是三维的,其能量不仅分布在一定的频率范围内,而且也分布在不同的传播方向上。进一步研究海浪的谱结构,须把实际的海浪视作由很多不同频率 ω_n($n=1,2,\cdots,\infty$;$0<\omega_n<\infty$)、不同方向 θ_m($m=1,2,\cdots,\infty$;$-\pi \leqslant \theta_m \leqslant \pi$)的简谐波叠加而成,在 x、y 平面上沿与 x 轴成 θ_m 角方向上传播的每个组成波振幅为 a_n、频率为 ω_n、初相为 ε_{nm},见图6-25。

在 x、y 平面上与 x 轴成斜向的简谐波可写为

$$\xi(x,y,t)=a\cos[k(x\cos\theta+y\sin\theta)-\omega t+\varepsilon]$$

式中：k——与波长有关的参数，称为波数，$k=2\pi/L$。

于是可由无限个上述斜向简谐波组成多向不规则波，其表达式为

$$\xi(x,y,t)=\sum_{n=1}^{\infty}\sum_{m=1}^{\infty}a_n\cos[k_n(x\cos\theta_m+y\sin\theta_m)-\omega_n t+\varepsilon_{nm}]\quad(6\text{-}59)$$

由微幅波理论，对于深水波，波数是 $k_n=\omega_n^2/g$。式(6-59)表示，在时刻 t 时的波面，由具有各种方向角 $\theta_m(-\pi\leqslant\theta_m\leqslant\pi)$ 和各种频率 ω_n $(0<\omega_n<\infty)$ 的无限个组成波叠加而成。

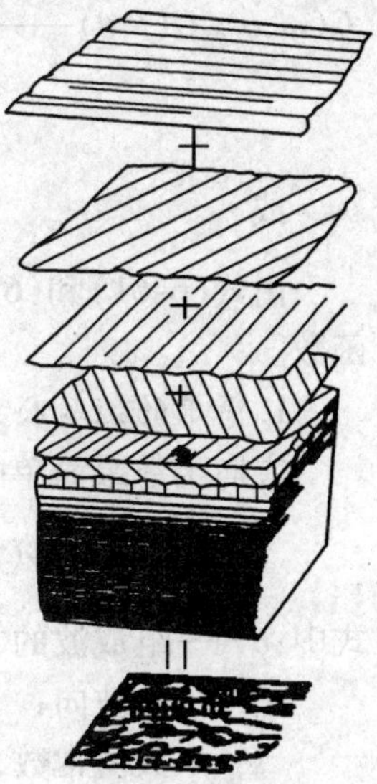

图 6-25　无数个组成波叠加成三维海浪场

对于任何频率间隔 $\delta\omega$ 和方向间隔 $\delta\theta$ 内的组成波，其能量为 $\frac{1}{2}a_n^2$，与上节频谱相似，可得方向谱密度函数 $S(\omega,\theta)$ 为

$$\sum_{\delta\omega}\sum_{\delta\theta}\frac{1}{2}a_n^2=S(\omega,\theta)\,\mathrm{d}\omega\mathrm{d}\theta$$

式中：$0\leqslant\omega<\infty$，$-\pi\leqslant\theta\leqslant\pi$

方向谱 $S(\omega,\theta)$ 给出不同方向上各组成波的能量相对于频率的分布，或就给定的频率而言，$S(\omega,\theta)$ 表征组成波能量相对于方向的分布，因此其图形是三维的，图 6-26 就是其示意图。从理论上讲，方向角 θ 的变化范围在 $-\pi\sim+\pi$ 之间，但实际上波浪能量多分布在主波向两侧各 $\pm\pi/2$ 甚至更窄的范围内。

海浪的方向谱与波能谱之间存在以下关系

$$S(\omega)=\int_{-\pi}^{\pi}S(\omega,\theta)\,\mathrm{d}\theta\quad(6\text{-}60)$$

波面方差 σ^2 与式(6-47)相似，可写为

$$\sigma^2=\int_{-\pi}^{\pi}\int_{0}^{\infty}S(\omega;\theta)\,\mathrm{d}\omega\mathrm{d}\theta$$

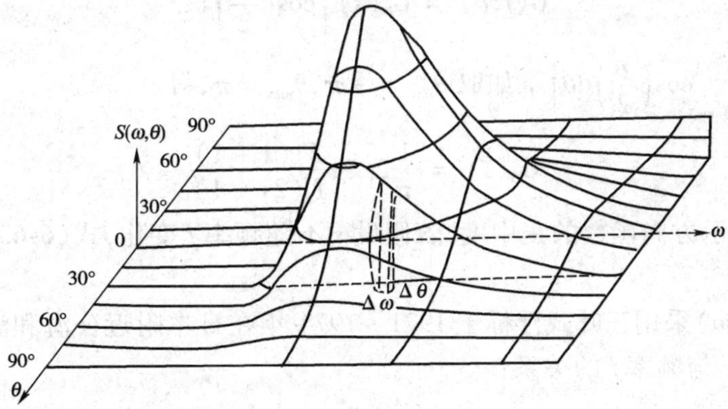

图 6-26　海浪方向谱示例

海浪方向谱函数一般可写成下列形式

$$S(\omega,\theta)=S(\omega)G(\omega,\theta)\quad(6\text{-}61)$$

或

$$S(f,\theta)=S(f)G(f,\theta)$$

式中：$S(\omega)$、$S(f)$——频率谱；

$G(\omega,\theta)$、$G(f,\theta)$——方向分布函数，简称方向函数，它必须符合下列条件

$$\int_{-\pi}^{\pi} G(\omega,\theta)\,\mathrm{d}\theta = 1.0 \tag{6-61'}$$

或

$$\int_{-\pi}^{\pi} G(f,\theta)\,\mathrm{d}\theta = 1.0$$

由式(6-61)和(6-61′)可知，研究方向谱主要是确定方向函数。下面介绍几种常用的方向函数。

1. 简单的经验公式

方向函数最简单的经验公式是假定方向分布与频率无关，即

$$G(f,\theta) = G(\theta) = C(s)\cos^{2s}(\theta-\theta_0) \qquad |\theta-\theta_0| < \frac{\pi}{2} \tag{6-62}$$

式中：θ——组成波的方向；

θ_0——主波向；

s——数值常数，它表示波能方向分布的集中程度。

采用不同的 s 值，可由式(6-61′)推导得相应的 $C(s)$ 值为

$$C(s) = \frac{1}{\sqrt{\pi}}\frac{\Gamma(n+1)}{\Gamma\left(n+\frac{1}{2}\right)} = \frac{2n!!}{\pi(2n-1)!!}$$

式中：Γ 为伽玛函数；$2n!! = 2n\cdot(2n-2)\cdots4\times2$；$(2n-1)!! = (2n-1)\cdot(2n-3)\cdots3\times1$

如当 $s=1$ 时，$C=2/\pi$；$s=2$ 时，$C=8/(3\pi)$ 等。s 的取值范围在 1 ~ 10 之间，s 取值越大，波能的方向分布越集中。

2. 光易型方向函数

现场实测资料表明，波浪方向可能分布在全平面内，因此 Longuet-Higgins(1963)把方向函数表示成：

$$G(f,\theta) = G_0(s)\left|\cos\left(\frac{\theta}{2}\right)\right|^{2s} \tag{6-63}$$

式中：$G_0(s) = \left[\int_{\theta_{\min}}^{\theta_{\max}}\cos\left(\frac{\theta}{2}\right)\mathrm{d}\theta\right]^{-1}$ 如取 $\theta_{\min} = -\pi$，$\theta_{\max} = \pi$，得

$$G_0(s) = \frac{1}{\pi}2^{2s-1}\frac{\Gamma^2(s+1)}{\Gamma(2s+1)}$$

即以参数 s 表示方向函数的集中度，若假设 s 不随频率 f 变化，式(6-63)可称为半角余弦型分布。

光易(Mitsuyasu)采用三叶式浮标于 1971 ~ 1974 年在日本附近公海和海湾内进行了一系列观测，得到参量 s 与频率 f 的关系：

$$s = \begin{cases} S_{\max}(f/f_p)^5, & f \leqslant f_p \\ S_{\max}(f/f_p)^{-2.5}, & f \geqslant f_p \end{cases} \tag{6-64}$$

式中：f_p——谱峰频率；合田良实建议取 $f_p = 1/(1.05T_{1/3})$；

$S_{\max}$——谱峰对应的方向集中度参数；

如取 $S_{\max}=20$，计算各频率($f^* = f/f_p$)的方向函数，如图 6-27 所示。

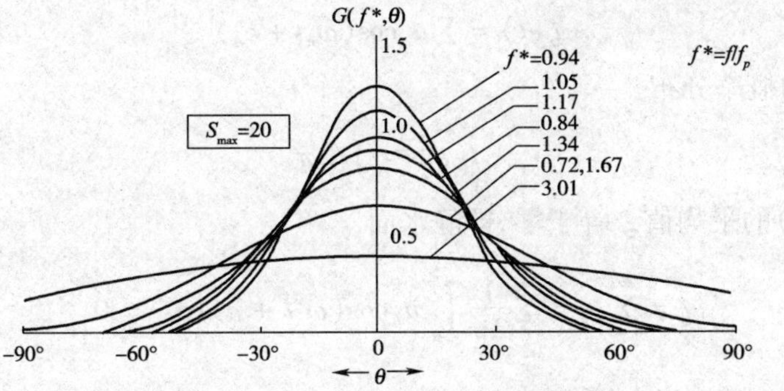

图 6-27 光易型方向函数的示例($S_{max}=20$)

因此,只要确定 S_{max} 即可确定光易型方向分布函数 $G(f,\theta)$,在得到充分研究以前,合田良实建议采用:

风浪 $S_{max}=10$;

衰减距离短的涌浪(波陡较大) $S_{max}=25$;

衰减距离长的涌浪(波陡较小) $S_{max}=75$;

3. Donelan 方向分布

Donelan 等(1985)在观测、分析风浪方向谱的基础上,给出方向分布函数:

$$G(f,\theta) = \frac{1}{2}\beta \operatorname{sech}^2 \beta\theta \tag{6-65}$$

式中:β——参数;取值如下:

$$\beta = 2.61(f/f_p)^{1.3}, \quad 0.56 \leqslant f/f_p \leqslant 0.95$$

$$\beta = 2.28(f/f_p)^{-1.3}, \quad 0.95 < f/f_p \leqslant 1.6$$

$$\beta = 1.24, \quad f/f_p < 0.56 \text{ 或 } f/f_p > 1.6$$

当 $f/f_p=0.95$ 时,参数 β 达最大值 $\beta_{max}=2.44$,方向分布最窄。

海浪传入浅水后,在地形的影响下发生一系列变化,出现折射、绕射、反射等现象,这些复杂的现象与不同方向的组成波有明显的关系,须借助方向谱来进行研究。此外,近海泥沙的搬运及浮式建筑物等对海浪的响应等都与波浪的能量方向分布有关,海浪的方向谱为此提供了有力的手段。

四、谱与海浪要素的关系

以波谱表示海浪和以统计的特征波浪要素来表示海浪,是从两个不同的角度来观察研究同一个波浪现象,因此这两种表示方法之间应该可以建立相互关系。如上所述,已知表视波波浪要素的特征值,如平均波高 $\overline{H}$、平均周期 $\overline{T}$ 或有效波高 H_s 或有效周期 T_s 或其他特征波要素,代入上述各种波谱公式,就可得到波浪谱。另一方面,如果已得到某实测的经验谱(由实测波面过程线转换而得)也可以推算出相应的各种特征波高和特征周期。由谱来计算各种特征波浪要素在应用上和理论上都是很重要的。

由式(6-24)的波面方程

$$\zeta(t) = \sum_{n=1}^{\infty} a_n \cos(\omega_n t + \varepsilon_n)$$

及随机初相的概率分布

$$f(\varepsilon) = 1/2\pi$$

可得波面$\zeta(t)$的平均值$\bar{\zeta}$等于零，即静水面

$$\bar{\zeta} = \sum_{n=1}^{\infty} \bar{\zeta}_n = \sum_{n=1}^{\infty} \frac{1}{2\pi} \int_0^{2\pi} a_n \cos(\omega_n t + \varepsilon_n) \mathrm{d}\varepsilon = 0 \tag{6-66}$$

又根据方差的定义，计算波面的方差σ^2

$$\sigma^2 = \sum_{n=1}^{\infty} \sigma_n^2 = \sum_{n=1}^{\infty} \overline{(\zeta_n - \bar{\zeta}_n)^2}$$

$$= \sum_{n=1}^{\infty} \frac{1}{2\pi} \int_0^{2\pi} a_n^2 \cos^2(\omega_n t + \varepsilon_n) \mathrm{d}\varepsilon = \sum_{n=1}^{\infty} \frac{1}{2} a_n^2 \tag{6-67}$$

可见波面的方差比例于总波能（乘以ρg）E，见式(6-44)。

另外，根据原点矩的概念（式6-48），波谱的零阶矩为

$$m_0 = \int_0^{\infty} \omega^0 S(\omega) \mathrm{d}\omega = \int_0^{\infty} S(\omega) \mathrm{d}\omega$$

又由式(6-46)，波浪的总能量可由波谱计算

$$E = \rho g \int_0^{\infty} S(\omega) \mathrm{d}\omega$$

可见m_0也比例于总波能，于是得式(6-47)

$$\sigma^2 = m_0 \tag{6-47}$$

已知波面振幅a的概率密度函数（式6-26）为

$$f(a) = \frac{a}{\sigma^2} \exp\left(-\frac{a^2}{2\sigma^2}\right)$$

将$a = H/2$及式(6-47)代入，得

$$f\left(\frac{H}{2}\right) = \frac{H}{2m_0} \exp\left(-\frac{H^2}{8m_0}\right)$$

由于

$$\int_0^{\infty} f\left(\frac{H}{2}\right) \mathrm{d}\left(\frac{H}{2}\right) = \int_0^{\infty} f(H) \mathrm{d}H = 1$$

于是得到以m_0为参数的波高概率密度函数

$$f(H) = \frac{H}{4m_0} \exp\left(-\frac{H^2}{8m_0}\right) \tag{6-68}$$

由此得

$$\bar{H} = \int_0^{\infty} H f(H) \mathrm{d}H = \sqrt{2\pi m_0} \tag{6-69}$$

至此我们已将平均波高$\bar{H}$与谱的零阶矩m_0相联系，再利用波高的分布函数式(6-33′)及式(6-43)的关系便可求得其他各种特征波高与m_0的关系如下

$$\left.\begin{aligned}\overline{H} &= 2.506\sqrt{m_0}\\ H_{rms} &= 2.828\sqrt{m_0}\\ H_{1/3} &= 4.004\sqrt{m_0}\\ H_{1/10} &= 5.091\sqrt{m_0}\\ H_{1\%} &= 6.069\sqrt{m_0}\end{aligned}\right\}\tag{6-70}$$

上式中 H_{rms} 称为均方根波高，其定义为记录中所有波高的平方之和再开方，即

$$H_{rms} = \left(\frac{1}{N}\sum_{i=1}^{N}H_i^2\right)^{1/2}\tag{6-71}$$

由于波浪的能量比例于波高的平方，故均方根波高反映出波能量的平均状态，在一些研究工作中应用这种波高比较方便。

由谱形曲线，见图 6-23 可计算出波浪的平均频率 $\overline{\omega}$，即谱的重心频率为

$$\overline{\omega} = \frac{\int_0^\infty \omega S(\omega)\,\mathrm{d}\omega}{\int_0^\infty S(\omega)\,\mathrm{d}\omega} = \frac{m_1}{m_0}$$

由此可得由波谱计算出的平均周期为

$$\overline{T} = \frac{2\pi}{\overline{\omega}} = 2\pi\left(\frac{m_0}{m_1}\right) = T_{0.1}\tag{6-72}$$

由于该平均周期是通过波谱的零阶矩和一阶矩求得的，故又称为 $T_{0.1}$ 周期，该值与由观测记录以上跨零点法求得的平均周期大致相当。

此外，在一些著作中常出现所谓的 $T_{0.2}$ 周期，它是由理论推导出来，并以谱的零阶矩及二阶矩表示的平均周期，它比 $\overline{T}$ 周期略小

$$T_{0.2} = 2\pi\left(\frac{m_0}{m_2}\right)^{1/2}\tag{6-73}$$

由谱峰频率 ω_{max} 求出的周期称为谱峰周期 T_P，它较 $\overline{T}$ 为大。

各种特征周期的大致关系为 $T_{0.2} < T_{0.1} \approx \overline{T} < T_P$

至此我们已将谱与特征波要素相联系，如果已知某一经验谱，计算出谱曲线 ω 与轴包围的面积 m_0 以及 m_1、m_2，就可利用以上各式求得各特征波高及特征周期。

应该指出，由谱曲线计算出来的特征波要素，与由上跨零点法统计出来的波要素不一定完全一致，其主要原因是式(6-70)、(6-72)、(6-73)是由理论推导出来的，且是按波高的深水分布函数计算的，未计及浅水影响之故。

海浪谱的研究有着重要的工程意义。长期以来港口工程的水工建筑物都是根据理想的规则波设计的，它不能充分代表实际的不规则波。港工建筑物造价昂贵，为了既降低造价，又保证安全，目前的趋势是根据海浪谱进行合理的设计。此外，海浪谱的出现也为海浪预报工作及海浪本身生成和变化机制的研究提供了有力的手段，将波浪研究工作提高到一个新的水平。

第六节　根据海浪观测推算设计波浪

本章第四节已指出设计波浪的含义包括两个方面:一为设计波浪的重现期标准;二为设计波浪的波列累积频率标准。该节还讨论了海浪要素在波列中的分布,即海浪要素的短期分布规律,并介绍了我国海港工程设计波浪的波列累积频率标准,见表6-15。设计波浪的重现期标准就是在港口工程设计中应该选择怎样一个波列作为设计依据,只有选定了设计波列后,才能进一步按波列累积频率标准最终确定设计波浪要素。为此,必须研究海浪的长期分布,这就是本节的任务。

某一个波列(它以其中某一特征波,如 $H_{1/10}$、H_s 或 $\overline{H}$ 表示)来自某一场大风形成的波浪场。在一年内,筑港地区的海域上可能发生多次大风,各次大风的风况各不相同,因此产生的波列也不相同,而且每年出现的大风次数和强度也是不相同的,不可预知的,亦即某一波列的出现是偶然的,它是一个随机事件,因此,同样可以用数理统计的方法去研究其分布规律,这就是波浪的长期(多年)分布规律。此时,代表各波列的特征波就是随机变量,所研究海区历史上已经出现的各个波列和今后可能出现的各个波列的总和就是总体,这个总体是无限的,而我们掌握的历史上若干年的波列就是样本,我们可以从样本资料中推求某一波列的出现频率及累积频率,这就是波浪的重现期问题。

目前港口工程设计中推求某一重现期设计波浪的基本方法有两种。第一种方法是,如果筑港海区或其邻近设有海洋水文观测站,并已积累了多年的波浪观测资料,那么就可以根据这些资料,得到很多以特征波,如 $H_{1/10}$、$\overline{T}$ 表示的波列,组成系列,用数理统计的方法去分析其分布规律,根据求得的分布规律推断今后多年内可能出现的特征波;第二种方法是,如果筑港地区或其邻近没有海洋水文观测站,则可利用当地或邻近气象台站的风况观测资料或天气图,根据风要素和波浪要素的关系后报出当时的波浪要素,再用第一种方法来确定某重现期的设计波浪。显然,第一种方法是直接推算方法,比较可靠,第二种方法是间接推算方法,误差较大,因此一般都应在筑港海区设立临时波浪观测站,积累资料,以检验用气象资料推算的设计波要素。本节先介绍某重现期设计波浪的第一种推算方法。

一、我国海港工程设计波浪的重现期标准

根据多年来我国建港的实践经验及国外的设计标准,我国港口工程技术规范对各种型式的建筑物规定了不同的设计波浪重现期标准,见表6-17。

表6-17

建筑物型式	建筑物等级	重　现　期	建筑物型式	建筑物等级	重　现　期
直墙式	I、II、III	50年一遇	斜坡式	I、II	50年一遇
墩柱式	I、II、III	50年一遇		III	25年一遇

由表6-17可见,在进行直墙式、墩柱式、桩基式和一般的斜坡式,Ⅰ、Ⅱ等建筑物的强度和稳定性计算时,设计波浪的重现期应采用50年。不同等级建筑物安全度的差别将体现在强度和稳定性计算的结构重要性系数中。斜坡式护岸等非重要建筑物,破坏后不致造成重大损失

者，其设计波浪的重现期可采用25年。

此外，规范指出，当历史上观测到的最大波高大于50年一遇的大浪时，对于重要建筑物，如灯塔或其他一旦破坏后，后果特别严重的建筑物，可适当提高标准，必要时可考虑以观测到的最大波高进行校核。

对于校核港口水域内泊稳度的设计波高，其重现期可根据使用要求确定，但不宜大于2年一遇。

设计波浪的重现期代表了波浪要素的长期（以数十年计）统计分布规律，因此设计波浪的重现期标准主要反映建筑物的使用年限和重要性。应该指出，重现期是一个平均概念，采用50年一遇的设计波浪，并不等于建筑物建成后能确保50年内不会出现比它大的波浪。为了研究这个问题，可以用概率论的方法来推求按某一重现期设计波浪设计的建筑物在使用年限内可能遭受破坏的概率，称为危险率（或遭遇概率），并以q表示。

假定建筑物设计波浪的重现期为T年，则其累积频率为$P=1/T$。如取$T=50$年，则$P=2\%$，对应的设计波浪为$H_{P=2\%}$，它表示每年出现大于等于$H_{P=2\%}$的波浪的可能性（概率）为2%，亦即建筑物每年遭受破坏的概率为2%，而每年不出现大于等于该波浪的概率，按逆事件定理应等于$1-P=98\%$。

假定建筑物设计使用年限为m年，按照概率相乘定理，在m年中出现的波浪均小于H_P的概率为f，称为安全率

$$f=(1-P)^m$$

于是按逆事件定理，危险率q应为

$$q=1-(1-P)^m \tag{6-74}$$

由上式可见，危险率q不仅与重现期有关，还与建筑物使用年限有关。在指定重现期条件下，使用年限越长，危险率越大；而指定使用年限条件下，所取重现期越长，越安全。

例如，重现期为50年一遇，即$P=2\%$，建筑物使用年限m也是50年，则建筑物在使用年限内的危险率，按式（6-74）计算为63%，这也可以由理论近似推导出

$$q=\lim_{m\to\infty}\left[1-\left(1-\frac{1}{m}\right)^m\right]\approx 1-e^{-1}=0.632=63.2\%$$

上式说明，只按表6-17所示重现期求得的设计波浪来设计的建筑物，如使用年限与重现期相等，则其在使用年限内破坏的概率是个定值63%，换言之，安全概率仅37%。

如果我们希望既考虑工程使用年限（工程寿命）m，又指定在使用年限内工程的破坏风险，则可利用式（6-74）反算出所需要的设计波浪重现期T

$$T=1/P=\left[1-(1-q)^{1/m}\right]^{-1} \tag{6-75}$$

利用上式，则可计算出工程寿命内出现指定破坏风险所需要的设计波浪重现期，见表6-18。

由表6-18可见，对使用年限为50年的建筑物，如取危险率为99%，即建筑物基本破坏，所需的波浪重现期仅为11年，而如果要求以90%的把握保证50年内的安全，则应取475年一遇的波浪来进行设计，可见差别是很大的。

工程寿命内出现指定风险所需要的波浪重现期　　表 6-18

失事的容许危险率	期望的工程寿命(年)				失事的容许危险率	期望的工程寿命(年)			
	10	25	50	100		10	25	50	100
0.10	95	238	475	950	0.75	8	19	37	73
0.25	35	87	174	348	0.99	2.7	6	11	22
0.50	15	37	73	145					

显然,设计时既考虑使用年限,又考虑建筑物可能遭受的破坏风险是比较合理的,但如何选择两者的合理搭配是一个复杂的问题,将牵涉到工程的经济效益、破坏损失以及其他因素。目前港口工程规范给出的表 6-17 只考虑用重现期作为标准来进行工程设计,可以看出,由此得到的结果是折衷的。

最后应该指出,如果建筑物在使用过程中,遇到远比指定重现期设计波浪为大的波浪,则建筑物因此而被破坏应认为是合理的,因为要求建筑物绝对安全是不经济的。但是为了有备无患,对于特殊的灾害性天气,应利用海浪预报的手段,对于将要到来的大浪,采取一切措施尽可能保护建筑物免受破坏或减少损失。

二、利用长期测波资料推算设计波浪

我国港口工程技术规范规定,当筑港工程所在地或其邻近海区有较长期的(20 年以上)波浪实测资料时,可以用分方向的年最大波高(以某一特征波表示)组成系列进行分析,以确定各方向不同重现期的设计波浪,其具体步骤如下。

1. 确定筑港地区主要的波浪来向

在推算设计波浪之前,首先应该分析当地气象台站多年的风况观测资料,按本章第二节的方法绘制风向、风速频率玫瑰图及最大风速玫瑰图,确定当地的强风向与常风向。

为了研究筑港地区的主要来波方向,必须把风玫瑰图与港址的地理位置结合起来进行分析,如图 6-28 所示实例。

图中绘出港址 A 的风况玫瑰图,实线为最大风速玫瑰图,虚线表示风向频率玫瑰图。从该图中可以看出,当地北向是强风向也是常风向,港址北向海域开敞,大风能形成较大的波浪,因此对于港址 A,北向应该是一个主要的来波方向;除北向外,东南向最大风速虽然略小,频率也略低,但东南向面向大海,开敞程度远较北向为大,因此可能发生比北向更大的波浪;虽海岬略有掩护,但波浪仍可绕过海岬而抵达港区,因此东南向也是一个主要来波方向;其他东及东北向,虽然最大风速及频率都不及北或东南向,但这两个方向上海域也较开阔,因此对于港址 A 应该分析北、东北、东及东南四个方位的设计波浪。如港址改在 B 点,而风玫瑰图基本不变,则对于港址 B 而言,主要来波方向应是东、东南、南及西南。

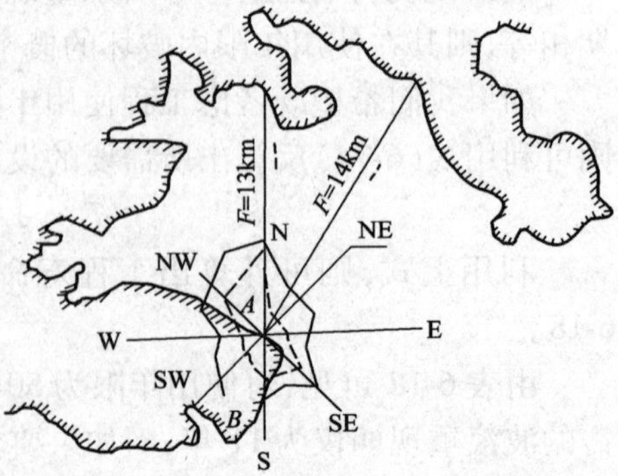

图 6-28　筑港地区主要来波方向的确定

2. 收集和整理波浪观测资料

在收集邻近海洋水文观测站的波浪资料时，首先应注意观测站的地理环境，并与港址的地理环境作比较，即分方向检验观测站资料的适用程度。如图6-28所示，港址在A点，海洋水文观测站在B点，测波浮筒位于观测站正前方南向离岸约半公里的海面上。显然，对于东及东南向来浪，港址所受的海浪与测波浮筒处比较相似，因此可以利用观测站的资料来推算港址这两个方向的来浪。但是对于北向及东北向来浪，浮筒处的波浪就没有代表性，因为受地形限制，浮筒处此两个方向只能出现很小的离岸浪，不能用于分析港址A处的北及东北向来浪。对港址A，北及东北向来浪只能用气象资料间接推算，见下一节。

此外，还需考虑港址与测波浮筒两处水深的差异。已知测波浮筒位于-30m等深线处，而港口的防波堤位于-10m等深线处。因此用测波浮筒处的实测资料推算出来的东及东南向的波浪只能代表港址外-30m水深处的波浪，这些波浪还须经过浅水变形计算后（见本章第八节）才能得到港址-10m处的波浪。

关于采样问题，为保证样本的独立性，采用年最大值采样法组成系列，即从资料报表中选取某方向每年出现的最大一场波浪作为样本，因为对波浪而言，相邻年份中年最大值的相关关系非常微弱，可以认为是互相独立的。

由于我国沿岸各观测站的历史测波资料基本上都是用岸用光学测波仪观测记录的，因此每场波浪的波高在报表中仅列出"波高"（相当于$H_{1/10}$）及"最大波高"（相当于$H_{1\%}$）两个特征波。显然，由于观测方法（见本章第三节）的限制，$H_{1/10}$的准确性比$H_{1\%}$高，后者常带有明显偶然性，故频率分析时取$H_{1/10}$组成系列。

在选取样本系列时，还应注意以下两个问题。

（1）关于波向问题。在波浪观测记录中，波向是按16个方位记录的。但是当需要统计分析某一个方向的波浪时，常常将此方向左右各一个方位（即22.5°）内的波浪均视为该方向的波浪来统计，其原因是因为波向的观测并不是很准确的。但若需每隔45°方位角进行统计分析时，则对每一个波向，根据地理位置的特点均只能归并入一个相隔22.5°的方位中，不能重复。如对于图6-28的B点，按地理位置特点可将SSW及SSE两个方位归并入S向，则统计SE向时，就只能将ESE向波浪归并入SE向；对于SW向波浪，也只能将WSW向波浪并入。

（2）关于每日四次定时观测问题。由于受仪器性能的限制，目前海洋水文观测站的波浪观测仅在白天四次定时进行。如果大浪出现在夜间，就有可能出现漏测大浪的现象，为此应对列出的年极值逐个进行检验，必要时适当进行调整，以弥补因漏测而造成的误差。其具体步骤如下：

如果观测到的年最大波高出现在某日的11时或14时，则一般不必作任何调整，因为在相隔的3h内，波浪变化不会很大。如果最大值出现在8时或17时，就应分析该日11时或14时及上一日17时或下一日8时的风的记录及波浪记录，根据风和浪的增长和衰减情况来判断是否在8时以前或17时以后曾出现过更大的波浪。如果经判断认为有可能出现过更大的波浪，则应作适当调整，为此需利用下一节的知识和方法进行计算。如因出现过风暴产生灾害性大浪，导致浮筒断缆而漏测，就更应使用气象资料进行后报，弥补漏测的大浪。

最后还须注意保证样本资料的独立性，如某一场大浪始于某年12月底，延续到第二年1月初，则在此场大浪中只能取出其中最大的一个波高，作为某年的一个极值样本，而不能取另一个大值作为另一年的样本，因为它们是属于同一场大浪的，互相之间有联系，而不是独立的。

必须强调，选取样本的目的是为了推求总体的性质，样本选取得正确与否，是决定所求总体规律可靠性的关键。为此，在查阅观测记录时，还应注意历年来资料的一致性，即形成这些资料的自然条件有无发生变化，例如在这些年份中，测波浮筒附近有无兴建人工建筑物；这些资料是否用同一种仪器、同一种方法在同一地点测得的；观测规范有无变更；浮筒位置有无挪动等等。如上述某一条件有明显变化，又无法修正或换算时，则不能将它们笼统组合成一个系列，此时应分段或删去某些年份后再组成频率分析系列。

只有通过上述一系列的核实工作，所列出的年极值系列才是比较可靠的，可以进行下一步的频率分析工作。

3. 设计波浪的推算——频率分析法

频率分析的基本原理已在本教材第四章作了详细的叙述，本节仅结合推算设计波浪的特点，以示例作进一步的说明。

(1)经验累积频率的计算。表 6-19 是某观测站 23 年 S(SSW 及 SSE 向亦归并入内)向年极大值波浪 $H_{1/10}$ 由大到小依次排列的系列。表中第 3 列为模比系数，第 7 例为年最大波高的经验累积频率 P，按累积频率的数学期望公式计算。

将表 6-19 中的波高经验累积频率(实圆点)绘于图 6-29 所示的正态概率格纸上。为避免计算出的累积频率与本章第四节所述波列内波高的累积频率相混淆，通常用重现期来代替年极值波高在多年内可能出现的累积频率，即 $T(年)=1/P$，见图 6-29 的上横坐标。

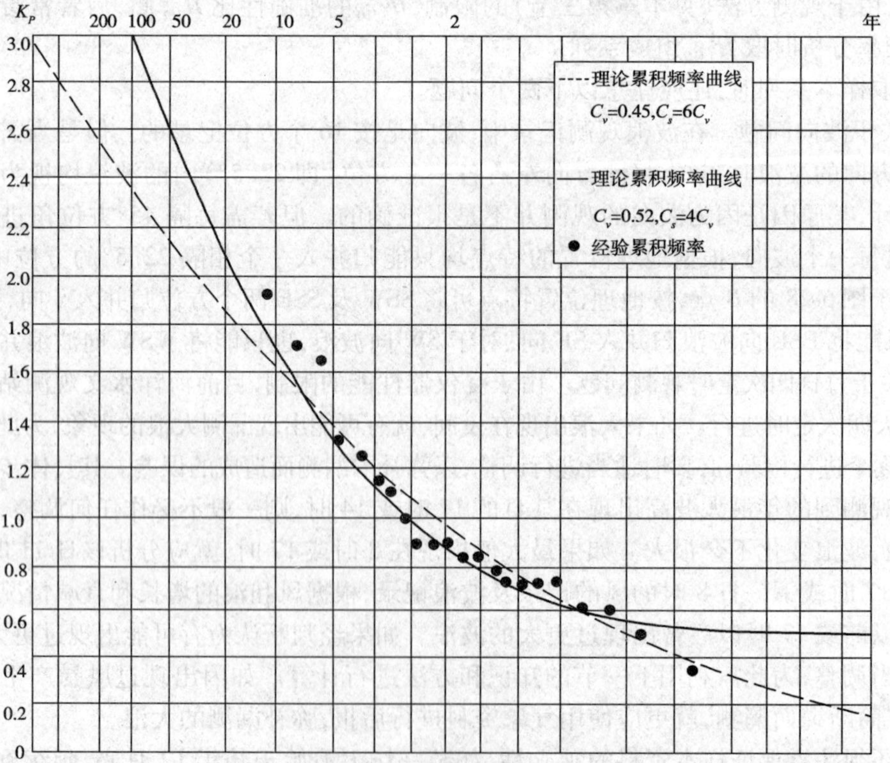

图 6-29 某观测站 S 向年极值 $H_{1/10}$ 的频率分布(皮尔逊 III 型)

由图可见，由这些经验频率点很难勾画出一条光滑的分布曲线，且资料年限较短，更难以外延工程设计所需要的50年或25年一遇的大浪，为此需借助于理论累积频率曲线。

(2)理论累积频率曲线的选用。选用理论累积频率曲线的目的是拟合经验累积频率点，进而达到外延的目的。

港口工程技术规范规定，对于年极值波高及与其对应的周期的理论频率曲线，一般采用皮尔逊Ⅲ曲线。这是因为国内经验表明，皮尔逊Ⅲ型曲线与波高和周期的经验频率点一般都拟合良好，其次，年最大风速和河流的洪水频率分析中通常也采用此种线型，已积累了相当经验。但由于从作为样本的实际资料所得到的统计参数存在一定的误差范围，见第四章式(4-42)，在计算时可以由适线法调整参数，因而存在一定的任意性，特别是系列中存在少数特大值时，任意性更为明显，因此应探讨更为合理的线型。规范建议，当有条件时，以与实测经验累积频率点拟合最佳为原则，可以选配其他理论累积频率曲线，如耿贝尔第一型极值分布、对数正态分布和威布尔分布等，多方面比较，有利于最终确定不同重现期的设计波浪。

①皮尔逊Ⅲ型分布。皮尔逊Ⅲ型累积频率曲线的原理及线型特点在第四章已作叙述，本节不再重复。用该线型进行适线计算时，必须先求出该曲线所包含的3个参数，即平均值$\overline{H}$、离差系数C_v及偏态系数C_s。

表6-19所示系列的均值$\overline{H}_{1/10}=1.817\text{m}$，它表示多年中年最大波高$H_{1/10}$的平均特征值。为研究随机变量相对于$\overline{H}_{1/10}$的离散程度，应计算离差系数，它是系列的均方差与平均值之比，按式(4-40)

$$C_v=\sqrt{\frac{\sum_{i=1}^{n}(k_i-1)^2}{n-1}}$$

得本例$C_v=0.445$。表示随机变量在平均值左右的分布是否对称需计算偏态系数C_s，按式(4-41)

$$C_s=\frac{\sum_{i=1}^{n}(k_i-1)^3}{(n-1)C_v^3}$$

得本例$C_s=0.907$，属于正偏。由于偏态系数是用离差的三次方求得，因离差有抽样误差，故C_s值的可靠性很差，一般按C_v的倍数取用。

S(SSW、SSE)向 表6-19

1	2	3	4	5	6	7
m	$H_{1/10}$(m)	k_i*	k_i-1	$(k_i-1)^2$	$(k_i-1)^3$	$P=\frac{m}{n+1}\times100\%$
1	3.5	1.926	0.926	0.857	0.794	4.2
2	3.5	1.926	0.926	0.857	0.794	8.3
3	3.1	1.706	0.706	0.498	0.352	12.5
4	3.0	1.651	0.651	0.424	0.276	16.7
5	2.4	1.321	0.321	0.103	0.033	20.8
6	2.3	1.266	0.266	0.071	0.019	25.0
7	2.1	1.156	0.156	0.024	0.004	29.2

续上表

1	2	3	4	5	6	7
m	$H_{1/10}$(m)	k_i *	k_i-1	$(k_i-1)^2$	$(k_i-1)^3$	$P=\frac{m}{n+1}\times100\%$
8	2.0	1.101	0.101	0.010	0.001	33.3
9	1.8	0.991	−0.009	0	0	37.5
10	1.6	0.881	−0.119	0.014	−0.002	41.7
11	1.6	0.881	−0.119	0.014	−0.002	45.8
12	1.6	0.881	−0.119	0.014	−0.002	50.0
13	1.5	0.826	−0.174	0.030	−0.005	54.2
14	1.5	0.826	−0.174	0.030	−0.005	58.3
15	1.4	0.771	−0.229	0.052	−0.012	62.5
16	1.3	0.715	−0.285	0.081	−0.023	66.7
17	1.3	0.715	−0.285	0.081	−0.023	70.8
18	1.3	0.715	−0.285	0.081	−0.023	75.0
19	1.3	0.715	−0.285	0.081	−0.023	79.2
20	1.1	0.605	−0.395	0.156	−0.062	83.3
21	1.1	0.605	−0.395	0.156	−0.062	87.5
22	0.9	0.495	−0.505	0.255	−0.129	91.7
23	0.6	0.330	−0.670	0.449	−0.301	95.8
Σ	41.79			4.348	1.599	

注：* $\overline{H}_{1/10}=1.817$m。

由于资料年限较短，不仅偏态系数 C_s，而且离差系数 C_v，甚至平均值 $\overline{H}$ 也有相当的误差。根据皮尔逊Ⅲ型曲线的误差公式得平均值的绝对误差 $\sigma_{\overline{H}}=0.17$m；离差系数的绝对误差 $\sigma_{C_v}=0.072$，于是各参数的取值范围为 $\overline{H}=1.817\pm0.17$m，$C_v=0.445\pm0.072$，$C_s$ 取 C_v 的2～6倍。

取 $\overline{H}=1.817$、$C_v=0.45$、$C_s=2C_v$，查附录皮尔逊Ⅲ型的积分表，得累积频率的模比系数 k_p，列于表6-20。将表中数据绘于图6-28，连成光滑曲线（虚线）与经验累积频率点作比较，显然理论累积频率曲线偏离实际经验点较大，特别是上端。为此必须对3个参数作适当调整。由于平均值误差较小，一般不予调整。取 $\overline{H}=1.817$m、$C_v=0.52$、$C_s=4C_v$，查出 k_p，也列入表6-20下部，绘出理论曲线。显然，经调整后的理论累积频率曲线能较好地吻合实际观测数据，可以代表样本的总体分布，而起到了外延的作用。

表6-20

$\overline{H}=1.817$						$C_v=0.45$					$C_s=2C_v$		
P(%)	0.1	1	2	3	5	10	25	50	75	90	95	97	99
k_p	2.98	2.33	2.13	2.00	1.84	1.60	1.26	0.93	0.67	0.48	0.39	0.34	0.25
$\overline{H}=1.817$						$C_v=0.52$					$C_s=4C_v$		
k_p	4.13	2.90	2.53	2.32	2.04	1.67	1.20	0.84	0.63	0.55	0.53	0.51	0.50

于是根据表6-20可得观测站S向50年及25年一遇的显著波高 $H_{1/10}$ 为：

重现期 50 年一遇 $H_{1/10}=2.53\times1.817=4.6\text{m}$,记为$(H_{1/10})_{2\%}$;

重现期 25 年一遇 $H_{1/10}=2.18\times1.817=4.0\text{m}$,记为$(H_{1/10})_{4\%}$。

有了某一重现期的设计波高$(H_{1/10})_{P}$后,即可根据本章第四节中的图 6-22 或表 6-12 及 6-14求取其他所需累积频率的设计波高。此时应注意,表 6-12 及 6-14 中的 $\overline{H}$ 指一次观测到的不规则波列的均值,即波高短期分布的均值,目前是未知值,而上述频率计算中的均值是指年最大波高(它们以 $H_{1/10}$表示)系列中的均值,即波高长期分布的均值,两者含义截然不同,绝不能混淆。

如本例中,已知深水中 S 向 50 年一遇的波高 $H_{1/10}\approx H_{4\%}=4.6\text{m}$,试求 50 年一遇累积频率分别为 1%、5% 及 13% 的设计波高 $H_{1\%}$、$H_{5\%}$ 及 $H_{13\%}$。

由表 6-14,按浅水因子 $H^{*}=0$ 查得 $H_{1/10}/\overline{H}=2.031$,则 50 年一遇的 $\overline{H}=4.6/2.031=2.26\text{m}$,再查表 6-12 得:

重现期 50 年一遇的 $H_{1\%}=2.421\times2.26=5.5\text{m}$

重现期 50 年一遇的 $H_{5\%}=1.953\times2.26=4.4\text{m}$

重现期 50 年一遇的 $H_{13\%}=1.598\times2.26=3.6\text{m}$

或直接查图 6-22a) 按 $H_{4\%}/d=0$ 得 $\overline{H}/H_{4\%}=0.495$,$H_{1\%}/H_{4\%}=1.2$,$H_{5\%}/H_{4\%}=0.97$,$H_{13\%}/H_{4\%}=0.795$。结果相同,但方便快捷得多。

至此,可得某观测站 S 向设计所需的两种重现期的各种累积频率波高,见表 6-21。表中波高以 m 计。

表 6-21

重 现 期	$H_{1\%}$	$H_{4\%}$	$H_{5\%}$	$H_{13\%}$	$\overline{H}$
50 年一遇	5.5	4.6	4.4	3.6	2.3
25 年一遇	4.8	4.0	3.8	3.2	2.0

关于特大值的处理,在第四章亦已有详尽介绍,本节仅结合海浪的实例作进一步分析。

某站 1985 年曾遭台风侵袭,出现了一次特大波浪。因为这次大浪出现于夜间,且测波浮筒被大浪吞失,没有记录下当时海况。为此利用天气图作事后风浪后报推算,并进行实地调查,得出当时最大波高 $H_{1/10}\approx6.8\text{m}$。又经调查历史资料,这次台风为 120 ~ 130 年以来从未见过的。为此,假定该特大值的重现期 N 为 100 年及 150 年分别进行计算,见表 6-22。

表 6-22

m	$H_{1/10}$ (m)	$N=100$				$N=150$			
		k_i	k_i-1	$(k_i-1)^2$	$P=\frac{m}{n+1}\times100\%$	k_i	k_i-1	$(k_i-1)^2$	$P=\frac{m}{n+1}\times100\%$
2	5.0	1.963	0.963	0.927	8.3	1.973	0.973	0.947	8.3
3	3.7	1.452	0.452	0.204	12.5	1.461	0.461	0.213	12.5
4	3.6	1.413	0.413	0.171	16.7	1.421	0.421	0.177	16.7
5	3.0	1.178	0.178	0.032	20.8	1.184	0.184	0.034	20.8
6	3.0	1.178	0.178	0.032	25.0	1.184	0.184	0.034	25.0
7	2.8	1.099	0.099	0.010	29.2	1.105	0.105	0.011	29.2

续上表

m	$H_{1/10}$ (m)	$N=100$				$N=150$			
		k_i	k_i-1	$(k_i-1)^2$	$P=\frac{m}{n+1}\times100\%$	k_i	k_i-1	$(k_i-1)^2$	$P=\frac{m}{n+1}\times100\%$
8	2.8	1.099	0.099	0.010	33.3	1.105	0.105	0.011	33.3
9	2.6	1.021	0.021	0	37.5	1.026	0.026	0.001	37.5
10	2.5	0.981	−0.019	0	41.7	0.987	−0.013	0	41.7
11	2.4	0.942	−0.058	0.003	45.8	0.947	−0.053	0.003	45.8
12	2.3	0.903	−0.097	0.009	50.0	0.908	−0.092	0.008	50.0
13	2.3	0.903	−0.097	0.009	54.2	0.908	−0.092	0.008	54.2
14	2.1	0.824	−0.176	0.031	58.3	0.829	−0.171	0.029	58.3
15	2.1	0.824	−0.176	0.031	62.5	0.829	−0.171	0.029	62.5
16	2.1	0.824	−0.176	0.031	66.7	0.829	−0.171	0.029	66.7
17	2.1	0.824	−0.176	0.031	70.8	0.829	−0.171	0.029	70.8
18	2.0	0.785	−0.215	0.046	75.0	0.789	−0.211	0.045	75.0
19	2.0	0.785	−0.215	0.046	79.2	0.789	−0.211	0.045	79.2
20	2.0	0.785	−0.215	0.046	83.3	0.789	−0.211	0.045	83.3
21	1.8	0.707	−0.293	0.086	87.5	0.711	−0.289	0.084	87.5
22	1.6	0.628	−0.372	0.138	91.7	0.632	−0.368	0.135	91.7
23	1.3	0.510	−0.49	0.24	95.8	0.513	−0.487	0.237	95.8
$\sum_{i=2}^{23}$	55.1			2.133				2.154	
	$H_{N/10}$	k_N	k_N-1	$(k_N-1)^2$	$P=\frac{1}{N+1}\times100\%$	k_N	k_N-1	$(k_N-1)^2$	$P=\frac{1}{N+1}\times100\%$
1	6.8	2.669	1.669	2.786	0.99	2.685	1.685	2.839	0.66

参数按下式计算

$$\overline{H}_N=\frac{1}{N}\left[H_N+\frac{N-1}{n-1}\sum_{i=1}^{n}H_i\right]$$

$$C_{vN}=\sqrt{\frac{1}{N-1}\left[(k_N-1)^2+\frac{N-1}{n-1}\sum_{i=1}^{n}(k_i-1)^2\right]}$$

特大值的经验频率按下式计算

$$P_N=\frac{1}{N+1}\times100\%$$

得

$$\overline{H}_{100年}=2.548\text{m},C_{v100年}=0.354$$

$$\overline{H}_{150年}=2.533\text{m},C_{v150年}=0.342$$

以上计算表明，无论 N 取 100 年或 150 年，其 $\overline{H}_N$ 和 C_{vN} 值的差别很小，都在误差范围之内，也就是说 N 的选取虽有较大的差别，但分布参数却变化不大。这说明对特大波浪的历史调查虽然不能得到确切的重现期，但只要有一个大致合适的范围，对于频率分析就足够了。

有了两个参数后，仍用适线法得理论累积频率曲线，见图 6-30。

由图 6-30 可得该站 E 向的：

$$50\text{ 年一遇 }H_{1/10}=2.548\times2.39=6.1\text{m}$$
$$25\text{ 年一遇 }H_{1/10}=2.548\times2.02=5.2\text{m}$$

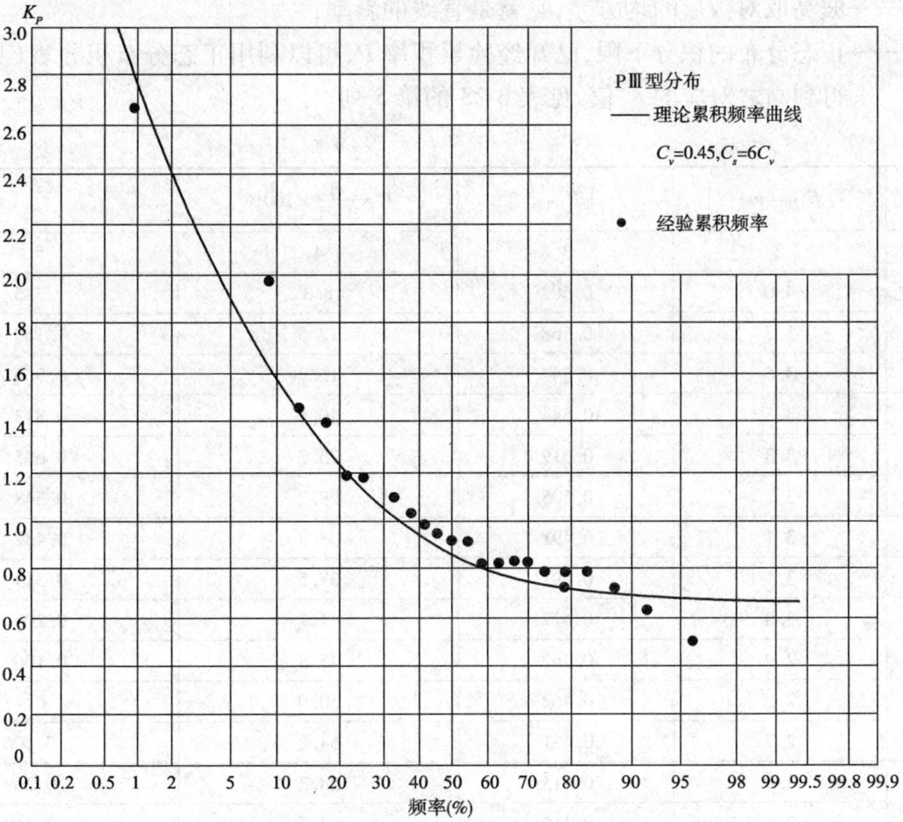

图 6-30　某站 E 向年最大波高 $H_{1/10}$ 的频率分布（皮尔逊 III 型分布）

可见 50 年一遇的大浪比历史上曾出现过的特大波浪 $H_{1/10}=6.8\text{m}$ 为小。在这种情况下，对于特别重要的建筑物，应当考虑用该特大波浪进行校核计算。

若年最大波高系列用皮尔逊 III 型曲线进行适线效果不佳时，可以考虑按其他线型进行拟合，规范建议的线型有以下几种。

②对数正态概率分布。对数正态分布的基本原理为：当随机变量取对数后，其分布服从正态分布。此时如将经验累积频率点绘在对数—正态概率格纸上，则其分布近似呈直线状，因此可以用最小二乘法回归计算出直线方程。利用直线外延，可求得任意重现期的设计波浪，见第四章。

表 6-23 为某观测站 SW 向年最大波高 $H_{1/10}$ 的系列，在该系列中有一个特大值 $H_{1/10}=5.8\text{m}$ 按特大值处理，其重现期取 150 年。将表中的 $H_{1/10}$ 按对应的经验累积频率绘于图 6-31 的对数—正态概率格纸上，图中横坐标为正态分布的分格，纵坐标为对数坐标。由图可见经验点近似成直线分布，可以考虑用对数正态分布律来拟合，即按 $y=A+Bx$ 的格式用最小二乘法求两个参数 A 与 B。按第四章，该直线方程应为

$$\lg H_i = \overline{\lg H} + \sigma_{\lg H} t_i \tag{6-76}$$

式中：$\overline{\lg H}$——波高值取对数后的均值，即$\overline{\lg H}=\frac{1}{n}\sum_{i=1}^{n}\lg H_i$，它就是直线的截距；

$\sigma_{\lg H}$——波高取对数后的均方差，它就是直线的斜率；

t_i——正态分布的积分下限，已知经验累积率 P，可以利用正态分布积分表（见附表 6）得到与之对应的 t_P 值，见表 6-23 的第 5 列。

表 6-23

m	$H_{1/10}$（m）	$\lg H_{1/10}$	$P=\frac{m}{n+1}\times100\%$	t_m
1	2	3	4	5
2	4.0	0.602	8.3	1.385
3	3.7	0.568	12.5	1.150
4	3.5	0.544	16.7	0.966
5	3.5	0.544	20.8	0.813
6	3.3	0.519	25.0	0.675
7	3.2	0.505	29.2	0.548
8	3.1	0.491	33.3	0.432
9	3.1	0.491	37.5	0.319
10	3.0	0.477	41.7	0.209
11	2.9	0.462	45.8	0.106
12	2.9	0.462	50.0	0
13	2.7	0.431	54.2	−0.106
14	2.6	0.415	58.3	−0.209
15	2.6	0.415	62.5	−0.319
16	2.5	0.398	66.7	−0.432
17	2.3	0.362	70.8	−0.548
18	2.3	0.362	75.0	−0.675
19	2.2	0.342	79.2	−0.813
20	2.2	0.342	83.3	−0.966
21	2.1	0.322	87.5	−1.150
22	1.9	0.279	91.7	−1.385
23	1.8	0.255	95.8	−1.728
	H_N	$\lg H_{N/10}$	$P=\frac{1}{N+1}\times100\%$	t_N
1	5.8	0.763	0.66	2.478

取表 6-23 中第 3 和第 5 列作相关分析，得两个参数$\overline{\lg H_N}=0.4462$，即$\overline{H_N}=2.79$m。$\sigma_{\lg H}=0.1176$，于是直线的方程为

$$\lg H_{1/10} = 0.4462 + 0.1176t$$

直线的相关系数 $R=0.99$，相关极为密切。将直线绘于图 6-31，并外延之，可见它确与经

验点配合良好。

利用图6-31上的直线或相关方程，则可求出50年及25年一遇的设计波高$H_{1/10}$，见表6-24。

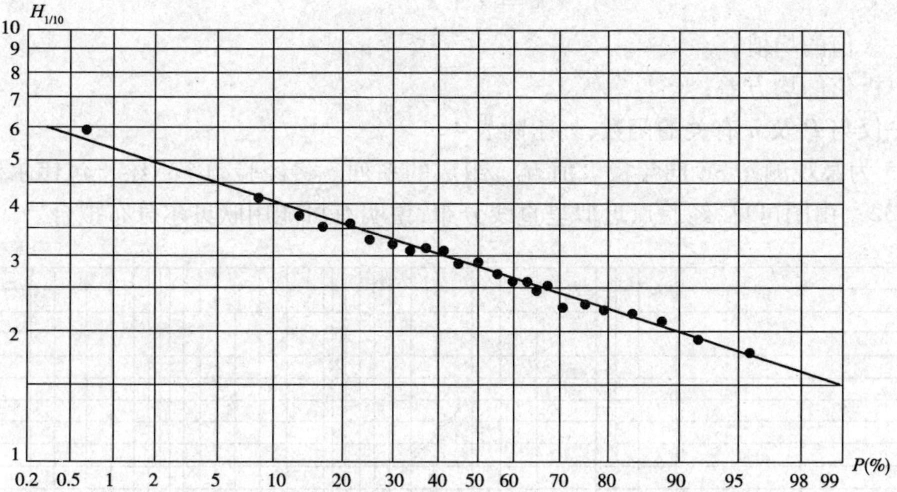

图6-31　某站SW向年最大波高$H_{1/10}$的频率分布（对数正态分布）

表6-24

重现期 T	$P=1/T$	t_p	$\lg H_{1/10}$	$H_{1/10}$(m)
50年一遇	2%(0.02)	2.054	0.688	4.9
25年一遇	4%(0.04)	1.751	0.652	4.5

缺少此专用的概率格纸时，用普通的坐标纸也同样可以探讨用对数正态分布拟合经验频率点。此时，只需纵坐标y取为$\lg H$，横坐标x取为正态分布的积分下限t即可。

对数正态分布计算方便，与皮尔逊Ⅲ型曲线相比，避免了适线时人为带来的误差。经多年极值波高系列实例的验算，效果良好，可以试用。

③第一型极值分布（耿贝尔分布）。第一型极值分布的基本原理是已知随机变量的原始分布为指数型分布，在同一条件下作多次试验，得n组随机变量，取各组的极大值或最小值（称为极值）组成系列，其经验累积频率点在包伟尔概率格纸上呈直线分布。因为新的随机变量系列是由极值组成，故称为极值分布，它完全是由理论推导出来的，是真实的理论分布，详见第四章。

按第一型极值分布，随机变量x的累积频率P为

$$P(x \geqslant x_a) = 1 - \exp[-\exp(-y)]$$

式中：$y = \alpha(x - u)$，α与u为两个参数。

由此可列出直线方程

$$x = u + \frac{1}{\alpha}y$$

已知极值个数，给定某一极值及其对应的经验累积频率P，则可计算出相应的y值，它仅取决于n及该极值从大至小的排序m

$$y_m = -\ln\left[-\ln\left(1-\frac{m}{n+1}\right)\right]$$

由此组成系列,用最小二乘法则可解出 α 与 u 或使用第四章的办法,直线方程写为

$$x = \bar{x} + \lambda_{Pn} S_x \tag{4-27}$$

式中:$\bar{x}$——极值的均值;

S_x——极值的均方差;

λ_{Pn}——仅与 P 及 n 有关的函数,列于附表 4。

表 6-25 为某观测站 SE 向年极大值 $H_{1/10}$ 组成的系列。将经验频率点绘于包伟尔概率格纸上,见图 6-32。由图可见,经验点近似呈直线分布,说明有可能用耿贝尔分布拟合。

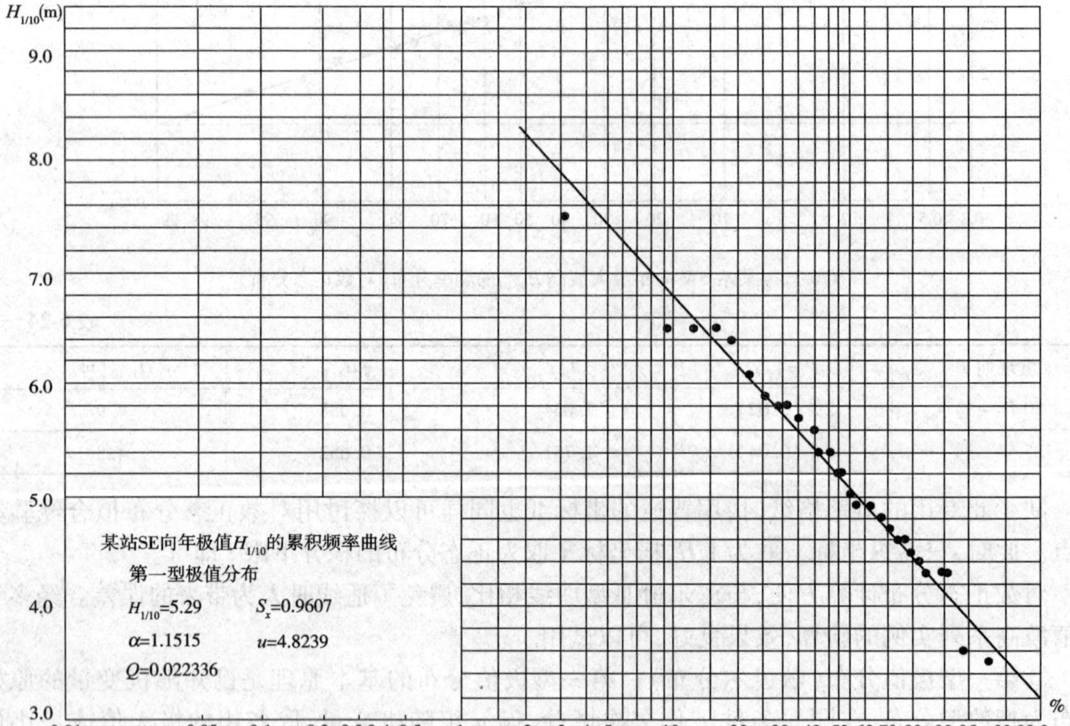

图 6-32 某站 SE 向年极大值 $H_{1/10}$ 的频率分析(耿贝尔分布)

经用最小二乘法计算得 $\alpha = 1.1515$,$u = 4.823$,相关系数 $R = 0.991$,或使用附表 4,得 $\sum x^2 = 896.12$,$S_x = 0.9607$,最终计算出理论累积频率曲线,见表 6-25 中的 P_0,并绘于图 6-32。由图可见理论累积频率曲线与经验点拟合良好。表中的 Q 为:

$$Q = \sum_{i=1}^{n}(P_0 - P)^2 \tag{6-77}$$

称为残差平方和,它是理论累积频率曲线与经验累积频率点拟合优劣的一个指标,在同样的 n 值条件下,该值越小说明拟合越好。

缺少专用的包伟尔概率格纸时,利用普通的坐标纸也能绘出直线型式的耿贝尔分布,只是横坐标取 y 值,纵坐标仍为均匀坐标即可。

某站 SE 向年极值 $H_{1/10}$ 频率分析(耿贝尔分布)　　表 6-25

m	$H_{1/10}$(m)	P	P_0	$P_0 - P$	$H^2_{1/10}$
1	7.5	0.0313	0.0449	0.01360	56.25
2	7.2	0.0625	0.0628	0.00027	51.84
3	6.5	0.0938	0.1351	0.04135	42.25
4	6.5	0.1250	0.1351	0.01010	42.25
5	6.5	0.1563	0.1351	−0.02115	42.25
6	6.4	0.1875	0.1503	−0.03722	40.96
7	6.1	0.2188	0.2055	−0.01325	37.21
8	5.9	0.2500	0.2515	0.00146	34.81
9	5.8	0.2813	0.2775	−0.0038	33.64
10	5.8	0.3125	0.2775	−0.03505	33.64
11	5.7	0.3438	0.3055	−0.03820	32.49
12	5.6	0.3750	0.3358	−0.03923	31.36
13	5.4	0.4063	0.4026	−0.00370	29.16
14	5.4	0.4375	0.4026	−0.03495	29.16
15	5.2	0.4688	0.4772	0.00841	27.04
16	5.2	0.5000	0.4772	−0.02284	27.04
17	5.0	0.5313	0.5580	0.02674	25.0
18	4.9	0.5625	0.5999	0.03741	24.01
19	4.9	0.5938	0.5999	0.00616	24.01
20	4.9	0.6250	0.5999	−0.02509	24.01
21	4.8	0.6563	0.6422	−0.01402	23.04
22	4.7	0.6875	0.6844	−0.00309	22.09
23	4.6	0.7188	0.7258	0.00709	21.16
24	4.6	0.7500	0.7258	−0.02416	21.16
25	4.5	0.7813	0.7659	−0.01536	20.25
26	4.4	0.8125	0.8039	−0.00859	19.36
27	4.3	0.8438	0.8393	−0.00448	18.49
28	4.3	0.8750	0.8393	−0.03573	18.49
29	4.3	0.9063	0.8393	−0.06698	18.49
30	3.6	0.9375	0.9833	0.04581	12.96
31	3.5	0.9688	0.9899	0.02112	12.25
$u = 4.824, \alpha = 1.1515, R = 0.991, Q = 0.0223$					$\sum = 896.12$

由图 6-31 或直接计算可得该站 SE 向 50 年及 25 年一遇的 $H_{1/10}$ 值分别为

$$50\text{ 年一遇}: H_{1/10} = 8.2\text{m}$$

$$25\text{ 年一遇}: H_{1/10} = 7.6\text{m}$$

④威布尔分布。威布尔分布有三参数和两参数之分，在研究极值波浪的分布时，通常使用两参数的威布尔分布，其概率分布函数为

$$P(x) = 1 - e^{-x^{\beta}/\alpha} \tag{4-30}$$

取 $k = 1/\alpha$，其线性化形式为

$$y = \ln\ln\left(\frac{1}{1-p}\right) = \ln k + \beta\ln x$$

威布尔概率格纸就是在上式的基础上制作的，见图 6-33，其纵坐标为对数，横坐标为 y 值。如果年极值波高 $H_{1/10}$ 的经验累积频率点在威布尔概率格纸上呈直线分布，就可以考虑用威布尔分布来拟合，用最小二乘法解出两个参数，从而绘出理论累积频率曲线

$$x = \exp\left[\frac{\ln\ln\left(\frac{1}{1-p}\right) - \ln k}{\beta}\right] \tag{4-30'}$$

表 6-26 为某观测站 W 向年极值波高 $H_{1/10}$ 用威布尔分布拟合的结果。本例中两个参数分别为是 $k = 8.3696$，$\beta = -3.133$，直线相关系数 $R = 0.989$，残差平方和 $Q = 0.02782$，可见拟合良好。

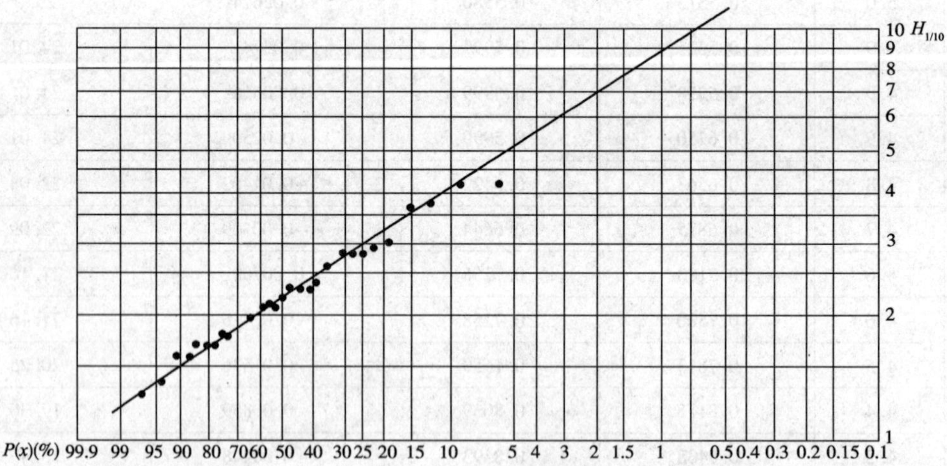

图 6-33 某站 W 向年极值波高 $H_{1/10}$ 的频率分布(威布尔分布)

缺少威布尔概率格纸时，同样可用普通坐标纸绘制频率分布。

由图 6-33 或按式(4-30′)计算得该观测站 W 向的设计波高为

$$50\text{ 年一遇}: H_{1/10} = 6.8\text{m}$$

$$25\text{ 年一遇}: H_{1/10} = 5.5\text{m}$$

某站 W 向年极值波高 $H_{1/10}$ 的频率分析(威布尔分布) 表 6-26

m	$H_{1/10}$(m)	P	P_0	P_0-P
1	6.8	0.0313	0.0204	-0.01085
2	4.2	0.0625	0.0891	0.02658
3	4.1	0.0938	0.0957	0.00197
4	3.7	0.1250	0.1296	0.00458
5	3.6	0.1563	0.1403	-0.01591
6	3.0	0.1875	0.2349	0.04740
7	2.9	0.2188	0.2575	0.03877
8	2.8	0.2500	0.2828	0.03277
9	2.8	0.2813	0.2828	0.00152
10	2.8	0.3125	0.2828	-0.02973
11	2.6	0.3438	0.3424	-0.00130
12	2.4	0.3750	0.4165	0.04151
13	2.3	0.1063	0.4597	0.05343
14	2.3	0.4375	0.4597	0.02218
15	2.3	0.4688	0.4597	-0.00907
16	2.2	0.5000	0.5072	0.00717
17	2.1	0.5313	0.5590	0.02771
18	2.1	0.5625	0.5590	-0.00354
19	2.1	0.5938	0.5590	-0.03479
20	2.0	0.6250	0.6147	-0.01026
21	2.0	0.6563	0.6147	-0.04151
22	2.0	0.6875	0.6147	-0.07276
23	1.8	0.7188	0.7347	0.01596
24	1.8	0.7500	0.7347	-0.01529
25	1.7	0.7813	0.7955	0.01425
26	1.7	0.8125	0.7955	-0.16990
27	1.7	0.8438	0.7955	-0.04825
28	1.6	0.8750	0.8533	-0.02172
29	1.6	0.9063	0.8533	-0.05297
30	1.4	0.9375	0.9459	0.00837
31	1.3	0.9688	0.9747	0.00599

$k=8.367$ $\beta=-3.133$ $R=0.989$ $Q=0.0278$

对数正态分布、第一型极值分布和威布尔分布均只有两个待定参数，因此将分布函数转换成线性化型式后，很容易在计算机上用最小二乘法解出两个参数，进而绘出理论累积频率曲线，其方便快捷的特点是皮尔逊型曲线所不及的，且免除了人为因素。实际工作中可以用残差平方和 Q 作为指标选出最佳线型，再与皮尔逊型曲线作比较，最终确定选用线型。

⑤泊松—耿贝尔复合极值分布。我国东南及南方海域的大浪通常都是由台风引起的，且每年都出现几次台风，从而产生多次大浪。除按年最大值采样法，用上述理论累积频率曲线拟合，推求设计波高外，还可试用泊松-耿贝尔分布来推算设计波浪。该分布不仅考虑了年极值的分布，还考虑了每年台风出现的次数，因而比较合理，其基本原理如下。

对于某一海域，台风每年在其附近经过的次数为 n 次，显然 n 是一个随机变量，它的分布应该是某种离散型分布，其取值范围为 $0\sim k$ 之间的整数，其相应概率为 P_k。每年每次台风在该海域形成的最大波高记为 $\zeta_i, i=1\sim n$。每年 n 场台风浪中有一个极大值记为 $\zeta_n=\max\limits_{1\leqslant i\leqslant n}\{\zeta_i\}$，设 ζ_i 的原始分布函数为 $G(x)$。

要求推导，当台风出现次数 n 的概率分布为 P_k 的情况下，台风波浪年极值 ζ_n 的分布函数 $F(x)$。

根据概率的加法和乘法定理，$F(x)$ 可写为

$$\begin{aligned} F(x) &= P\{\zeta<x\}=\sum_{k=0}^{\infty}P\{\zeta<x,n=k\} \\ &= \sum_{k=0}^{\infty}P\{\zeta<x|_{n=k}\}P\{n=k\}=\sum_{k=0}^{\infty}P\{\max[\zeta_i]<x\}\cdot P_k \\ &= \sum_{k=0}^{\infty}P_k\cdot[G(x)]^k \end{aligned} \tag{6-78}$$

由上式可见 $F(x)$ 是由 n 的概率分布与 ζ 的概率分布两种分布所构成的，所以称为复合极值分布。

经过我国沿海一些台站的检验，每年台风出现次数 n 符合泊松分布，即

$$P_k=e^{-\lambda}\frac{\lambda^k}{k!} \tag{6-79}$$

式中：λ 每年台风出现的平均次数，可按下式计算

$$\lambda=\text{台风影响本海域的总次数/总年数}$$

而台风波浪的经验累积频率点在包伟尔概率格纸上近似成一直线分布，说明台风波浪的分布符合耿贝尔分布，即

$$G(x)=e^{-e^{-x}}=\exp\{-\exp[-\alpha(H-u)]\}$$

式中：α 与 u 为耿贝尔分布的两个参数，于是

$$F(x)=\sum_{k=0}^{\infty}e^{-\lambda}\frac{\lambda^k}{k!}[G(x)]^k=e^{-\lambda[1-G(x)]}=1-P$$

式中：P——超值累积频率，即重现期的倒数。

将 $G(x)$ 的表达式代入上式得

$$x_p=-\ln\left\{-\ln\left[1+\frac{\ln(1-P)}{\lambda}\right]\right\}=\alpha(H_p-u) \tag{6-80}$$

α 和 u 可通过全部台风波浪最大波高组成的系列的均值 $\overline{H}$ 及均方差 S 计算，或用最小二乘法求解，它们与 $\overline{H}$ 及 S 的关系为

$$\left.\begin{aligned}\alpha &= \sigma_n/S \\ u &= \overline{H} - \frac{y_n}{\alpha}\end{aligned}\right\}$$

式中：y_n 与 σ_n 为仅与 n 有关的参数，见第四章图 4-17 或表 6-27。

于是台风影响下多年一遇的设计波高可按下式计算

$$H_p = u + \frac{x_p}{\alpha} = -\ln\left\{-\ln\left[1 + \frac{\ln(1-p)}{\lambda}\right]\right\} \cdot \frac{1}{\alpha} + u \tag{6-80'}$$

设 N 年内共出现 n 次台风，并将 α 与 u 的表达式代入，可得

$$H_p = \overline{H} + \beta S \tag{6-81}$$

式中：

$$\beta = -\frac{1}{\sigma_n}\left\{y_n + \ln\left[-\ln\left(1 + \frac{N\ln(1-p)}{n}\right)\right]\right\} \tag{6-82}$$

由式(6-82)可见，β 值仅与 N、n 及 P 有关，对于一般经常遇到的情况，此值已计算好列于附表 5 内。

表 6-27

n	y_n	σ_n	n	y_n	σ_n	n	y_n	σ_n
8	0.4843	0.9043	19	0.5220	1.0566	60	0.5521	1.1747
9	0.4902	0.9288	20	0.5236	1.0628	70	0.5548	1.1854
10	0.4952	0.9497	22	0.5268	1.0754	80	0.5569	1.1938
11	0.4996	0.9676	24	0.5296	1.0864	90	0.5586	1.2007
12	0.5035	0.9833	26	0.5320	1.0961	100	0.5600	1.2065
13	0.5070	0.9972	28	0.5343	1.1047	200	0.5672	1.2360
14	0.5100	1.0095	30	0.5362	1.1124	500	0.5724	1.2588
15	0.5128	1.0206	35	0.5403	1.1285	1000	0.5745	1.2685
16	0.5157	1.0316	40	0.5436	1.1413	∞	0.5772	1.2826
17	0.5181	1.0411	45	0.5463	1.1519			
18	0.5202	1.0493	50	0.5485	1.1607			

例 6-4　某海区自 1959～1985 年 27 年间共出现 86 次台风，并记录下各次台风的最大波高 $H_{1/10}$，试用泊松—耿贝尔复合极值分布推求多年一遇的设计波高。

先计算台风每年出现的平均次数 $\lambda = 86/27 = 3.19$ 次。

根据 $n = 86$，查第四章图 4-17 或表 6-27 计算得 $y_n = 0.5579$，$\sigma_n = 1.1975$。

计算 86 次台风最大波高 $H_{1/10}$ 的均值 $\overline{H}$ 及均方差 S

$$\overline{H}_{1/10} = \frac{1}{n}\sum_{i=1}^{n} H_i = 5.38\text{m}$$

$$S = \sqrt{\frac{1}{n}\sum_{i=1}^{n} H_i^2 - \left(\frac{1}{n}\sum_{i=1}^{n} H_i\right)^2} = 1.749\text{m}$$

按式(4-25)计算出

$$\alpha = 0.685, u = 4.57$$

按式(6-82)或查附表5计算50年一遇及25年一遇的β值,最后按式(6-81)或式(6-80′)求设计波高

$$50\text{年一遇}\ H_{1/10} = 5.38 + 3.759 \times 1.749 = 4.57 + \frac{5.059}{0.685} = 12.0\text{m}$$

$$25\text{年一遇}\ H_{1/10} = 5.38 + 3.168 \times 1.749 = 4.57 + \frac{4.352}{0.685} = 10.9\text{m}$$

综上所述,波浪的频率分析是一件十分细致复杂的工作,特别是当波浪观测资料年数较短的情况下,计算结果往往有出入,因此应尽可能用各种线型进行反复研究和计算,选择其中拟合最佳者。此外,切不可把某次计算结果视为一成不变的真理,而必须随着资料的逐年积累,不断地订正频率分析的成果。

三、利用短期(1~3年)测波资料推算设计波浪

当筑港当地或其邻近海域没有海洋水文观测站,或因地理位置不同,邻近水文站的实测资料不能适用时,常在筑港当地设立临时性观测站进行波浪观测,待资料积累到几年或至少一整年后,就可利用它们进行频率分析,估算设计波浪。

用短期测波资料进行频率分析时,一般采用不分方向的,全部或日最大波高值作为样本,利用不同的坐标转换,使经验频率点在各种专用坐标纸上近似呈直线分布,然后用最小二乘法求出直线方程,就可利用外延法估计多年一遇的设计波高。应该说明,下面介绍的各种方法只能供参考使用。

港口工程技术规范建议的线型为:波高以均匀坐标表示,大于或等于某波高的累积频率 P 以对数坐标表示。

用短期测波资料推求设计波高时,多年一遇的波高的累积频率可考虑如下:如在 a 年中观测波浪共 n 次,则 a 年中最大值的累积频率为 $P_a = \frac{1}{n}$,可以推断 b 年中期望出现的波高次数将为 $b \cdot \frac{n}{a}$ 次,则 b 年中最大值的累积频率将为

$$P_b = \frac{a}{bn} = \frac{a}{b}P_a \tag{6-83}$$

式中:P_a——a 年观测中最大值的累积频率;

P_b——重现期为 b 年一遇设计波高的累积频率。

例6-5 某港址已获得1986年全年每日4次的测波资料。将全部资料分档统计计算,见表6-28左半部,绘于单对数纸上或将 P 值取对数后绘于普通坐标纸上,$H_{1/10}$ 取下限,见图6-34上的圆点。由图可见,实测点在坐标纸上近似成直线分布,于是用最小二乘法求出直线方程如下

$$H_{1/10} = 0.1651 - 0.8146\lg P$$

直线相关系数 $R = -0.995$,可见在波高的取值范围内,其关系是密切的。

表 6-28

$H_{1/10}$(m)	全部				日最大值			
	Δm	$\sum\Delta m$	P(%)	lg$P$	Δm	$\sum\Delta m$	P(%)	lg$P$
≥2.6	1	1	0.07	-3.155	1	1	0.27	-2.569
2.5~2.4	1	2	0.14	-2.854	1	2	0.55	-2.260
2.3~2.2	3	5	0.35	-2.456	1	3	0.82	-2.086
2.1~2.0	5	10	0.71	-2.155	2	5	1.37	-1.863
1.9~1.8	6	16	1.13	-1.951	4	9	2.47	-1.607
1.7~1.6	11	27	1.91	-1.721	6	15	4.11	-1.386
1.5~1.4	24	51	3.60	-1.445	16	31	8.49	-1.071
1.3~1.2	51	102	7.20	-1.143	20	51	13.97	-0.855
1.1~1.0	67	169	11.94	-0.924	14	65	17.81	-0.749
0.9~0.8	82	251	17.73	-0.752	33	98	26.85	-0.571
0.7~0.6	168	419	29.59	-0.529	54	152	41.64	-0.380
0.5~0.4	293	712	50.28	-0.299	92	244	66.85	-0.175
0.3~0.2	370	1082	76.41	-0.117	90	334	91.51	-0.0385
0.1~0.0	333	1415	99.93	-0.0003	30	364	99.73	-0.001
Σ	1 415				364			

将此直线绘于图上，见图 6-34 上的实线。于是按式(6-83)计算出 P_b，取对数代入方程或直接由直线方程估计设计波高如下

$$50\text{年一遇}\quad P_{50}=\frac{1}{50}\times 0.007=0.0014\%\quad \lg P_{50}=-4.854\quad H_{1/10}=4.1\text{m}$$

$$25\text{年一遇}\quad P_{25}=\frac{1}{25}\times 0.007=0.0028\%\quad \lg P_{25}=-4.553\quad H_{1/10}=3.9\text{m}$$

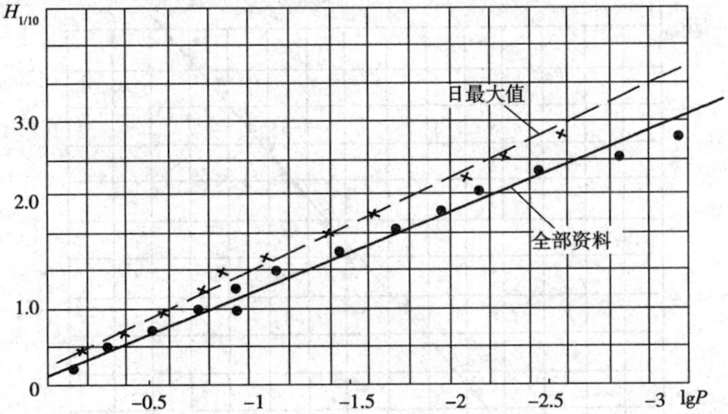

图 6-34　某站一年资料的频率分析

当资料年限较长，为减少统计工作量，亦可取日最大值为样本进行统计计算，见表 6-28 右半部及图 6-34 中的叉点，同样得直线方程为

$$H_{1/10}=0.2193-0.9671\lg P$$

相关系数为 -0.994。可见在波高的取值范围内,其关系密切。

将直线方程绘于图上,见图 6-34 上的虚线。于是不同重现期的估计设计波高

$$50\text{年一遇}\quad P_{50}=\frac{1}{50}\times 0.0027=0.0054\%\quad H_{1/10}=4.3\text{m}$$

$$25\text{年一遇}\quad P_{25}=\frac{1}{25}\times 0.0027=0.0108\%\quad H_{1/10}=4.1\text{m}$$

由此可见,两种采样法计算出的结果略有差异,可取两者的均值或大值作为设计值。

当波高 $H_{1/10}$ 的经验累积频率点在单对数纸上不呈直线分布,难以用直线方程拟合时,可以试用以下坐标转换:波高以对数坐标表示,横坐标采用 $1/P$ 的二次对数。

例 6-6 在某海域作业的钻井船用测波仪每日四次记录下该海区一整年测波资料,经统计后列于表 6-29,试利用它估计设计波高。

表 6-29

$H_{1/3}$(m)	Δm	$\sum\Delta m$	P(%)	$\lg H$	$\lg\lg\frac{1}{P}$	$H_{1/3}$(m)	Δm	$\sum\Delta m$	P(%)	$\lg H$	$\lg\lg\frac{1}{P}$
4.5	1	1	0.069	0.653	0.50	2.1	69	210	14.49	0.322	-0.076
4.2	4	5	0.35	0.623	0.39	1.8	84	294	20.29	0.255	-0.159
3.9	4	9	0.62	0.591	0.344	1.5	137	431	29.75	0.176	-0.279
3.6	16	25	1.73	0.556	0.246	1.2	198	629	43.41	0.079	-0.441
3.3	7	32	2.21	0.519	0.219	0.9	267	896	61.84	-0.046	-0.680
3.0	37	69	4.76	0.477	0.121	0.6	282	1178	81.30	-0.222	-1.046
2.7	20	89	6.14	0.431	0.083	0.3	143	1321	91.17	-0.523	-1.396
2.4	52	141	9.73	0.380	0.005	0.0	127	1448	99.93	—	—

将 $\lg H_{1/3}$ 与 $\lg\lg(1/P)$ 绘于普通坐标纸上,见图 6-35,可见经验累积频率是的分布近似成直线分布,可用最小二乘法拟合。

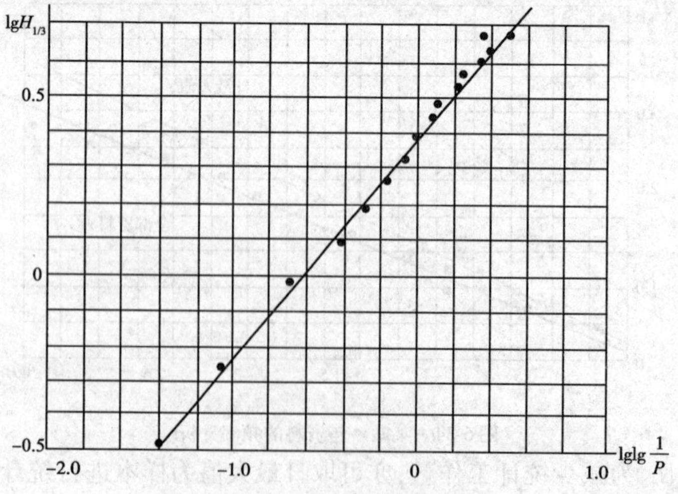

图 6-35 某海域一年全部 $H_{1/3}$ 波高的频率分析

直线方程为 $\lg H_{1/3} = 0.3748 + 0.6226\lg\lg(1/P)$

直线相关系数 $R = 0.998$，在波高的取值范围内，相关密切。于是设计波高为：

	P	$\lg\lg(1/P)$	$\lg H_{1/3}$	$H_{1/3}$
50 年一遇	0.00138%	0.687	0.8025	6.4
25 年一遇	0.00276%	0.659	0.785	6.1

只有短期测波资料情况下，使用上述直线外延的方法估计多年一遇的设计波高，不同线型或不同的采样方法，可能得出不完全相同的结果。下面再介绍一种前段所述的有理论基础的复合极值分布，用它来解决只有短期测波资料条件下的设计波浪估算问题。

对于某站的短期实测波高资料，经过试算，可以找到一个计算起始波高 H_0，使不小于 H_0 的日极值波高 $H_i(i=1,2,\cdots,n)$ 的分布符合对数正态分布，而不小于 H_0 的波高个数 n 符合二项分布。因此，同样可以用 n 和 H_i 各自的分布组成新的复合极值分布，即二项—对数正态复合极值分布，其分布函数（推导从略）的表达式为

$$\frac{1}{\sqrt{2\pi}}\int_{-\infty}^{x} e^{-\frac{t^2}{2}}\mathrm{d}t = 1 - \frac{365}{\bar{n}}(1 - R^{1/365}) \tag{6-84}$$

式中：$R = 1 - P$，P 为所需的累积频率，即重现期 T 的倒数；

$\bar{n}$——各年所取波高值的平均次数；

x——正态分布的积分上限。按式(6-84)已列出 $x \sim R \sim \bar{n}$ 的用表，即二项—对数正态复合极值分布表，见附表 7，供计算使用。

极值波高系列的参数与 x 的关系为

$$x = \frac{\ln(H - b_0) - a}{\sigma} \tag{6-85}$$

$$a = \frac{1}{N}\sum_{i=1}^{N}\ln(H_i - b_0) \tag{6-86}$$

$$\sigma = \sqrt{\frac{1}{N}\sum_{i=1}^{N}[\ln(H_i - b_0) - a]^2} \tag{6-87}$$

式中：N——从选定的起始波高 H_0 算起的日最大波高总数；

b_0——为使经验点符合对数正态分布，经过试算，从波高中减去的常数；a 与 σ 是随机变量经过转换后的均值与均方差。

于是由式(6-85)得多年一遇的设计波高的计算公式为

$$H_R = b_0 + e^{a + \sigma x_R} \tag{6-88}$$

例 6-7 某海区有一整年的实测波高资料，其日最大波高统计于表 6-30。

表 6-30

$H_{1/10}$(m)	Δm	$\sum\Delta m$	P(%)	$\ln(H_i - b_0)$	$[\ln(H_i - b_0) - a]^2$
2.90	1	1	0.28	1.065	0.634
2.60	1	2	0.56	0.956	0.473
2.30 ~ 2.20	7	9	2.50	0.811	0.294

续上表

$H_{1/10}$(m)	Δm	$\sum\Delta m$	P(%)	$\ln(H_i-b_0)$	$[\ln(H_i-b_0)-a]^2$
2.10~2.00	10	19	5.28	0.718	0.202
1.90~1.80	34	53	14.72	0.615	0.120
1.70~1.60	45	98	27.22	0.501	0.054
1.50~1.40	93	191	53.06	0.372	0.011
1.30~1.20	62	253	70.28	0.223	0.002
1.10~1.00	53	306	85.0	0.049	0.048
0.90~0.80	37	343	95.27	-0.163	0.186
0.70~0.60	16	359	99.72	-0.431	0.489
Σ	359				

$b_0=0$　　$a=0.2686$　　$\sigma=0.289$

经过试算发现采用 $H_0=0.6$m、$b_0=0$ 时，各经验点在对数正态概率格纸上基本呈直线分布，见图 6-36。按式(6-86)与(6-87)得 $a=0.2686$，$\sigma=0.289$。

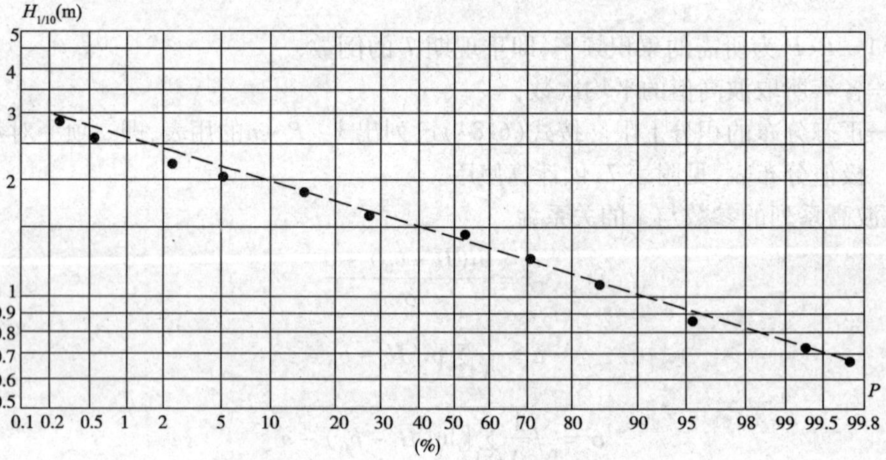

图 6-36　某海域一年日极值波高的频率分布

按照 $\bar{n}$(本例中 $\bar{n}=N=359$)及设计累积频率 $P=2\%$、$P=4\%$，由附表 7 查得 $x_{2\%}=3.862$，$x_{4\%}=3.687$。

最后按式(6-88)得估计的设计波高如下：

50 年一遇：$H_{1/10}=e^{0.2686+0.289\times3.862}=4.0$m

25 年一遇：$H_{1/10}=e^{0.2686+0.289\times3.687}=3.8$m。

最后应该指出，在台风侵袭的海区，当只有短期测波资料时，用上述直线拟合的方法推求设计波高效果往往不佳。其原因是因为 1 年中由台风引起的大浪与日常季风产生的波浪差值较大，其经验频率点子在各种专用坐标纸上往往严重脱节，很难用直线拟合。在这种情况下，缺少长期测波资料时，最好再用长期台风天气图间接推算波浪，以与用短期资料求得的设计波浪作比较。

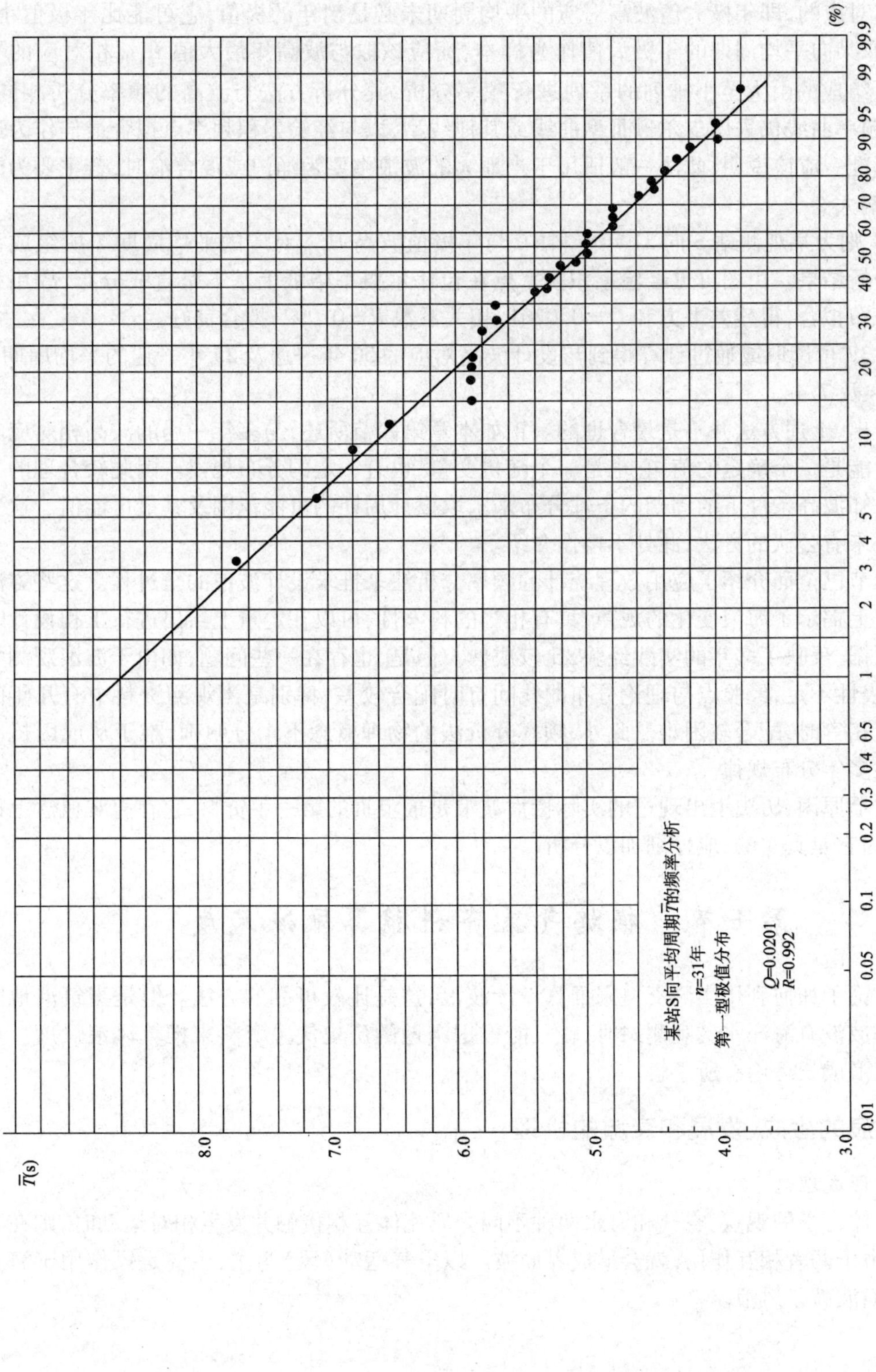

图 6-37 某站 S 向与年极值波高对应的平均周期的频率分析

四、与设计波高相对应的设计周期的推算方法

在工程中设计波要素应包括设计波高和设计周期两个要素，缺一不可。由于波高和周期的大小是不对应的，即年极大值波高对应的平均周期未必是当年的极值，它可能比年极值小。因此，不能取某向平均周期的年极大值作为样本，而应该取与波高年最大值 $H_{1/10}$ 相对应的平均周期 $\overline{T}$ 所组成的由大至小排列的系列进行频率分析，其分析方法与波高的频率分析相同。此时，理论频率曲线仍采用皮尔逊Ⅲ型曲线或其他线型，以与经验累积频率点拟合最佳作为选定线型的标准。应该说明，此法一般适用于当地大的波浪主要为涌浪或混合浪时，若主要为风浪，则明显偏大。

图 6-37 则为某观测站 S 向 31 年资料中，与年极值波高 $H_{1/10}$ 对应的平均周期 $\overline{T}$ 所组成系列的频率分析结果。由图可见经验累积频率点在包伟尔概率格纸上基本呈直线分布，故用第一型极值分布拟合，得残差平方和 $Q=0.0201$，相关系数 $R=0.992$，拟合良好。

由图 6-37 可读取或通过计算得到与设计波高对应的 50 年一遇及 25 年一遇的平均周期 $\overline{T}$ 分别为 8.0s 及 7.4s。

应该指出，上述方法并不是最合理的。正如本章第四节所述，与多年一遇的波高相对应的周期也不可能是一个确定的值，它也是一个随机变量，也有一定的分布规律。因此较合理的办法是利用已知波高条件下的周期的条件分布来求取设计周期的可能范围及其最可能值。这一课题目前还未有公认的方法，此处不再作介绍。

至此本节已全面介绍了应用数理统计的频率分析法来推求设计波浪的全过程。这些方法在一定程度上揭示了海浪变化的规律，具有相当的科学性，可以在定量上给出进行工程设计时所需要的数据，反映了多年的实践经验，比较成熟。但是，也存在一些问题，如由于波浪观测年限尚短，代表性不足，经验点与理论分布曲线间有时配合较差，特别是当观测资料中有几年的年极值数值相等时，配合较困难。此外，频率分析法的物理概念不十分明确，难于从成因机制上解释波浪多年分布规律。

鉴于以上原因，历史上出现过的实际特大波浪是最宝贵的第一手资料，它在直观概念上比较明确，因为它是真实的，应仔细加以分析。

第七节　根据气象资料推算风浪尺度

上节讨论了如何利用实测资料来推算设计波浪，这是比较可靠的方法。但是当筑港地区或其邻近海域没有海洋水文观测站时，就只能根据当地的历史气象资料来推算风浪尺度。为此必须对风浪成长理论有所了解。

一、风浪的生成、发展和衰减的机理

1. 风浪形成理论

根据流体力学的观点，空气和海水两种不同介质流体互相接触并发生相对运动时，则在其分界面上，由于两者相互作用，就会形成界面波。以空气运动（风）为主，主要是风作用于海水表面时，界面波就是风浪。

风浪成长的机理早在19世纪就开始有所研究,但这些早期理论与实际观测结果都有很大差异,没有得到发展和应用。直至20世纪中叶,学者们陆续提出了风浪成长的共振理论和剪流理论,逐步发展成为现代波浪形成理论的基础。他们的基本解释是把风对水面的作用力分为两个分力:风与水面间的切应力 τ 和风作用在波浪迎风面上的法向正压力 N,见图6-38。

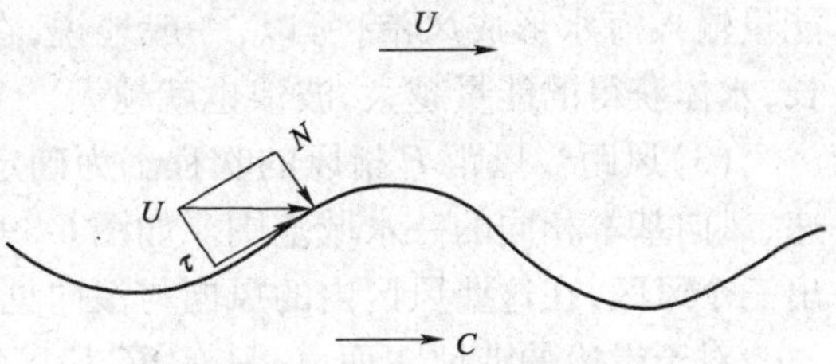

图6-38 风对水面的作用力

风与水面间的切应力 τ 与风速 U 成正比,因为水质点主要在原地作振荡运动,波速是位相速度,故 τ 与波速 C 无关。风作用在波浪迎风面上的法向正压力 N 使波浪的迎风面和背风面形成压力差(无风时波面两侧压力均等),故其大小与风速 U 和波速 C 之差($U-C$)成正比。换言之,风通过与水质点之间的摩擦力及波浪迎风面和背风面的压力差对水质点作功,将风的能量传给海水而构成风浪成长的动力。

起风初期,海面上波浪很小,即在风速 U 大于波速 C 的整个期间,由于切应力 τ 和正压力 N 两种力的同时作用,风将能量不断传给水体,使波浪不断发展,波高和波长不断增大。随着波浪尺度的增长,波速 C 也相应加大,致使水体内由于摩擦而消耗的能量也不断加大。当波速接近风速时,风仅在切应力的作用下继续将能量传给水体,已不通过正压力传给海水以能量,而当 $C>U$ 时,空气将阻碍波形前进,反而要消耗波浪的能量。故总的输入能量是随波速的逐步加大而逐渐减小的。当能量的输入等于能量的消耗时,波浪则不再发展而趋于稳定,形成在某风速条件下所能形成的最大波浪。

风停止后,海水无新能量输入,一部分波能向四周传播扩散,另一部分波能不断消耗于水体内部的分子粘滞性和紊动粘滞性影响。此外,空气阻力、海底摩擦和渗透也消耗波浪的部分能量,促使波浪逐渐衰减,直至最后消亡。

风浪成长过程的这种解释是比较粗略的,例如,风对水面的切应力 τ 与风速 U 的关系在开始阶段(水面保持平静时)和风浪产生后(水面为波动时)并不相同,同样,正压力 N 与风速~波速的关系在不同波浪尺度时也有变化。此外,这种解释完全忽略了波动水体对气流的反作用等,但由于这种解释较为简便,目前仍被广泛应用。

总之,波浪的生成、发展和衰减取决于水体能量的摄取和消耗之间的数量关系,当能量输入大于支出时,风浪将成长发展;反之,波浪将趋于衰减直至消亡。

2. 风场三要素

风浪的成长与发展过程与下列三主要因素有关:风速 U,以米/秒(m/s)计;风作用于水面的持续时间t,简称风时,单位以小时(h)计;风作用海域水面主要范围,风区长度F,简称风距,单位以公里(km)或米(m)计。

风浪成长与传播过程中还同海域的地形、水深条件和海流影响等有关,使风浪场更加错综复杂。但是,最关键的是前三者,故将风速、风时和风距称为风场三要素。下面分别说明风场要素对波浪成长的影响。

(1)风速。风速 U 的大小对风浪成长的影响最为明显。由于风对水面作用的切应力 τ 正比于 U,正压力 N 正比于 $U-C$,所以,一般地说,风场风速越大,所产生的波浪也越大。确定风速、风向时,应尽量依据岸站测风资料和船舶报资料,并注意其观测特点和当时天气形势。缺乏实测资料时，可根据地面天气图上等压线的分布进行计算，见本章第二节。

(2)风时。所谓风时 t 指风速风向基本不变的情况下，风连续作用在海面上的时间。风将能量输入海水形成风浪，所以，一般地说，在风速不变的条件下，风对水面作用的持续时间越长，水体获得的能量越大，波浪也就越大。

(3)风距。风距 F 指风的吹程。为确定风距必须先确定风场或风区，风区是指海面上风速、风向基本相同的一水域范围。如图 6-39 所示的气压分布情况下，按风区定义，可大致划分出三个风区，在这些风区内的风向与浪向见图中的箭头所示。

对于岸边的港址 A 而言，只有 BC 段区域内的波浪是传向 A 点的，所以它就是 A 点的有效风区，简称风区。

风区在天气图上可用一接近于矩形的框界来表示。沿风吹的方向，自风区上界至下界的距离称为风区长度，即风距 F，如 A 点的风距就是 F_A。如要预报风区内 P 点的波浪，则自风区上界至此点的距离 F_P 就是此点的风距。因此，所谓风距是指在一定风况作用下，对某特定点形成波浪有实际作用的风区范围及其水域长度。由于风浪的发展需要有一定范围的水域，所以一般地说，在风速不变的条件下，风距越大，波浪也越大。小水库中无论风速有多大，也掀不起如大海中那样的大浪，其原因就是因为风距太小。

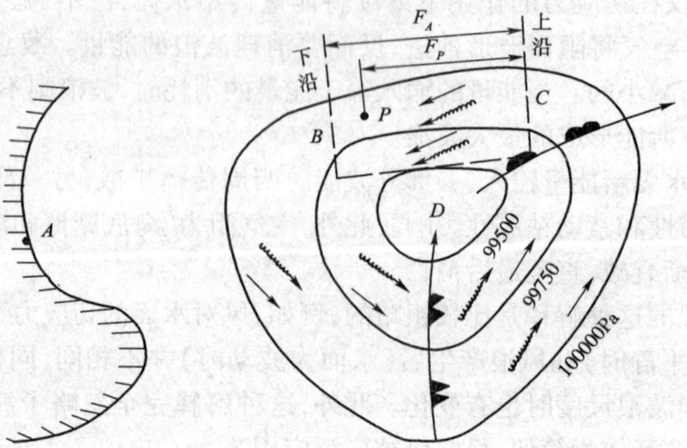

图 6-39　风区的划分

风区有固定风区和移动风区之分：

固定风区指引起风浪的某一场风暴，从它发生到消亡的时间内，整个风区在平面上的位置基本不变，称为固定风区。本节第三专题所介绍的根据气象资料推算风浪尺度的方法是对于固定风区而言。

移动风区指在台风情况下，其风区在平面上的位置是随着台风中心移动而变化的，故称移动风区，其风浪推算方法将在本节第四专题中单独介绍。

最后，由图 6-39 还可看出，从深水的风区到风区外浅水岸边港址 A，波浪的传播和变化过程可分为三个阶段：①风区中风浪的发生和发展；②风区外风浪(深水波)转变成涌浪继续传播，此时波浪将逐渐衰减；③涌浪进入近岸浅水区发生波浪变形。在许多情况下，往往难于明显地区分出波浪衰减阶段。

3. 风浪发展的三种状态

在一定的风速条件下，风浪发生后，其波高与波长将随风时或风距增长而增大，称为风浪的成长。在多数情况下，风时和风距不是同时起着控制作用的，风浪常常只受制于风时，或只受制于风距，从而形成不同的风浪状态。

(1)风浪的过渡状态。风速很大并作用在风场宽阔的海域，如持续很短的时间，并不能掀起大浪。此时，如海域范围内的波浪要素相同，并随着风时的增长而增大，即风浪的成长取决于风时的长短，这种风浪属于过渡状态。

(2)风浪的定常状态。风速很大但作用在风场范围很小的海域，也不可能掀起大洋上那样的滔天大浪。经一定时间后，海域范围内波浪要素趋于定常，不再随时间变化。但海域各点的波浪要素并不相同，将取决于各点的位置或风距，风距越大，风浪也越大，这种风浪属于定常状态。

(3)风浪的充分成长状态。在一定的风速条件下，如果风时和风距都足够大，风浪也不能无限地增长。在这种情况下，最终将出现这样的时刻，即风浪的能量输入同能量消耗平衡，即使风时和风距继续并无限地增长，风浪也不再增大而达到该风速条件下的极限状态，常称为风浪的充分成长状态。按海域水深条件，充分成长状态的风浪又可分为深水充分成长和浅水充分成长状态，后者是风浪的充分成长受制于水深而达到的极限状态。

下面将从风浪的成长过程来看风时和风距对风浪大小的影响。

假定风速在整个风区内不变，此时风区内各点同时受到风的作用，产生风浪，并同时开始向风吹去的方向传播，见图6-40，图中坐标原点为风区上界，x 轴为风距，曲线簇代表一定风速下波浪要素随风距长度和时间增长的成长情况。

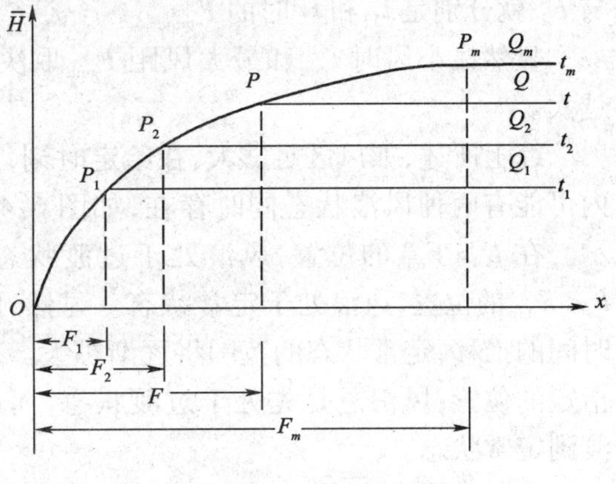

图6-40 风浪成长曲线示意图

风区内任一点 P，距风区上界的距离为 F，即风距。P 点受到风的作用后，水面接受了风的能量，产生波浪，并向右(下风向)传播。可见 P 点的波浪不全是 P 点形成的，而是从上界方向传来的。因此，波浪传播来的路线长，从风场中得到能量的时间也长，波浪尺度也大。于是 P 点最初出现较小的浪，随着时间的增长波浪尺度增大，这说明 P 点左侧(上风向)有更远水域产生的波浪传来。在风时足够长情况下，直到从风区上界处产生的波浪传到 P 点时，P 点的波浪就不再增大，达到定常状态。在这以后，即使风继续吹下去，传到 P 点的波浪最远风距只能是从风区上界起始，风距就限制了风浪继续发展，P 点的波浪尺度取决于 U 和 F_p。

P 点波浪达到定常状态时，在这一时刻 P 点下风向任意点的波浪大小和 P 点相同，因为，传到这些点的波浪是从与 P 点风区长度相同的距离传来的，但这些点的波浪并未达到定常状态。由于最远点(风区上界)产生的波浪刚到 P 点，从 P 点到下风区任意点之间还有一段距离，风浪在这段距离内传播时，仍能从风中吸取能量而继续成长，因而这些点的风浪仍处于过渡状态，也就是说，这些点的风浪尺度还未受到风距限制，而取决于风速和风时，如风时再增加，风浪还能增大，直到从风区上界产生的波浪传到这些点为止。

4. 判断风浪状态的标准

如何判断风区内某点某时的风浪处于何种状态呢？显然，如风已作用很久，且风距很短，则风浪多趋于定常状态；反之，如风作用时间很短，风距又很大，则风浪多处于过渡状态。如风作用时间很长，风距也很大，风浪就有可能达到充分成长状态。为了得到一个判断标准，引进最小风时 t_{min} 和最小风距 F_{min} 的概念。

(1)最小风时。在一定风速 U 下，在给定的风区长度 F 处出现最大波浪，即达到定常状态，所需的最短时间称为最小风时，记为 t_{min}。若实际风时 $t<t_{min}$，则风浪随风时变化处于过渡状态，在风浪推算时取实际风时 t 作为计算风时；若 $t>t_{min}$，由于风距的限制，风浪不能继续增大而处于定常状态，风浪推算时取 t_{min} 作为计算风时。图 6-40 中曲线 OP_1Q_1、OP_2Q_2、OPQ 等代表一定风速 U 下，在时刻 t_1、t_2、$t(t_1<t_2<t)$ 时，风浪要素相对于位置的变化。在离风区上界相距 F 的点，在时刻 t_1、t_2 时，风浪显然处于过渡状态，而至时间 t，风浪成长到最大尺度，此后不再增大，因此，t 就是对应于 U、F 的最小风时。

(2)最小风距。在一定风速 U 下，在给定的风时 t 时产生最大波浪所需的最短风距，记为 F_{min}。当实际风距 $F<F_{min}$ 时，风浪受制于风距，处于定常状态，风浪推算时取 F 作为计算风距；当 $F>F_{min}$ 时，则风浪受制于风时而处于过渡状态，风浪推算时，取 F_{min} 作为计算风距。在图 6-40 中，对给定的时刻 t_1 或 t_2，风浪成长至最大值时所需的最小风距分别为 F_1 和 F_2，即 F_1 与 F_2 就分别是 t_1 和 t_2 时的 F_{min}。

显然最小风时 t_{min} 和最大风距 F_{min} 取决于风速 U 的大小，U 越大，其相应的 t_{min} 和 F_{min} 也越大。

综上所述，如风区足够大，在给定时刻，风区内可能有两种风浪状态同时存在，如图 6-41 所示。在 $F>F_{min}$ 的位置，风浪处于过渡状态，在 $F<F_{min}$ 的位置，风浪处于定常状态。显然，随着时间的推移，定常状态的范围将逐渐扩大。对于指定的位置，风浪总是先处于过渡状态，而后过渡到定常状态。

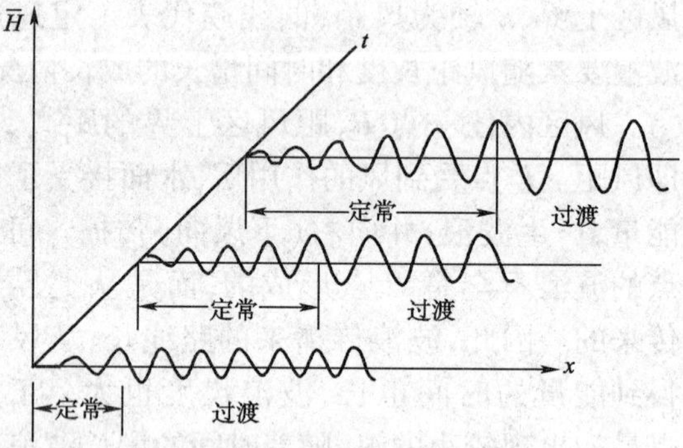

图 6-41 风浪的过渡和定常状态

在某种风速条件下，风浪达到充分成长状态，需要足够大的风时和风距，见图 6-40 中的 t_m 和 F_m，此时实际的风时 t 和实际的风距 F 必须同时等于或大于 t_m 和 F_m，波浪才能充分成长。显然，定常状态和过渡状态的风浪都是指还未达到充分成长状态的风浪而言。

浅水中风浪的成长与上述深水中风浪的成长有所区别。应指出，此处浅水是指浅海水域，在风区内，平均深度较小且无显著变化，而不是指深度迅速变小的近岸水域。

当风区内水深大于波浪的半波长时，水底对波浪的影响可以忽略不计，反之，当波浪增大，深度相对地变小时，水深将影响风浪的成长，此时影响风浪成长的因素除 U、t 和 F 外，还应包括水深 d。在风速很小或风浪处于初始阶段的情况下，由于风浪尺度小，浅水中风浪的成长和深水中几乎没有差别，波浪要素取决于 U、t 和 F。如风速增大，风时和风距也较大，风浪成长到足够大后，水深 d 将限制风浪继续增大而达到浅水充分成长状态，此时波浪要素取决于 U 和 d。

显然，在相同的风场要素情况下，浅水中风浪的尺度要比深水中为小。图 6-42 表示，在某一风速条件下，浅水风浪成长的过程。

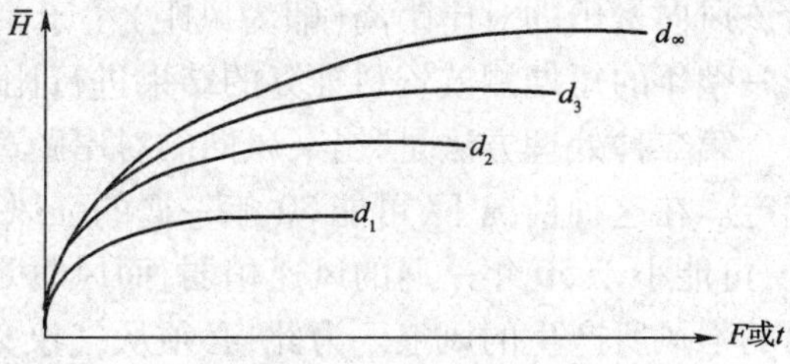

图 6-42　浅水风浪成长过程

图中纵轴代表风浪要素的平均值，横轴表示风时或风距，d 表示不同的水深（$d_1 < d_2 < \cdots < d_\infty$），$d_\infty$ 代表深水情况。图中曲线表明，在风浪成长的初始阶段（原点附近），深水与浅水中风浪的尺度基本一致，波浪多受制于风时或风距，处于未充分成长状态。随着风浪不断增大，这种差异逐渐增大，水深越浅，波浪就越快达到浅水充分成长状态，此时波浪要素只受制于 U 和 d 了。显然，只有在风时、风距和水深都很大的情况下，风浪才能达到深水充分成长状态。风速越大，风浪达到深水充分成长状态所需的风时、风距和水深越大。

二、风场要素的确定

在用气象资料推算风浪的过程中，需要解决两方面的问题。首先是如何根据实际情况分析整理，并确定计算所用的风速、风时和风距，还有水域的深度，即上述的风场要素；其次是如何建立风场要素与波浪要素之间的关系，两者构成所谓的风浪预报（或后报）方法。以下论述解决第一个问题。

已知风浪成长取决于风速、风时和风距等风场要素，水域深度较浅时，还将受水深的影响，所以正确确定风场要素和水域的平均深度是计算风浪要素的基础，须谨慎对待。

在工程设计的实践中，确定风场要素的方法一般有两种。第一种方法是，采用筑港地区附近岸上气象台站的长期风况观测资料或海域上较可靠的船舶报的海上测风资料作为依据来分析海上的风速、风向和风时。此方法对于形成风浪的风区靠近岸边或水域较小的情况较为适用；第二种方法是，利用地面天气图来确定风场的位置和风场要素。此方法对于推算离岸较远的海域风浪和由台风引起的风浪时比较适用。

第二种方法也是进行风浪预报或后报的有效方法。该法比较全面和合理，但是，由于天气图比尺较小，海面上的观测点很少，等压线的绘制精度较差，且每张天气图的时间间隔达 6h，要准确地确定风场要素有一定的困难，所以，仍应尽量参照邻近岸站的测风资料，进行协调性的检验。

1. 计算风速的确定

风速对风浪要素的影响最大，应十分慎重确定。由于工程设计中常需要某一重现期的，如 50 年或 25 年一遇的风浪要素，因此利用气象资料推算风浪时，一般有两种处理方法。

第一种处理方法是假定风浪要素的重现期简单地等于风速的重现期，即 50 年一遇的大风风速产生 50 年一遇的大浪。此时，可找出与某一波向对应的同向的逐年最大风速，组成年最大风速系列，按本章第六节所述的频率分析法进行统计分析，采用皮尔逊Ⅲ型曲线或其他线型作为理论分布曲线进行适线配合，求出该风向的某一重现期的风速值作为推算同一重现期风浪的计算风速,然后按风场要素与波浪要素之间的关系求得该重现期的设计波浪。此方法计算简便,但只适用于较小风区,可以不考虑风时,风浪尺度只取决于风速和风距。通常,当港址沿该风向量出的对岸距离(即为风距)小于100km时可采用此法。由此得出的结果应与不少于一整年的短期测波资料推算的结果进行比较分析,用于最后确定设计波浪。

第二种处理方法是,当某风向的对岸距离较长,风浪要素尺度将由风速、风时和风距三者确定。在这种情况下,可能50年一遇的强风风速很大,但对应的风时不一定长,或风距不一定大;可能小于50年一遇的风速稍弱,而风时足够长或风距足够大,产生的风浪会大于50年一遇的强风所产生的风浪。为此,必须从气象资料中对数个波向,每年取出数场可能产生大浪的较大的风况(包括U较大,但t或F较短,以及U虽较小,但t或F较长等风况)逐场风况进行波浪推算,再从推算结果选出这些波向每年的最大值作为它们该年出现的最大风浪,组成系列,进行频率分析,求出这些波向某一重现期的风浪要素。这种方法比较合理,但计算工作量显然比第一种处理方法要大得多。

关于风速取值标准,如用气象台站的资料,必须按本章第二节的方法,将风速订正为海面上10m高度处2min的平均风速。如用船舶测风资料,则可不作风速订正。如利用天气图,由等压线的间隔,按图6-9的曲线求风速,此风速已是海面上10m高度处的风速,无需高度订正和时距换算。

根据天气图确定某一时刻海域风速时,应对风区附近的等压线进行检查,作必要的修整。确定风区所在地的平均纬度φ。在风区内有代表性的位置处量取相邻两等压线间的间隔Δn,若有数条等压线且分布疏密不均匀,可取其平均值,Δn以当地纬距(°)表示。确定当时海水与空气间的温度差ΔT,最后按图6-9确定海面风速(m/s)。

2. 计算风距的确定

为了确定计算风距,必须先在海平面等压线图上划出风区范围。在广阔的海洋上要划分某一个风区是不容易的,现提供数条通用的原则:

(1)风区是对某港址形成风浪有重要影响的特定海域,其主轴与风向基本一致,其边界不能超越海岸线;

(2)风区代表一定的风场范围,风向取决于等压线的走向,风速又与等压线的梯度成正比,所以等压线方向及其疏密程度突然改变的部位可取为风区边界。从风区的定义出发,一般对确定风区边界作如下规定:在风区内等压线方向改变不大于±30°,由于等压线疏密程度不同而导致风速差不超过2~4m/s(高风速时取大值)。图6-43为风区划定的示例。

实际应用上述规定时,一般可忽略风向与等压线的夹角,近似地认为只要某点的等压线方向(即该点的切线)同该点与港址计算点连线的夹角不超过30°(等压线较平直时)或45°(等压线曲率较大时),即可将该点划入风区内,并认为等压线的切线方向就代表该点的风向。

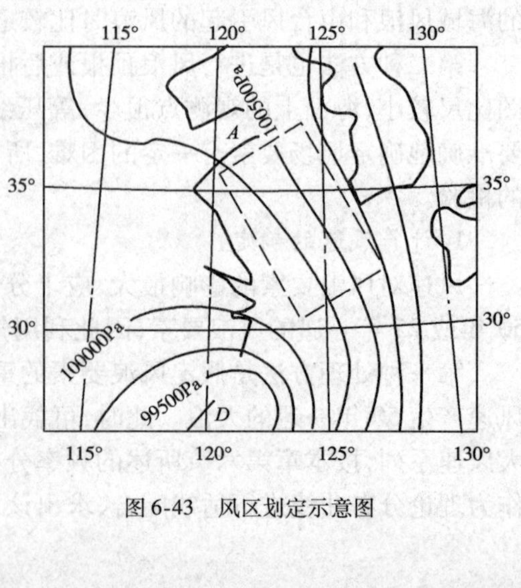

图6-43 风区划定示意图

具体的做法如下：对较平直或较弯曲的等压线分别用一个 30°或 45°的三角板，令其一边通过港址，错动三角板，使其 30°或 45°的另一边恰好切在等压线上，此点将是所划定风区边界上的一点。对求得的各条等压线上的点连接起来，就可划定风区的边界，如图 6-44 所示。

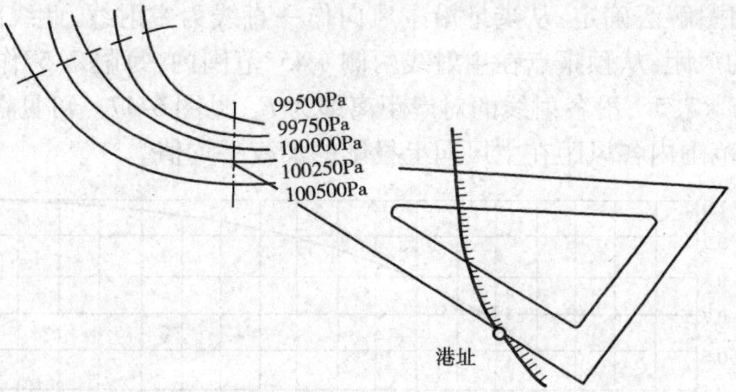

图 6-44　风区边界划定

由于天气图的比尺较小，绘制的等压线有一定的误差，且多凭预报员的经验，因此划定风区时，切不可机械地套用上述操作方法，必要时应作适当修整。

风区划定后，就可量取风距。在天气图上量取风距仍以纬距为单位，然后换算成公里(km)。在赤道处，每隔一个经度的距离(简称经距)为 111.2km。任意纬度间的纬距大约与经距相等。如港址在风区以外，风距为风区上、下界之间的距离；如港址在风区内，自港址沿逆风方向，量至风区上界的距离为其风距。显然，如果港址位于海湾内，风区的范围往往包括整个水域，其风距就是沿逆风向量至对岸的距离。对于这种情况，为了方便使用，可事先按可能出现的风向，量出各自的风距，即各风向的对岸距离。图 6-45 所示为我国渤海湾内，对于港址 A 而言，各风向的风距，其中各矢量表示风向，对应的对岸距离就是风距。

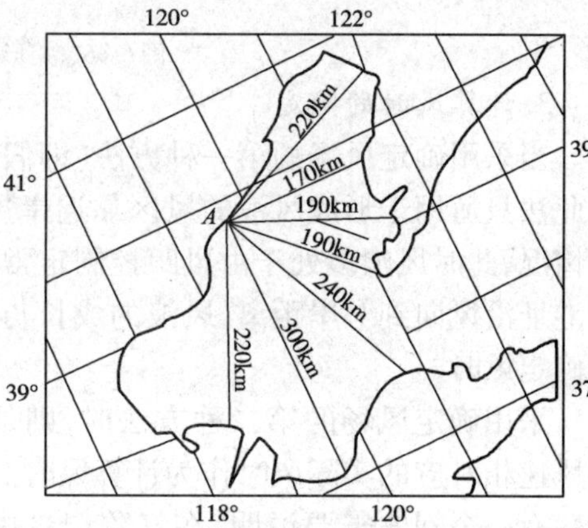

图 6-45　海湾的风距确定

风区既然为一矩形，就需考虑风区宽度问题。通常在开敞海面或大洋中，可忽略风区宽度对风浪成长的影响，即认为该风区的宽度与长度相等。但是，在近海或河口、海湾，甚至湖泊、水库中，风区长度往往远大于其宽度。此时，风区宽度将对风浪成长产生限制性影响，风区长度须改用有效风区长度或有效风距 F_E。

有效风距 F_E 的确定方法有两种：

①风区接近矩形，其宽度能明确地量出。如图 6-43 所示时，此时有效风距 F_E 可按图 6-46 的曲线确定，该图为塞维里(Saville)1954 年提出的。图中横坐标为风区的宽长比，W 为风区宽度，F 为风区长度，纵坐标为有效风距 F_E 与风距 F 之比。风浪推算时应以 F_E 代替 F 作为计算风距。

②水域较狭窄、形状不规则或有岛屿等障阻物时有效风距可按下式计算：

$$F_E=\frac{\sum_{i=0}^{n}F_i\cos^2\alpha_i}{\sum_{i=0}^{n}\cos\alpha_i}\quad(i=0,\pm1,\pm2\cdots)\qquad(6\text{-}89)$$

式中的各 F_i 用图解法确定：从港址沿主风向作一直线为主射线，此线的 $i=0$，$\alpha_0=0°$，风距 F_0 为沿主风向的风距；从预报点在主射线两侧 +45°范围内，每隔 7.5°作一射线，它们与主射线的夹角为 $\alpha_i=i\times7.5°$，沿各射线的对岸距离即为 F_i，见图 6-47。可见在这种情况下，有效风距 F_E 指在 +45°范围内各风距在主风向上投影的加权平均值。

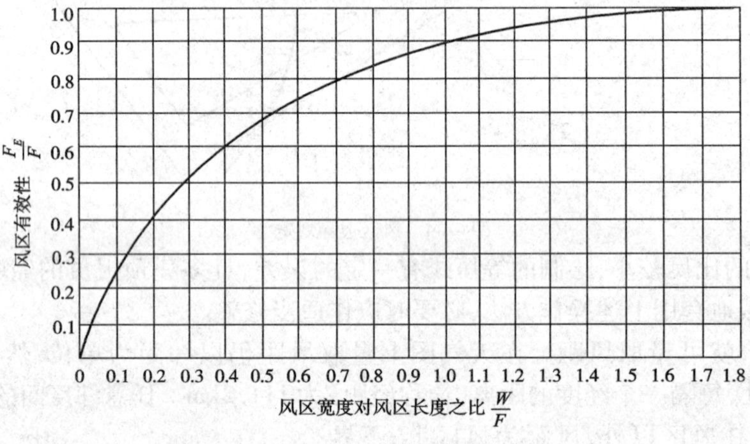

图 6-46　矩形风区情况下，有效风距的确定

3. 计算风时的确定

当采用确定风场的第一种方法（即假定风浪的重现期简单地相当于风速的重现期）时，由于此法只适用于形成风浪的风区靠近岸边或水域较小的情况，此时风浪多处于由风距控制定常状态，而风距为港址沿风向到对岸距离，风浪的成长与风时无关，无须确定风时。

采用确定风场的第二种方法时，则须取与所采用的风速相对应的实际风时作为计算风时。

有一个问题需要说明：在气象记录中所查取的某一场大风的资料，在一定的风时内，风速可能是变化的。由于风浪要素尺度与风速的关系是非线性的，而与风速的数次方成比例，不能取时段两端风速的平均值来计算风浪要素，可采用以下方法来确定风时和风速。

风速在一段时间内由小到大持续增长时，在此阶段取计算风速按下式计算

$$U=0.3U_1+0.7U_2\qquad(6\text{-}90a)$$

式中：U_1、U_2——该段时间开始和终了时的风速。

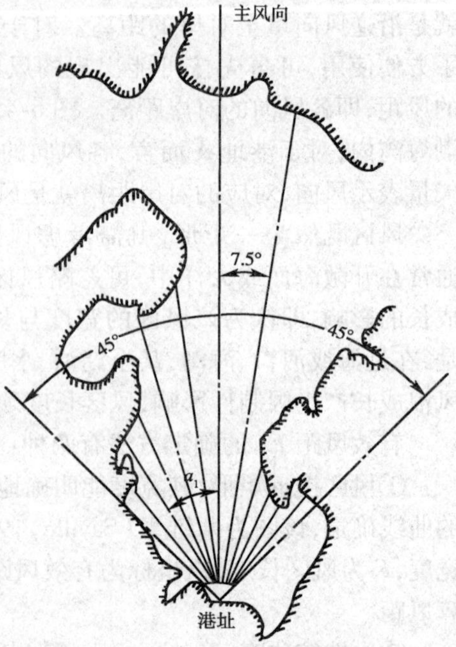

图 6-47　不规则水域情况下，有效风距的确定

风速在一段时间内由大到小持续减弱时，在此阶

段取计算风速按下式计算

$$U = 0.2U_1 + 0.8U_2 \tag{6-90b}$$

式中符号的意义同上。

以上两式表明，两种情况选取计算风速都加重考虑后一时刻的风速值，这是与实际经验相符的。

以上两式的使用范围为6～12h。若同一方向在很长的时间间隔（如几十小时）内风速不断变化时，应将全过程划分成若干时段，每段历时不超过6～12h，再分别计算各段的计算风速，按分段逐步推算风浪要素，表6-31即为一示例。

例6-8　某气象台某年一场E向（风向变化不超过+22.5°范围）大风风况列于表6-31。试根据上述原则，确定各分段的计算风速和风时。

表6-31

日/月	15/6		16/6			
时间	14:00	20:00	2:00	8:00	14:00	20:00
风向	ENE	ENE	ENE	E	ENE	ESE
风速(m/s)	9	9	13	11	9	7

取各段的计算风时和计算风速如下：

第一段：自6月15日14时至20时，计算风时 $t_1 = 6\text{h}$，计算风速 $U_1 = 9\text{m/s}$；

第二段：自6月15日20时至6月16日2时，计算风时 $t_2 = 6\text{h}$，计算风速按式(6-90a)计算得

$$U_2 = 0.3 \times 9 + 0.7 \times 13 = 11.8\text{m/s};$$

第三段：自6月16日2时至8时，计算风时 $t_3 = 6\text{h}$，计算风速按式(6-90b)计算得

$$U_3 = 0.2 \times 13 + 0.8 \times 11 = 11.4\text{m/s};$$

第四段：自6月16日8时至20时，计算风时 $t_4 = 12\text{h}$，计算风速仍按式(6-90b)计算得

$$U_4 = 0.2 \times 11 + 0.8 \times 7 = 7.8\text{m/s}。$$

还有一个低风速问题应该说明，对于选定的风区，如某时刻 t_1 以前风速小于5m/s，而自 t_1 至 t_2 时刻风向大致相同，风速增大，则在计算 t_2 时刻的风浪时，取 t_2 与 t_1 的时间间隔 Δt 为其风时，即认为小于5m/s的风速对风浪成长没有影响。

若自 t_2 至时刻 t_3 风向不变，在 t_2 时风区内已存在波高为 H_1 的风浪，如上例中6月16日2时前，此时应先计算在 t_2 至 t_3 时间内的风速作用下产生波高为 H_1 的风浪所需的补充风时 Δt，然后取 $t_e = t_3 - t_2 + \Delta t$ 作为等效风时计算 t_3 时刻的风浪要素。如果实际风时很大，风浪的成长受制于风距，就无需考虑等效风时的作用。

4. 水域平均深度的确定

风区内水深大致均匀，无明显逐渐变浅或变深的趋势，则可取其平均水深供推算风浪时使用。

如风区内的水深沿风向有较大的变化，则须将水域分成数段，取各分段的平均水深作为计算水深。

将水域按深度分段时，段数取得过多，计算手续繁琐；但取得过少，可能误差较大。在水深

逐渐变浅的情况下,可参考表 6-32 选取分段水域两端的水深差 Δd,该表适用于风速 $U>10\text{m/s}$,风距 $F>200\text{km}$ 的情况。

表 6-32

水深范围(m)	>30	30～20	20～10	<10
Δd(m)	10	5	3	2

按水深分段计算风浪要素的方法,适用于风浪要素受制于风距 F 的情况,此时需使用等效风距 F_e 的概念。设分段后的平均水深为 d_1、d_2…,分段长度为 l_1、l_2…等。首先,用整个风区的平均风速、第一段水深 d_1 及第一段风距 $F_1=l_1$,计算出第一段下端的波高 H_1。其次,先计算同一风速作用于水深 d_2 时,为产生波高 H_1 所需的补充风距 ΔF,然后,取 $F_e=\Delta F+l_2$ 来计算第二段下端的风浪要素,以此类推。

应用上述方法计算风浪要素时,一般还要求符合 $H<H_{\text{dmax}}$ 的条件,此处 H_{dmax} 为风速 U 在水深 d 中可能产生的最大波高,即浅水充分成长的波浪。风浪自外海向近岸浅水域传播时,由于水底坡度较大,波浪的变形和折射影响常超过风的影响。因此,风浪要素的推算应限于某一最小水深处,相应于波浪折射计算的起始水深处,比此水深更浅处的波浪要素推算见本章第八节。

三、外海风浪要素的确定

选取风场要素后,可利用风场要素与波浪要素之间的关系,确定波浪要素随时间或位置的变化。

当代国内外提出的波浪预报方法很多,大多属于经验的和半理论半经验的,前者限于实测资料的范围和现场的具体条件,其应用有很大的局限性,已趋淘汰。后者根据实测资料,找到某些经验关系,再进行相应的理论概括,或从研究风浪形成过程中能量的传递和消耗过程,获得能量法;或从研究已形成风浪中能量的分布规律,获得波谱法;或使能量法与波谱法相结合去推求风浪要素等。这些方法经过简化,提出有关计算公式和图解供工程中使用。计算方法还不断地经过实测资料的验证与修正。以下着重介绍几种有代表性的方法,包括当今世界上广泛使用的方法和现行行业标准《海港水文规范》(JTJ 213—98)推荐使用的方法。

1. 威尔逊(Wilson,1965 年)风浪预报法

威氏风浪预报法是在斯维尔特罗普(Sverdrup)与门克(Munk)1947 年提出的有效波成长理论(简称 S-M 法)的基础上补充了大量的实测资料,并几经修正而成的。

S-M 法的基础是能量法,其基本原理是:在风的作用下,海面上同时出现许多高、低与长、短各不相同的波,为简化起见,以一种有代表性的特征波(有效波 $H_{1/3}$)代替实际的不规则波系列,并将此特征波视为微幅波(规则波),建立波能平衡方程来概括分析波浪随时间和位置的成长与变化,求解风浪要素尺度。

单位面积铅直水柱内波浪能量平衡的基本微分方程为

$$\frac{\partial E}{\partial t}+\frac{\partial}{\partial x}\left(\frac{1}{2}CE\right)=R_A-R_D \tag{6-91}$$

式中:E——单位面积水柱内的波浪能量;

C——波速;

R_A、R_D——单位时间内，单位面积水柱输入和消耗的能量；

x、t——位置（或风距）和时间（或风时）。

能量的输入和消耗 R_A 与 R_D 都与风速和波浪要素有关，而能量 E 与波速 C 又与波高 H 和波长 L 密切联系，上式实际上也是 $H=H(x,t)$ 和 $L=L(x,t)$ 的微分方程，风速 U 为相关的参数。根据微幅波理论，波长 L 是周期 T 的函数，与 H 无关，微分方程可引入重要无因次量波陡 $\delta=H/L$。此外，还引入另一重要无因次量波龄 $\beta=C/U$。利用实测资料可以找到 δ 与 β 的经验关系，有利于联立求解 H、L 随风场要素的变化。

输入的能量 R_A 包括通过正压力输入的能量 R_N 和通过切应力输入的能量 R_τ，后者当 $C>U$ 时，取为负值。

风浪处于过渡状态时，式(6-91)中 $\frac{\partial E}{\partial x}=0$，而风浪处于定常状态时 $\frac{\partial E}{\partial t}=0$。

在式(6-91)的基础上，国内外通过大量的实测资料，采取各自不同的处理方法，获得丰硕研究成果，提出以无因次量表示的风场要素与风浪要素的各种关系式及图解曲线，以及判断风浪状态的最小风时 t_{min} 或最小风距 F_{min} 的表达式。

Wilson 几经修正，于 1965 年提出的计算公式如下：

$$\frac{gH_{1/3}}{U^2}=0.30\left\{1-\left[1+0.004\left(\frac{gF}{U^2}\right)^{\frac{1}{2}}\right]^{-2}\right\}\tag{6-92}$$

$$\frac{gT_{1/3}}{2\pi U}=1.37\left\{1-\left[1+0.008\left(\frac{gF}{U^2}\right)^{\frac{1}{3}}\right]^{-5}\right\}\tag{6-93}$$

最小风时 t_{min} 通过以下数值积分求得

$$\frac{gt}{U}=\int_0^{\frac{gF}{U^2}}\frac{1}{gT_{1/3}/4\pi U}\cdot \mathrm{d}(gx/U^2)\tag{6-94}$$

图 6-48 就是根据以上公式绘出的推算图解。图解中横坐标为风距 F，以 km 计，纵坐标为风速 U，以 m/s 计，另外四簇等值线分别为有效波高 $H_{1/3}$（以 m 计）、有效周期 $T_{1/3}$（以 s 计）、最小风时 t（以 h 计）和等能量线 $(H_{1/3}\cdot T_{1/3})^2=$ 常数。

例 6-9　已知 $U=15\text{m/s}$，$t=8\text{h}$，$F=200\text{km}$，求风浪要素。

在图中由 $U=15\text{m/s}$ 和 $F=200\text{km}$ 的交点查得 $t_{min}=13\text{h}$，由于实际风时 $t=8\text{h}<13\text{h}$，风浪处于过渡状态，自 $t=8\text{h}$ 与 $U=15\text{m/s}$ 的交点查得

$H_{1/3}=2.6\text{m}$，$T_{1/3}=6.1\text{s}$。

或由 $t=8\text{h}$ 与 $U=15\text{m/s}$ 的交点垂直向下至横坐标得最小风距 $F_{min}=100\text{km}$，实际风距 $F=200\text{km}>F_{min}$，风浪处于过渡状态，按式(6-92)计算出同样的结果；或依风速和风时 t 查得 $H_{1/3}=2.6\text{m}$，$T_{1/3}=6.1\text{s}$ 或依 U 和 F 查得 $H_{1/3}=3.2\text{m}$，$T_{1/3}=7.0\text{s}$ 两组结果，取其中较小一组结果，因波浪受制于风时。

Wilson 风浪预报法是现在世界上较广泛使用的方法之一，结果精度较高，接近实际情况。

2. Bretschneider（1970 年）风浪预报方法

这也是有代表性的能量法之一。在 S-M 法的基础上，逐步积累资料后，经过多次改进发展而成的，故又称为 S-M-B 风浪预报方法。该法已纳入 1975 年出版的《海岸防护手册》（美国陆军海岸工程研究中心）。

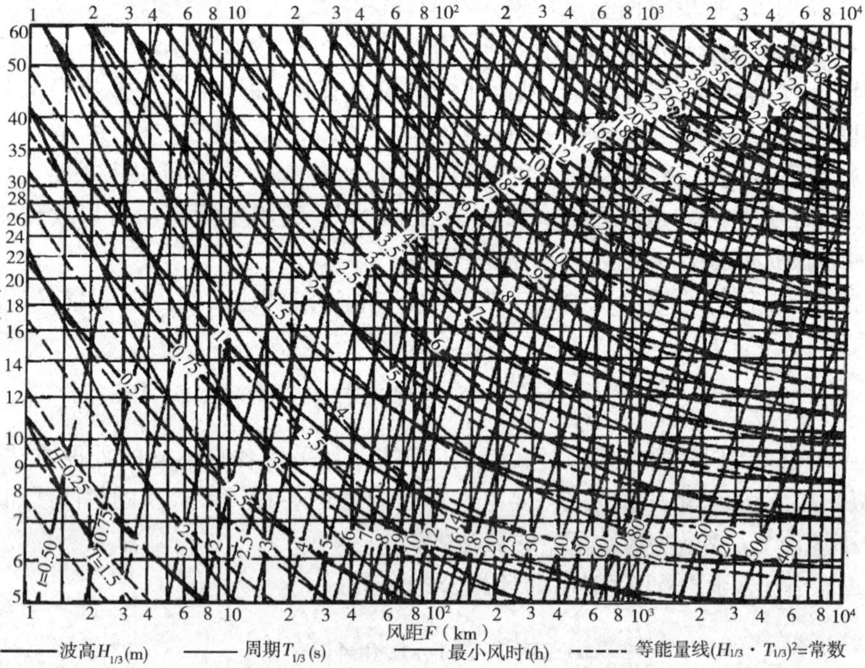

图 6-48 Wilson（1965 年）风浪预报图解

Bretschneider 法的主要计算公式如下

$$\frac{gH_{1/3}}{U^2}=0.283\tanh\left[0.0125\left(\frac{gF}{U^2}\right)^{0.42}\right] \tag{6-95}$$

$$\frac{gT_{1/3}}{2\pi U}=1.20\tanh\left[0.077\left(\frac{gF}{U^2}\right)^{0.25}\right] \tag{6-96}$$

对于风时有

$$\frac{gt}{U}=k\exp\left\{\left[A\left(\ln\left(\frac{gF}{U^2}\right)\right)^2-B\ln\left(\frac{gF}{U^2}\right)+C\right]^{\frac{1}{2}}+D\ln\left(\frac{gF}{U^2}\right)\right\} \tag{6-97}$$

式中常数为

$k=6.5882$；$A=0.0161$；$B=0.3692$；$C=2.2024$；$D=0.8798$。

相应的风浪预报图解见图 6-49a）与 6-49b）。

图 6-49 的结构与图 6-48 是相似的，横坐标为风区长度以 n mile（1n mile = 1852m）计；风速以 kn（1kn = 0.514m/s）计或以 mile/h（1mile/h = 0.447m/s）计。图中也有四组等值线：等波高 $H_{1/3}$线以 ft 计（1ft = 0.3048m）；等周期 $T_{1/3}$线以 s 计；最小风时线以 h 计以及等能量线（$H_{1/3}^2\cdot T_{1/3}^2$ = 常数）。

等能量线的用途是，风速在时段内有变化时，推求等效风时 t_e。如第一段风速为 U_1，风时为 t_1，在其交点处沿等能量线（$H_{1/3}^2\cdot T_{1/3}^2=\text{const}$）移动至下一段风速 U_2 处，读取补充风时 Δt。Δt 就是假定以 U_2 的风速开始吹，到以相同能量供给波浪所需的最小风时。于是第二段的风时 $t_e=t_2+\Delta t$，以求得第二段末的海浪要素。

例 6-10 $U=15\text{m/s}=29.2\text{kn}$，$t=8\text{h}$，$F=200\text{km}=108\text{n mile}$。

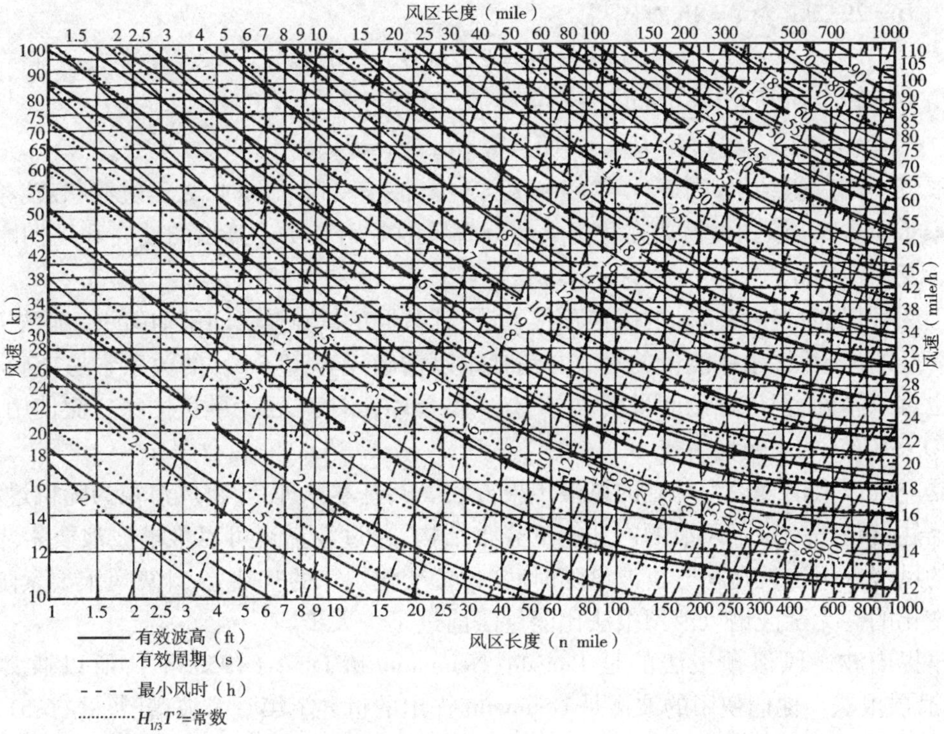

图 6-49a) Bretschneider 风浪预报图解(1970)年

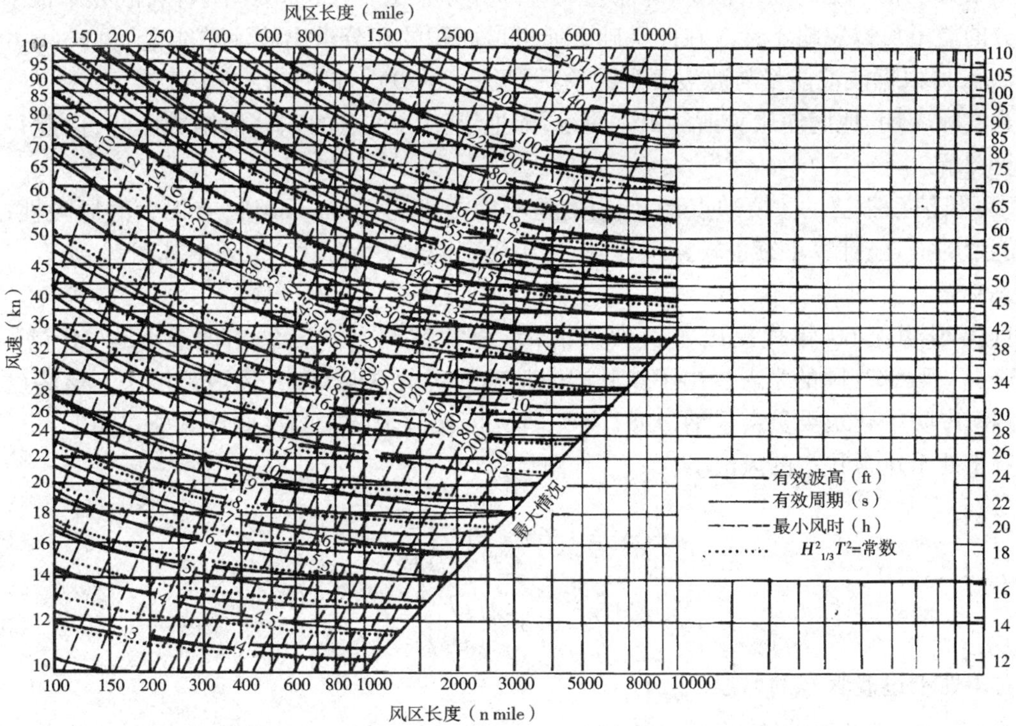

图 6-49b) Bretschneider 风浪预报图解(风距从 100n mile 至 1000n mile 以上)

先由 $U=29.2\text{kn}$ 及 $t=8\text{h}$ 查图得

$$H_{1/3}=8.8\text{ft}=2.7\text{m},T_{1/3}=6.4\text{s}$$

再由 $U=29.2\text{kn},F=108\text{n mile}$ 查图或按式计算得

$$H_{1/3}=11\text{ft}=3.3\text{m},T_{1/3}=7.3\text{s}。$$

应取较小的一组结果，则 $H_{1/3}=2.7\text{m},T_{1/3}=6\text{s}$，波浪受制于风时，处于过渡状态。

Bretschneider 波浪预报模式在我国大部分海域的应用表明计算出的波高和周期略有偏高的趋势。

以上两种以能量法为基础的风浪预报方法，其共同的缺点是：①用简单的特征波 $H_{1/3}$ 来代替十分复杂的海浪；②水体能量的吸收与消耗难以精确计算；③$\delta\sim\beta$ 的关系不易准确得到，经验公式也难以精确，但该理论问世较早，又有一整套计算图解，已为欧美国家广泛使用。

3. JONSWAP 风浪预报法

这是一种以波谱理论为基础的风浪预报方法。其基本原理是，将风浪视为随机过程，用一波谱来描述。波谱反映了风浪的内部能量分布结构，通过波谱也可以推求波浪要素。以波谱为基础的风浪预报法就是在分析波谱随时间、位置变化规律的基础上，计算风浪要素随时间与位置的变化的。无疑波谱风浪预报法比能量法前进了一大步。

最早提出波谱风浪预报法的是 Pierson、Neumann 和 James（1955 年），所以通常又称为 P-N-J风浪预报法。他们使用的波谱是 Neumann 提出的世界上第一个波谱[见式(6-51)]。

他们认为，理论上波浪频率介于 $0\sim\infty$ 之间，但由 Neumann 谱[式(6-51)]可以看出，分布于频率很大及很小处的能量很少，即能量显著部分分布于一较狭窄频率段内，故频率很小和很大部分的能量可以忽略不计。在此基础上通过谱面积的积分求出波浪总能量[见式(6-46)和(6-47)]，再根据波浪能量与波浪要素的关系[见式(6-70)]就可解出波浪要素。

为实际应用，他们使用所谓共积谱曲线，即把谱函数每点的积分值绘成曲线，由此得出一套计算图解。

PNJ 风浪预报法的主要缺点是，使用的是早期提出的 Neumann 谱，有很大的局限性；且未考虑能量的损耗；计算手续也较繁琐，因而使用受到限制，本教材不拟列出其图解，必要时可参考有关专著。

自从 20 世纪 60 年代提出了由大量的，系统的实测资料归纳出的 JONSWAP 谱[见式(6-53)]后，联邦德国的学者提出了以此谱为基础的所谓 JONSWAP 风浪预报法。该法已被联邦德国海岸防护建筑委员会采纳（1981 年），其无因次波浪要素的主要计算公式如下：

对于处于定常状态的风浪

$$\frac{gH_{1/3}}{U^2}=1.65\times10^{-3}\left(\frac{gF}{U^2}\right)^{\frac{1}{2}} \tag{6-98}$$

$$\frac{gT_p}{U}=0.352\left(\frac{gF}{U^2}\right)^{0.3} \tag{6-99}$$

对于处于过渡状态的风浪

$$\frac{gH_{1/3}}{U^2}=8.46\times10^{-5}\left(\frac{gt}{U}\right)^{\frac{5}{7}} \tag{6-100}$$

$$\frac{gT_p}{U}=0.0595\left(\frac{gt}{U}\right)^{\frac{3}{7}} \tag{6-101}$$

最小风时为

$$\frac{gt_{\min}}{U}=63.8\left(\frac{gF}{U^2}\right)^{0.7} \tag{6-102}$$

式中：$T_p=1/f_p$，f_p 为谱峰频率，以赫兹（Hz）计，其他符号同前。

在上述诸式基础上绘出的图解见图 6-50。该图比尺标注稀疏，使用较困难，应用时建议按公式计算为好。

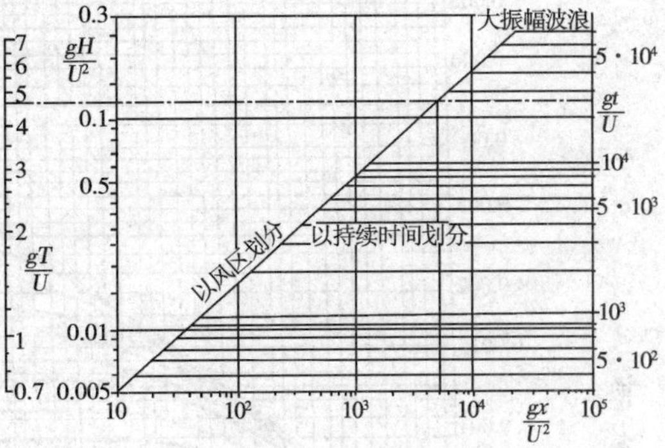

图 6-50　JONSWAP 风浪预报图解

例 6-11　$U=15\text{m/s}$，$t=8\text{h}$，$F=200\text{km}$。

先由式(6-102)计算得 $t_{\min}=15.5\text{h}$，显然，实际风时 $t=8\text{h}<t_{\min}=15.5\text{h}$，风浪处于过渡状态，按 U 及 t，由式(6-100)及(6-101)计算得

$H_{1/3}=2.2\text{m}$，$T_p=6.2\text{s}$。

该法计算十分方便，但也仅适用于深水条件下。

4. 原苏联规范的新方法（1969 年）

原苏联的学者通过大量的波浪自记记录的分析，基于量纲理论，统计数字抽样方法和大数定理的推导，提出了分析风浪实测资料的新方法，在此基础上提出了一个计算深、浅水域风浪要素的方法，其主要计算公式如下：

最小风时 $t_{\min}$

$$\frac{gt_{\min}}{U}=17.3\left(\frac{gF}{U^2}\right)^{\frac{4}{5}} \tag{6-103}$$

深水过渡状态风浪

$$\frac{g\overline{H}}{U^2}=0.0013\left(\frac{gt}{U}\right)^{\frac{5}{12}} \tag{6-104}$$

深水定常状态风浪

$$\frac{g\overline{H}}{U^2}=0.00417\left(\frac{gt}{U}\right)^{\frac{1}{3}} \tag{6-105}$$

浅水充分成长状态风浪

$$\frac{g\overline{H}}{U^2}=0.07\left(\frac{gd}{U}\right)^{\frac{3}{5}} \tag{6-106}$$

对于各种风浪状态，波高和周期的关系如下：

$$\frac{g\overline{T}}{U}=18.7\left(\frac{g\overline{H}}{U^2}\right)^{\frac{3}{5}} \tag{6-107}$$

根据以上诸式绘制出计算图解，见图 6-51。

图中纵坐标为波高$\overline{H}/U^2$，横坐标为 F/U^2 及 t/U，为计算方便，参数 g 在此列入坐标比例中，图中的外包线是按式(6-105)绘制的，其他曲线用于浅水区域的风浪推算。

例 6-12　已知 $U=15\text{m/s}$，$t=8\text{h}$，$F=200\text{km}$

按式(6-103)计算得 $t_{\min}=10.4\text{h}>t=8\text{h}$，故风浪处于过渡状态，于是由式(6-104)和式(6-107)计算得$\overline{H}=1.8\text{m}$，$\overline{T}=6.2\text{s}$

按波高的深水分布，换算得 $H_{1/3}=2.9\text{m}$

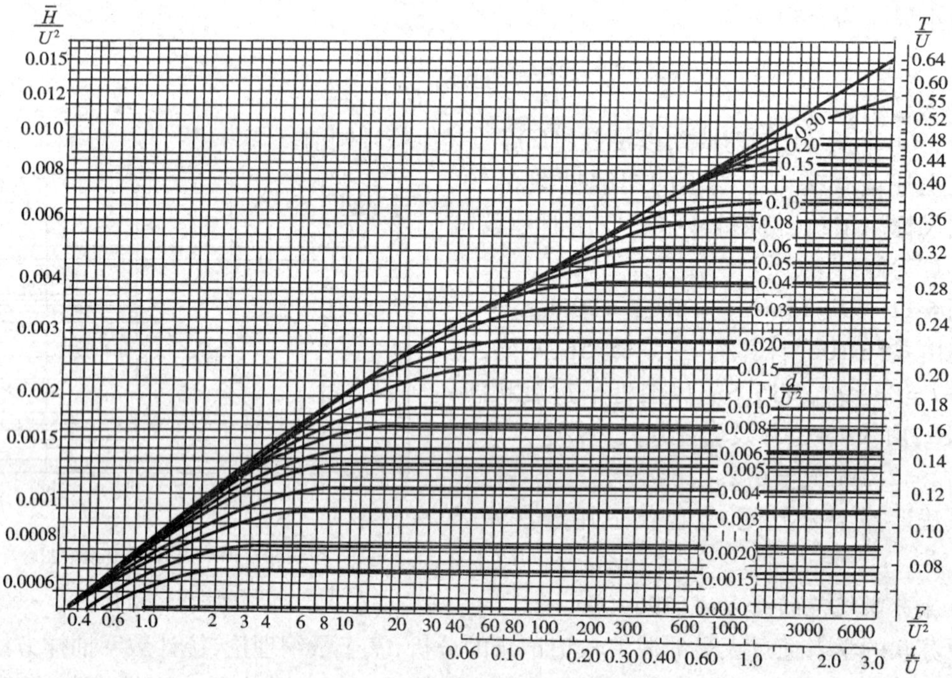

图 6-51　原苏联规范风浪预报图解

例 6-13　$U=15\text{m/s}, t=8\text{h}, F=200\text{km}, d=10\text{m}$。

按式(6-106)得浅水充分成长波浪 $\overline{H}=1.0\text{m}$，它小于上例中按深水计算出的 1.8m，故风浪受水深 d 限制，只能达到 $\overline{H}=1.0\text{m}$。

再按式(6-107)得 $\overline{T}=4.4\text{s}$，又按浅水波高分布规律，当 $H^*=\overline{H}/d=0.1$ 时，换算得 $H_{1/3}=1.5\text{m}$。

该预报法考虑了水深的影响，因而不仅适用于深水，在浅水中也同样可以使用，比上述各方法又前进了一步。

5. 我国现行行业标准《海港水文规范》(JTJ 213—98)推荐使用的方法

自 20 世纪 60 年代起，我国青岛海洋大学等研究国外已有的风浪预报方法时，不断积累我国沿海的实测资料，在此基础上提出了风浪预报方法，即所谓“会战法”(1973 年)。该法通过长期的实践检验，又与国外上述各方法相比较，不断逐步修正，成为规范推荐使用的新方法(1995 年)。

会战法的基本原理如下：将能量法与波谱法结合起来，即对海面上实际出现的不规则波动，利用海浪要素的概率密度函数，建立平均能量平衡微分方程，并与海浪谱相结合，研究了深、浅水中海浪的成长与传播，绘出了海浪要素的图解。

在能量的来源与消耗方面，规范法认为风以切应力和法向作用力对海水输入能量，同时海浪又因滑动粘滞性而消耗能量，并认为海浪摄取和消耗的能量不仅与风速，而且与海浪的大小有关，所以必须以海面上实际出现的大小不等的海浪来分析能量的吸取与消耗，由此提出平均能量的概念，以取代国外学者使用的能量法中以单一特征波代替不规则波的作法。

在波谱的选取方面，取由我国海域实测资料建立的规范谱（式(6-56)和(6-58)）作为风浪谱，但将其转换为以风速、风时或风距作为参数表示的形式，然后利用波谱与波浪要素的关系式，建立能量平衡微分方程，对于浅水还应加入浅水因子。最后提出的一套无因次计算公式及图解。本教材不再列出，需要时可查阅1987年版规范。

现行行业标准《海港水文规范》(JTJ 213—98)中推荐的方法，其基本计算公式如下：

当 $d/U^2>0.2$ 的深水条件下

$$\frac{gH_{1/3}}{U^2}=5.5\times10^{-3}\left(\frac{gF}{U^2}\right)^{0.35} \tag{6-108}$$

$$\frac{gT_{1/3}}{U}=0.55\left(\frac{gF}{U^2}\right)^{0.233} \tag{6-109}$$

$$\frac{gF_{\min}}{U^2}=0.012\left(\frac{gt}{U}\right)^{1.3} \tag{6-110}$$

当 $d/U^2\leqslant0.2$ 的浅水条件下

$$\frac{gH_{1/3}}{U^2}=5.5\times10^{-3}\left(\frac{gF}{U^2}\right)^{0.35}\tanh\left[30\frac{\left(\frac{gd}{U^2}\right)^{0.8}}{\left(\frac{gF}{U^2}\right)^{0.35}}\right] \tag{6-111}$$

$$\frac{gT_{1/3}}{U}=0.55\left(\frac{gF}{U^2}\right)^{0.233}\tanh^{\frac{2}{3}}\left[30\frac{\left(\frac{gd}{U^2}\right)^{0.8}}{\left(\frac{gF}{U^2}\right)^{0.35}}\right] \tag{6-112}$$

$$\frac{gF_{\min}}{U}=0.012\left(\frac{gt}{U}\right)^{1.3}\tanh^{1.3}(1.4kd) \tag{6-113}$$

式中：k——波数，$k=2\pi/L$，其他符号同前。

在上述深水诸式的基础上建立了深水风浪的计算图解，见图6-52。图中有三簇曲线，分别表示有效波高 $H_{1/3}$、风速(m/s)和风距(km)，纵坐标为有效周期 $T_{1/3}$，横坐标为风时(h)。

查图方法如下：于横坐标上自给定的风时 t 向上引垂线与相应的 U 线相交，读取风距值，此值即为与上述 U 和 t 相对应的最小风距 $F_{\min}$，如实际风距 $F>F_{\min}$，风浪处于过渡状态，则由上述交点处读取 $H_{1/3}$，并自此点向左引水平线与左侧纵坐标相交，读取 $T_{1/3}$；如 $F<F_{\min}$，风浪处于定常状态，则由给定的 U 和 F 相对应的交点读取 $H_{1/3}$，然后自此点向左引水平线与纵轴相交，读取 $T_{1/3}$。

例 6-14　$U=15\text{m/s}$，$t=8\text{h}$，$F=200\text{km}$，求深水风浪要素

由图6-52，按 U 与 t 得 $F_{\min}=100\text{km}$，$F>F_{\min}$，风浪处于过渡状态，由 U 与 t 读取

$$H_{1/3}=2.4\text{m},\ T_{1/3}=6.0\text{s}$$

在这场风以前，如海面上已经存在某一波浪 H_1，则此时为计算这场风的波浪，应采取以下办法处理：将这个已经存在的波浪 H_1 假定为是由这场风的 U 吹了某一补充风时 Δt 引起的，然后将 Δt 加在这场风的 t 上，作为这场风的风时 $t_e=t+\Delta t$ 来推算这场风的波浪要素。显然这种处理方法只用于 $F>F_{\min}$ 的情况。

例 6-15 仍举上述例子，$U=15\text{m/s}$，$t=8\text{h}$，$F=200\text{km}$，如果在这场风发生之前，海面已有 $H_{1/3}=1.5\text{m}$ 的波浪，求这场风后海面上的风浪要素。

按 $H_{1/3}=1.5\text{m}$ 及 $U=15\text{m/s}$ 的交点向下读取 $\Delta t=3\text{h}$，于是 $t_e=8+3=11\text{h}$，由 t_e 及 U 读取 $F_{\min}=150\text{km}<F=200\text{km}$，于是由 U 及 t_e 读取波浪要素

$$H_{1/3}=2.7\text{m},T_{1/3}=6.5\text{s}$$

对于浅水风浪要素推算，规范新方法给出因水深 d 影响的波高折减系数图解，见图 6-53。图中 K_F（实曲线）为波浪处于定常状态时，波高因水深影响的折减系数，由图 6-52 得深水波高 $H_{1/3}$ 后，再乘以 K_F，即得已知 U、F、d 情况下的浅水波高 $H'_{1/3}$；K_t（虚曲线）为波浪处于过渡状态时，波高因浅水的折减系数，由图 6-52 求得深水波高后，再乘以 K_t，即得已知 U、t、d 情况下的浅水波高。有了浅水波高 $H'_{1/3}$，再回到图 6-52，由 $H'_{1/3}$ 及 U 读取周期。

为使用方便，在图 6-53 中无因次量 gd/U^2、gF/U^2 及 gt/U 被换成有因次量 d/U^2、F/U^2 及 t/U，其量纲分别为（m/(m/s)^2）、（km/(m/s)^2）及（h/(m/s)），使用时应特别注意。

例 6-16 仍以前例 $U=15\text{m/s}$，$t=8\text{h}$，$F=200\text{km}$，但水深 $d=10\text{m}$，求浅水风浪要素。

已计算得深水波高 $H_{1/3}=2.4\text{m}$，波浪处于过渡状态，由此计算得 $t/U=0.53$，$d/U^2=0.044$，查图 6-53 得 $K_t=0.65$，于是浅水波高

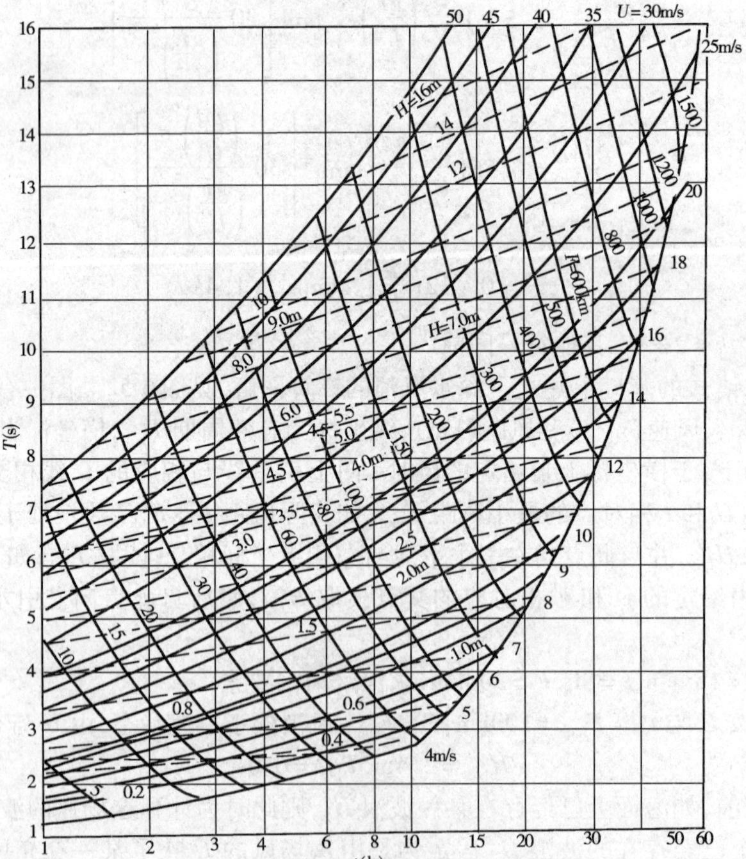

图 6-52 规范法深水风浪要素计算图解

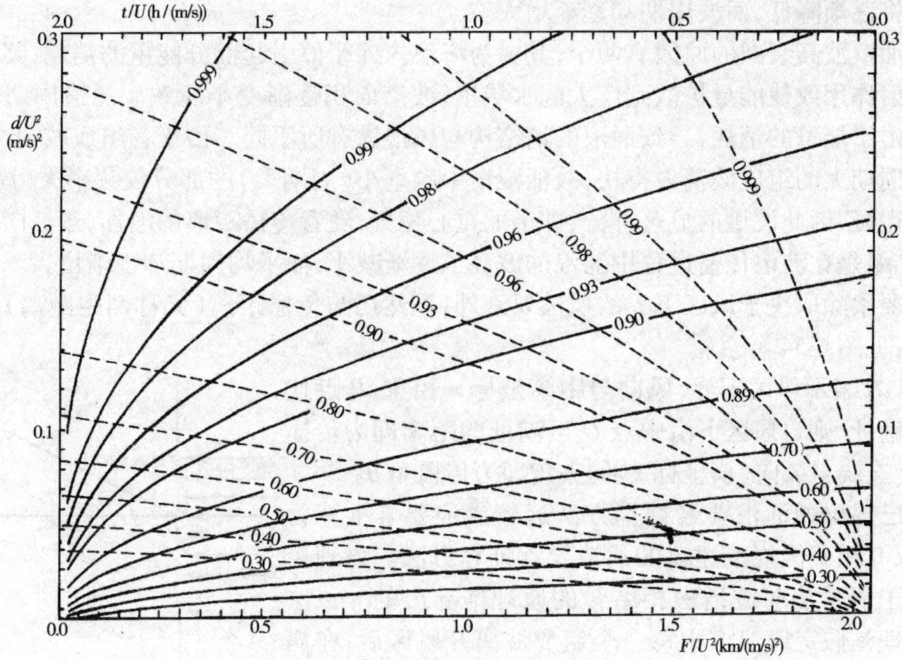

图 6-53 波高折减系数 K_F 与 K_t 图解

$$H'_{1/3} = 2.4 \times 0.65 = 1.6\text{m}$$

由 $H'_{1/3} = 1.6\text{m}$ 及 $U = 15\text{m/s}$ 查图 6-52 得 $T_{1/3} = 4.5\text{s}$。

对于深水充分成长的波浪，规范新方法给出以下关系式

$$H_{1/3} = 0.0218U^2 \tag{6-114}$$

该式在图 6-52 中则为右侧的外包络线。波浪要达到充分成长，F 与 t 应分别都大于 F_m 及 t_m。

例 6-17 $U = 15\text{m/s}$，$F = 800\text{km}$，$t = 40\text{h}$，$d = 40\text{m}$，求波浪要素。

由图 6-52 得与 $U = 15\text{m/s}$ 相应的 $F_m = 750\text{km}$，$t_m = 38\text{h}$，可见 $F = 800\text{km} > F_m$，$t = 40\text{h} > t_m$，风浪得以充分成长。由式(6-114)或查图 6-52 得

$$H_{1/3} = 4.9\text{m}, T_{1/3} = 9.6\text{s}$$

再看水深影响，计算得 $d/U^2 = 0.178$，而 t/U 及 F/U^2 均大于 2.0，故折减系数为 1.0，水深不影响波浪充分成长。

对于各种波浪状态，新方法给出周期与波高的无因次关系式

$$\frac{gT_{1/3}}{U} = 17.64\left(\frac{gH_{1/3}}{U^2}\right)^{2/3} \tag{6-115}$$

可供直接计算使用，不必查图 6-52。

四、涌浪要素的推算

上节我们介绍了风浪要素的推算方法，如果风区下界离岸边港址还有一定距离，则风浪离开风区进入风力很小或无风区域后就成为涌浪，继续向前传播。随着传播距离的逐渐增加，涌

浪的波高将逐渐降低，而波周期却逐渐增大。

导致涌浪波高衰减的原因有两个，其一为海浪内外摩擦引起部分能量的消耗；其二为由于波浪的散射作用致使能量扩散到广大的水域里，波谱面积逐渐变小所致。涌浪周期不断增大的原因是由于能量的消耗，导致涌浪的谱结构与风浪谱有所不同。由于各组成波中，周期小的组成波比周期大的组成波消失得快，故涌浪谱中频率小（周期大）的部分较频率大（周期小）的部分消亡得慢，因此波谱的显著部分，即谱的重心位置，随着传播距离的增加，逐渐向低频方向推移，其结果是在波浪传播过程中涌浪的波高虽逐渐减小，而平均周期却逐渐增大。

涌浪要素除取决于风区下界的风浪要素外，显然还与传播距离（又称消阻距离）D 和传播角 θ 有关，见图 6-54。

图中 AB 表示风区下界，风向与距离坐标 x 相重，P 点代表岸边某港址，则自风区下沿中点 O 至港址的距离即为传播距离 D，此连线与风向（横坐标 x）的夹角即为传播角 θ。

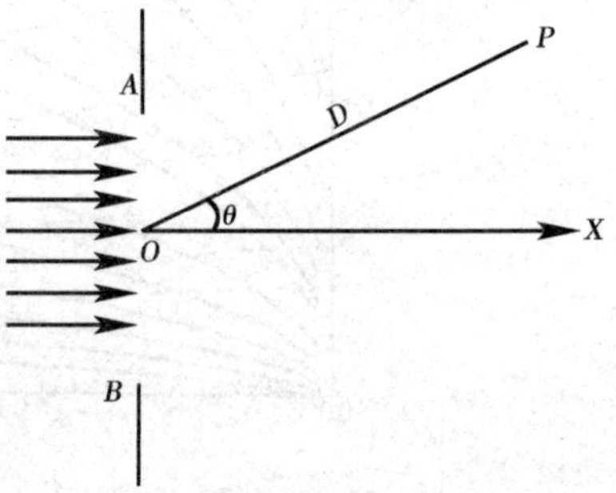

图 6-54　涌浪的传播

迄今已提出的涌浪要素计算方法远较风浪要素推算为少，本节仅介绍我国规范建议的涌浪要素推算方法。该理论也是由基于能量法与波谱法相结合的原理推导出的。该法的基本原理是假定风浪谱中每一个组成波离开风区后，在涡动和散射的影响下，独立地向静水区传播，其振幅不断衰减，因而在风区外各处构成涌浪谱，依据涌浪谱就可计算出涌浪波高和周期，并由周期计算传时 t_D。

传时 t_D 的计算是假定涌浪以群速 C_g（波群传播的速度 $C_g = C/2$）传播，于是涌浪由风区下沿通过距离 D 所需的时间为

$$t_D = \int_0^D \frac{dx}{C_g} = \frac{4\pi}{g}\int_0^D \frac{dx}{\overline{T}} \tag{6-116}$$

式中：$\overline{T}$——平均周期。

平均周期 $\overline{T}$ 与有效波周期 $T_{1/3}$ 的关系为

$$T_{1/3} = 1.15\overline{T} \tag{6-117}$$

基于上述原理绘出的计算用图解见图 6-55。图中横坐标为传播距离 D，以 km 计，纵坐标为风区下界风浪的有效波周期 $T_{1/3}$。图中有三簇等值线：一组为涌浪有效波高 H_D，一组为涌浪有效波周期 T_D（以 s 计）及传播时间 t_D（以 h 计）。

查图方法：于左侧纵坐标上，按风区下沿的风浪有效波周期 $T_{1/3}$，向右引水平线与横坐标上从给定的传播距离 D 向上引的垂线相交，由通过交点的 H_D 线、T_D 线及 t_D 线或它们的内插值读取涌浪有效波高 $H_{1/3}$（m）、涌浪有效波周期 $T_{1/3}$ 及传播时间 t_D。

显然，该图解中没有考虑传播角 θ 对涌浪要素的影响，这是鉴于目前涌浪要素计算方法尚不完善，为偏于安全计，删去了原规范中（1987 年版）考虑传播角影响的方法。

例 6-18　已知风区下沿 $H_{1/3} = 2.4\text{m}$，$T_{1/3} = 6.0\text{s}$，求 $D = 600\text{km}$ 处的涌浪要素。

由 $T_{1/3} = 6.0\text{s}$ 及 $D = 600\text{km}$ 的交点直接读取涌浪要素如下：

$$H_{1/3} = 0.45 \approx 0.5\text{m},\ T_{1/3} = 10.6\text{s},\ t_D = 27\text{h}$$

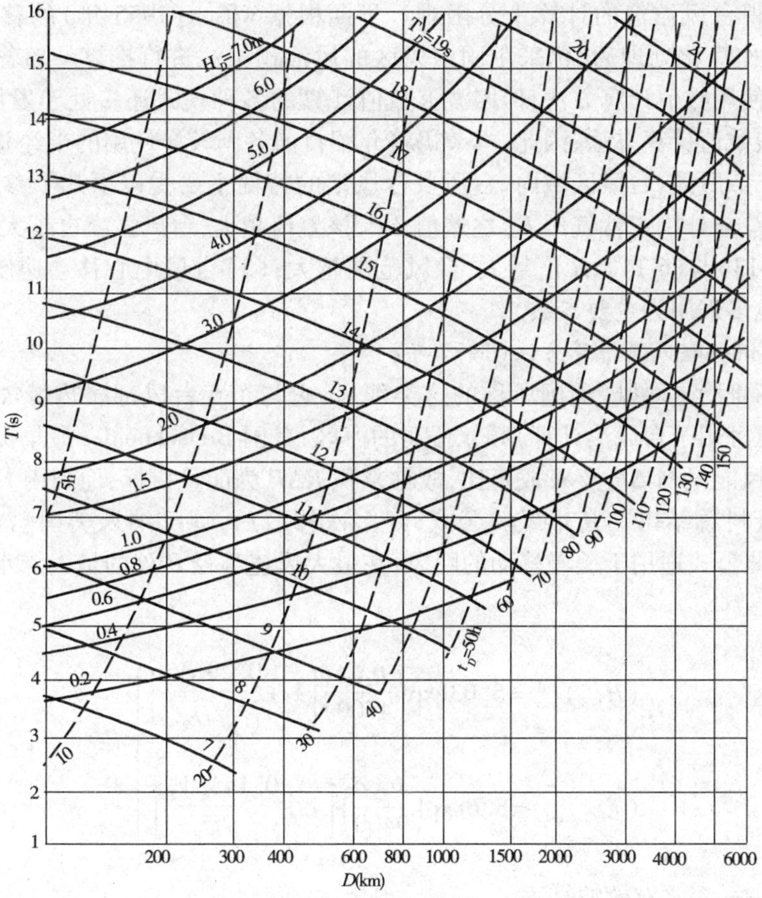

图 6-55 规范法涌浪计算图解

应该注意的是，如果风区在深水，预报点在岸边浅水区，则计算涌浪要素时所取的传播距离 D 不应包括岸边浅水部分，而应限于水深等于 1/4 ~ 1/2 波长处。显然，如果风区延伸到岸边，就不存在涌浪推算问题，但仍应直接进行波浪的浅水变形计算（见本章第八节），这是工程设计中经常遇到的情况。

有时，在岸边的港址处会出现两系列波浪（风浪与涌浪或涌浪与涌浪）相遇而形成混合浪的复杂情况，此时，可近似利用两系列波浪波能叠加的原理 $E = E_1 + E_2$，以及波能比例于波高的平方的关系，从而得混合浪的波高为

$$H_{混} = \sqrt{H_1^2 + H_2^2} \tag{6-118}$$

式中：H_1、H_2——风浪和涌浪的波高，或两系列涌浪的波高。

五、台风波浪的估算方法

关于台风的特性在本章第二节已扼要介绍。台风是影响我国的主要灾害性天气，因此对于筑港工程而言，台风波浪的推算问题十分重要，又十分复杂。

台风本身是移动的，上述固定风区的风浪推算方法已不适用。在台风移动过程中，因风速风向不断变化以及台风本身的移动速度和路径的不规则性，加上台风现场险恶，台风浪实测资

料难以获得,使得台风波浪的计算十分困难。早期根据 wilson(1955 年)的移动风区分析方法,对台风风场作简化处理后,仍采用固定风区的风浪预报法进行推算。随着计算技术的发展,目前多推荐使用数值计算方法,但因波浪数值计算的各种模式还多处于发展阶段,尚无完善公认的台风浪数值计算方法,因此,本节仍将介绍目前各国较多使用的半经验计算公式。

如本章第二节所述,台风区域内,台风及台风浪的特性主要受以下几个参数的影响:(1)台风中心气压 P_0 与外围正常气压 P_∞ 之差值 ΔP,该差值越大,台风强度也越大;(2)最大风速半径 R,见式(6-13)与(6-14),R 值越大,台风范围越大;(3)台风中心移动速度 V_F。因此,各种半经验公式也多采用为主要参数。

1. Bretschneider 飓风浪推算方法(1957 年)

大西洋墨西哥湾是飓风(美国所称的这类飓风,它与东亚台风都属热带气旋,经验证,飓风浪推算方法也可用于台风浪计算)频繁侵袭的海区,美国 Bretschneider 最早提出飓风浪计算方法并认为,飓风能量与 ΔP 及 R 成正比,故称乘积 $R\Delta P$ 为能量指标,他利用大西洋墨西哥湾的飓风浪实测资料总结出一套半经验公式,经多次修改后,现已纳入美国《海岸防护手册》(1984 年版)。此公式适用于缓慢移动的飓风,在最大风速半径 R 处的最大深水波浪要素的表达式如下。

$$\left.\begin{aligned}(H_{1/3})_{\max} &= 5.03\exp\left(\frac{R\Delta P}{4700}\right)\left[1+\frac{0.29\alpha V_F}{\sqrt{U_R}}\right]\\(T_{1/3})_{\max} &= 8.6\exp\left(\frac{R\Delta P}{9400}\right)\left[1+\frac{0.145\alpha V_F}{\sqrt{U_R}}\right]\end{aligned}\right\} \tag{6-119}$$

式中:$(H_{1/3})_{\max}$——深水有效波高,m;

$(T_{1/3})_{\max}$——对应的深水有效波周期,s;

R——飓风中心至最大风速处的距离,km;

ΔP——正常气压(P_∞)与飓风中心气压(P_0)之差,$\Delta P = P_\infty - P_0$,mmHg(毫米水银柱高度);

V_F——飓风中心移动速度,m/s;

U_R——在半径 R 处的平均海平面上 10m 高度处的最大持续风速,m/s;

$$U_R = 0.865U_{\max} \quad (\text{静止飓风}) \tag{6-120}$$

$$U_R = 0.865U_{\max} + 0.5V_F \quad (\text{移动飓风}) \tag{6-120'}$$

$U_{\max}$——海面上 10m 高程处最大梯度风速(m/s);

$$U_{\max} = 0.447[14.5\Delta P^{1/2} - R(0.31f)] \tag{6-121}$$

f——科氏力参数,$f = 2\omega\sin\varphi$,可由表 6-33 查出;

ω——地球自转角速度;

α——因飓风移动而取决于飓风前进速度和有效风距增长的系数,对移动缓慢的飓风建议 $\alpha = 1.0$。

科 氏 力 参 数　　表6-33

纬度 φ(°)	25	30	35	40
f(rad/h)	0.221	0.262	0.3	0.337

由于在北半球，大多数台风或飓风的移动方向都有自南向北的趋势，所以台风本身的移动就使台风场内风速与风向分布不对称，导致台风浪的分布也不对称：在台风移动方向的右侧，气旋流同台风中心移动方向基本一致，故合成的实际风速较大，从而风浪也较大；在台风移动方向左侧，气旋流与台风中心移动方向相反，故实际风速较小，台风浪因而也较小。图6-56为台风风速矢量的示意图，图中原点表示台风中心。

Bretschneider还给出飓风场内各处的波高等值线图，见图6-57。原点为飓风中心，细箭头表示各处的近似波向，粗箭头表示飓风中心移动方向。

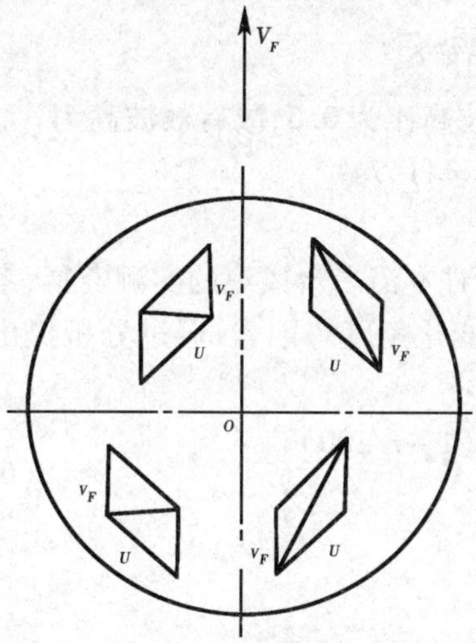

图6-56　各象限内台风风速的分布示意图

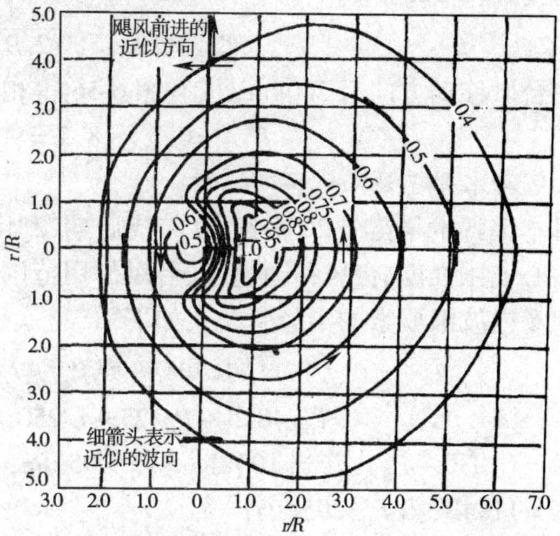

图6-57　缓慢移动飓风的相对有效波高等值线图

注：R-至最大有效波的径向距离；r-至计算点的径向距离

利用式(6-119)计算出最大风速半径R处的最大波高$(H_{1/3})_{max}$后，就能利用图6-56计算出离台风中心径向距离为r处各计算点的近似深水有效波高$H_{1/3}$，与$H_{1/3}$对应的波周期可按下式计算

$$T_{1/3}=12.1\sqrt{\frac{H_{1/3}}{g}} \tag{6-122}$$

式中：$H_{1/3}$——近似深水有效波高，m；

g——重力加速度。

例6-19　某时刻台风中心位于北纬35°处，$\Delta P=P_\infty-P_0=1013.3-935.1=58.7$mmHg，$R=67$km，$V_F=48.1km/h=13.4$m/s。求深水最大有效波高及其对应的最大有效周期，以及与台风移动方向垂直右侧和顺台风移动方向离台风中心200km后方的有效波高及其对应的有效周期。

先由表6-33查得$f=0.300$，由式(6-121)计算出海面上10m高度处的最大梯度风速

$$U_{max}=0.447[14.5(58.7)^{1/2}-67\times0.31\times0.3]=46.9\text{m/s}$$

由式(6-120′)得

$$U_R=0.865\times46.9+0.5\times13.4=47.3\text{m/s}$$

按式(6-119)得

$$(H_{1/3})_{\max}=5.03\exp\left(\frac{67\times58.7}{4700}\right)\left[1+\frac{0.29\times13.4}{\sqrt{47.3}}\right]=18.2\text{m}$$

$$(T_{1/3})_{\max}=8.6\exp\left(\frac{67\times58.7}{9400}\right)\left[1+\frac{0.145\times13.4}{\sqrt{47.3}}\right]=16.8\text{s}$$

在台风移动方向右侧200km处，由$r/R\approx3.0$，查图6-56得相对有效波高比为0.71，于是此处有效波高

$$H_{1/3}=0.71\times18.2=12.9\text{m}$$

再按式(6-122)得

$$T_{1/3}=12.1\sqrt{12.9/9.81}=13.9\text{s}$$

在台风移动方向后200km处，查图6-56得相对有效波高比为0.5，故有效波高为

$$H_{1/3}=0.5\times18.2=9.1\text{m},T_{1/3}=11.7\text{s}$$

2. 宇野木早苗法

日本宇野木早苗于20世纪50年代后期，利用太平洋日本沿岸台风浪的实测资料，考虑了台风中心气压强度、台风移动速度、台风作用范围和风向变化角度等因素，通过分析提出一套台风浪场内波浪要素的半经验公式如下

$$\left.\begin{aligned}&H_{1/3}=ka[1+n\cos(\theta-\alpha)]\times1.1/(1+r/200)\\&\overline{T}=48.5-P_0/25-r/250\end{aligned}\right\}\tag{6-123}$$

式中：$k=(1030-P_0)/7$，当$100\text{kPa}>P_0>95\text{kPa}$；

$k=11.43$，当$P_0<95\text{kPa}$；

P_0——台风中心气压，hPa；

$H_{1/3}$——台风场内某计算点(r,θ)处的有效波高，m；

$\overline{T}$——平均周期，s；

r——计算点至台风中心的距离，n mile；

θ——自台风移动方向线顺时针至台风中心与计算点连线的夹角；

a、n、α——根据台风移动速度V_F而定的系数，见表6-34。

表6-34

V_F(km/h)	a(m)	n	α(°)
0~20	0.9	0.25	105
20~40	1.11	0.1	150
>40	1.05	0.3	155

由式(6-123)可见，第一项系数k考虑了台风中心气压，第二项a值考虑台风中心移动速度，第三项考虑计算点的方位，最后一项考虑计算点的位置。

例6-20 仍按上例风场条件试按宇野木早苗法计算各点波浪要素。

先由$V_F=48.1\text{km/h}$，查表6-34得系数$a=1.05$，$n=0.3$，$\alpha=155°$，

为求最大有效波高，只要令式(6-123)中$\theta=\alpha, r=0$，于是

$$(H_{1/3})_{\max}=1.05[1+0.3\times1]1.1\times11.43=17.2\text{m}$$

$$\overline{T}_{\max}=48.5-935.1/25=11.1\text{s}, (T_{1/3})_{\max}=1.15\times11.1=12.8\text{s}$$

当$r=200\text{km}=108\text{n mile}, \theta=90°$时

$$H_{1/3}=1.05[1+0.3\cos(90°-155°)]\frac{1.1}{1+108/200}\times11.43=9.7\text{m}$$

$$\overline{T}=48.5-935.1/25-108/250=10.7\text{s}$$

$$T_{1/3}=1.15\times10.7=12.3\text{s}$$

当$r=108\text{n mile}, \theta=180°$时

$$H_{1/3}=10.9\text{m}, \overline{T}=10.7\text{s}, T_{1/3}=12.3\text{s}$$

3. 井岛武士法

日本井岛武士认为，最大波高随R及ΔP的增大而增大，但R的影响比ΔP为小，利用日本海的台风浪实测资料并于20世纪60年代提出一套以SMB法为基础的半经验公式及图解：

台风处于静止状态时，即$V_F\approx0$，台风区内的波浪要素与$R^{1/4}\Delta P^{3/4}$有关，最大波高及其对应的周期的表达式如下：

$$\left.\begin{aligned}(H_{1/3})_{\max}&=k_1R^{1/4}\Delta P^{3/4}\\(T_{1/3})_{\max}&=k_2(R^{1/4}\Delta P^{3/4})^{1/2}\end{aligned}\right\}\tag{6-124}$$

式中：R以km计，ΔP以hPa计，

$\varphi=10°$时，$k_1=0.140, k_2=1.57$；

$\varphi=30°$时，$k_1=0.126, k_2=1.47$。

可见，随纬度的增高，波浪要素将减小。

台风移动时，台风区域内波浪要素与$(R^{1/4}\Delta P^{3/4})/V_F^2$有关，他给出$\varphi=10°$及$30°$时最大波高与最大周期的图解曲线，见图6-58。图中横坐标中R以km计，ΔP以hPa计，V_F以m/s计。

例6-21 仍采用上述风场条件，试按井氏法推求最大有效波高及其周期。

计算出$(R^{1/4}\Delta P^{3/4})/V_F^2=0.419, \varphi=35°$，近似按$\varphi=30°$查图并计算出

$$(H_{1/3})_{\max}=14.4\text{m}, (T_{1/3})_{\max}=14.7\text{s}$$

井岛武士法的缺点是仅给出位于最大风速半径R附近的最大有效波浪，无法计算其他位置处的波浪要素，且地理纬度也受限制。

比较用以上三种方法计算出的同一风场条件下的最大有效波浪要素，可见，各种方法给出的结果是有一定差异的，布氏法的结果较大，宇氏法的结果居中，而井氏法的结果较低，这是因为各种方法所考虑的影响台风区内波浪要素的

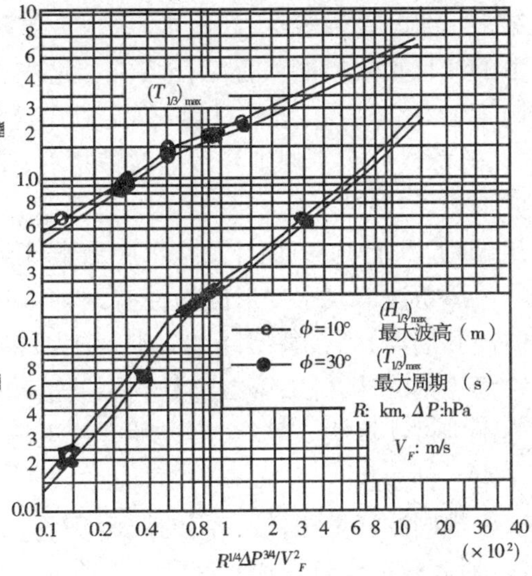

图6-58 井岛武士法台风浪计算图解

因素不尽相同，加上所引用的海区实测资料也各有不同所致。布氏采用的是纬度较低，且海域开敞的实测资料，宇氏采用的是纬度较高台风多已转向，强度有所降低的实测资料，井氏采用的是半封闭的日本海的资料，陆地边界明显限制台风浪的发展，故井岛武士法给的结果也明显偏低。

根据我国的实践经验，当计算点位于台风移动方向左侧时，用宇野木早苗法计算的波浪要素与实测结果较吻合；当计算海域位于台风移动方向右侧，而且台风中心气压比较低时，用Bretschneider 方法较为合适；若台风中心气压较高时，可采用宇野木早苗法。

总之，由于台风场的复杂性，台风浪计算的研究远不如固定风区完善。上述方法也只是估算途径，实际应用时应多作比较，特别要注意尽量收集台风浪的实测资料，以验证计算的结果。

第八节　波浪浅水变形

以上推算出的波浪要素，是离筑港地点较远深水处的深水波浪，或离港址仍有一定距离的测波浮筒所在水深处的波浪要素。以此作为原始波，继续向港址传播，进入浅水区后将发生显著变化，考虑这种变化的计算，通常称为波浪的浅水变形计算。

波浪从深水传入浅水过程中，无论波高、波长、波速以及波浪的剖面形状都将不断发生变化。促使波浪在浅水区发生变化的原因主要是水深变浅、地形复杂、海底摩擦、水流作用以及障碍物（岛屿、建筑物等）等的影响。波浪因浅水影响出现变形，也包括折射、绕射、反射以及破碎等现象，如果近岸海面上还有风作用，则波浪变形将更为复杂。这些现象是近岸浅水波的重要特征，换言之，近岸浅水波浪要素的尺度与结构是这些现象综合的结果。

实际上，在波浪的浅水变形分析中，要同时考虑所有这些现象的结果是十分困难的。通常对各种变形现象采用分别处理的办法，即就某种影响因素引起的波浪变形独立地分析讨论，其结果以某一系数表示，如浅水系数、折射系数、绕射系数、摩擦减损系数等。并假定所有这些系数的线性相乘就能获得综合结果。此外，在变形分析中，视具体情况只能考虑影响最大的若干因素，忽略次要因素。目前，确定近岸波浪要素的方法主要包括因水深变浅而导致的波浪变形；等深线分布不规则导致的波浪折射；障碍物引起的波浪绕射；较强水流（包括海流）引起的波浪变形；缓坡底床摩擦的影响以及近岸浅水的波浪破碎等，而忽略近岸海面上风的继续作用，即近岸主要为涌浪，忽略水底渗透等，从而使问题简化。

分析波浪浅水变形的途径有两种方法：第一种是选取某种代表近岸波的特征波（相应的波高和周期）来代替实际的海浪，作为规则波，用能量法来分析在水深变浅等作用下的变形，称为规则波计算法；第二种是利用波谱的概念，描述近岸浅水波的结构，计算其统计性质，称为不规则被计算法。显然，第二种方法更符合海上实际情况，但计算方法难度较大，本节介绍限于第一种方法。

规则波能量法，按应用的波浪理论，又可分为基于线性或非线性波浪理论的两种计算方法，后者较符合近岸浅水区的实际海浪，但计算复杂，本节介绍也限于基于线性波浪理论（微幅波理论）的计算方法。

一、水深变浅引起的波浪变形

深水波正向传入相对水深 $d/L_0<1/2$ 的平缓倾斜浅水区时，即波峰线与等深线平行或波向线垂直于等深线时，见图6-59，由于水深变浅，波浪能量的大小与分布发生变化，波要素也相应地发生变化。

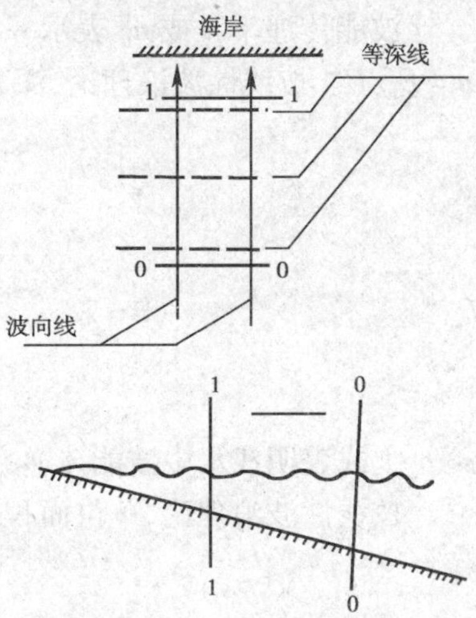

图6-59 深水波浪正向传入浅水区

1. 波长与波速的变化

实际海浪观测表明，波浪从深水传向海岸时，周期是基本上不变的或变化极微，即认为 $T\approx T_0$（下文波要素凡带脚注“0”者，均表示深水波要素，不带脚注者，则为浅水波要素）。图6-59沿波向线方向有两个断面，断面0-0位于深水，断面1-1位于浅水。稳定波时，单位时间内跨入断面0-0和跨出断面1-1的波峰个数应相等，否则两断面间波浪将不连续，这说明波浪从深水向浅水传播过程中周期不变化。

波周期不变的情况下，根据线性波浪理论，波长和波速将随水深变浅而减小。

由式(6-1)、式(6-2)及 $T=T_0$ 得

$$\left.\begin{aligned} L/L_0&=\tanh\frac{2\pi d}{L}\leqslant 1.0\\ C/C_0&=\frac{L/T}{L_0/T_0}=L/L_0=\tanh\frac{2\pi d}{L}\end{aligned}\right\}\qquad(6\text{-}125)$$

式(6-125)虽然简单，却互为隐含，需迭代求解。为使用方便，已将上式与相对水深的关系绘成曲线，见图6-60，又列成表格，见附表8。

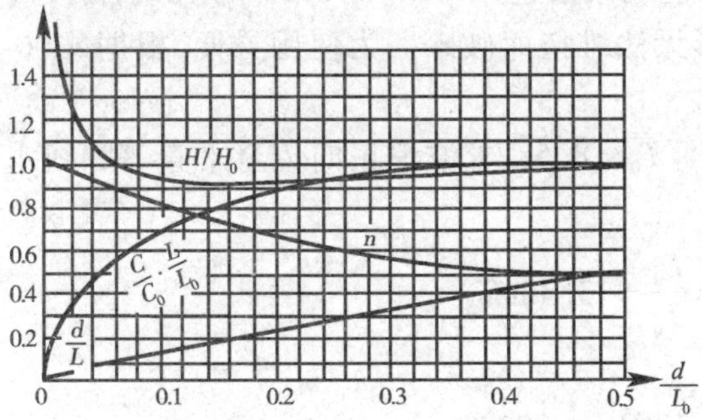

图6-60 因水深变浅的波浪要素变形曲线

图6-60中横坐标为相对水深 d/L_0，$d/L_0=0.5$ 就是深、浅水的界限。图中(L/L_0)(C/C_0)或 d/L 就是波长、波速在浅水区的变化曲线，可见随水深变浅，波长波速迅速减少。

2. 波高的变化

深水波正向行近浅水区时，波向线保持平行，见图6-59。可以假定两波向线间能量基本上不变化，波能量无横向交换穿越波向线。换言之，两波向线间单位时间输入深水断面0-0和输出浅水区断面1-1的能量应相等。略去海底摩擦和渗透等波能损耗不计，即两波向线间的波能流守恒，于是得

$$EnCb=E_0n_0C_0b_0\qquad(6\text{-}126)$$

式中：E_0、E——深、浅水中单位面积水柱的波动能量；

C_0、C——深、浅水中的波速；

b_0、b——深、浅水中两波向线间隔，两波向线平行时，$b=b_0$；

n_0、n——深、浅水中波能传递率。

波能传递率 n 或 n_0 表示一波周期内波浪向前传播的部分能量 E_n 与全部能量 E 之比，即 $n=E_n/E$。按线性波浪理论，深、浅水中波能传递率的表达式为

$$\left.\begin{aligned} n_0 &= \frac{1}{2} \\ n &= \frac{1}{2}\left[1+\frac{\frac{4\pi d}{L}}{\sinh\frac{4\pi d}{L}}\right] \end{aligned}\right\} \tag{6-127}$$

上式表明浅水中波能传递率的变化范围在0.5～1.0之间，水深很浅时，$\sinh x \approx x$。

按线性波浪理论，单位面积水柱的波能量正比于波高的平方，即

$$\left.\begin{aligned} E_0 &= \frac{1}{8}\gamma H_0^2 \\ E &= \frac{1}{8}\gamma H^2 \end{aligned}\right\} \tag{6-128}$$

式中：γ——水的容重。

于是由式(6-126)和(6-128)得

$$\frac{H}{H_0}=\sqrt{\frac{n_0C_0}{nC}}=\sqrt{\frac{n_0L_0}{nL}}=K_s \tag{6-129}$$

式中：K_s——浅水系数，它表示无折射时，深、浅水中波高的变化。

由上式可见，浅水系数仅与波长和水深有关，它随相对水深变化的曲线已绘于图6-60中。由图可见，在波浪进入浅水区初期，波高略有减小，但当波浪进入 $d/L_0<0.163$ 的区域后，波高则逐渐增大，并超过深水波高，直至波陡太大，波形无法维持而破碎。为使用方便，根据式(6-129)编制了表格，见附表8。

例6-22 已知深水波高 $H_0=3.6\text{m}$，深水波周期 $T_0=8.5\text{s}$，求波浪正向传至平直等深线水深12m和5m处时的波高、波长和波速。

由式(6-1)得 $$L_0=\frac{gT_0^2}{2\pi}=113\text{m},\ C_0=\frac{L_0}{T_0}=13.3\text{m/s}$$

$d=12\text{m}$ 处，$d/L_0=0.1062$，查附表8得

$$L/L_0=C/C_0=0.7252,\ H/H_0=0.9282$$

于是得

$$L=0.7252\times113=82\text{m}$$
$$C=0.7252\times13.3=9.6\text{m/s}$$
$$H=0.9282\times3.6=3.3\text{m}$$

同理 $d=5\text{m}$ 处，$d/L_0=0.0442$，查附表8得

$$L/L_0=C/C_0=0.5025,\ H/H_0=1.045$$

于是得 $$L=57\text{m},\ C=6.7\text{m/s},\ H=3.8\text{m}$$

由此可见，波浪传至5m水深处，浅水波高已比深水波高为大，如何判断这样的波高是否已破碎将在本节以后介绍。

二、波浪折射

波浪自深水向岸边传播进入浅水($d/L_0<1/2$)后,由于水下地形影响,等深线往往与波峰线不平行,因此,除了有与波浪正向行近岸边时相似的变化外,在平面上波浪传播方向或波向线将偏转并引起波高的变化,此时,波峰线也将随海底地形而变得弯曲,最终趋向于与海岸线相适应或接近平行,这种近岸波浪传播变形现象称为波浪折射。

1. 波浪折射原理

波浪在浅水区发生折射的原因是,波浪传向岸边,当波峰线与等深线成某一角度时,由于同一波峰线上不同点处的水深不同,而波速也不同。波速随水深减小而降低,水较深处,波速较大,波浪传播较快;水较浅处,波速较小,波浪传播就慢,致使水深处的波峰传播快于水浅处的波峰,使波峰线与等深线间的夹角减小,即波峰线逐渐趋于与等深线平行,见图6-61。

波峰线与等深线间夹角的变化,与光波折射相似,也服从光波折射定律,见图6-62。

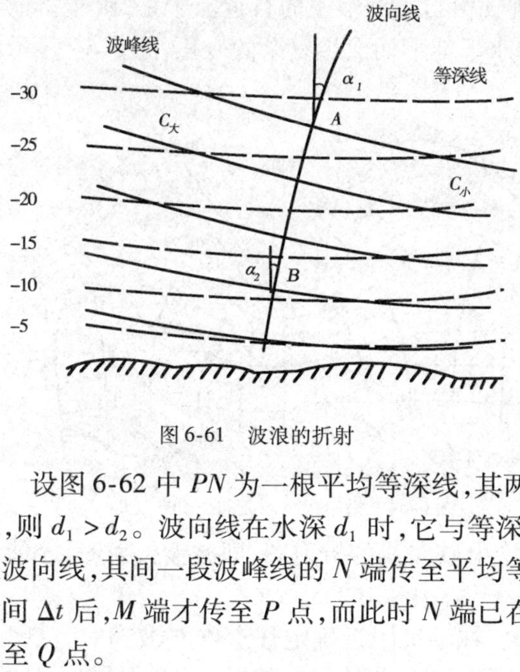

图6-61　波浪的折射

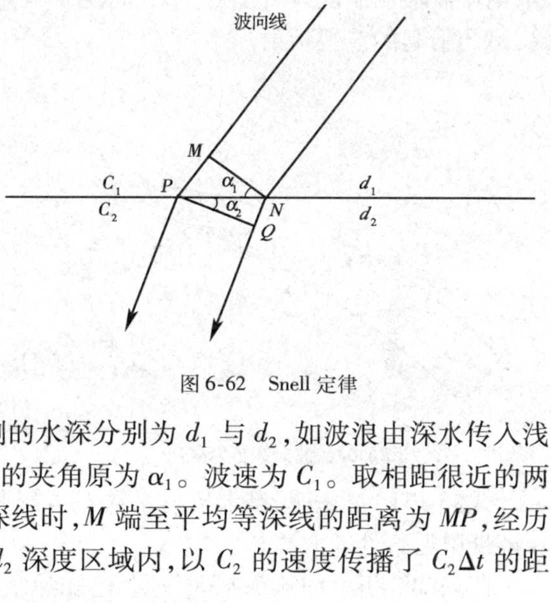

图6-62　Snell 定律

设图6-62中 PN 为一根平均等深线,其两侧的水深分别为 d_1 与 d_2,如波浪由深水传入浅水,则 $d_1>d_2$。波向线在水深 d_1 时,它与等深线的夹角原为 α_1。波速为 C_1。取相距很近的两根波向线,其间一段波峰线的 N 端传至平均等深线时,M 端至平均等深线的距离为 MP,经历时间 Δt 后,M 端才传至 P 点,而此时 N 端已在 d_2 深度区域内,以 C_2 的速度传播了 $C_2\Delta t$ 的距离至 Q 点。

在三角形 PNM 与 PNQ 中有

$$\frac{MP}{\sin\alpha_1}=\frac{NQ}{\sin\alpha_2}\quad 或\quad \frac{C_1\Delta t}{\sin\alpha_1}=\frac{C_2\Delta t}{\sin\alpha_2}$$

由此得

$$\frac{\sin\alpha_1}{C_1}=\frac{\sin\alpha_2}{C_2}\tag{6-130}$$

此即光波的折射定理,又称 Snell 定律,式中 α_2 即为折射后波峰线与平均等深线间的夹角。

由于折射影响,波向线进入浅水后常不再保持平行,但是,根据波能流守恒,两波向线间单位时间内输入深水某断面0-0和输出任意浅水断面1-1的能量仍应相等,见图6-63。于是由

式(6-126)得

$$\left.\begin{aligned} \frac{H}{H_0} &= \sqrt{\frac{n_0L_0}{nL}} \cdot \sqrt{\frac{b_0}{b}} = K_sK_r \\ H &= H_0K_sK_r \end{aligned}\right\} \tag{6-131}$$

或

式中：K_s——浅水系数；

K_r——称为折射系数，$K_r = \sqrt{\frac{b_0}{b}}$；

b_0、b——两波向线在深水、浅水处的间距。

上式表明，当波浪斜向行近岸边时，除因水深变浅，导致波高发生变化外，还因折射影响使两波向线间的间距发生变化，亦会导致波高发生变化，此变化可以用折射系数 K_r 反映。

在浅水区如波向线扩散，即 $b > b_0$，$K_r < 1$，波高将因折射而减小；如波向线辐聚，即 $b < b_0$，$K_r > 1$，波高将因折射而增大；$K_r = 1$，则无折射影响，相当于波浪正向行近。于是，由于折射影响，沿岸波浪的波向线常不再平行，将随不规则的水下地形而发生复杂的变化，图 6-64 显示海湾、岬角引起的波浪折射。

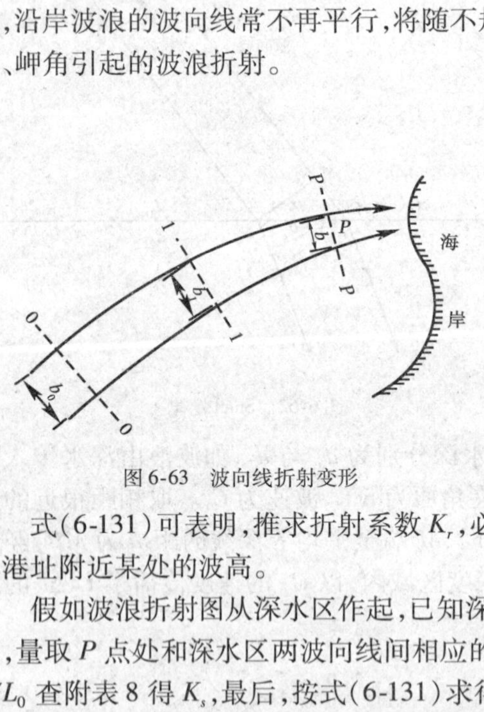

图 6-63　波向线折射变形

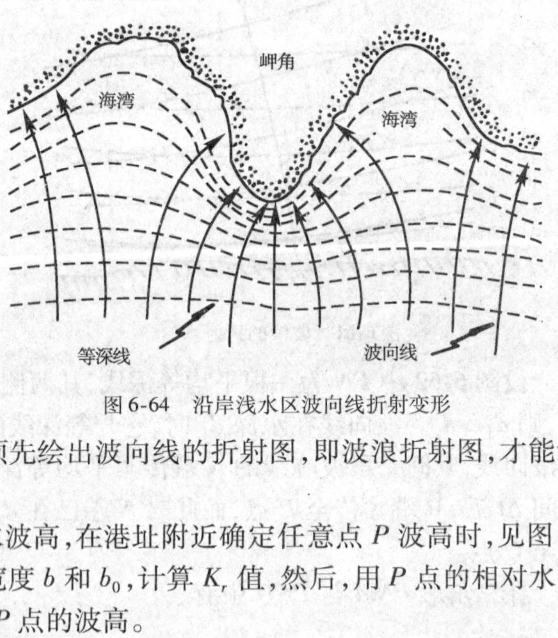

图 6-64　沿岸浅水区波向线折射变形

式(6-131)可表明，推求折射系数 K_r，必须先绘出波向线的折射图，即波浪折射图，才能计算港址附近某处的波高。

假如波浪折射图从深水区作起，已知深水波高，在港址附近确定任意点 P 波高时，见图 6-63，量取 P 点处和深水区两波向线间相应的宽度 b 和 b_0，计算 K_r 值，然后，用 P 点的相对水深 d/L_0 查附表 8 得 K_s，最后，按式(6-131)求得 P 点的波高。

如波浪折射图自浅水区的某处 d_1（如测波浮筒所处水深）作起，已知该处波高 H_1（可能属于浅水波高），见图 6-63，则 P 点的波高应由下式计算：

$$H = \sqrt{\frac{b_1}{b}} \cdot \frac{K_{sp}}{K_{s1}} \cdot H_1 \tag{6-132}$$

式中：b_1——两波向线在水深 d_1 处的宽度；

K_{sp}——P 点的浅水系数，按 d_p/L_0 查附表 8；

K_{s1}——水深 d_1 处的浅水系数，按 d_1/L_0 查附表 8。此式实际表示，由深水至水深 d_1 处的折射影响，由于水深相对还比较深而忽略不计。

波浪折射后的波向，可从折射图上量读。

应当注意，按式(6-131)或(6-132)进行计算时，一般采用平均波高 $\overline{H}$。若已知的深水波高为其他累积频率波高时，如 $H_{1/10}$，可按本章图 6-22 换算成平均波高 $\overline{H}$。周期仍取平均周期 $\overline{T}$。

例 6-23 在 $d=29\text{m}$ 处，观测得 $H_{1/10}=6.7\text{m}$，$=8.0\text{s}$，已绘出自此处至岸边折射图，求 $d_p=14\text{m}$ 处某点 P 的波高 $H_{1/10}$、$H_{1\%}$ 和平均波长 $\overline{L}_p$。

按 $\overline{T}=\overline{T}_0$ 得 $\overline{L}_0=1.56\overline{T}_0^2=100\text{m}$，由 $d/L_0=0.29<0.5$，判断出 $d_1=29\text{m}$ 处已属浅水，按 $(H_1)_{1/10}/d_1=0.231$ 查图 6-22 得 $\overline{H}_1=3.5\text{m}$。

在折射图上量得 $b_p=2.5\text{cm}$，$b_1=1\text{cm}$，于是

$$K_r=\sqrt{\frac{1}{2.5}}=0.632$$

由 $d_p/L_0=0.14$ 及 $d_1/L_0=0.29$ 查附表 8 得 $K_{sp}=0.915$，$K_{s1}=0.946$，于是按式(6-132)得

$$\overline{H}_p=0.632\times\frac{0.915}{0.946}\times3.5=2.1\text{m}$$

由 $\overline{H}_p/d_p=2.1/14=0.15$ 查图 6-22 得

$$(H_p)_{1/10}=3.9\text{m},(H_p)_{1\%}=4.6\text{m}$$

又由 $d_p/L_0=0.14$ 查附表 8 得 $L/L_0=0.80$，于是 $\overline{L}_p=80\text{m}$，波向则由折射图上直接量出。

2. 折射图的绘制

如上所述，计算近岸波高，须先绘制波浪折射图。

计算波浪折射的方法有两种：一种是规则波计算法，另一种是不规则波计算法，后者显然比较合理，但很复杂，本节不拟介绍。

规则波的折射计算方法主要又分为三种：第一种是解析法，利用光波折射定律和波高变化公式直接计算波高和波向。此法仅适用于海滩平缓、等深线平直的情况，由于现实中很少这样理想的海滩，使用甚少。

第二种是图解法，又分为波峰线法和波向线法。波峰线法先绘制波峰线，然后按变形后的波峰线再绘制出波向线，因此绘制过程中的误差逐步累积，工作费时繁琐，已逐渐淘汰。波向线法是先绘制波向线，有各种绘制方法，我国技术规范推荐的方法是，直接由 Snell 定律推出波向线变化，该法适用于水下地形不十分复杂的近岸海区。

地形复杂需选用第三种，即数模计算方法。也分两种方法：一种是以 Snell 定律为基础建模；另一种是基于流体力学的运动方程和连续方程建模，后者常用于相当复杂的地形。

本节主要介绍规范推荐的图解法，对基于 Snell 定律的数值近似计算方法也作简单介绍。

1）波向线图解法绘制折射图

(1)折射图绘图器。我国学者根据波浪折射原理研制出一种绘制折射图的专用绘图器，其基本原理如下：

令折射影响的波向线变化角为 $\Delta\alpha$，则由式(6-130)可得

$$\Delta\alpha = \alpha_1 - \alpha_2 = \alpha_1 - \arcsin\left(\frac{\sin\alpha_1}{C_1/C_2}\right) \tag{6-133}$$

由上式可见，如已知原入射波向角 α_1 和波速比 C_1/C_2，即可确定平均等深线处的转角 $\Delta\alpha$。

将上式用极坐标表示，径向距离代表比值 C_1/C_2，曲线簇代表两等深线间的波向变化角 $\Delta\alpha$，幅角代表入射角。极轴两侧分别适用于 $C_1/C_2>1$ 和 $C_1/C_2<1$ 的情况。图6-65 就是按此原理，用透明有机玻璃制成的半圆形绘图器。

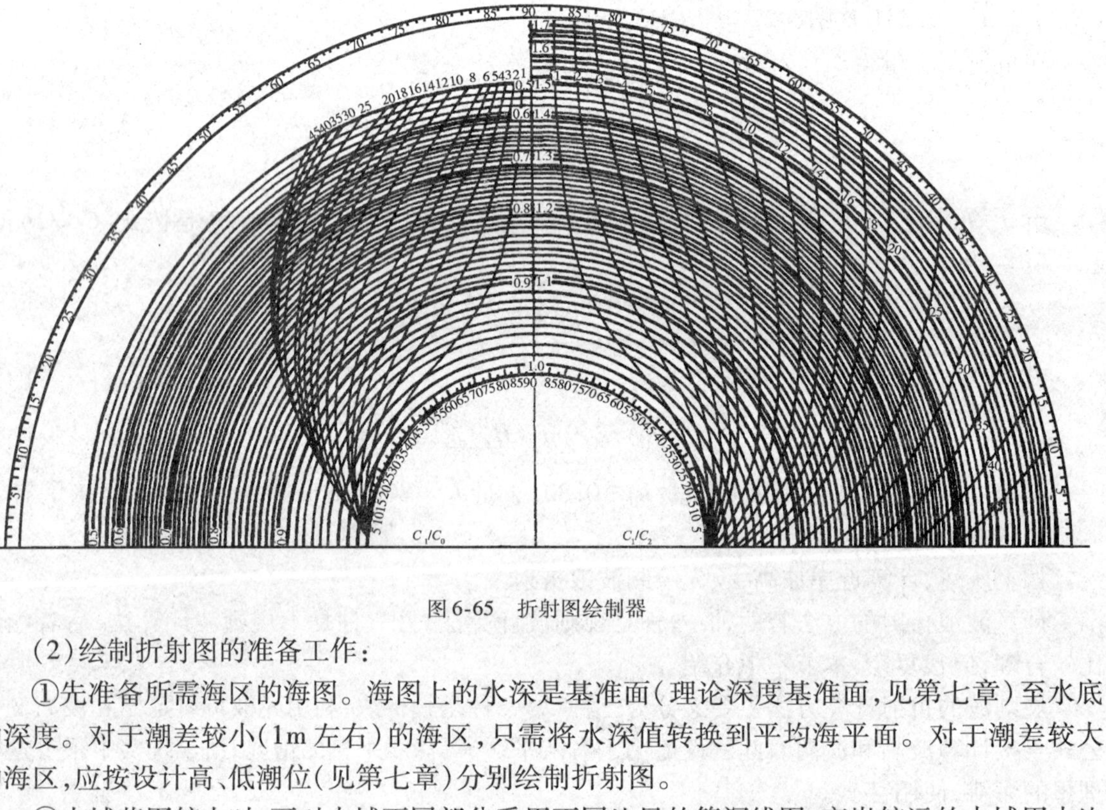

图6-65　折射图绘制器

(2)绘制折射图的准备工作：

①先准备所需海区的海图。海图上的水深是基准面(理论深度基准面，见第七章)至水底的深度。对于潮差较小(1m 左右)的海区，只需将水深值转换到平均海平面。对于潮差较大的海区，应按设计高、低潮位(见第七章)分别绘制折射图。

②水域范围较大时，可对水域不同部分采用不同比尺的等深线图：离岸较远的水域用小比尺海图，如 1:10000 ~ 1:40000 的海图；近岸水域用较大比尺的水深图，如 1:1000 ~ 1:10000 的水深图。不同比尺的折射图应能互相衔接，即在相邻图交接处的波向应该保持一致。

③等深线需进行适当修饰，使之顺滑。因为，波浪折射不像光波折射那样灵敏，海底地形局部微小变化的影响难以反映，而作图方法又有一定的近似性。否则会画蛇添足，有时可能得到不合理的结果。

等深线的间隔(相邻两等深线的深度差)应随深度的减小而缩小，可参考表6-35 确定。对于变化较小的地形，可取其大值；复杂地形则取其小值。

表6-35

水深范围(m)	200 ~ 100	100 ~ 50	50 ~ 20	20 ~ 10	<10
等深线间隔(m)	20 ~ 10	10 ~ 5	5 ~ 2	2 ~ 1	1

用实测资料推算深水波时，应取测站的水深作为折射图的起始水深；而用气象资料推算深水波浪时，一般认为，应取 $d = L_0/2$ 处开始作波浪折射图，如果允许折射图的波向有一定的误差，则可将起始水深显著减小，参照表 6-36 确定。

表 6-36

$\alpha(°)$	≤30°	31°~45°	46°~60°
d(m)	$L_0/10$	$L_0/7$	$L_0/5$

注：表中 α 为折射图起始等深线的平均走向与波峰线间的夹角。

④根据计算出的周期 $\overline{T}$，按式(6-1)计算深水波长 L_0，将各等深线转换为相对水深 d/L_0，查附表 8 得 C/C_0，并计算对应的波速比 C_1/C_2。表 6-37 为一示例。

表 6-37

d(m)	d/L_0	C/C_0	C_1/C_2	C_2/C_1
29	0.242	0.926		
			1.010	0.990
28	0.233	0.917		
			1.022	0.978
25	0.208	0.897		
			1.062	0.943
20	0.167	0.845		
			1.097	0.911
15	0.125	0.770		
			1.168	0.856
10	0.083	0.659		
			1.345	0.744
5	0.042	0.490		
			1.541	0.649
2	0.017	0.318		

(3)折射图的绘制。利用绘图器定波向线分以下两种情况：

①波浪由深水向浅水传播，即 $C_1/C_2>1$。此时绘图器的放置方法见图 6-66。图中虚线表示等深线，中间为平均等深线，AO 为原波向线，PQ 为平均等深线切线，nm 为绘图器的直边。如波向线 AO 在 $C_1/C_2>l$ 一侧，则按图 6-66a)放置绘图器，由 AO 与对应的 C_1/C_2 的圆弧的交点读取 $\Delta\alpha$，按图 6-66b)绘出折射后波向线。如波向线不在绘图器的 $C_1/C_2>1$ 的一侧，则按图 6-66c)放置绘图器，读取 $\Delta\alpha$，并绘出折射后波向线。

②波浪由浅水向局部深水传播，则取绘图器 $C_1/C_2<1$ 的一侧使用，见图 6-67，也分两种情况读取 $\Delta\alpha$ 值，并绘制折射后波向线。

为便于记忆，操作过程可简单归结为两点：其一，必须使折射前的波向线或平均等深线的切线落入绘图器所需的 C_1/C_2 一侧；其二，转动 $\Delta\alpha$ 角时，顺折射前波向线走向分左、右两侧，$\Delta\alpha$ 角永远向水浅的一侧偏转，即波向线朝水浅的区域弯曲，并逐渐趋向垂直于等深线。

当入射角大于 80°时，如图 6-68a)所示，应用上述操作方法有困难，特别是 $C_1/C_2<1$ 的情况下，此时应采用分段的方法绘制波向线。按图 6-68a)分成几段，每小段的转角在图 6-68b)上读取，直至入射角小于 80°后，再按前述方法继续作图。

由上述方法作出的波向线是由分段直线连成，必要时可略予修饰，使之顺滑。

2)绘制折射图的数值方法简介

用图解法绘制折射图有以下缺点：其一，在复杂的地形情况下，绘图过程中有一定的任意性，如平均等深线的处理、波向线和等深线接近平行时的处理等，多取决于绘图者的判断和经验，易造成相当误差；其二，由于工作量大，往往不能将波向线间隔取得过小，故难以得到全面而又精确的结果；其三，不易准确显示并处理波向线相交等问题。当前在地形复杂的情况下已日益更多地采用数值计算方法来绘制折射图。

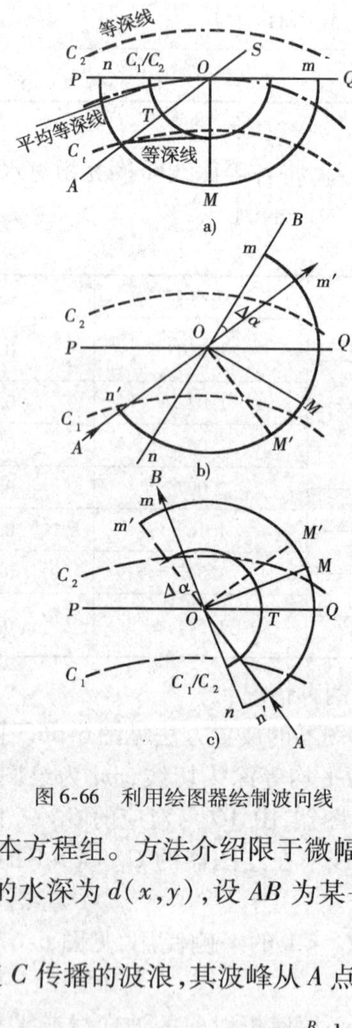

图 6-66　利用绘图器绘制波向线

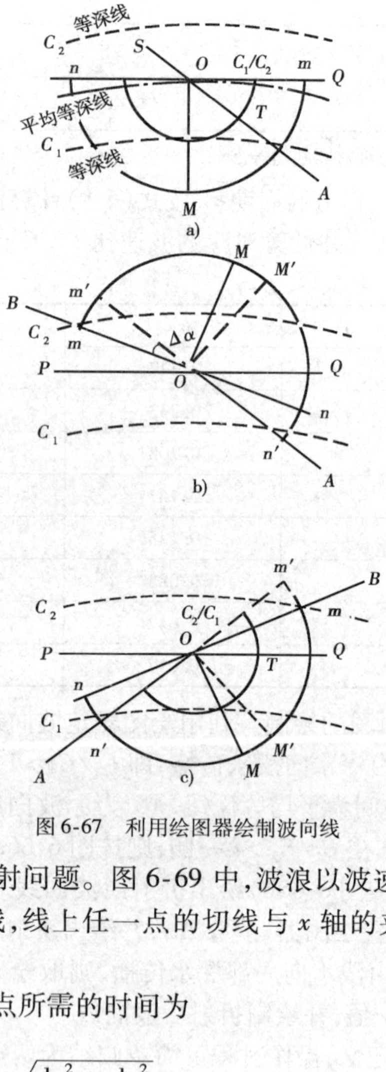

图 6-67　利用绘图器绘制波向线

(1)基本方程组。方法介绍限于微幅波的折射问题。图 6-69 中，波浪以波速 $C(x,y)$ 传播，任意点的水深为 $d(x,y)$，设 AB 为某一波向线，线上任一点的切线与 x 轴的夹角为 $\theta(x,y)$。

以波速 C 传播的波浪，其波峰从 A 点传到 B 点所需的时间为

$$t = \int_A^B \frac{\mathrm{d}s}{C} = \int_A^B \frac{1}{C}\sqrt{\mathrm{d}x^2 + \mathrm{d}y^2}$$

式中：s——波向线弧长变量。为推导方便，取弧长变量 s 作为参变量，上式可写为

$$t = \int_A^B \frac{1}{C(x,y)}[1 + (y'/x')^2]^{1/2} x'\mathrm{d}s = \int_A^B f(x,y,x',y')\mathrm{d}s \tag{6-134}$$

式中：$x' = \mathrm{d}x/\mathrm{d}s = \cos\theta$；$y' = \mathrm{d}y/\mathrm{d}s = \sin\theta$

利用光学中的费马(Fermat)原理，波从 A 点传播到 B 点总是沿着需时最小的路径。于是式(6-134)表示的泛函需取极小值。根据变分原理，此泛函取得极小值的必要条件是，被积函数 $f(x,y,x',y')$ 应满足如下尤拉方程。

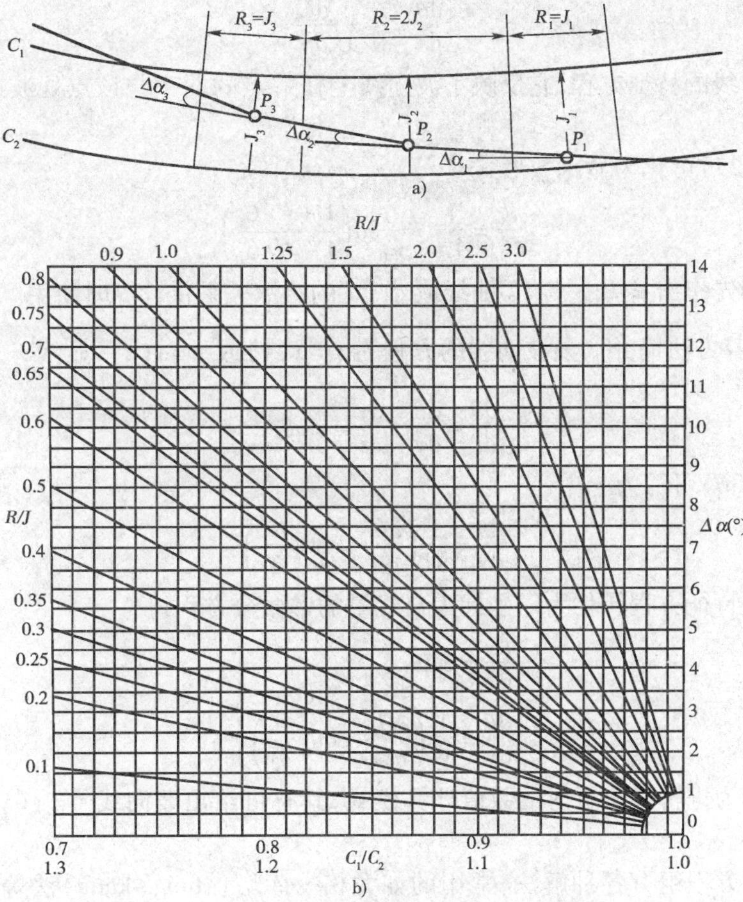

图 6-68　入射角大于 80°时，波向线绘制方法

$$\left.\begin{aligned}\frac{\partial f}{\partial x}-\frac{\mathrm{d}}{\mathrm{d}s}\left(\frac{\partial f}{\partial x'}\right)=0\\ \frac{\partial f}{\partial y}-\frac{\mathrm{d}}{\mathrm{d}s}\left(\frac{\partial f}{\partial y'}\right)=0\end{aligned}\right\}\tag{6-135}$$

按式(6-134)求出上式中各项偏导数并代入，再利用交叉相乘法消去 $\mathrm{d}C/\mathrm{d}s$ 项得：

$$\frac{\mathrm{d}\theta}{\mathrm{d}s}=-\frac{1}{C}\left(-\sin\theta\frac{\partial c}{\partial x}+\cos\theta\frac{\partial c}{\partial y}\right)$$

由图 6-69 得 $\frac{\mathrm{d}x}{\mathrm{d}n}=-\sin\theta,\frac{\mathrm{d}y}{\mathrm{d}n}=\cos\theta$

式中 n 为波峰线弧长变量，从而由复合函数的微分公式得

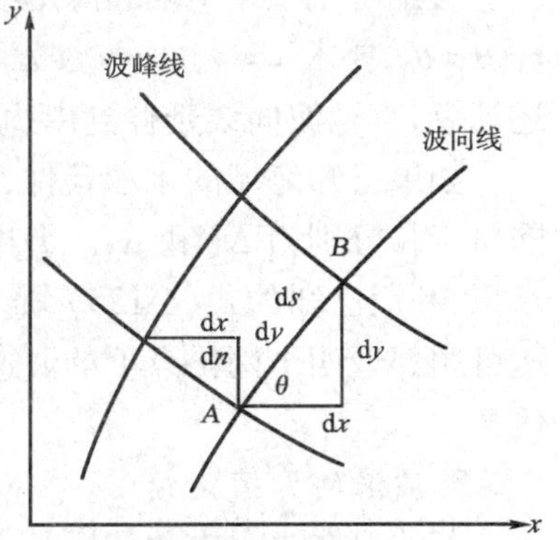

图 6-69　折射图的数值计算

$$\frac{\mathrm{d}C}{\mathrm{d}n}=-\sin\theta\frac{\partial C}{\partial x}+\cos\theta\frac{\partial C}{\partial y}$$

于是得

$$\frac{\mathrm{d}\theta}{\mathrm{d}s}=-\frac{1}{C}\frac{\mathrm{d}C}{\mathrm{d}n} \tag{6-136}$$

这就是波向线的特征方程，它反映了波向线上任一点的曲率与该点处波速沿波峰变化之间的关系。

另外式(6-125)可化为显函数形式

$$\frac{d}{L_0}=\frac{1}{4\pi}\cdot\frac{C}{C_0}\ln\left(\frac{1+C/C_0}{1-C/C_0}\right) \tag{6-125′}$$

按上式可事先作出 $d/L_0 \sim C/C_0$ 曲线或 $d \sim C$ 的函数关系供计算时使用。

(2)数值计算方法简介。设波向线的方程为 $x=x(y)$ 或 $y=y(x)$，显然 $\frac{\mathrm{d}x}{\mathrm{d}y}=\cot\theta$

因为

$$\frac{\mathrm{d}\theta}{\mathrm{d}s}=\frac{\mathrm{d}\theta}{\mathrm{d}y}\cdot\frac{\mathrm{d}y}{\mathrm{d}s}=\sin\theta\frac{\mathrm{d}\theta}{\mathrm{d}y}$$

所以式(6-136)可写为

$$\frac{\mathrm{d}\theta}{\mathrm{d}y}=\frac{1}{C}\left(\frac{\partial C}{\partial x}-\cot\theta\frac{\partial C}{\partial y}\right)$$

从而波向线特征方程转化为以坐标为自变量的常微分方程组

$$\left.\begin{aligned}&\frac{\mathrm{d}x}{\mathrm{d}y}=\cot\theta\\&\frac{\mathrm{d}\theta}{\mathrm{d}y}=\frac{1}{C}\left(\frac{\partial C}{\partial x}-\cot\theta\frac{\partial C}{\partial y}\right)\end{aligned}\right\} \tag{6-137}$$

此方程组即为进行波浪折射的数值计算模式，其解可给出波向线 $y=y(x)$ 以及波向线上波向角 θ。

上述常微分方程组有各种解法，常用的如龙格—库塔(Runge-kutta)法等，具体解法本节不再细述，仅扼要介绍计算过程中水深和地形的处理。

假定海域位于 x 轴和海岸线之间，初始值在 x 轴上给出，见图6-70，即当 $y=0$ 时，已知 $x=x_0$，$\theta=\theta_0$，要求 $y=y_{n+1}=y_n+\Delta y$ 时的函数值 $x=x_{n+1}$，$\theta=\theta_{n+1}$。以所得值为新初始值，重复上述计算，直至波向线延伸到岸边。

如果已知海域的水深条件，用平行于坐标轴的直线将海域划分为矩形网格，x 和 y 方向的网格步长分别为 Δx 和 Δy。海岸线用通过网格点的折线表示。根据水深资料给出网格点处的水深，利用已知的式(6-125)，通过插值就可计算出网格各点上的波速值。网格中任意点的波速可用邻近四个网格点上的波速值插值而得。计算时式(6-137)中的偏导数可用差商近似式代替。

3. 波浪的摩擦减损

若波浪在浅水中的传播距离较长或水底坡度很缓(约1/1000～1/2000)，且水底又比较粗糙时，除上述水深变浅和折射影响外，还应考虑水底摩擦对波高的影响。

计算摩擦减损的具体方法是根据起始波高 H_0、周期 T_0、波浪在浅水区的传播距离 Δx、浅水区的平均水深 d 和底摩擦系数 f(通常采用0.01～0.02)，按 $T=T_0$ 由图6-71查得波高经过该距离后的摩擦减损系数 K_f。由图可见当水平距离很长，且水深很浅时，摩擦损耗是明显的，不能忽略。

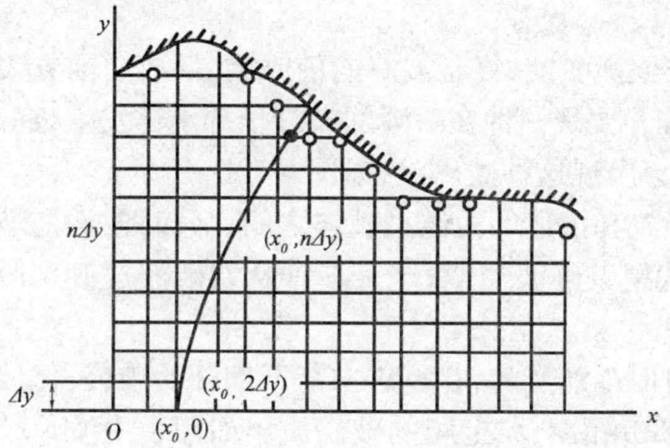

图 6-70　折射数值计算网格

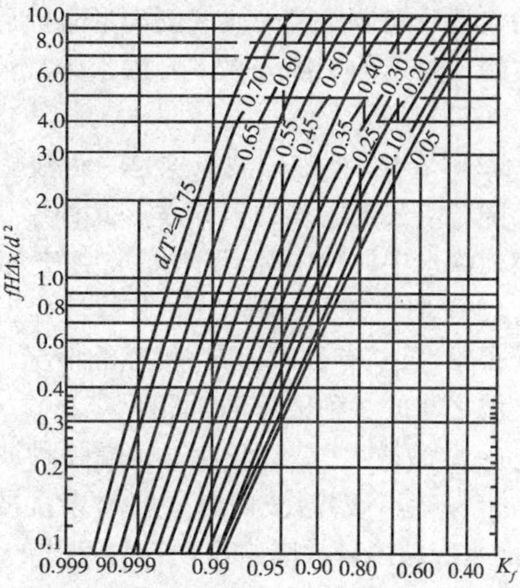

图 6-71　等深度水底上的波高摩擦损减系数

综上所述，到达该距离末端的波高应为

$$H = H_0 K_s K_r K_f \tag{6-138}$$

式中：K_f——摩擦减损系数；

K_s——浅水系数；

K_r——折射系数；

H_0、H——深、浅水处的平均波高。

三、近岸波浪的破碎

1. 近岸波浪破碎机理

近岸波浪的破碎机理可解释如下：根据图 6-59 表明，波浪进入浅水后，波长渐短，波高开始时也略减小，但以后就逐渐增大，因此当波浪传播到一定浅水后，波陡就迅速增大。另一方面，因波谷处的水深比波峰处要小，波谷受海底摩擦影响较大，因而波谷的传播速比波峰小，因此波峰逐渐向前追赶波谷，波形扭曲前倾，前坡变陡。因此到一定水深后，波浪或因波陡达到极限（理论上极限 $H/L \approx 1/7$）失去稳定而破碎；或因前坡陡峭倾倒或峰顶破碎（理论上极限波峰顶角达 120°）。这些都是波浪的破碎现象。

波浪破碎处的水深为临界水深也称为破碎水深，以 d_b 表示，相应的波高称为破碎波高，以 H_b 表示，也是在水深 d_b 条件下可能出现的最大波高，故又称为极限波高。近岸区波浪自第一次发生破碎的外缘直到岸边的水域称为破波区或破波带，在此水域内波浪将多次发生破碎，直至岸边形成上爬破波水流。在破碎带内大量波浪能量消耗于摩擦、涡动和掀动泥沙，同时形成前进水流。这种波浪破碎效应在工程实践中应予以充分注意。

2. 波浪破碎的形态

波浪破碎的形态是多种多样的，主要取决于深水中的波陡和近岸水底的坡度，大致可分为四种类型。

（1）"崩波"型破碎波。这是一种波峰开始出现白色浪花，而逐渐向波浪的前面扩大至崩碎的波型。崩波型破碎波的剖面形态前后还比较对称，波形的破碎方式是逐渐形成的，只发生在波峰顶附近的一部分水体。深水中波浪较陡，且水底较平坦时将会出现这种形态的破碎波，如图6-72a)所示。

(2)"卷波"型破碎波。这是一种波峰前坡逐渐变陡，终于波峰向前倾倒，形成向前方飞溅并伴随着空气的卷入的破碎波。此种形式的破碎波是一种在一瞬间波峰顶部水体发生破碎的波浪。深水中波陡中等，且水底坡度较大时将会出现这种破碎波，如图6-72b)所示。

(3)"坍滚波"型破碎波。其特性介于卷碎波和下述的激散型破波之间。其时波面前坡底部变得铅直，并有破碎浪花，爬坡的情况与激散型破碎波类似，这是一种从卷破波过渡到激散型破波之间的一种破碎坡，见图6-72c)。

(4)"激散波"型破碎波。这是一种波的前面逐渐变陡，在行进中从下部开始破碎，但波峰基本上保持不破碎，波前方呈非常杂乱的状态，并沿斜坡上爬的破碎波。如深水中波浪较平缓，而水底坡度较大时常出现这种型式的破碎波，如图6-72d)所示。

上述几种型式的破碎波之间并无严格的界线，它们常常互相交错出现。一般说来，深水波陡超过0.06的波浪传至浅水时常形成崩波型破碎波；深水波陡介于0.06~0.03之间时，较平坦水底上也常形成崩波型破碎波；而底坡较陡时则常形成卷波型破碎波。当深水波陡小于0.009，底坡较陡时常出现激散型破碎波；底坡较缓时则常形成卷波型破碎波。图6-73即为各种破碎波的大致界限，图中横坐标为水底坡度，纵坐标为深水波陡。

当然，图6-73是在实验室里用规则波进行试验得出的结果，实际的海浪为不规则波，其破碎形态要复杂得多。

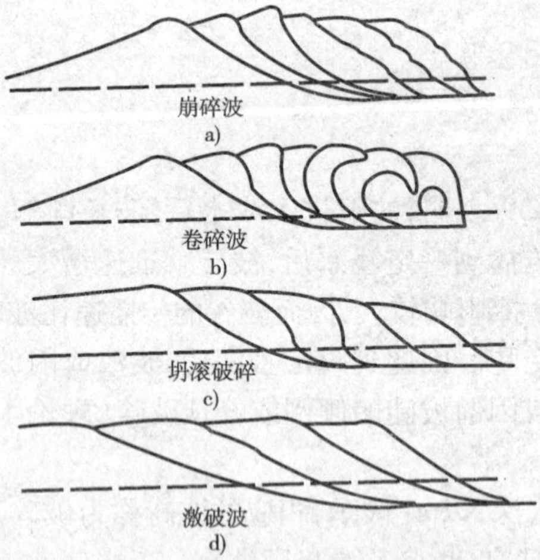

图6-72　波浪破碎形态

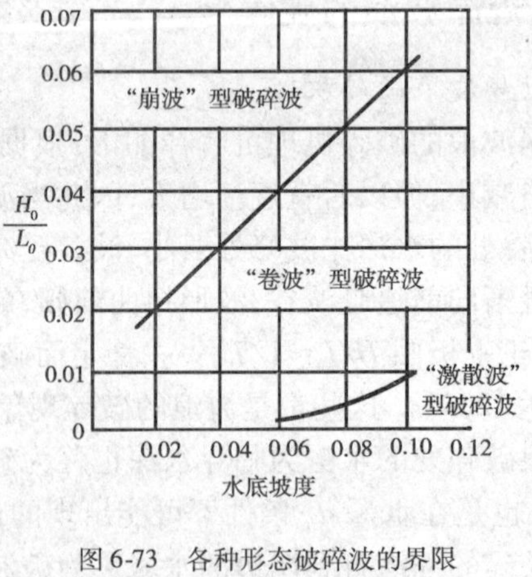

图6-73　各种形态破碎波的界限

3. 破碎波高和破碎水深的计算

从工程实际需要的角度出发，浅水中波浪濒临破碎时的极限波高(破碎波高H_b)和破碎时的水深(破碎水深d_b)是很重要的。目前在理论上研究破碎波高H_b和破碎水深d_b之间的关系所采用的主要方法有两种：其一为能量法，其二为根据倾斜水底边界条件解有关的控制方程。但不论何种方法，现今尚不能准确计算破碎波高和破碎水深。大量研究成果多来自实验室模拟和海上现场观测分析的结果。图6-74综合国内外以往对规则波条件下模型试验的结果。

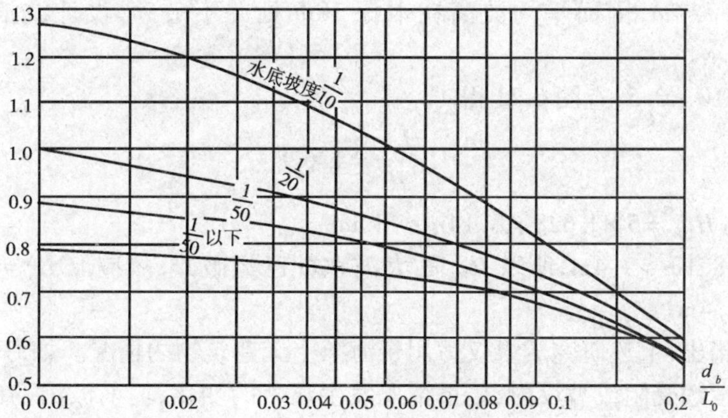

图 6-74 破碎波高与破碎水深比值

图中横坐标为破碎水深与深水波长之比,纵坐标即为破碎波高(即极限波高)与破碎水深之比。

对于海底很缓的水域($i<1/100$),图 6-74 没有提供更多的成果。表 6-38 是按底坡 i 在 0.0 ~0.01范围内,也是在规则波条件下的实验结果。表 6-38 反映出,在平底时,破碎波高和破碎水深之比不会小于 0.55。对于坡度 $1/120\leqslant i\leqslant 1/50$ 的海域,图、表中都缺少实验结果,此时,按孤立波理论,比值 H_b/d_b 的最大值可取为 0.78。为安全计,规范将表 6-38 中小于 0.6 的值均调整为 0.60。

缓坡上破碎波高与破碎水深最大比值 表 6-38

i	0	1/1000	1/500	1/400	1/300	1/200	1/120
$(H_d/d_b)_{max}$	0.55	0.55	0.55	0.56	0.58	0.64	0.78

在不规则波条件下,实验研究表明,波浪由深水传至浅水,只有大波才发生破碎。实验研究还表明,发生破碎的大波波高 H_b 与其相应的深水波长 L_0 和水深 d 的比值的关系仍符合图 6-74 的趋势,但数值小,应减小 0.88 倍,即在不规则波条件下,破碎波高值 H_b为规则波破碎波高值的 0.88 倍。

当设计中推算出来的某水深处某一重现期的某一累积率波高 H_F 小于此水深处的极限波高 H_b 时,波浪在此水深处不发生破碎;而 H_F 等于 H_b 时,波浪在此发生破碎,但 H_F 大于 H_b 时,波浪将在到达该水深之前,在较深的水域中破碎。对于后两种情况,即推算出的某一重现期的某一累积率波高大于等于浅水极限波高时,应采用极限波高作为设计波高。

例 6-24 重现期为 50 年一遇的设计波浪进入浅水,经浅水变形和折射后传至水深 $d=10m$ 处,得 $\overline{H}=5.0m$,$\overline{T}=8.0s$,此处水底坡度约为 1/20,试问波浪至此是否破碎?

按式(6-1)计算深水波长 L_0 为

$$L_0=\frac{gT_0^2}{2\pi}=100m, d/L_0=10/100=0.1$$

由图 6-74,按 $i=1/20$ 得

$$H_b/d_b=0.74$$

于是 $H_b=0.74\times10=7.4\text{m}$。

$\overline{H}=5.0\text{m}<7.4\text{m}$，因而平均波高在水深 10m 处并不破碎，设计波浪的平均波高仍取 5.0m。

由 $\overline{H}/d=5/10=0.5$，查图 6-22 得

$$\frac{H_{1\%}}{\overline{H}}=1.628$$

于是此处的 $H_{1\%}=5\times1.628=8.14\text{m}\approx8.1\text{m}$。

可见 $H_{1\%}=8.1\text{m}>7.4\text{m}$，所以 $H_{1\%}$ 的大波在此已经破碎，故应取 $H_b=7.4\text{m}$ 作为设计波高，即取 $H_{1\%}=7.4\text{m}$。

最后，应该指出，上述研究成果仅适用于海滩上无建筑物的情况。如海滩上筑有防波堤等建筑物时，波浪运动受阻或被反射，传播情况发生显著的变化，堤前波浪的破碎情况亦常发生变化，而且与防波堤基床等边界条件有密切关系，因此必须与无堤时岸滩波浪破碎的情况区别对待。有关此问题的研究成果将在有关专业课中阐述。

四、波浪在水流作用下的变形

海浪在传播过程中通常总是伴随着水流运动，主要是潮流、入海河流的径流、沿岸流、风吹流等，特别是，在潮汐河口和海湾口门附近更为显著。波浪与水流共存时，其相互作用将影响海浪的传播特性，使波高、波长、波速及波向都将发生变化。例如，在入海河口附近，既存在河道的径流，又存在潮流，将共同对波浪产生影响。如涨潮时，顺着潮流进入河口的海浪，由于水流的影响，波长将增大，而波高却减小；而当落潮时，逆着水流进入河口的海浪，情况相反，波长将减小，波高却增大，即波陡加大，常导致波浪破碎。

由于上述原因，如果当地有水流存在，海上实际观测到的波浪资料都是在受当地水流影响的数据。如果水流流速达到与超过一定数值，波浪观测值受水流作用而产生的变形常是不可忽视的，因此，在使用这些资料时，应设法分离出相当于静水中的波要素。

对于建筑物设计而言，波浪与水流共同作用条件下的波流场对海上建筑物的作用也将有别于纯波浪场或纯水流场的作用。

综上所述，在水流较强的海区建造港工建筑物时，波浪与水流共同作用下波浪场的分析在理论上与实践中都有重要的现实意义。

以下介绍的波浪变形计算方法都是建立在波浪作用能量守恒的基础上，并认为，水流的能流在波、流相互作用前后都不产生变化。波浪采用线性理论，并限于规则波和稳定波，水流是稳定的均匀流，不考虑沿程能量损耗。

由于水流流向、波向和等深线走向有各种不同的组合，本节仅介绍数种有代表性的波、流与地形组合情况下的波浪变形。

为方便推导与辨认，下文中凡带脚标“s”者表示在静水中的波要素；带脚标“a”者或不带任何脚标者，相对于观测者而言，表示在水流中的波要素；带脚标“r”者，表示相对于按水流速 U 移动的动坐标中的波要素；带脚标“0”者仍为深水波要素。

（1）地形平坦，即可不考虑地形影响情况下，波浪与水流顺向或逆向相遇时，规则波波要素的变形（二元问题）。

波向与水流流向平行时，在水流中的波速 C 可写为

$$C = C_a = U + C_r \tag{6-139}$$

式中：U——为水流速，顺向为正，逆向为负；

C_a——观测者实际所见波速，$C_a = C$；

C_r——波浪相对于水流的波速。

由于在水流中波动理论的所有有关公式只有在相对静止的坐标系（即在以流速 U 移动的坐标系）中才可应用，因此按式（6-2）可写出

$$\left.\begin{aligned} C_r &= \sqrt{\frac{g}{k_r}\tanh k_r d} \\ C_s &= \sqrt{\frac{g}{k_s}\tanh k_s d} \end{aligned}\right\} \tag{6-2$'$}$$

式中：波数 $k_r = \dfrac{2\pi}{L_r} = \dfrac{2\pi}{L} = k$，故 $L_r = L$；d 为水深。

在水流中，对于观测者而言，波周期应与静水条件下一致，但在以速度 U 移动的坐标系中波周期将有别于静水条件下的波周期，即

$$T_r \neq T_s = T_a = T = T_0 \tag{6-140}$$

于是由式（6-139）、式（6-2′）及式（6-140）可推导出

$$\frac{L}{L_s} = \frac{C}{C_s} = \frac{1}{\left(1 - \dfrac{U}{C}\right)^2} \cdot \frac{\tanh kd}{\tanh k_s d} \tag{6-141}$$

如已知水流速 U 及静水中的 L_s，则可按上式迭代求解变形后的 L；或反之，如已知实测的 L，求解变形前的 L_s。

根据波流共同作用前、后波浪作用通量保持不变，即波浪作用通量守恒原则，

$$\frac{E}{\omega_r}(U + C_{gr}) = \frac{E_s}{\omega_s} C_{gs} \tag{6-142}$$

式中：C_g——波浪的群速，它等于波速乘以波能传递率，即 $C_{gr} = C_r n_r$，$C_{gs} = C_s n_s$，n_r、n_s 的表达式见式（6-127），把式中的 L 相应的用 L_r、L_s 取代；

ω——波浪的圆频率；

E——波能。

上式两侧须分别除以相应的 ω 值，因为，在静水中和在按速度 U 移动的动坐标中的周期是各不相同的。

令

$$A_s = 1 + \frac{2k_s d}{\sinh 2k_s d}$$

$$A = 1 + \frac{2kd}{\sinh 2kd}$$

式（6-142）可化为

$$\frac{E}{E_s} = \left(1 - \frac{U}{C}\right)\frac{L_s}{L}\frac{A_s}{A}\left(1 + \frac{U}{C} \cdot \frac{2 - A}{A}\right)^{-1}$$

其中波能与波高的平方成正比，上式最终可化为

$$\frac{H}{H_s}=\left(1-\frac{U}{C}\right)^{1/2}\left(\frac{L_s}{L}\right)^{1/2}\left(\frac{A_s}{A}\right)^{1/2}\left(1+\frac{U}{C}\cdot\frac{2-A}{A}\right)^{-1/2} \tag{6-143}$$

此式给出波高在水流作用前后的变化。

为使用方便将式(6-141)及式(6-143)绘成曲线，见图6-75。

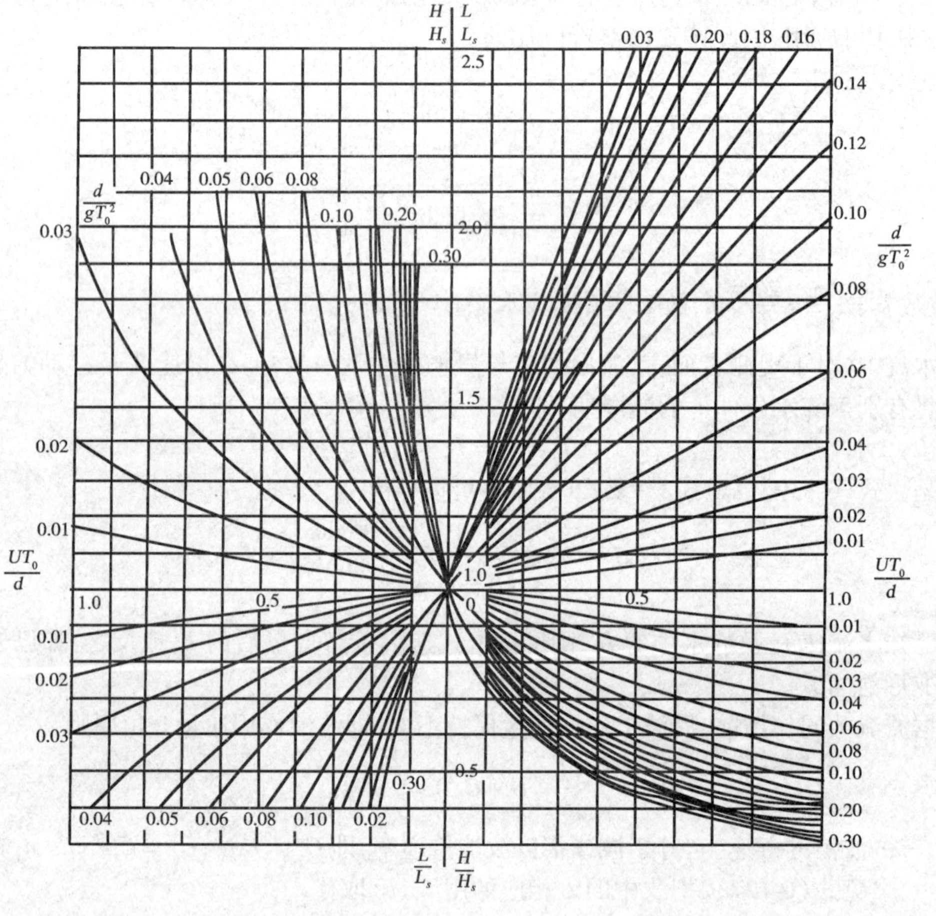

图6-75　二元情况下，波浪在水流作用下波高、波长变形曲线

图6-75中各参量均以无因次形式表示，横坐标为无因次水流流速，顺流为正；逆流为负。图形以 $UT_0/d=0$ 为中心分成四个象限，右上象限为顺流情况下(即水流与波浪同向)波长的变化曲线簇；右下象限为顺流情况下波高变化曲线簇；左上象限为逆流情况下(即水流与波浪逆向)波高的变化曲线簇；左下象限为逆流情况下波长变化曲线簇，水深以无因次相对水深表示。

该图表明：①波浪与水流同向相遇时，变形后的波长将比静水中波长为大，而水流中的波高则比静水中的波高为小；②波浪与水流逆向相遇时，情况相反，变形后的波长将比静水中波长为小，而波高却比静水中为大。因此，在逆流情况下，变形后的波陡将增大，当它超过极限波陡时，波浪将破碎，此时，波高应按变形后的波长和极限波陡确定，极限波陡可按下式计算确定

$$\left(\frac{H}{L}\right)_{\max}=0.142\tanh kd \tag{6-144}$$

由于有式(6-140)存在,故图6-75既可用于已知静水中波要素时的波流相遇的合成问题,又可用于已知水流中波要素时的波流分离问题。

例6-25　静水中波高 $H_s=1.0$m,周期 $T_s=5\text{s}=T_0$,水深 $d=10$m,当波浪与流速 $U=1.0$m/s 的水流逆向相遇时,求在水流中的波浪要素。

按式(6-1)计算得 $L_{s0}=\dfrac{gT_0^2}{2\pi}=39$m,于是得 $d/L_{s0}=0.2564$,查附表8得 $L_s/L_{s0}=0.9377$,于是得 $L_s=36.6$m。由 $\dfrac{UT_0}{d}=-0.5$,$\dfrac{d}{gT_0^2}=0.04$,在图6-75左侧读得 $H/H_s=1.43$,$L/L_s=0.76$

于是得 $H=1.43\times1.0=1.43$m,$L=0.76\times36.6=27.8$m,$H/L=0.05$,按式(6-144)计算得 $(H/L)_{\max}=0.139$,可见 $H/L<(H/L)_{\max}$,变形后波浪虽变陡,但并未破碎。

例6-26　同上例的静水被要素与同样的水流顺向相遇时,试求变形后的波要素。

由 $\dfrac{UT_0}{d}=0.5$,$\dfrac{d}{gT_0^2}=0.04$ 查图6-75读得 $H/H_s=0.8$,$L/L_s=1.2$

于是 $H=0.8\times1=0.8$m,$L=1.2\times36.6=43.9$m。

由以上两例可见,水流较强时,波浪在水流作用下的变形是相当显著的,不能忽略。

(2)地形平坦,或水深较大($d/(gT_0^2)>0.08$)时,不考虑地形影响情况下,规则波与水流流向斜交时,波浪在水流作用下的变形。

波浪自无流区斜向进入有流区后,不仅波要素将发生变化,而且由于波速改变,波浪传播方向也发生变化,即产生折射,如图6-76所示。

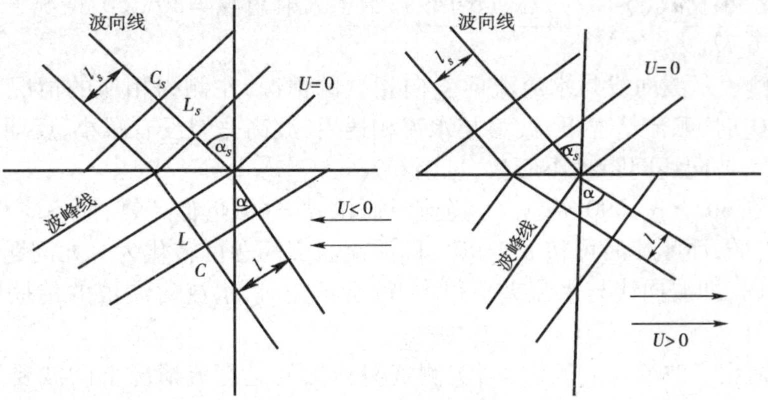

图6-76　波浪与水流斜向相遇

由图6-76可见,水流中的波速为

$$C=C_a=C_r+U\sin\alpha \tag{6-145}$$

式中:α——波向线与水流流向法线的夹角,即折射角;

C_r——水流中波浪相对于水流的波速。

在无流与有流两个区域中波浪运动应保持连续,即两个区域中沿水流方向的波数应保持不变,

$$\left.\begin{aligned} k_s\sin\alpha_s &= k\sin\alpha \\ \frac{L_s}{\sin\alpha_s} &= \frac{L}{\sin\alpha} \end{aligned}\right\} \tag{6-146}$$

或

式中：α_s——波向线与水流流向法线的入射夹角，即入射角。

波浪处于稳定状态时，两个区域中波浪实际周期也保持不变，即式(6-140)仍然适用

$$\left.\begin{aligned} T_s &= T_a = T \\ T &= \frac{L}{C} = \frac{L_s}{C_s} \end{aligned}\right\}$$

或

从而可计算出波长以及波向线与水流流向法线夹角的变化公式如下：

$$\left.\begin{aligned} \frac{L}{L_s} &= \frac{\sin\alpha}{\sin\alpha_s} = \left(1 - \frac{U}{C_s}\sin\alpha_s\right)^{-2}\frac{\tanh kd}{\tanh k_s d} \\ \sin\alpha &= \left(1 - \frac{U}{C_s}\sin\alpha_s\right)^{-2}\frac{\tanh kd}{\tanh k_s d}\sin\alpha_s \end{aligned}\right\} \tag{6-147}$$

显而易见，上式也只能通过迭代法求解。

在波流斜向相遇问题中，两个区域内任意两条波向线间的波浪作用通量仍应守恒，即

$$l_s\frac{E_s}{\omega_s}\overrightarrow{C}_{gs} = l\frac{E}{\omega_r}(\overrightarrow{C}_{gr} + \overrightarrow{U}) \tag{6-148}$$

式中：l_s、l——波浪变形前、后两波向线之间的间距，见图6-75。

由上式可导得计算波高变化的公式为

$$\frac{H}{H_s} = \left(\frac{A_s}{A}\right)^{1/2}\left(\frac{L_s}{L}\right)^{1/2}\left(\frac{\cos\alpha_s}{\cos\alpha}\right)^{1/2} \tag{6-149}$$

为使用方便，根据式(6-147)及式(6-149)，给出入射角 $\alpha_s = 30°$、$60°$情况下，波高和波长的变形曲线，见图6-77。

图6-77右侧表示波向线与水流流向斜向相顺的情况，左侧为相逆的情况。由该图可见，当入射角 $\alpha_s \geqslant 30°$时，顺流情况下，波浪与水流相遇后，波高非但没有减小，反而增大，其主要原因是因为折射后，波向线间距缩小所致，见图6-76。

应该说明，在 $60° < \alpha_s < 90°$情况下，逆流时可按 $\alpha_s = 60°$近似计算，而不应与上述二元情况下的计算结果内插；而顺流时可按 $\alpha_s = 90°$，即波流斜交问题可转化为二元问题处理。

当 $\alpha_s \leqslant 15°$时，即波向线与水流夹角很大，近于正交时，水流对波浪的传播影响不大，折射很小，可忽略不计。

图6-77仅适用于波流合成问题，当实测资料给出的是有流情况下的波要素时，如要求分离出静水中的波要素，须利用图6-78的曲线，当变形后的折射角 $\alpha > 60°$，且为顺流时，可按二元问题进行计算。

例6-27 $H_s = 1.0\text{m}$，$T_s = 5.0\text{s}$，$d = 10\text{m}$，$U = 1\text{m/s}$，波向与水流斜向也 $\alpha_s = 30°$逆向相遇，求变形后波浪要素。

$L_{s0} = \dfrac{gT_0^2}{2\pi} = 39\text{m}$，$\dfrac{d}{L_{s0}} = 0.2564$，查附表8并计算得 $L_s = 36.6\text{m}$。

由$\dfrac{UT_0}{d} = -0.5$及$\dfrac{d}{gT_0^2} = 0.04$查图6-77a)得

$$\frac{H}{H_s}=1.07,\frac{L}{L_s}=0.9$$

于是得 $H=1.07\times1=1.07\approx1.1\text{m}$，$L=0.9\times36.6=32.9\text{m}$，

再由式(6-147)计算出

$$\alpha=\sin^{-1}\left(\frac{L}{L_s}\sin\alpha_s\right)=26.7\approx27°$$

例 6-28　已知海上实测的 $H=1.0\text{m}$，$T=5\text{s}$，$d=10\text{m}$，$U=1\text{m/s}$，波浪与水流逆向斜交，折射角为 $\alpha=30°$，求波浪未与水流相遇之前的静水波要素。

因 $T_0=T_s=T$，故 $L_{s0}=39\text{m}$，$d/L_{s0}=0.2564$，同样查附表 8 得 $L_s=36.6\text{m}$。

由 $\frac{d}{gT_0^2}=0.04$，$\frac{UT}{d}=-0.5$ 查图 6-78a)得

$$\frac{H}{H_s}=1.07,\frac{L}{L_s}=0.88$$

于是得 $H_s=1/1.07=0.93\text{m}$，$L_s=36.6\text{m}$，$L=0.88\times36.6=32.2\text{m}$。

$$\alpha_s=\sin^{-1}\left(\frac{L_s}{L}\sin\alpha\right)=34.6°\approx35°。$$

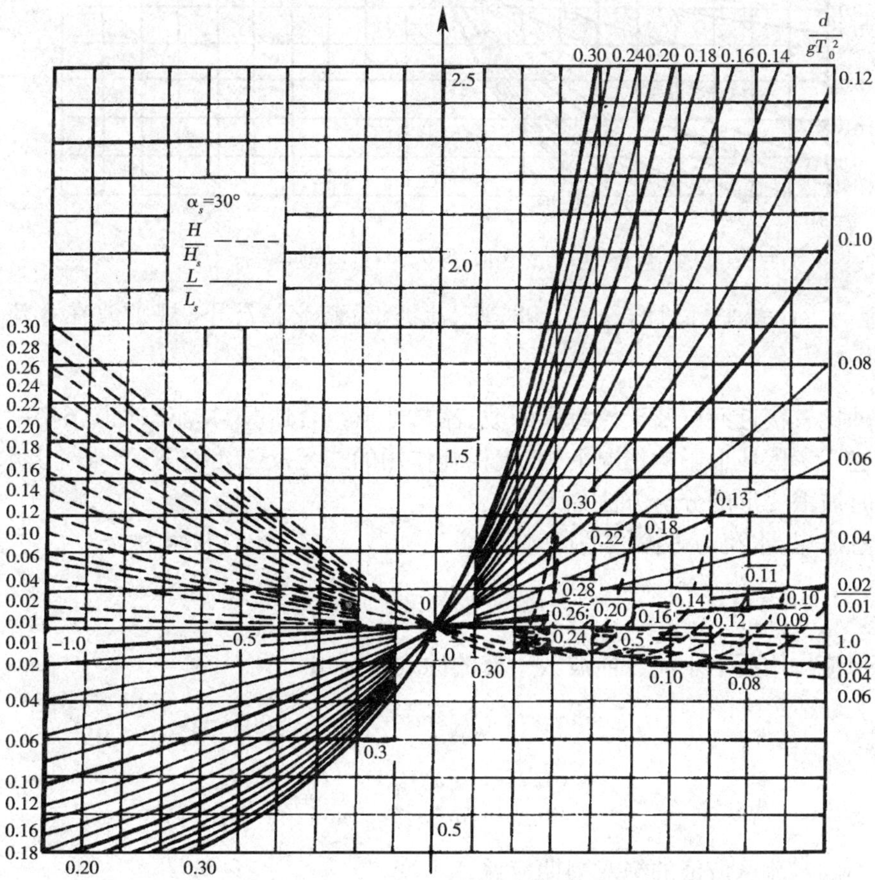

图 6-77a) $\alpha_s=30°$时，H/H_s 和 L/L_s 的曲线簇

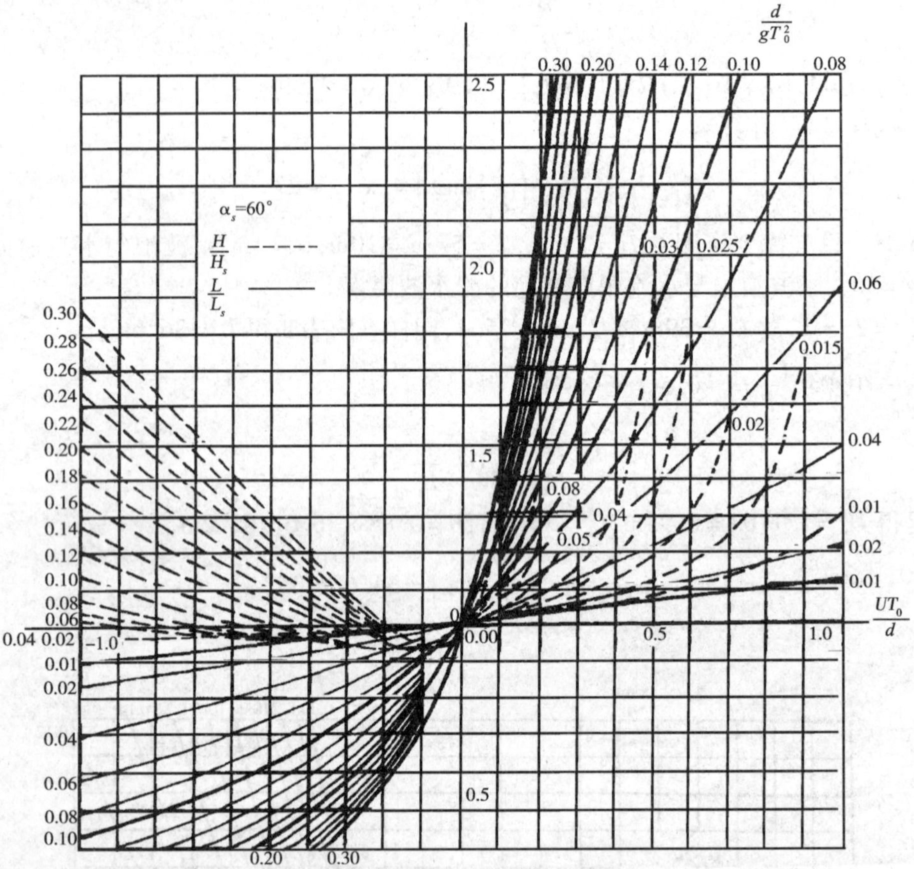

图 6-77b) $\alpha_s=60°$时，H/H_s 和 L/L_s 的曲线簇

(3)水流与等深线平行，且$\frac{d}{gT_0^2}\leqslant 0.08$，波、流波、流斜交情况下，规则波在水流作用下的变形。

这是一种比较接近河口及天然海岸的波、流与地形组合情况，其流态见图 6-79。

综合上述不考虑地形影响情况下，波流相互作用的二元及三元问题，不难得出水流与地形等深线相交时波浪变形的分析方法如下。

对于平直海岸，水流与等深线平行时，任意坐标点(x_i, y_j)处的波速为

$$C_{ij} = U_{ij}\sin\alpha_{ij} + (C_r)_{ij} \tag{6-150}$$

式中符号意义同前。

根据受水流作用后沿水流方向波数不变的原则可写出

$$\left.\begin{aligned} k_0\sin\alpha_0 = (k_s)_{ij}\sin(\alpha_s)_{ij} = k_{ij}\sin\alpha_{ij} \\ \text{或} \quad \frac{L_0}{\sin\alpha_0} = \frac{(L_s)_{ij}}{\sin(\alpha_s)_{ij}} = \frac{L_{ij}}{\sin\alpha_{ij}} \end{aligned}\right\} \tag{6-151}$$

又因为不同水流区波浪的绝对周期应保持不变，

即 $$T_{ij} = T_0$$

则水流对波长变化的影响可写

$$\frac{L_{ij}}{(L_s)_{ij}}=\frac{C_{ij}}{(C_s)_{ij}}=\left(1-\frac{U_{ij}}{(C_s)_{ij}}\sin(\alpha_s)_{ij}\right)^{-2}\frac{\tanh k_{ij}d_{ij}}{\tanh(k_s)_{ij}d_{ij}} \tag{6-152}$$

由上式很易得出与深水无流区对比的波长变化公式为

$$\frac{L_{ij}}{L_0}=\left(1-\frac{U_{ij}}{C_{s0}}\sin\alpha_0\right)^{-2}\tanh k_{ij}d_{ij} \tag{6-153}$$

任意坐标点(x_i,y_j)处波高随水流地形的变化仍将依据两波向线间波浪作用通量守恒的原则求得，即

$$l_{ij}\frac{E_{ij}}{(\omega_r)_{ij}}(\vec{C}_{ga})_{ij}=(l_s)_{ij}\frac{(E_s)_{ij}}{(\omega_s)_{ij}}(\vec{C}_{gs})_{ij}=l_0\frac{E_0}{\omega_s}\vec{C}_{g0} \tag{6-154}$$

式中：$(\omega_s)_{ij}=\omega_s$

最终得出与深水无流区相比，波高的变化为

$$\frac{H_{ij}}{H_0}=\left(\frac{A_0L_0\cos\alpha_0}{A_{ij}L_{ij}\cos\alpha_{ij}}\right)^{1/2} \tag{6-155}$$

式中：$A_0=1.0$，$A_{ij}=1+\dfrac{2k_{ij}d_{ij}}{\sinh 2k_{ij}d_{ij}}$

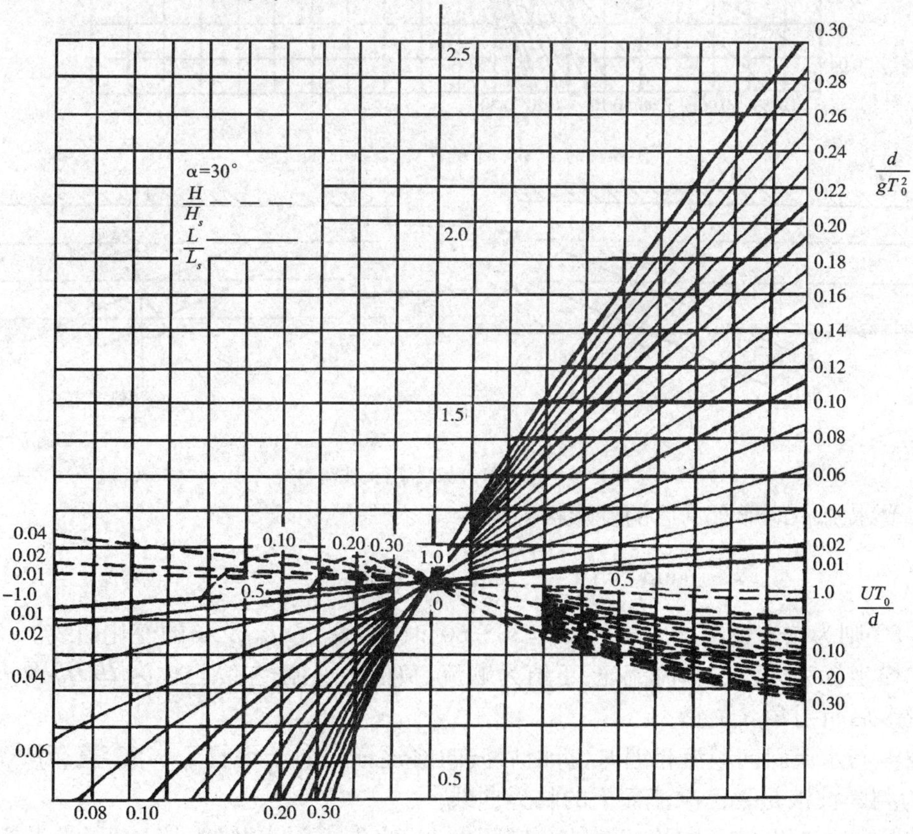

图 6-78a) $\alpha=30°$时 H/H_s 和 L/L_s 的曲线簇

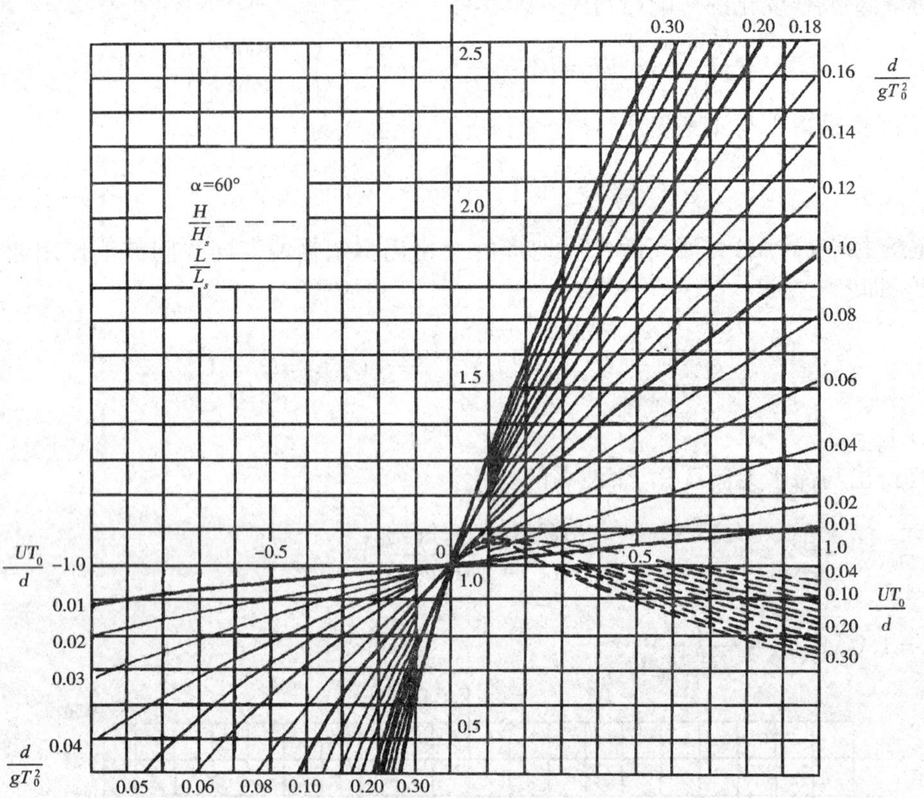

图 6-78b) $\alpha=60°$时 H/H_s 和 L/L_s 的曲线簇

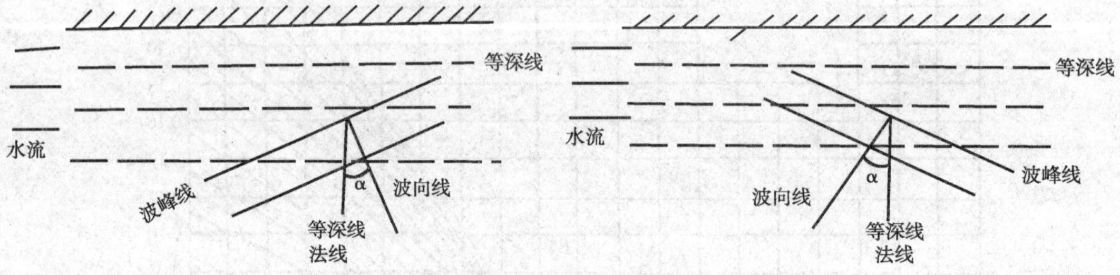

图 6-79 水流与等深线平行、波流斜交

波浪受水流和地形影响后的变形折射角为

$$\sin\alpha_{ij}=\left(1-\frac{U_{ij}}{C_{s0}}\sin\alpha_0\right)^{-2}\tanh k_{ij}d_{ij}\cdot\sin\alpha_0 \tag{6-156}$$

图 6-80 则为按上述诸式绘出的 $\alpha_0=30°$、$60°$时，H/H_0、L/L_0 及 α 的变化曲线。

图中横坐标为无因次水流流速，正值为顺流，负值为逆流；左纵坐标为 H/H_0 及 L/L_0，右纵坐标为变形后折射角。

当波浪与水流斜向顺流相遇时，折射后波向将逐渐趋向于平行于水流，直至顺流而下，图 6-81 则为判断波浪是否已顺流而下的临界曲线。

当计算 $\alpha_0\geqslant45°$，波流顺流相遇的合成问题时，应先由深水开始，按 α_0 和浅水各处的 $U_{ij}/(gT_0)$ 查图 6-81，如所得交点位于相应 $d_{ij}/(gT_0^2)$ 临界曲线之右，表示波浪折射角 α 已达 90°，即波浪由深水传播至此已顺流而下，不再向浅水传播；如交点在临界曲线之左，则表示波浪将继续向浅水折射传播。

图6-80和图6-81只适用于波浪与水流相遇后的合成问题，而不能用于波流已合成后的分离问题，因篇幅所限，后者将不再介绍。

例6-29　某河口，涨潮时流速 $U=1\text{m/s}$，流向基本与等深线平行，波浪自外海向河口传播，深水波高 $H_0=2.0\text{m}$，$T_0=5\text{s}$，波向线与等深线法线夹角（入射角）$\alpha_0\approx30°$，求波浪传至河口 $d=5\text{m}$ 处时波浪要素及波向。

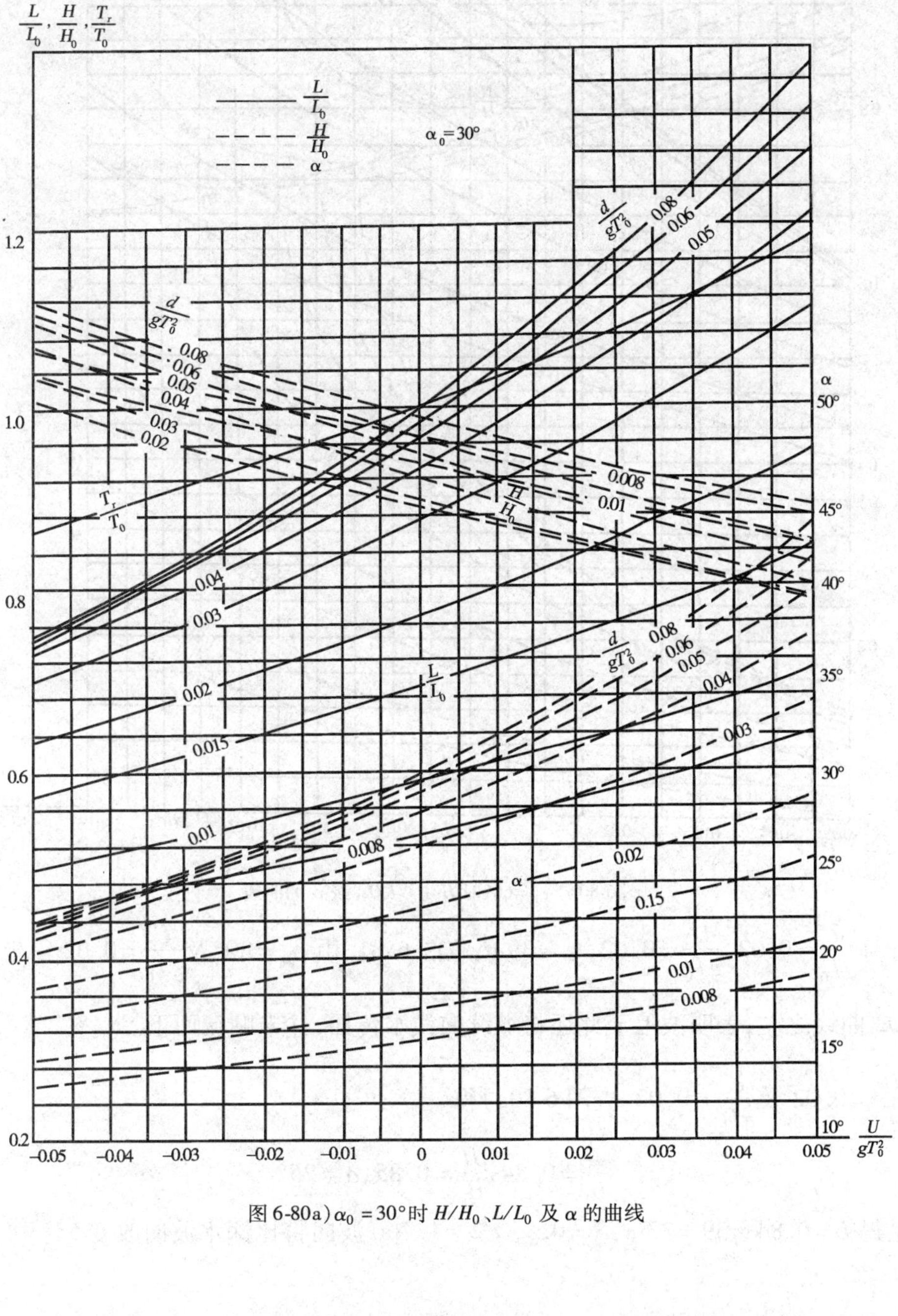

图6-80a）$\alpha_0=30°$时 H/H_0、L/L_0 及 α 的曲线

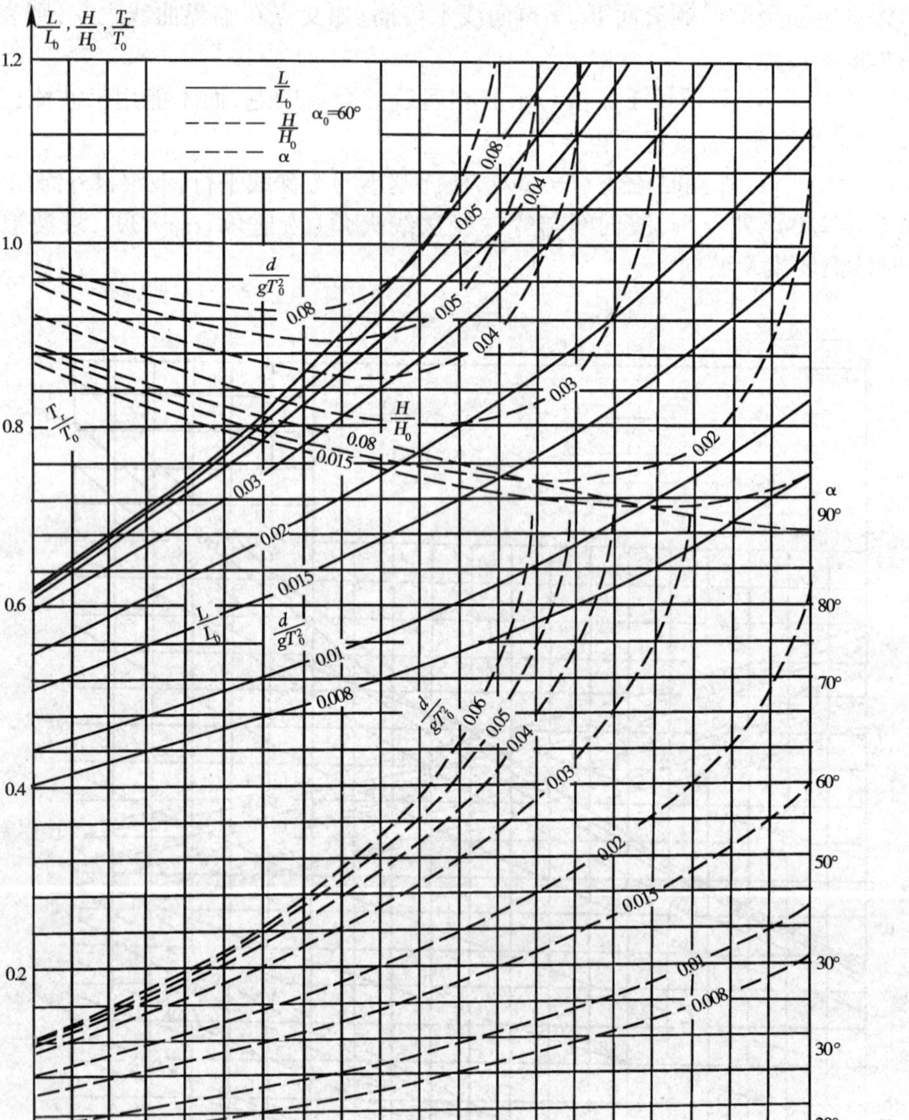

图 6-80b) $\alpha_0=60°$ 时 H/H_0、L/L_0 及 α 的曲线

先计算$\frac{d}{gT_0^2}\approx 0.02$，$\frac{U}{gT_0}\approx 0.02$，$L_0\approx 39$m，查图 6-81，由 $\alpha_0=30°$及$\frac{U}{gT_0}=0.02$ 得坐标点位于$\frac{d}{gT_0^2}=0.02$ 曲线之左，表明波浪至此还将继续向浅水传播，并未顺流而下。

按$\frac{U}{gT_0}=0.02$ 及$\frac{d}{gT_0^2}=0.02$，查图 6-80a) 得

$$\frac{L}{L_0}=0.84, \frac{H}{H_0}=0.85, \alpha=25°$$

于是得 $L=0.84\times 39=33$m，$H=0.85\times 2=1.7$m，波向将比深水波向改变 5°。

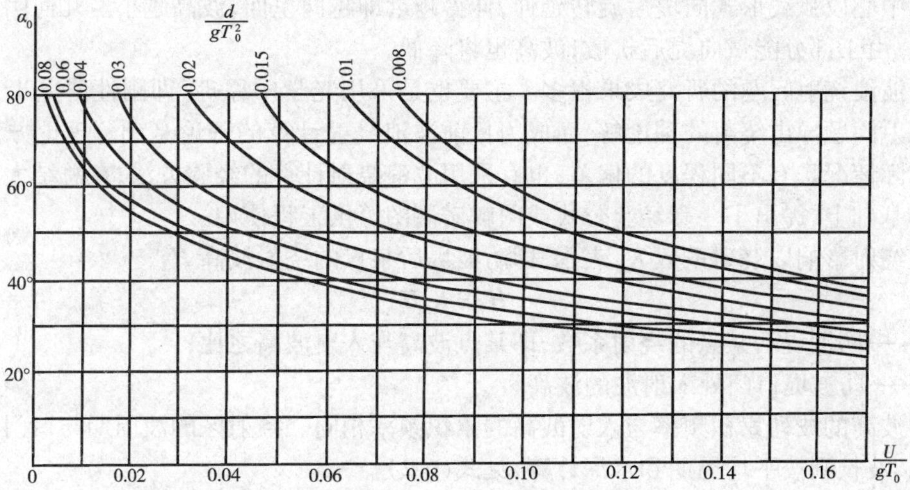

图 6-81 $\frac{d}{gT_0^2}$临界曲线图

例 6-30 同上例波要素，但与落潮流速 $U=1.0\text{m/s}$ 相遇，求变形后波浪要素及波向。

由$\frac{U}{gT_0}=-0.02$，$\frac{d}{gT_0^2}=0.02$ 及 $\alpha_0=30°$查图 6-71a）得$\frac{L}{L_0}=0.71$，$\frac{H}{H_0}=0.94$，$\alpha=21°$。

于是得 $L=0.71\times39=28\text{m}$，$H=0.94\times2.0=1.9\text{m}$，折射角为 21°。

当水流与等深线斜交时或考虑不规则波的情况下，波浪变形问题更复杂，因篇幅所限，不再介绍。

波高受水流影响后的短期分布，目前尚缺乏深入研究，可暂按无流情况下处理，即深水按 Rayleigh 分布，浅水按 Глуховский 分布。

五、波浪的绕射与反射

1. 波浪绕射

波浪传播过程中遇到岛屿、岬角或人工建筑物（如防波堤）等障碍物时，部分波浪将绕过障碍物继续传播，并在障碍物后扩散，使受掩护的水域上也出现波动，这种现象称为波浪绕射。波浪绕射问题对港口防波堤的合理布置，以减少港口水域内波浪，保证船舶航行，靠泊与装卸的安全作业是十分重要的。

波浪绕射是波能沿波峰线发生横向传递，即波能从能量高的区域向能量低的区域转移，进行重新分布的过程。因此，绕射后同一波峰线上的波高是不相等的，但波长和周期不变。图 6-82 中，经过防波堤堤头的入射波波向线称为几何阴影线，如果波浪不绕射，则在该线右侧受防波堤掩护的区域，水面将完全平静，但实际上由于波浪有绕射作用，入射波的波峰线从几何阴影线上

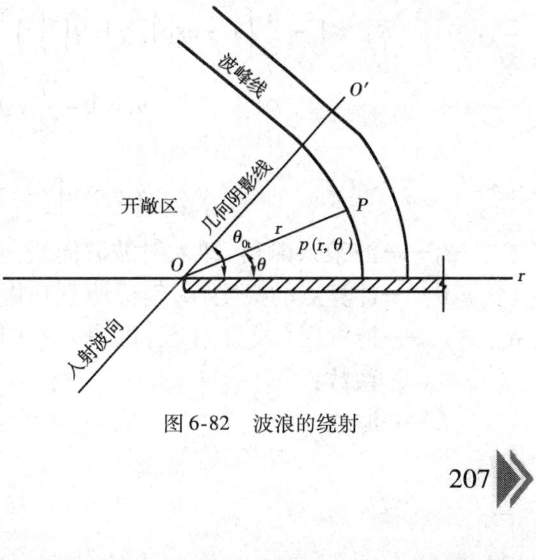

图 6-82 波浪的绕射

以堤头为中心以弧线形式向堤后旋转延伸，伸得越远即越向里面，波高越小。几何阴影线左侧的入射波，由于部分能量向堤后扩散，波高也将降低。

关于波浪绕射问题的研究成果很多。主要也是采用光学中原理，即刚性薄壁半无限屏后光波的绕射问题导出绕射的理论解，而成为目前波浪绕射计算的理论基础。理论方法的计算结果与实际情况具有不同程度的偏差，也有采用波浪绕射计算的经验方法，在总结大量模型试验结果的基础上，提出了一套经验公式或图解诺谟图等供工程使用。

波浪绕射影响以绕射系数 K_d 表示，即防波堤后某点的绕射波高 H_d

$$H_d = K_d H \tag{6-157}$$

式中：K_d——防波堤后某点的绕射系数，即某点波高与入射波高之比；

H——防波堤口门处入射波的波高。

绕射波高的波列累积频率与入射波高的累积频率相同。绕射区的波周期与口门处入射波周期相同，波长则按平均周期和水深计算，见式(6-2)。

波浪的绕射问题研究也同样存在规则波法和不规则波法两种，后者显然更符合实际情况，下面将介绍我国行业标准《海港水文规范》推荐使用的两种方法。

1)规则波的绕射计算

在概括分析国内外以往的理论计算方法和经验计算方法的基础上，结合国内外大量模型试验成果进行深入研究，我国提出了规则波经过单突堤和双堤口门的波浪绕射计算经验公式：

(1)单突堤。又分为斜坡堤与直墙堤两类。

①斜坡堤：

$$\left.\begin{aligned} K_{d_1} &= \frac{1}{2}\left\{\exp\left[-\frac{3}{4}\sqrt[3]{\frac{r}{L}}(\theta-\theta_0)\right]+\exp\left[-3\sqrt[3]{\frac{r}{L}}(\theta+\theta_0)\right]\right\} \\ K_{d_2} &= 1-\frac{1}{2}\left\{\exp\left[-3\sqrt[3]{\frac{r}{L}}(\theta_0-\theta)\right]-\exp\left[-3\sqrt[3]{\frac{r}{L}}(\theta_0+\theta)\right]\right\} \end{aligned}\right\} \tag{6-158}$$

②直墙堤：

$$\left.\begin{aligned} K_{d_1} &= \frac{1}{2}\left\{\exp\left[-\frac{1}{2}\left(\frac{r}{L}\right)^{\frac{m}{2}}(\theta_0-\theta)\right]+\exp\left[-1.9\left(\frac{r}{L}\right)^{\frac{1}{6}}(1+\theta_0-\theta)\theta_0^{\frac{1}{4}}\right]\right\} \\ K_{d_2} &= 1-\frac{n}{2}\left\{1-\exp\left[-1.9\left(\frac{r}{L}\right)^{\frac{1}{6}}\theta_0^{\frac{1}{4}}\right]\right\} \end{aligned}\right\} \tag{6-159}$$

$$\left.\begin{aligned} m &= 1-\frac{7}{50}(\theta_0-\theta) \\ n &= \exp\left[-15\left(\frac{r}{L}\right)^{\frac{1}{2}}(\theta-\theta_0)^2\right] \end{aligned}\right\} \tag{6-160}$$

式中：θ_0——波浪入射角，即入射波波向线与突堤轴线间的夹角，rad；

r、θ——计算点的极坐标，坐标原点在堤头，r 以 m 计；θ 以 rad 计，见图 6-82；

K_{d_1}，K_{d_2}——掩护区（或绕射区，即 $\theta \leqslant \theta_0$）与开敞区（或入射区，即 $\theta \geqslant \theta_0$）某点的波浪绕射系数；

L——波长。

以上各式均满足下列条件：

$\theta < \theta_0, r \to \infty$ 时，$K_{d_1} \to 0$；

$\theta > \theta_0, r \to \infty$ 时，$K_{d_1} \to 1$；

$\theta_0 = 0$ 时，$K_{d_1} = 1$；

$\theta = \theta_0$ 时，$K_{d_1} = K_{d_2}$；

$r \to 0$ 时，$K_{d_1} = 1$；

(2)双突堤。双堤口门后波浪的绕射系数可由图6-83确定，此图是在彭尼—普赖斯(Penny-Price)电磁波比拟分析法绕射理论基础上，根据实际观测和模型试验数据加以改进而得的，其绕射系数 K_d 表示为

$$K_d = \sqrt{\frac{L}{P}} \cdot f\left(\alpha, \frac{B}{L}\right) \tag{6-161}$$

式中：B——口门宽度，m；当 $\theta_0 \neq 90°$ 时，采用与波向线垂直方向上的口门投影宽度作为等效口门宽度 B'，m；

P——堤后某点与口门中点的距离，m；

α——堤后某点与口门中点的连线与通过口门中点的波向线间的夹角(°)；其他符号同前。

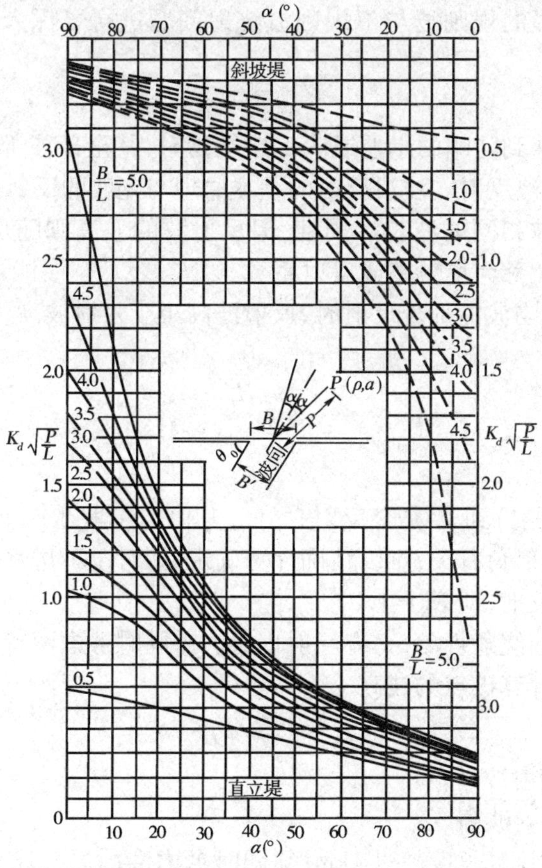

图6-83　双突堤口门后规则波绕射系数

图6-84的适用条件为$K_d \leqslant 1.0$,$45° \leqslant \theta_0 \leqslant 135°$,$B/L \leqslant 5.0$。计算出$K_d > 1$时,仍取$K_d = 1$。当$B'/L > 5$时,可对左右两堤分别按单突堤进行计算。

2)不规则波的绕射计算

(1)单突堤。研究表明,不规则波的绕射系数,在堤后掩护区内一般将大于规则波的绕射系数,而在开敞区则小于规则波的绕射系数,这一结果已为原体观测所证实。因此,根据不规则波的绕射模型试验,结合数值计算和原体观测资料的验证,我国提出了单突堤、双突堤时不规则波绕射系数的计算方法,并绘制成一整套诺谟图,供查算使用。它们包括入射角为15°、45°、75°、105°、135°、165°,各使用两种不规则波方向分布函数情况下K_d值的共12张诺谟图。图6-85则为其示例,图中K_R为波浪的反射系数,对于直墙堤取$K_R = 1.0$,即全反射,按图中实线查读绕射系数K_d;对于斜坡堤,取$K_R = 0.5$,按图中虚线查取K_d值。

(2)双突堤。图6-85为我国提出的不规则波绕射计算方法。先采用单源点法计算出规则波组成波的绕射系数,然后,利用各组成波的线性叠加法和数值积分,求出不规则波的绕射系数K_d的诺谟图。

计算结果表明,不规则波在双突堤后绕射时,堤外侧的反射对绕射系数影响不大,因此,诺谟图不再分直墙堤和斜坡堤。诺漠图包括$\theta_0 = 90°$、45°,$B/L = 2.0$、4.0、6.0、8.0共8张,图6-84为其示例。

我国还对岛式防波堤的规则波与不规则波绕射问题进行了深入研究,因篇幅有限,不再介绍。

2. 波浪反射

波浪在传播过程中遇到陡峭的岸坡或人工建筑物时,其全部或部分波能将被反射而形成反射波,这种现象称为波浪反射。波浪反射的基本原理与光波的反射相似,见图6-86。

反射波具有和入射波相同的波长和周期,但反射波的波高则随反射波波能的大小而定。反射波高与入射波高之比称为反射率或反射系数,以K_R表示。波能被全部反射时,反射波高等于入射波高,$K_R = 1.0$;当波能部分反射时,反射波高小于入射波高,$K_R < 1.0$,即

$$K_R = \frac{H_R}{H_i} \tag{6-162}$$

式中:H_R——反射波高;

H_i——入射波高。

K_R值变化于0(不反射)到1.0(全反射)之间,其值与岸坡或人工建筑物的坡度、糙度、空隙率、波浪的陡度以及入射角有关,难以精确计算确定,如对于不透水的直墙式防波堤,对于正向的来波波能几乎全部反射,即$K_R \approx 1.0$。

港内水域某点既存在绕射现象,又有反射现象。需同时考虑两者的影响时,可按波能的线性迭加原理按下式近似计算该点的波高

$$H = \sqrt{H_d^2 + H_R^2} \tag{6-163}$$

式中:H_d——计算点的绕射波高;

H_R——计算点的反射波高。

有风时,且港内水域风区长度超过1km,须同时考虑港内局部风成波的影响,可按下式计算港内波高

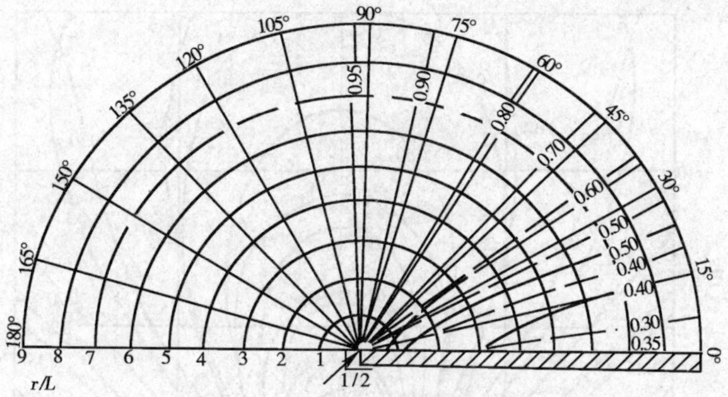

图 6-84a) $\theta'_0=45°$时单突堤后不规则波绕射系数 K_d 计算图

$$G(\varphi)=(2/\pi)\cos^2\varphi\begin{cases}K_r=1.0\text{——直墙式单突堤}\\K_r=0.5\text{——斜坡式单突堤}\end{cases}$$

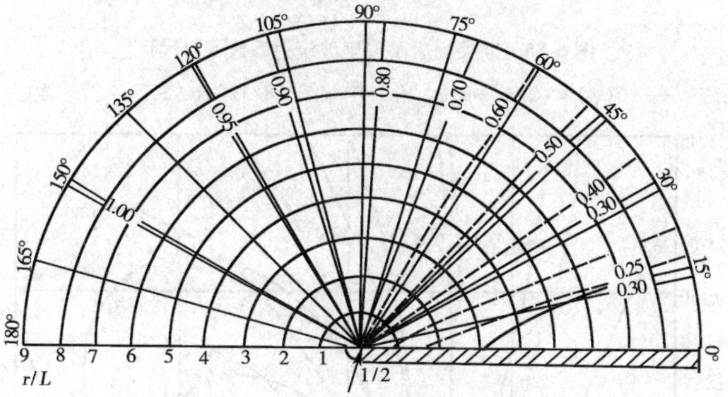

图 6-84b) $\theta'_0=75°$时单突堤后不规则波绕射系数 K_d 计算图

$$G(\varphi)=(2/\pi)\cos^2\varphi\begin{cases}K_r=1.0\text{——直墙式单突堤}\\K_r=0.5\text{——斜坡式单突堤}\end{cases}$$

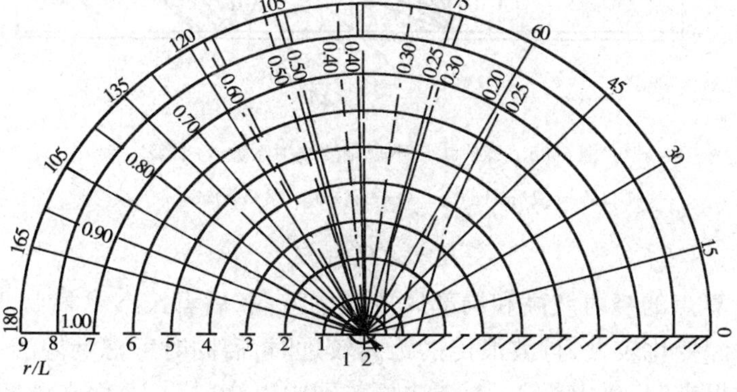

图 6-84c) $\theta'_0=135°$时单突堤后不规则波绕射系数 K_d 计算图

$$G(\varphi)=(2/\pi)\cos^2\varphi\begin{cases}K_r=1.0\text{——直墙式单突堤}\\K_r=0.5\text{——斜坡式单突堤}\end{cases}$$

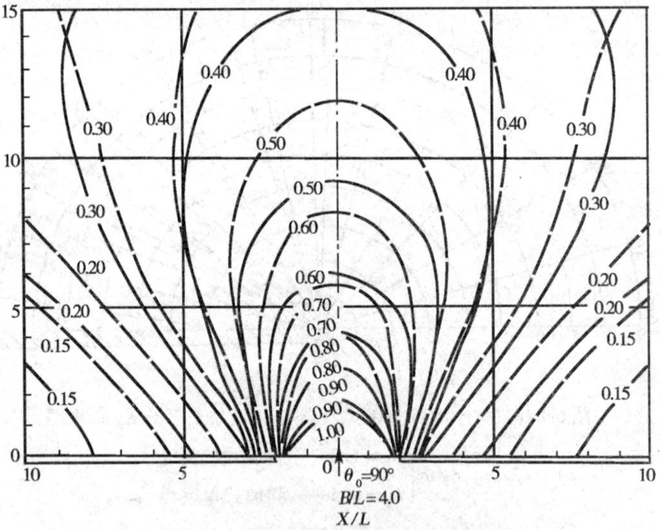

图 6-85a)双突堤后不规则波绕射系数 K_d 计算

——$G(\varphi)=(2/\pi)\cos^2\varphi$　——$G(\varphi)=(8/3\pi)\cos^4\varphi$

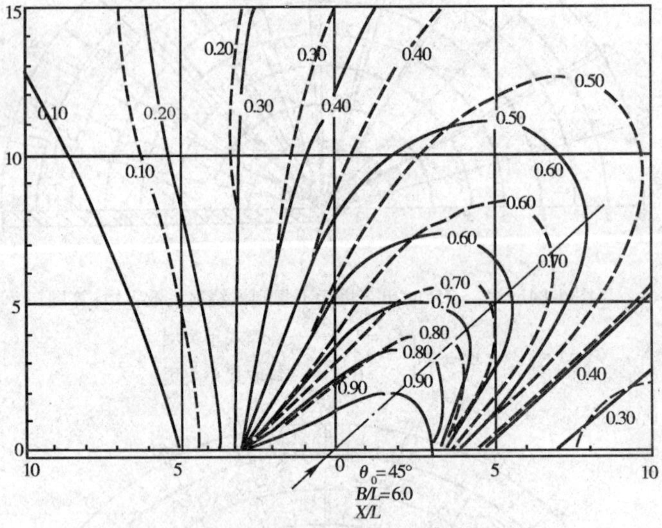

图 6-85b)双突堤后不规则波绕射系数 K_d 计算

——$G(\varphi)=(2/\pi)\cos^2\varphi$　——$G(\varphi)=(8/3\pi)\cos^4\varphi$

$$H=\sqrt{H_1^2+H_2^2} \tag{6-164}$$

式中:H_1、H_2——计算点的绕射波高和局部风成波的波高,后者按本章第七节计算。

当港内水域水深变化较大,且波浪传播距离较远时,需同时考虑港内的波浪绕射和折射影响。相应的研究成果表明,离堤头 3 ~4 个波长范围内以绕射为主,而在此范围以外,港内波浪折射影响比较明显。基于这个原理,可按下述方法近似计算港内近岸某点的波高。

先绘制港内波峰线图,掩护区内近似地取同心圆弧,在开敞区为平行直线,见图 6-82。但对于 $B'/L\leqslant1$ 的双突堤口门,港内波峰线近似取以口门中点为圆心的同心圆弧。

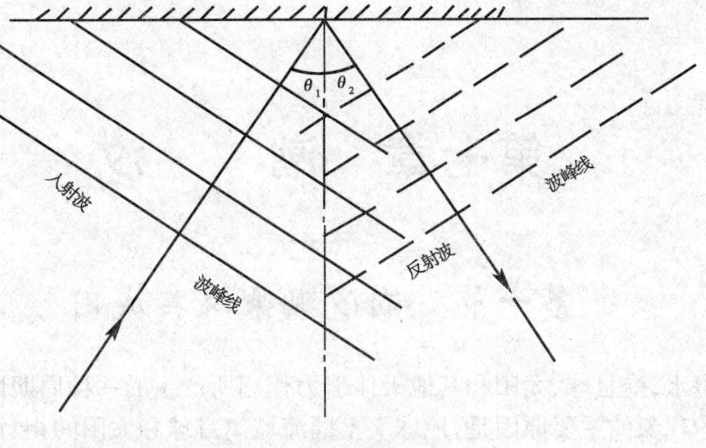

图 6-86　波浪的反射

在距堤头 3 ~ 4 倍波长的波峰线上，按规则波绕射原理确定该波峰线上各点的绕射系数 K_d。在该波峰线以外按波浪折射原理，绘制规则波折时图，于是波浪至近岸某点处的波高变化系数为

$$K' = K_d \sqrt{\frac{b_1 K_{s_2}}{b_2 K_{s_1}}} \tag{6-165}$$

式中：b_1、b_2——相邻两波向线在折射起始线（即自堤头至 3 ~ 4 个波长距离处）及某点处的间距；

K_{s_1}、K_{s_2}——b_1 和 b_2 位置处的浅水系数。

将防波堤口门处的波高乘以 K'，即得港内某点的波高。

事实上，港内波浪往往是绕射、反射、折射、局部风浪以及防波堤越浪等多项的综合结果，上述计算也很难全面精确地给出符合实际的结果。因此，对大型或重要项目，最有效的方法是进行整体模型试验，全面地研究港内波况，得出比较接近实际的结果。

综合本章各节所述，风浪在深水中生成后，传入浅水区，由于水深变浅、地形的波浪折射以及水流的影响，波速、波长、波高以及波向都将发生一系列的变化，遇到海岸或人工建筑物后还将发生反射和绕射现象，直至岸边附近将出现波浪的多次及最终破碎。因此，波浪在浅水区近岸地带的变化是极为复杂的，它往往是上述各种过程同时影响的综合结果。港工建筑物多位于浅水区，因而近岸波浪的分析研究对于海港建设、航道整治和海岸保护等都有重要的意义。

第七章　潮　　汐

第一节　潮汐现象及其成因

地球上的海水，受月球、太阳和其他天体引力作用所产生的一种周期性升、降运动，称之为潮汐。产生潮汐现象的主要原因是，地球上不同海域离月球和太阳的相对位置不同，所受到的引力有所差异，从而导致地球上海水的相对运动。地球上各海域除了受到月、日的引力作用外，还有地球与月和地球与日在绕其共同质心运动而产生的惯性离心力，这种引力与离心力的合力称之为引潮力，由其引起的海面升降称为天文潮。台风，寒潮等天气系统带来大风或气压剧变，也能引起海面水位异常升降，这种现象称为风暴潮。海洋工程和港口工程的规划、设计、施工及营运与管理，都需要了解与掌握海面潮汐变化的规律。为了能正确地应用潮位观测资料来推求工程所需的设计潮位，本章首先介绍潮汐现象及其成因，潮汐现象的周期性特征和影响潮汐变化的天文因素、气象因素和地理因素等，使读者对运用潮位资料有正确的理解。本章重点论述设计潮位的推算，其中包括具有长期或短缺实测潮位资料情况下潮位的推求方法。

一、与潮汐现象有关的天文知识

潮汐现象与天体运行中的引力有关，主要随着地球与日、月位置的不同而变化，因此，要掌握潮汐的成因和变化规律，须了解与其有关的天文知识。

1. 名词解释

天球：一个以地球为中心，半径无限大的假想球体。天球旋转运动同地球自转方向相反，为自东向西，旋转的轴称为天轴，与地球的轴（地轴）一致。天轴与天球的交点称为北天极与南天极。地球赤道面向外延展与天球相交的大圆称为天球赤道，见图 7-1。

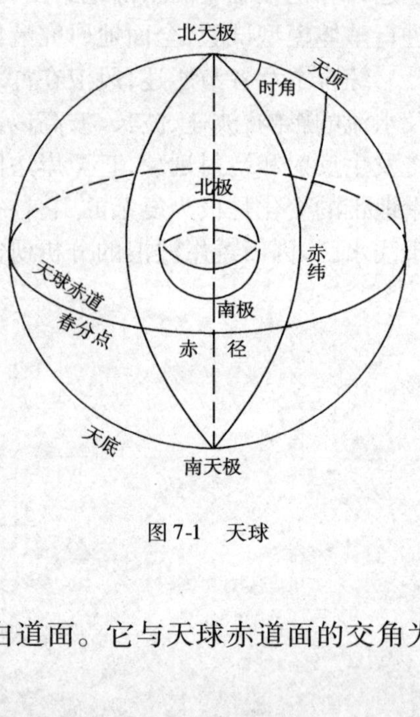

图 7-1　天球

视运动：观察者和天体之间的距离与观测者随地球在空间移动的距离相比要大得多，所以，观察时天体似乎都在离观察者同样远的天球上运动，天体的真实运动在天球上的反映称为视运动。

黄道面：一年内太阳在天球上视运动的轨迹面称为黄道面。它与天球赤道面的交角为 23°27′。太阳从南向北穿过天赤道的交点称为春分点，而从北向南穿过天赤道的交点称为秋分点。见图 7-2。

白道面：一个月内月球在天球上视运动的轨迹面称为白道面。它与天球赤道面的交角为

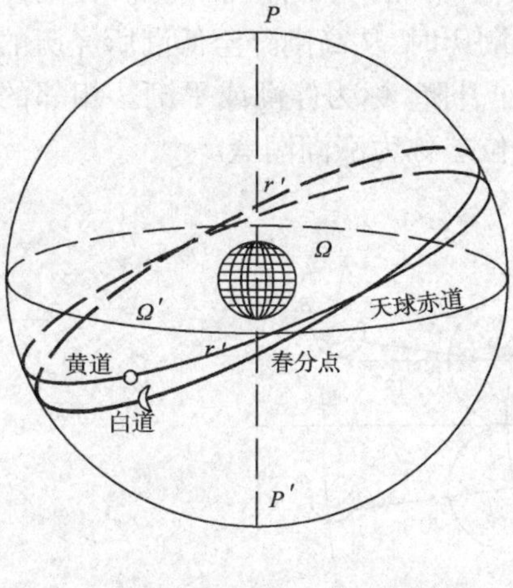

图 7-2　黄道面与白道面

18°19′ ~ 28°35′。白道面与黄道面的最大交角为 ±5°8′,交点的位置不停地沿黄道自东向西移动,即逆着月球运动方向移动,每年约移动 20°,经过 18.61 年旋转一周,这也是潮汐变化的长周期。

赤经和赤纬:天体在天球上的位置如地球上的地理位置一样,可以用赤经和赤纬来表示。天体自春分点起向东计算,在天赤道上的弧距称为赤经,以 λ 表示。天体至天球赤道的弧距称为赤纬,以 δ 表示。

天顶距:观测者由头顶垂直向上与天球的交点称为天顶,观测者自脚底垂直向下与天球的交点称为天底。天体至天顶在天球上的弧距称为天顶距,以 Z 表示。

子午圈:过南、北天极以及某地的天顶、天底的大圆称为子午圈。

时角:过天体与南、北天极的大圆与观测者子午圈之间的夹角称为时角,以 T 表示。由于天体的视运动,时角是随时间变化的。

中天:天体正经过观测者子午圈的时刻称为中天时刻。一天经过两次,一次经过观测者地面之上称为上中天,另一次经过地面以下称为下中天。

2. 太阳的视运动

因地球绕太阳作椭圆轨道运动,且太阳位于该椭圆的一个焦点上. 每日地球绕太阳运动的速度不断在变化,因此真太阳日有长有短,取其一年的平均值称为平太阳日,也就是假想在天球上有一个作匀速运动的太阳,地球自转连续两次通过观测地点子午圈的时间间隔,其平均值为 24 小时。太阳连续两次经过春分点的时间间隔称为一回归年,其均值约为 365.2422 平太阳日。

3. 月球的视运动

月球绕地球运行的轨道为一比地球绕太阳运动更扁的椭圆,且月球与地球一起绕太阳公转,其真太阴日也有长有短,取月球连续两次通过观测地点上中天的平均时间间隔为一个太阴日。由于月球运行的速率比地球自转的速率快,故一个平太阴日比一个平太阳日平均长 50min,为 24h50min,如图 7-3 所示。月球从新月(或满月)的位置出发,再回到该位置的时间间隔称为朔望月,它约等于 29.53 平太阳日。

二、潮汐现象

要掌握潮汐的变化和发展规律,应从认识潮汐现象开始。在月球、太阳和其他天体引潮力的作用下,地表海水发生周期性运动的现象称为潮汐,它包括海面周期性的垂直涨落运动和海水周期性的水平进退流动。习惯上,将前者称为潮汐,后者称为潮流。

1. 潮位过程线

图 7-4 是某验潮站实测到的一段潮位资料,即潮位随时间变化的过程线,其横坐标为时间,纵坐标为潮位。

海面上升至最高点时称为高潮(满潮),海面下降至最低点时称为低潮(枯潮)。在潮汐升降的每一个周期内,从低潮升至高潮所经历的时间称为涨潮历时,从高潮降至低潮所经历的时间称为落潮历时。在满潮、枯潮之际,海面有短暂时间不作升降,称为停潮或平潮。相邻的高潮至低潮的水位差称为落潮潮差,相邻的低潮至高潮的水位差称为涨潮潮差。

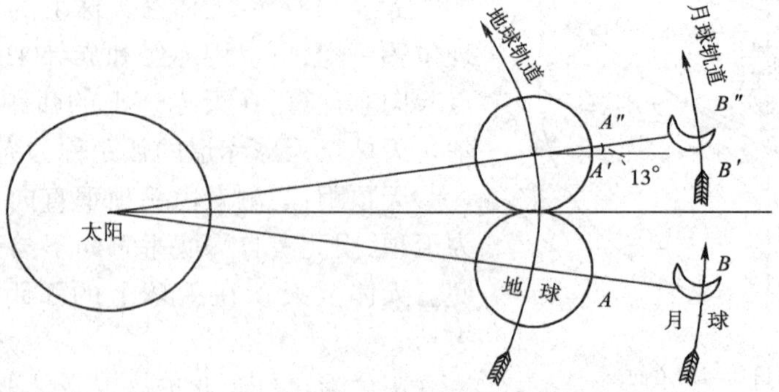

图 7-3 太阳日与太阴日的差别

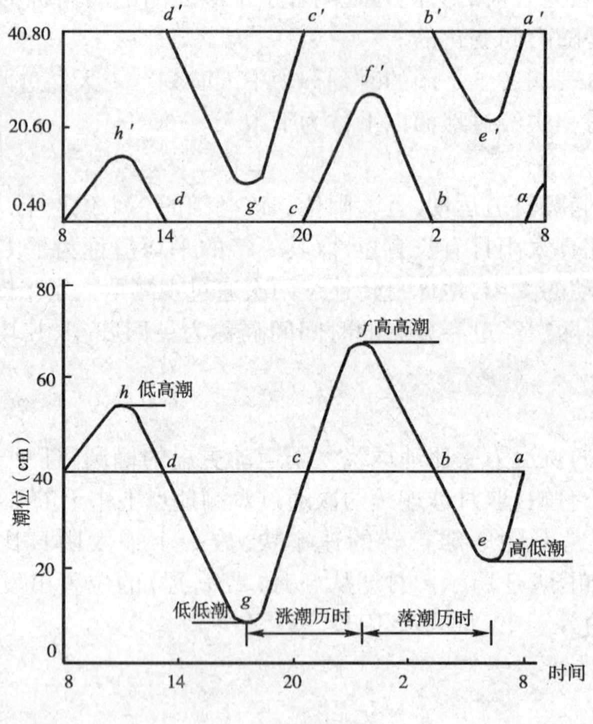

图 7-4 潮位过程线

2. 潮汐类型

潮位变化曲线随地点、日期而异,非常复杂。但是,从长期记录看,大体可分为三种类型:半日潮、日潮和混合潮,见图 7-5。

(1)半日潮。在一个太阴日(24h50min)内发生两次高潮和两次低潮。相邻两次高潮和两次低潮的潮位大致相等,涨潮历时与落潮历时相同,潮位曲线近似为对称的余弦曲线。如我国杭州湾和中美洲巴拿马沿海都具有典型的半日潮型。

(2)日潮。一个太阴月中的大多数太阴日,每日出现一次高潮和一次低潮。在全日潮海区观察发现,每当月偏北和偏南的日期过后几天,潮差便显得特别大;反之,在月出正东和月没正西的日期过后几天,潮差都特别小、甚至1日内会出现两次潮汐。

(3)混合潮。混合潮分为不规则半日潮和不规则日潮。不规则半日潮,指在一个太阴日内也有两次高潮和两次低潮,但相邻的高潮或低潮其高度不等,涨潮历时和落潮历时也不同。不规则日潮是指在半个月的多数日子里为不规则半日潮,但有时也发生每日一次高潮和一次低潮的日潮现象,但日潮的天数不超过7天。

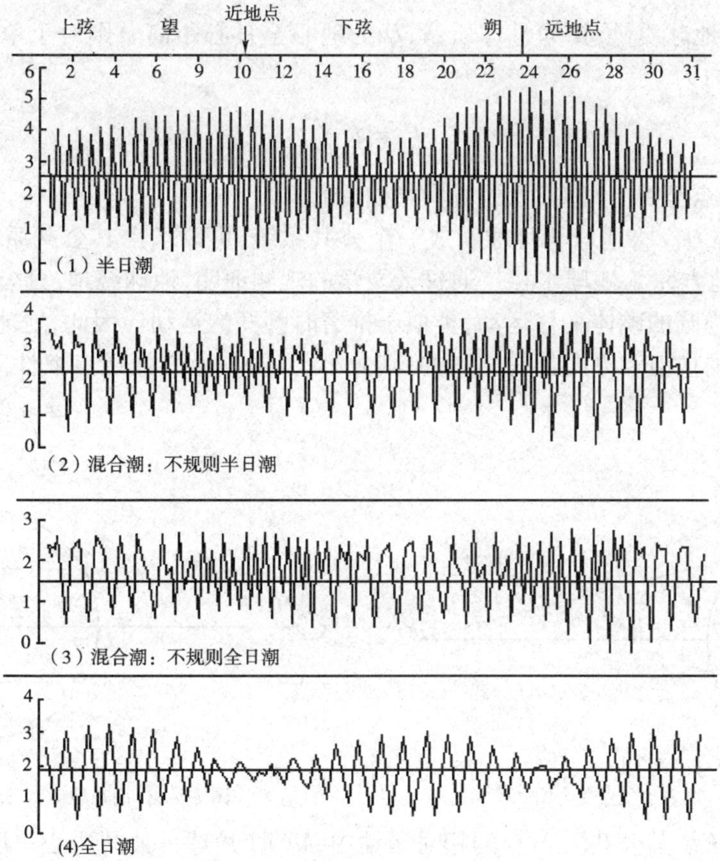

图7-5　各类潮汐月过程曲线

三、引潮力及潮汐成因

对潮汐现象及其成因的认识,虽然可追溯到两千多年前,但当时对其力学的原理并未得到正确解释。直到1687年,牛顿(Newton)提出万有引力定律后,解释了由于引潮力的作用使海洋发生潮汐现象,从而为现代潮汐理论打下了基础,该理论称为牛顿潮汐静力学理论或称平衡潮理论。由于静力学理论无法给予复杂的潮汐现象以满意的理论解释,在牛顿以后大约100年,拉普拉斯(Laplace)又提出了潮汐动力学理论,该理论认为周期性的水平引潮力引起了具有相应于各成分的强迫振动,从动力学观点解释了潮汐成因。下面将对引潮力、牛顿静力潮理论和拉普拉斯动力潮理论进行简要介绍,并用这些潮汐理论对复杂的潮汐现象进行定性的解释。

1. 引潮力

首先从地球外层水体表面单位质量的水质点受到月球作用时力的平衡入手,推求其引潮力的表达式,进而推广到一般天体的引潮力。如图 7-6 所示,位于 A 点单位质量的水质点受到如下几个力的作用:

(1)月球的引力。根据万有引力定律,地球与月球间的总吸引力为:$P_t = K \cdot \frac{EM}{D^2}$,$K$ 为万有引力常数,E 为地球质量,M 为月球质量,D 为地心至月心距离。则对于单位质量的水质点 A,月球对其的引力为

$$P = K\frac{M}{R^2} \tag{7-1}$$

其中,R 为 A 点至月心距离,力的方向指向月心。

(2)惯性离心力。将地球与月球看成一个公共系统,可以求出其公共质心 G 在地球内距地心为 $0.73r$ 的地方,r 为地球半径。通过天文学的观测证明,地球绕地、月公共质心的运动是一种各点轨迹均为圆的整体平移运动,类似于推磨时磨杆的运动。因此,地球上任意点每一瞬时的惯性离心力的量值和方向都是相同的,其大小、方向与地心处质点惯性离心力相同,见图 7-7。

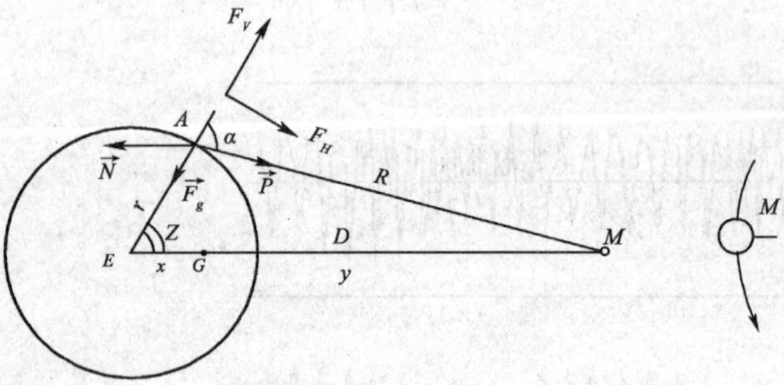

图 7-6　地表水质点受力图

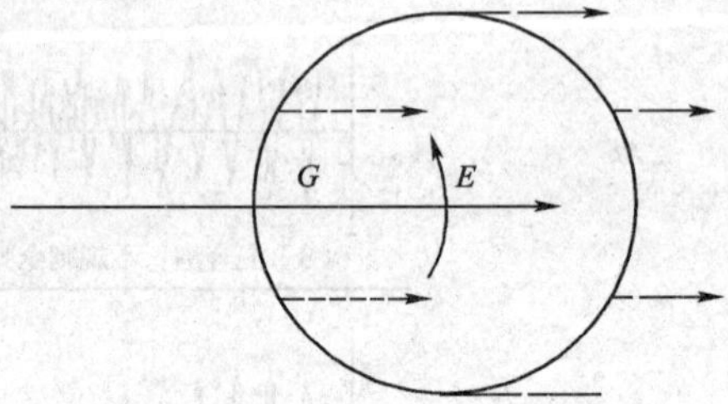

图 7-7　作用在地球上各点的离心力

在地—月系统绕其公共质心 G 的相对运动中,MGE(月球—公共质心—地球)始终处在一条直线上,若假设地、月的质量都集中在各自的质心处,则地球的总惯性离心力应与地、月的总吸引力相平衡,即:$EN = K\frac{ME}{D^2}$,N 为地球上单位质量的质点所受的惯性离心力,其他符号同前。从而可以求出地球上单位质量的质点所受到的惯性离心力为:

$$N = K\frac{M}{D^2} \tag{7-2}$$

其方向各点均与地心处相同,平行于 MGE 联线且指向离开月心方向。

(3)重力。单位质量的水质点,所受到的地心引力为

$$F_g = g \tag{7-3}$$

其方向指向地心。

作用在水质点上的上述三种力中,除重力外,均为能引起潮汐的力,因此将前两种力之合力称为引潮力:

$$\vec{F} = \vec{P} + \vec{N} \tag{7-4}$$

2. 引潮力的性质

为了了解引潮力的性质,将引潮力 $\vec{F}$ 沿径向(V)与切向(H)分解,其坐标方向如图 7-6 所示。其径向(垂直)F_V 与切向(水平)F_H 分力分别为

$$F_V = P_V - N_V = \frac{KM}{R^2}\cos\alpha - \frac{KM}{D^2}\cos Z \tag{7-5}$$

$$F_H = P_H - N_H = \frac{KM}{R^2}\sin\alpha - \frac{KM}{D^2}\sin Z \tag{7-6}$$

若以 $R = \sqrt{r^2 + D^2 - 2rD\cos Z}$, $\cos\alpha = \frac{D\cos Z - r}{R}$ 及 $\sin\alpha = \frac{D\sin Z}{R}$ 代入上式,并略去 $\frac{r}{D}$ 的高次项,得

$$F_V = \frac{KMr}{D^3}(3\cos^2 Z - 1) \tag{7-7}$$

$$F_H = \frac{3KMr}{2D^3}\sin 2Z \tag{7-8}$$

式中:Z——月球的天顶距;

α——径向力坐标法向与 AM 夹角,见图 7-6,其他符号同前。

如果在式(7-7)与(7-8)中,以太阳质量 S 代替 M,以太阳天顶距 Z' 代替 Z,以太阳与地球间距 D' 代替 D,就可得出太阳引潮力的垂直分力 F'_V 和水平分力 F'_H 的表达式。

通过对上述公式的分析可以了解引潮力的性质和特征:

(1)地球绕地轴自转时,地面上各点的引潮力将出现周期性的变化,且引潮力的量值与天体的质量成正比,与天体到地球中心的距离三次方成反比。

(2)当月球处于图 7-8 所示的同一位置时,地表各点所受的月球引潮力有相应的变化,这一点可以从上述的引潮力垂直与水平分力的公式中看出。在 $Z = 0°$ 的 B 点及 $Z = 180°$ 的 D 点,引潮力的垂直分力取得最大值 $F_{V\max} = \frac{2KMr}{D^3}$,而水平分力为零 $F_H = 0$。在 $Z = 90°$ 的 A 点及 $Z = 270°$ 的 C 点,引潮力的垂直分力为负值(指向地心)$F_V = -\frac{KMr}{D^3}$,而水平分力为零 $F_H = 0$。仅在 $Z = 45°$、$135°$、$225°$ 及 $315°$ 时,水平分力取得最大值 $F_{H\max} = \frac{3KMr}{2D^3}$。在对称于直线 BD 的各点上,上下两半球的引潮力量值相等,其方向可用镜反射的方法求出。

(3)在地球中心由于受到的月球引力与惯性离心力量值相等、方向相反,故地球中心处受到的月球引潮力为零。

(4)地球绕地轴自转时,地面上各点的引潮力将出现周期性变化。而且,由于天体的不断运动,引潮力具有很复杂的周期性变化。

以上为引潮力的一些基本特性。从图7-8中还可以看出,B、D两点处的引潮力垂直分量取得最大值$F_{V\max}=\dfrac{2KMr}{D^3}$,而该值与单位质量的水质点所受的重力$F_g = \dfrac{KE}{r^2}$相比为

$$\frac{F_{V\max}}{F_g}=\frac{2KMr}{D^3}\bigg/\frac{KE}{r^2}=\frac{1}{9000000} \tag{7-9}$$

其中,地心至月心距离$D=60.3r$,地球质量$E=81.5M$。

由此可知,最大垂向引潮力仅为重力的九百万分之一,说明F_V对潮汐现象作用很小。引潮力的水平分力虽然很小,但它是与重力方向相垂直而作用于地球上各点,这就引起了海洋中显著的潮汐现象。若假定地表覆盖着等深度的海水,在月球引潮力的作用下,该水层便形成潮汐椭球,见图7-9。

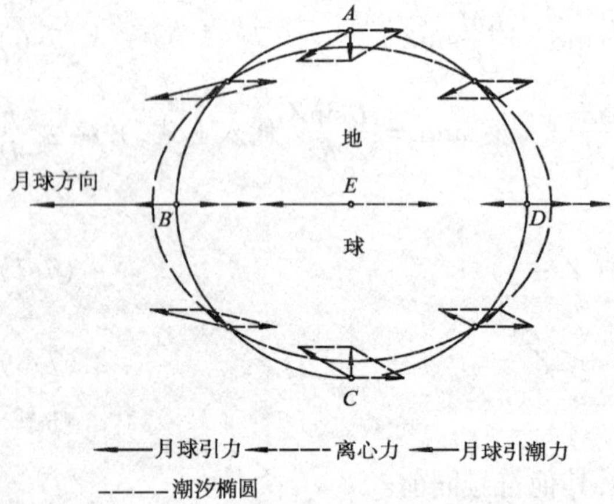

图7-8 月球引潮力及潮汐椭圆

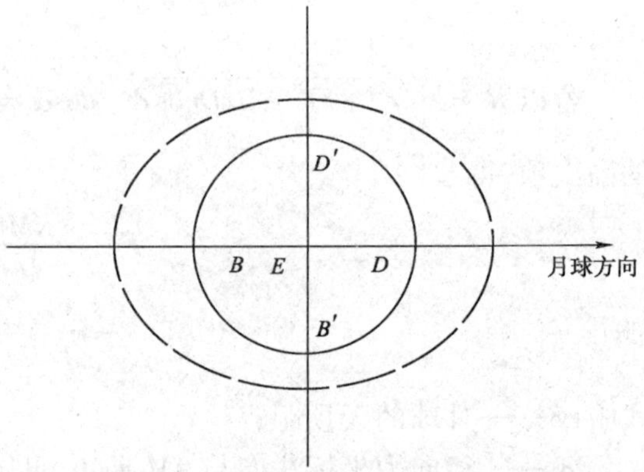

图7-9 地球及潮汐椭球沿赤道的横剖面

用类似的方法可算出太阳引潮力垂直分力F'_V和水平分力F'_H的最大值公式:

$$F'_V=\frac{2KSr}{D'^3} \tag{7-10}$$

$$F'_H=\frac{3KSr}{2D'^3} \tag{7-11}$$

当月球和太阳均位于B点天顶时,将月球F_V与太阳F'_V相比,比值为:

$$\frac{F_V}{F'_V}=\frac{2KMr}{D^3}\bigg/\frac{2KSr}{D'^3}=2.17 \tag{7-12}$$

式中:S——太阳质量,$S=333400E$;

D'——地心至太阳中心的距离,$D'=2348r$。从上式可知,太阳引潮力仅为月球引潮力的$\dfrac{1}{2}$还小些。

3. 潮汐成因及潮汐理论

前面只讨论了引潮力及其性质,但在引潮力作用下,如何产生潮汐,对于其成因的研究,有两种理论,即静力学理论和动力学理论。扼要介绍如下。

1)潮汐静力学理论

潮汐静力学理论是通过地表水质点的静力平衡来研究潮汐的形成,故也称为平衡潮理论,

该理论由牛顿于1687年首创,后经伯努利(Bernoulli)等人加以研究发展。静力学理论有两点假设:①假设地球表面均匀地覆盖着等深度的海水;②假设水体仅受到重力作用但没有惯性与摩擦力。海水因受日、月引潮力的作用,海面形成了椭圆球体,称为潮汐椭球。这种潮汐椭球是引潮力、地心重力与海平面上压力差相互平衡的结果,这就是牛顿潮汐静力理论的基本思想。

(1)静力潮概念。根据静力潮理论,在引潮力的作用下,海面形成潮汐椭球。图7-8为沿地轴(AC)和月心M,地球与潮汐椭球的纵剖面;图7-9则为沿地球赤道平面(BD)和月心M的横剖面。地球自转时,地球上某一点在一天内不同时刻,将分别处于不同位置,当该点处于B、D位置时为高潮,而处于B'、D'位置时则为低潮,这样就形成了一天内两次高潮与两次低潮。由于月球也在运动,地球上B点(月球天顶距$Z=0$位置)再回复到相同位置需要24h50min,因此潮汐变化的日周期为24h50min,天文学上称其为一个太阴日。

(2)静力潮潮高公式。根据静力学的理论,按水质点在静力作用下处于平衡的研究方法,可以推求平衡潮潮高。图7-10为沿地轴与月心所在平面的纵剖面。如前所述,假定地表被均匀水层覆盖,当受到引潮力的作用后,此水圈将形成一绕长轴旋转的椭球体。B点的水面将升至A点而高出静水面以上一个距离h,由此而引起的B点与A点间重力的差值应由该点引潮力的垂向分量来平衡,即

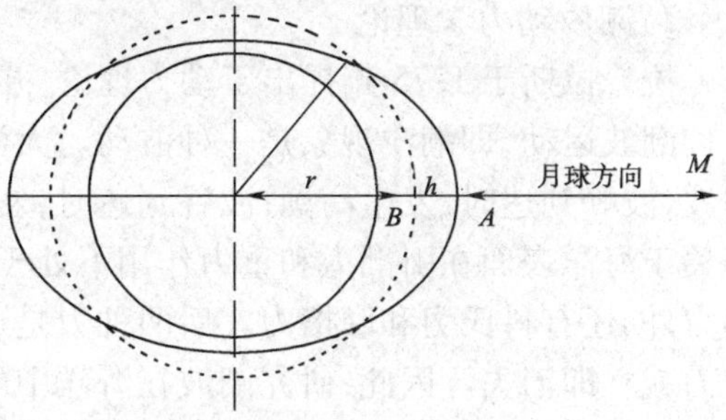

图7-10 潮高公式推求图

$$\frac{KE}{r}-\frac{KE}{r+h}=\frac{3KMr^2}{D^3}\left(\cos^2 Z-\frac{1}{3}\right) \tag{7-13}$$

上式经整理,再略去$\left(\frac{h}{r}\right)^2$以上方次的诸项,可得太阴潮潮高的计算公式

$$h=\frac{3}{2}\frac{Mr^4}{ED^3}\left(\cos^2 Z-\frac{1}{3}\right) \tag{7-14}$$

由于太阴潮潮高公式中天顶距Z与纬度φ、月球赤纬δ和时角T有关,可应用球面三角公式,将$\cos^2 Z$展开后,再代入上述潮高公式可得

$$h=h_1+h_2+h_3 \tag{7-15}$$

其中:$h_1=\frac{3}{2}\frac{Mr^4}{ED^3}\left(\frac{1}{2}\sin 2\varphi\sin 2\delta\cos T\right)$;

$h_2=\frac{3}{2}\frac{Mr^4}{ED^3}\left(\frac{1}{2}\cos^2\varphi\cos^2\delta\cos 2T\right)$;

$h_3=\frac{3}{2}\frac{Mr^4}{ED^3}\left(\frac{1}{2}-\frac{3}{2}\sin^2\varphi\right)\left(\frac{1}{3}-\sin^2\delta\right)$。

上述各式中,T为时角,其变化周期是24h;δ为月球赤纬,其变化周期是月;φ为当地纬度,对于某一固定点为一定值。因此可以看出,h_1为全日分潮;h_2为半日分潮;而h_3中含有$\sin^2\delta$项,因$\sin^2\delta=\frac{1}{2}(1-\cos 2\delta)$,所以$h_3$为半月分潮。

利用静力潮理论和上述同样的方法,可以得到太阳潮的潮高公式:

$$h' = \frac{3}{2}\frac{Sr^4}{ED'^3}\left(\cos^2 Z' - \frac{1}{3}\right) \tag{7-16}$$

式中:S——太阳质量;

D'——地心至太阳中心距离。

由上述太阴潮和太阳潮潮高公式可以求出两者引起的最大潮差仅为0.78m,这一结果与大洋的实际潮差相近,但与浅海地区的潮差相差很大。例如,我国杭州湾澉浦最大潮差有8.9m,在北美芬地湾最大潮差可达18~21m。除此之外,由牛顿静力潮理论所得到的结论,还有许多与实际海洋潮汐现象不符之处。例如,静力潮理论完全没有考虑海水的运动,因此它无法解释潮流这一重要现象。这都是因为静力潮理论的两点基本假定与实际不同所致。

针对上述缺点,从海水运动观点出发,又出现了潮汐的动力学理论。

2)潮汐动力学理论

拉普拉斯于1775年提出了动力理论,并认为:潮汐是在月球和太阳水平引潮力作用下的一种潮波运动,即潮汐现象是一种波动。大洋海水受到水平引潮力场的作用将发生流动形成潮波,波峰到达时,发生高潮;波谷到达时,发生低潮。动力理论改进了静力理论的主要缺点,即关于海洋表面在引潮力和重力作用下处于静止状态这一假设。对于潮波运动的作用,除引潮力外,还有科氏力和摩擦力。后两种力是运动一旦开始才诱发的力,而运动一旦停止,这两个力就立即消失。因此,研究潮波在海洋中的运动,应特别考虑科氏力和海底的摩擦力(在浅海尤为重要),才能与实际现象相符。拉普拉斯在研究中,仍然假定地球被等厚度的海水所覆盖,在引潮力、压力和科氏力作用下发生潮波运动。在求解时,分别考虑了长周期、半日和全日周期分潮3种类型的潮波运动情况。拉普拉斯的研究成果,仍然存在略去摩擦力和不考虑地形影响等两个缺点。但是,此理论把潮汐看作强迫振动,提出的潮汐运动方程组,至今仍是研究潮汐的理论基础。

以后潮汐动力学理论的研究大体上可以分成两个方向,一个方向是求解大洋潮汐,从根本上解决潮汐形成的数值计算问题。20世纪60年代以前,除了极个别例外,都是把实际海洋的形状、深度等加以理想化后求其解析解,在这方面,19世纪的艾里(Airy)、霍夫(Hough)和20世纪的戈兹布拉夫(Goldsbrough)、朗格—希金斯(Longuet-Higgins)等都在求解简单形状大洋(如:假设全球为海水所覆盖或以几条沿经圈分布的沟渠或沿纬圈分布的沟渠来代替实际海洋)的潮汐分布或特征频率方面作出了贡献。虽然所研究的海域是理想化的,但所得结果对于深入了解和解释实际大洋潮汐运动具有重要作用。

另一方向是对较小尺度海洋中潮波传播的研究。在这些研究中,柯氏力被看作为常数,并允许采用直角坐标系。早在1879年,汤姆森(Thomson,即后来的开尔文勋爵)研究地转作用下无限恒深沟渠中的长波,得出著名的开尔文波,20世纪10年代庞加勒(Poincare)研究更广泛的长波一类运动,稍后,泰勒(Taylor)得出了海湾和矩形海域的潮波的解。陈宗镛、方国洪与王仁树以及亨德肖特等(Hendershott and Speranza)以不同方式考虑了摩擦力的影响,对进一步了解边缘海的潮汐分布起着重要的作用。

在20世纪50年代以前,潮汐研究主要采用分析的方法。从计算机问世以来,潮汐数值解法蓬勃发展起来,并成为潮汐研究中的重要手段和领域。至60年代末,已经有许多学者计算过实际大洋的潮汐。在前人工作的基础上，1980年斯威德尔斯基（Schwiderski）给出了大洋潮汐的数值计算结果相当良好，与实测相比，偏差约在10 cm内。对于边缘海或港湾、江河所进行的潮汐数值计算则更多，这些结果的准确程度有些已达到可供实际应用的程度。我国国家海洋局从1964年就开始用计算机分析和预报潮汐，至今已取得显著成效。

4. 潮汐静力学理论的应用

根据牛顿静力学理论，在引潮力的作用下，地球外表等厚度的海水形成潮汐椭球，此概念可以解释有关潮汐的周期和日潮不等等现象。

（1）分点潮和回归潮。假定月球在赤道上空，即月球赤纬为零，此时潮汐椭球如图7-11所示，其长轴指向月球。若某观察者站在A点处，就可观察到第一次高潮；地球自转经$\frac{1}{4}$天（太阴日，即6h12.5min），观察者能看到第一次低潮；又过$\frac{1}{4}$天，到达B点，看到第二次高潮；再经过$\frac{1}{4}$天，观察者可看到第二次低潮；再过$\frac{1}{4}$天，观察者回到原A点处，重见高潮。这样，观察者经过一天，可看到两次高潮和两次低潮，这就是典型的半日周期潮。两次高潮（或低潮）的潮高相等，涨潮历时与落潮历时也相同，此潮汐称作分点潮。

当月球离开赤道平面向南或向北移动时，即赤纬不为零，就会发生日潮不等现象。而月球赤纬到回归线附近时，日潮不等现象最为显著，此时的潮汐称为回归潮。图7-12表示月球到达赤纬最北时所引起的潮汐椭球。观察者在A点时，可观测到第一次高潮。由于地球自转，经转动90°后观察者可以看到第一次低潮。转到B点位置上，又观察到第二次高潮，但其潮高比第一次高潮为低。这样，当月球赤纬不为零的时候，一天中的两次高潮（或低潮）的潮高不等，涨、落潮历时也不相同。在高纬度地区，当月球赤纬不为零的时候，潮汐就失去了半日潮周期的特性而显现出日周期潮。例如图7-12中的C点，就是一日之中只有一次高潮和一次低潮。

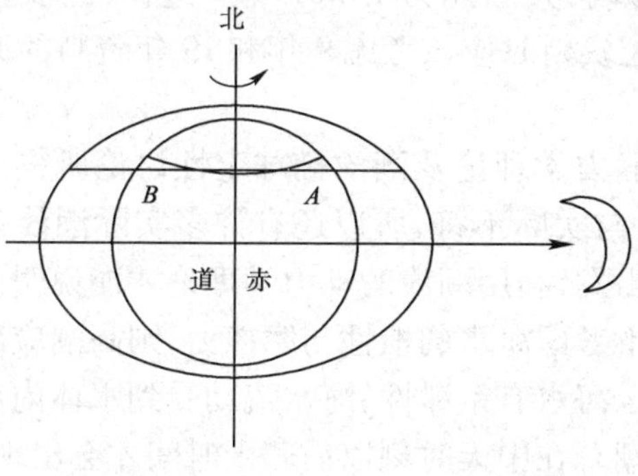

图7-11　分点潮

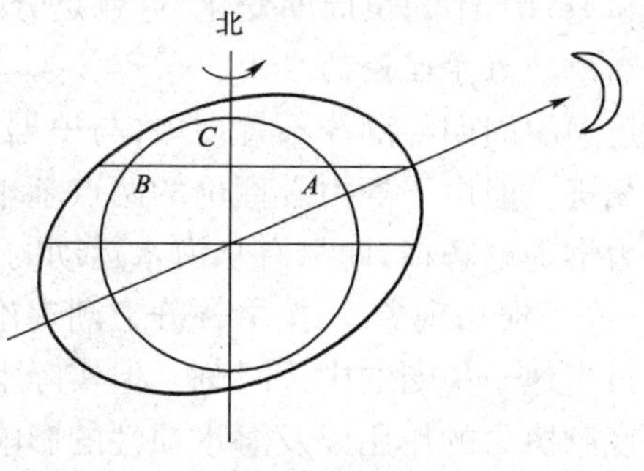

图7-12　回归潮

（2）大潮和小潮。海洋潮汐不仅是月球所引起的，太阳也能起到一定的作用。所以月球和太阳在空间上相对位置的周期变化，使潮汐尺度大小也发生周期变化。图7-13表示朔望大潮与上、下弦小潮时，太阳、月球与地球的相对位置关系。太阳、月球在一条直线上时，太阳潮与太阴潮的潮汐椭球长轴的指向相同，两潮相加，形成朔望大潮。太阳、月球成垂直位置时，两者潮汐椭球的长轴互相垂直，两潮相减，形成上、下弦月的小潮。因为半月中会出现一次大潮与一次小潮，就形成了潮汐的半月不等现象。

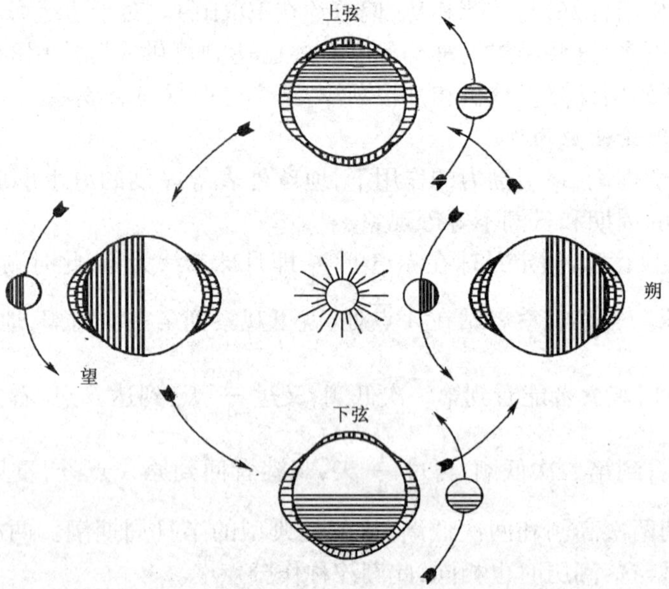

图 7-13　月相与大小潮

(3)潮汐月、年与多年不等现象。除了上述的潮汐日不等、半月不等现象外，还有月不等、年不等与多年不等现象。因为月球绕地球旋转的轨道为一椭圆，地球位于其内一个焦点上。月球位于近地点时的引潮力比位于远地点时大 40%，这就形成了潮汐的月不等现象。同样，在 1 年周期中，地球绕太阳轨道的近日点引潮力比远日点大 10%，这样使潮汐大小有年周期的变化。

此外，月球运行的轨道长轴随着天体的运动不断地变化着，近地点不停地向东移动，其周期是 8.85 年。黄道与白道的交点也在不断地移动，其周期为 18.61 年。这样，潮汐便具有 8.85年和 18.61 年的长周期变化，这就是分析潮位资料时应该考虑 9 年和 19 年资料的原因。

5. 潮汐动力学理论的应用

上述潮汐周期与潮汐不等现象，与根据牛顿静力学理论及潮汐椭球定性讨论所得出的结论完全相符。但由于静力学理论的两点基本假设与实际不符，所以还有许多实际潮汐现象无法用静力学理论解释，而只有从海水运动的观点出发，利用潮汐的动力学理论才能说明。

(1)潮汐滞后现象 。按牛顿静力潮理论，若不考虑海水的惯性与摩擦力，则高潮应出现在月球经过当地子午圈的中天时刻。但实际上，由于海水有粘滞性，海水流动受到水体内部粘滞力和海底摩擦力的作用以及海水惯性的影响，高潮总在中天时刻以后若干时间才会出现，此时间间隔称为高潮间隙；从月中天时刻到低潮出现的时间间隔称为低潮间隙，两者统称为月潮间隙。

按牛顿静力潮理论，每月最大潮应发生在朔、望日；每月最小潮应出现在上、下弦。但实际上，由于海水的惯性与粘滞力的作用，加上海底深浅不一和海岸水下地形的影响，每月最大与最小潮的出现总要延迟 1 ~ 3 天，该时间差称为潮令或月令，各地该值多有所差别。

(2)潮波共振现象。按静力潮汐理论，赤道上永远不会出现全日潮，低纬度地区也以半日潮占优势。但实际上许多赤道和低纬度地区,均有日潮出现。按潮汐动力学理论,海水在引潮力作用下所产生的潮波周期和引潮力的周期一致,是一种强迫振动。简言之,可以认为,在一个太阴日内的引潮力,主要由两个周期不同的分力所组成,一个是周期为12h25min的"半日引潮力",另一个是周期为24h50min的"全日引潮力"。实际上,海洋并不是等厚度的海水,而是被陆地所阻隔的水域,如港湾或大洋,由于其形态大小不一,必然会有其本身的"固有振动周期"。当潮波传入水域时,若某分潮振动的周期接近于海区固有振动周期,便会发生所谓"共振"现象,使这种周期的振动加剧。例如,北美芬地湾是世界上潮差最大的海湾之一,且为半日潮型,因为,该湾的固有振动周期为11.5h,与半日分潮周期较接近,形成共振。又如,靠近赤道的我国北部湾,其固有振动周期为23.1h,与全日分潮的周期非常相近,因此,该湾出现全日潮型。

(3)无潮点及涌潮现象。在一些半封闭的海湾中,常常出现没有潮汐涨落的无潮点(区),并且同潮时线绕无潮点按顺时针或逆时针方向旋转,海湾两岸的潮差也常不等。这一现象只有从潮汐动力学理论才能解释,潮波在传播过程中,既受地形影响亦受科氏力影响,在海湾内常有潮波反射,与前进潮波相会,出现纵、横向驻潮波运动,在两个振动的节线交点上,潮汐涨落才为零,此交点称为无潮点。

潮波沿河道逆流而上时,由于水深度逐渐变浅,河宽逐渐变窄,潮波传播速度也越来越减缓,加上河流径流和河床摩擦的阻力,使得潮波变形,前坡变陡,后坡变缓,潮位涨得快,落得慢,这就可能发生所谓的涌潮(暴涨潮)现象。例如,我国著名的浙江钱塘江海宁涌潮,大潮时潮差常达8m以上。再如,芬地湾的圣约翰河河口的"峡谷",由于潮波受峡谷地形阻挡,使峡谷处水位骤然升高,于是形成了向河流上游流动的"瀑布"。

第二节 潮位观测与潮汐预报

一、潮位观测

近岸潮汐的变化不但与引潮力有关,还常受水文气象因素、海岸形态及水下地形等影响,各地的差异甚大。到目前为止,无论是应用潮汐静力学理论还是动力学理论的计算结果,都无法达到满足实际工程应用的程度,尤其是对地形复杂的边缘海域差距更大。因此,按我国《港口工程技术规范》规定,港口工程建设须有20年以上的实测潮位资料,对于远离验潮站的新建港口也必须至少具有1年以上的实测潮位资料,用于推求设计潮位。我国沿海海洋站和港口都设有验潮仪,长期地、系统地记录潮位资料(图7-14)。在缺少潮位资料的海域进行工程设计时,应尽早设立临时验潮仪进行短期潮位观测。

潮汐测量的手段有很多,主要包括水尺验潮、浮子式验潮仪、引压钟式验潮仪、压力式验潮仪等设备验潮。除此之外,GPS验潮及潮汐遥感测量等新技术的应用研究正在开展。

1. 水尺验潮

验潮柱(水尺)一般设在能被海水经常淹没的滨海地点。水尺一般长2m,铺设在专门的木桩上。如设立地点的水位变幅大于2m,则需使用两节或多节水尺以适应当地测量要求。水尺也可以设在码头、防波堤等建筑物上。水尺安装好后,须用水准仪,根据岸上的水准点测定水尺零点的高程。这样，按规范规定的观测时间读出水面在水尺上的高程刻度，用下式算出当时的水位，水尺读数应准确到厘米(cm)。

水位=水尺读数+水尺零点高程

在水位波动不稳定时，须多观测几次，取其平均值记入观测簿，并以此值算出该时刻的水位值。

通常潮位观测应昼夜24h连续进行，每小时观测一次，在高(满)、低(枯)潮前后各半小时内，应每5~15min观测一次，以便取得高、低潮位及其出现时刻。观测到的潮位资料应及时绘成潮位过程线。

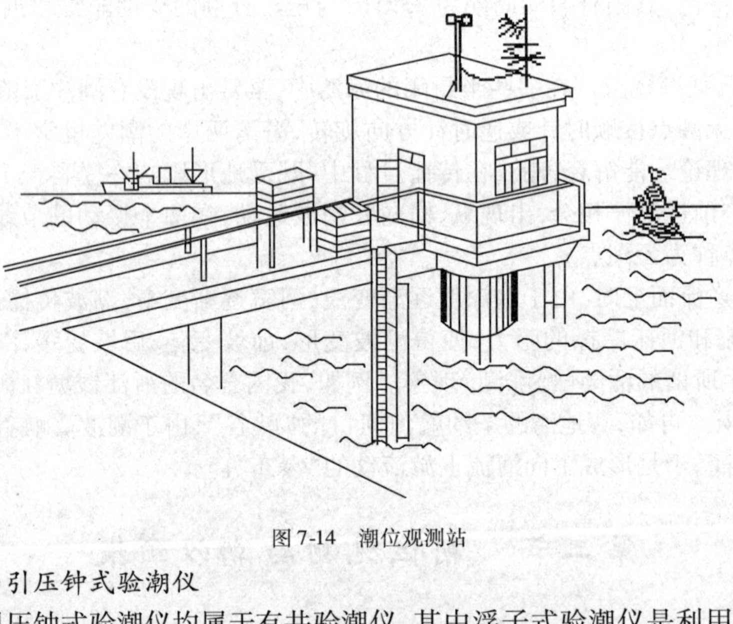

图7-14　潮位观测站

2. *浮子式与引压钟式验潮仪*

浮子式与引压钟式验潮仪均属于有井验潮仪，其中浮子式验潮仪是利用漂浮于海面的浮子，随海面而上下浮动，其随动机构将浮子的上下运动转换为记录纸滚轴的转动，记录笔则在记录纸上留下潮汐变化的曲线。引压钟式验潮仪是将引压钟放置于水底，将海水压力通过管路引到海面上，由自动记录仪进行记录。为了消除波浪的影响，需在水中建立验潮井，即从海底竖一井升至海面，其井底留有小孔与井外的海水相通，采用这种“小孔滤波”的方法将滤除海水的波动，这样井外的海水在涌浪的作用下起伏变化，由于小孔的“阻挡”作用，使井内的海平面几乎不受影响，它只随着潮汐而变。这两种验潮仪由于安装复杂，须打井建站，适用于岸边的长期定点验潮。其特点是精度较高，维护方便，但一次性投入费用较高，不机动灵活，对环境要求高。国内的长期验潮站大多采用这两种设备。

3. *声学式验潮仪*

声学式验潮仪属于无井验潮仪，根据其声探头(换能器)安装在空气中或水中而分为两类。

探头安置在空气中的声学式验潮仪是在海面以上固定位置安放一声学发射接收探头，探头定时垂直向下发射超声脉冲，声波通过空气到达海面并经海面反射返回到声学探头，通过检测声波发射与海面回波返回到声探头的历时来计算出探头至海面的距离，从而得到海面随时间的变化。这种验潮仪特点在于:由于其安装位置可距离海面较近,声波在空气中的行程短,因此精度较高:但是由于要在海上打桩的安装要求,不能离岸太远,因此测量水深一般较浅。

探头安置在水中的声学式验潮仪是将声学探头安放在海底,定时垂直向上发射声波,并接受海面的回波以测量安放点的水深,此种方法由于声探头需有电缆连接,因此不能离岸较远。这种测量方法的特点是精度较低,首先仪器本身存在至少几厘米的固有误差,另外测量精度与声探头的姿态有关,同时一般水声换能器有一定的盲区,因此根据换能器的不同,安放位置需要有一定的水深。而在此深度内,海水中的声速不是恒定的,它随海水温度及盐度的变化而改变,同时还受到海水中的悬浮物等因素的影响,水深越浅影响越大。因此声速误差将影响到测量精度。声学式验潮仪在离岸较远的验潮点不便使用,在冬季岸边海水结冰后,声学式验潮仪一般无法工作。

4. 压力式验潮仪

压力式验潮仪是一种新型的验潮设备,目前已逐步成为常用的验潮设备,它是将验潮仪安置于水下固定位置,通过检测海水压力变化而推算出海面的起伏变化。它的适用范围较前几种验潮仪要广,它不需要打井建站、无须以海岸为依托,不但适用沿岸,码头,而且对于远离岸边及较深的海域的验潮,它同样能胜任。同时这种验潮仪轻便灵活,对于海测部队的验潮作业机动、灵活、且时间较短(一般为一、两个月)的应用场合,这种验潮仪较为合适。

5. DGPS 验潮

DGPS(Difference Global Positioning System)即差分全球定位系统,是 GPS 技术发展的主攻方向之一。DGPS 验潮分为静态验潮仪和动态验潮仪,静态验潮是 GPS 接收机天线安置在靠近海边或海上固定处的浮筒或测量船上,与岸上 GPS 接收机实施动态载波相位差分测量,求得 DGPS 验潮站的瞬时海平面高度的一种验潮方法。动态验潮的 GPS 接收机天线安置在测量船上,与岸上 GPS 接收机实施动态载波相位差分测量,求得测量船处瞬时海平面高度的一种验潮方法。两者的区别是:静态验潮仪只能测量固定点的潮位值,而动态验潮仪可测量移动点的潮位值,但是前者的测量精度要高于后者。

6. 潮汐遥感测量

潮汐遥感测量是指利用卫星的雷达高度计来测量海面的起伏变化。卫星测高技术可供全球、特别是偏远地区的潮汐资料,其特点是速度快,经济。它可检测全球的海洋潮汐,为建立全球海洋潮汐模型提供了依据。但它精度较低。这种验潮方法还在研究中。

二、潮汐分析预报

1. 调和分析法

由实测潮位资料可以看出,各地潮位变化都具有较好的周期性,但各测站潮位变化过程千差万别,这是因为潮汐的变化除了受到日、月引潮力的作用外,还受到地区性的气象、水文、地形和深度等多种因素的影响。数学分析已经证明,潮位曲线可以近似地用许多余弦曲线的叠加来表示,故海洋潮汐可以看作是由许多振幅、周期、相位不同的分潮叠加组成,每一分潮都是由天球赤道面上作等速圆周运动的某一假想天体所引起的。以月球引力为例,可以设想在天球上有许多运动速度各异,和地球的距离各不相同的"假想月球",它们围绕地球运动的轨道都是圆,由这些假想月球对地球引潮力的合力应和实际月球的引潮力相同。每一个假想天体对应一个分潮,例如主太阴半日分潮(M_2),就是由一个假想的理想月球的引潮力所引起的,其绕地球周期和月球的周期相同,但它是在赤道平面上,以地球为圆心作圆周运动。对于天球上的太阳和其他天体引力都可以参照应用。

从理论上讲,分潮的数目是很多的,但按其影响因素特点,分潮有下列三类。

(1)天文分潮。这一类分潮完全由天文因素产生。天文分潮的数目很多,主要有:主太阴半日分潮 M_2、主太阳半日分潮 S_2、太阴太阳赤纬日分潮 K_1、主太阴日分潮 O_1、太阴太阳赤纬半日分潮 K_2、主太阴椭圆率半日分潮 N_2、主太阴椭圆率日分潮 Q_1、主太阳日分潮 P_1 等。

(2)浅水分潮。上面所说的每一天文分潮,其本身都是一种正规波型。但潮波自深水传至海岸后,由于水深变浅,潮波前坡变陡,后坡变缓。类似波浪进入浅水传至岸边那样变形,涨潮历时要比落潮历时为短,其周期可采用等于原来周期的1/2、1/3、1/4,组成各种分潮叠加而成。因此,每一天文分潮传至浅水地区,可以有一系列浅水分潮。以 M_2 为例,就有 M_4、M_6、M_8 等浅水分潮。

(3)气象分潮。潮汐周期变化也受到气象因素如季风、降水、气压等影响。季风、降水等具有以年为单位的周期。其他一些因素,如局部短暂的风对海面的影响就没有什么周期性,如气压突然变化可能引起内海海面短周期的驻波型振动,其周期由几分钟到一小时以上。在调和分析中,对于这类变化的考虑,主要采用以年为周期的分潮 S_a。

每一个分潮都可以由余弦曲线来表示,通过对实际观测资料的分析,每一分潮的一般形式为

$$h = fR'\cos[qt + (v_0 + u) - k] \tag{7-17}$$

式中:h——分潮的潮高;

R'——分潮平均振幅(半潮差);

f——分潮振幅的一个改正因子;

q——分潮的角速度,见表7-1;

t——平均地方时;

$v_0 + u$——分潮的相角,是从某年、月、日子夜零时算起的相角,已列成天文相角表备查;

k——分潮迟角,是由于海底摩擦,海水惯性等引起的高潮时滞后于月中天时刻的相角,因地而异,各分潮也不同。

式中 f、q、$v_0 + u$ 均为已知(由表可查),故只要能求出每个分潮的 R' 及 k,则该分潮便为可求。R' 与 k 随地点而异,但对于某固定地点为常数,故称其为潮汐调和常数。

调和分析的目的就是根据实测潮位过程推求当地各组成分潮的调和常数。将每个分潮的表达式都写成如下的标准形式:

$$h = R \cdot \cos(qt - \theta) \tag{7-17'}$$

比较式(7-17)与式(7-17′)可得:

$$fR' = R, 及 (v_0 + u) - k = -\theta$$

所以调和常数 R' 和 k 分别为:

$$R' = \frac{R}{f}, k = (v_0 + u) + \theta$$

即只要求出分潮的振幅 R 和相角 θ,就可以计算出分潮的调和常数 R' 和 k。

将式(7-17′)展开,可得:

$$h = R\cos\theta\cos qt + R\sin\theta\sin qt = a\cos qt + b\sin qt \tag{7-18}$$

式中 $a = R\cos\theta$, $b = R\sin\theta$;则 $R = \sqrt{a^2 + b^2}$, $\theta = \tan^{-1}\left|\frac{b}{a}\right|$ 。如果 a 、b 已知, R 与 θ 就可以确定。

若某一验潮站任一时刻的实测潮高以 $h'(t)$ 表示,该时刻的预报潮高以 $h(t)$ 表示

$$h(t) = A_0 + \sum_{i=1}^{n}(a_i\cos q_i t + b_i\sin q_i t) \tag{7-19}$$

式中: A_0 ——平均海平面高程;

n ——分潮总数,理论上讲有许多个,但大部分分潮影响不大,可不必计算。

在潮汐预报中,一般采用11个分潮(见表7-1)或63个分潮进行计算。具体分析方法,常采用达尔文法或最小二乘法。随着计算机技术迅速发展,最小二乘法更为快速有效,简要介绍如下。

令实测潮位过程 $h'(t)$ 与预报潮位 $h(t)$ 间的离差平方和为:

$$S = \int_0^T[h'(t) - h(t)]^2 \cdot \mathrm{d}t \tag{7-20}$$

若使得预报值与实测值间符合最好,即 S 为最小值,其充分和必要条件是:

$$\begin{cases}\frac{\partial S}{\partial A_0} = 0\\ \frac{\partial S}{\partial a_i} = 0\\ \frac{\partial S}{\partial b_i} = 0\end{cases} \tag{7-21}$$

$i = 1,2,\cdots,n$,上式为一个 $2n+1$ 元的方程组。求解上述方程组可得 A_0 , a_i 及 b_i ,即 A_0 , R_i 及 θ_i ,再代入潮汐预报的计算模式(7-19),进行潮汐预报计计算。

11个分潮的角速度和周期 表7-1

种 类	名 称	符 号	速度(度/平太阳时)	周期(h)
半日分潮	主太阴半日分潮	M_2	28.98	12.42
	主太阴椭圆率半日分潮	N_2	28.44	12.66
	主太阳半日分潮	S_2	30.00	12.00
	太阴太阳赤纬半日分潮	K_2	30.82	14.96
日分潮	主太阴日分潮	O_1	13.94	25.82
	主太阴椭圆率日分潮	Q_1	13.40	26.87
	主太阳日分潮	P_1	14.96	24.07
	太阴太阳赤纬日分潮	K_1	15.04	23.93
浅海分潮	太阴浅海分潮	M_4	57.96	6.21
	太阴太阳浅海分潮	MS_4	58.98	6.10
	太阴浅海分潮	M_6	86.94	4.14

若以“潮形系数” $F=\dfrac{R_{K1}+R_{O1}}{R_{M2}+R_{S2}}$ 来划分潮汐类型，则大致可分为：

规则半日潮　　$0<F\leqslant 0.25$

不规则半日潮　　$0.25<F\leqslant 1.50$

不规则日潮　　$1.50<F\leqslant 3.00$

规则日潮　　$F>3.00$

上述 F 表达式中，R_{K1}、R_{O1}、R_{M2} 和 R_{S2} 分别为四个主要分潮 K_1、O_1、M_2 和 S_2 的振幅。经有关单位计算，我国沿岸潮汐类型分布总的特点是：渤海沿岸大多属不规则半日潮；黄海、东海沿岸大多属规则半日潮；南海沿岸较为复杂，规则日潮、不规则日潮和不规则半日潮都有。

2. 潮汐预报

利用调和分析法，只要算出今后日、月、地的相对位置，利用该地点的调和常数，就可预报未来任何时刻的潮汐，潮汐表就是根据此原理推算出来的。我国每年的潮汐表列有沿海各主要港口潮汐的预报资料，是前1年刊印的。

(1)潮汐表的内容。潮汐表的内容包括各主要港口每日高(低)潮的潮时和潮高预报，同时列出农历、所在地点经纬度、使用的标准时和潮高基准面。潮汐表中还刊印了潮汐“差比数和潮信表”。该表中列有重要港口(主港)和邻近副港的潮时差、潮差比率、平均海面等栏，据此可推算出副港的潮汐预测值，同时还列有平均高潮(低潮)间隙、大(小)潮升(所谓大、小潮升是指大潮高潮高及小潮高潮高相对于潮高基准面的潮位值，见图7-17)。为了推求任意时的潮高和任意潮高的潮时，还列出了有关用表和计算方法的说明。

潮汐表中所预报的沿海各港口潮汐，仅代表正常情况下的潮汐状况，而不包括气象异常或某些特殊因素的影响在内。一般当潮时之差在20~30min之内，潮高之差在0.3m之内时，即可认为预报与实际一致。但是在小潮期和海面升降甚小、日潮不等特别显著时，预报的潮时与实际的潮时就可能有一小时以上之差。当海面受暴风雨、台风、寒潮等侵袭时，在海湾、河口地区潮高与潮时的误差可能更大。

(2)推求任意时刻的潮高和任意潮高的潮时的计算法。把潮位曲线近似看作余弦曲线形式，以360°为一周期，从高潮至低潮相位变化为0~180°，即 $\cos\theta$ 从+1到-1。这样，从高潮和低潮之间求任意时刻 t 的潮高时，先要求出 t 所对应的相角(从高潮时为0°开始)并用半潮差乘这个角度的余弦，再加上半潮面本身的高度，即可求出该时刻的潮高，见图7-15。

求任意时刻潮高的公式为：

$$\left.\begin{aligned} &H=Y-\frac{R}{2}\left[1-\cos\left(\frac{t}{T}\cdot 180^\circ\right)\right] \\ \text{或}\quad &H=Y'+\frac{R}{2}\left[1+\cos\left(\frac{t}{T}\cdot 180^\circ\right)\right]\end{aligned}\right\} \tag{7-22}$$

式中：H——任意时刻的潮高；

Y——高潮高；

Y'——低潮高；

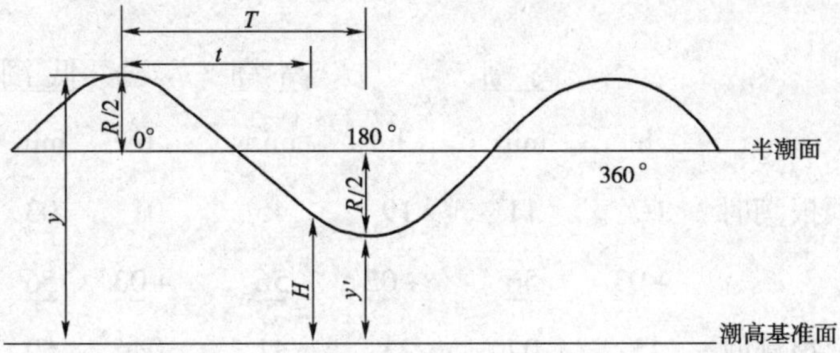

图 7-15　求任意时刻潮高

T——涨潮或落潮历时；

t——任意时刻至高潮时的时间间隔；

R——潮差。

为了便于应用，把 $\frac{R}{2}\left[1-\cos\left(\frac{t}{T}\cdot 180°\right)\right]$ 编成了专用表，称为“求任意潮时及潮高用表”，以供查用。在日潮港，T 约为 12h 余，涨（落）潮时间约为半日潮港的两倍，用本表计算时，可把 T、t 除 2，即可查得任意时潮高。

(3)利用“潮汐差比数和潮信表”推求潮时和潮高。

“潮汐差比数和潮信表”中潮时差栏内所列数字是副港与主港的潮时差数。要预报某副港某日潮时，可由表中查出某副港的潮时差，按正负号与其所属的主港该日高潮和低潮的潮时相加减，即得某副港该日高潮和低潮的潮时。

“潮汐差比数和潮信表”中潮差比率栏内所列数字是副港潮差与主港潮差的比率。要预报某副港某日高潮与低潮的潮高时，可先由某主港的潮汐预报表内查出所需某日高潮与低潮的潮高，减去该主港经季节改正数后的平均海平面。然后将减得的数值乘以从表中查出的该副港的潮差比率。将所得乘积再与表中查出的该副港经季节改正的平均海平面相加，即得该副港某日高潮和低潮的潮高。

例 7-1　求乙港（副港）1986 年 2 月 2 日的高、低潮时和潮高。

解：查《潮汐差比数和潮信表》，知甲港（主港）的高潮时差为 +0356，低潮时差为 +0356，潮差比率为 0.47，甲港平均海平面 +4.7m，乙港平均海平面 +2.3m；甲、乙港平均海平面的季节改正数均为 −0.2m。则甲、乙港经季节改正后的平均海平面分别为：4.7 − 0.2 = 4.5m 和 2.3 − 0.2 = 2.1m。

1986 年 2 月 2 日甲港的潮时和潮高为：

高潮			低潮		
潮时		潮高	潮时		潮高
h	min	m	h	min	m
07	11	8.3	01	03	0.1
19	45	9.2	13	12	−0.6

①求潮时：

	高潮 h	高潮 min	高潮 h	高潮 min	低潮 h	低潮 min	低潮 h	低潮 min
甲港2月2日预报潮时	07	11	19	45	01	03	13	12
潮时差	+03	56	+03	56	+03	56	+03	56
乙港2月2日预报潮时	11	07	23	41	04	59	17	08

②求潮高：

	高潮 m	高潮 m	低潮 m	低潮 m
甲港2月2日预报潮	8.3	9.2	0.1	-0.6
减甲港经季节改正的平均海平面	-4.5	-4.5	-4.5	-4.5
甲港平均海平面上潮高	3.8	4.7	-4.4	-5.1
乘潮差比率	×0.47	×0.47	×0.47	×0.47
乙港平均海平面上潮高	1.8	2.2	-2.1	-2.4
加乙港经季节改正的平均海平面	+2.1	+2.1	+2.1	+2.1
乙港2月2日预报潮高	3.9	4.3	0.0	-0.3

第三节　海岸工程设计潮位推算

一、基准面和特征潮位

陆上工程建设之前，要进行地形勘测。对于海岸工程，在建设之前既要进行陆上地形勘测，还要进行海上水深测量。两者都必须要有一个高程零点，称为基准面。一个国家和一个地区常规定一个基准面，一般选取某个永久验潮站的平均海平面作为标准基准面，我国于1956年规定青岛验潮站的多年平均海平面作为全国陆地高程测量的基准面，称为“黄海基面”，以后又确定“1985国家高程基准”，比原1956黄海基面高0.0389m。欧洲地区以阿姆斯特丹验潮站的多年平均海平面作为高程的基准面；美国以波特兰验潮站的多年平均海平面作为基准面。这些地区性的高程基准面，也称为区域性的大地水准参考面。该参考面必须通过平均海平面进行计算才能确定。

1. 平均海平面

平均海平面可分为日平均海平面、月平均海平面、年平均海平面和多年平均海平面。从分析多年内各月的月平均海平面的平均值资料来看，平均海平面具有以1年为周期的规律性变化。图7-16表示某港口多年内月平均海平面的平均值在一年内的变化，图中横轴表示月份，纵轴表示多年月平均海平面与多年平均海平面的差值,也称作月份改正数。月份改正数有明显的地区性,如我国黄海7、8月份最大,东海9月份最大,南海则10、11月份最大,其原因是我国海区夏秋两季气压低,又多东南风,而冬春两季气压高,西北风强。至于平均海平面的年变化,与天文要素有关。天文要素是以18.6年为周期变化的,所以,要得到精确的多年平均海平面,须取得19年每小时潮位的平均值。我国统一的陆地高程零点——黄海基面,就是青岛验潮站19年的平均海平面。

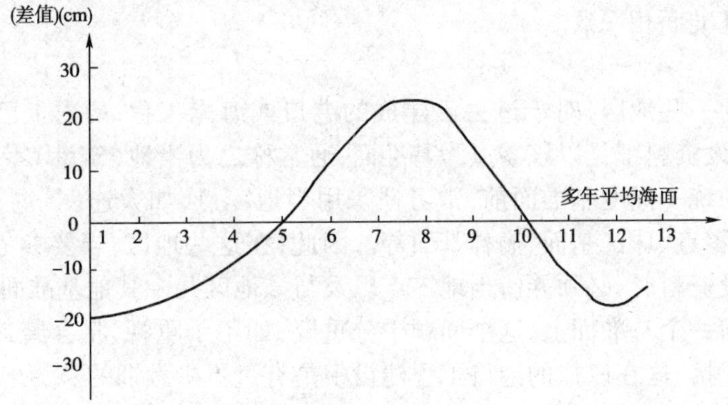

图7-16 月份改正数

2. 半潮面

半潮面是高潮的高度和低潮的高度的平均值,又称平均潮面。如果潮汐曲线呈规则的余弦曲线,半潮面就与平均海平面相重合,但实际上潮汐曲线是复杂的,两者之间有差别,尤其在日潮不等显著的地方,两者相差很大。表7-2是某港1991年半潮面与平均海平面的比较。从表中可以看出,两者相差很小且差值变化不大,可视为一常数,只要把某港的半潮面加上这一常数,便可以得到平均海平面。

某港1991年半潮面与平均海平面的比较　　表7-2

月 份	1	2	3	4	5	6	7	8	9	10	11	12	全年
半潮面(cm)	187	186	192	194	201	226	215	221	237	220	205	174	205
平均海面(cm)	183	182	188	190	199	224	214	219	234	216	202	170	202
差值(cm)	-4	-4	-4	-4	-2	-2	-1	-2	-3	-4	-3	-4	-3

3. 理论深度基准面(又称理论最低潮面)

平均海平面是确定陆地高程的零点,但是,对海洋深度而言,由于潮位的升降,海面大约有一半的时间低于平均海平面。因此,如果以平均海平面作为深度的零点进行海图标深,则实际上约有一半的时间没有那么深。为了保证航海的安全,常采用另一种基准面。使得在绝大部分时间内,实际水深大于海图上所标明的深度值。关于海图深度基准面的确定,许多国家都不一样,主要有如下几种:可能最低潮位面,平均大潮低潮面,实测最低潮面等。我国于1956年以后统一采用理论(深度)基准面作为海图深度基准面,它是用八个分潮(M_2、S_2、N_2、K_2、K_1、O_1、P_1、Q_1)进行组合,通过计算所得到的理论上潮汐可能达到的最低潮面,其计算程序相当繁琐,具体步骤可参阅《潮汐学》有关章节。

4. 潮高基准面

潮汐表上预报潮位值的零点称为潮高基准面，它在平均海平面以下，与海图深度基准面也不一定一致。因此，任何时刻某海区某处的实际水深就等于海图深度加上潮高基准面与海图深度基准面之间的差值和该海区潮汐表上的预报潮位值。潮位值是海面相对于某一基准面的差值，基准面不同，该值可以不同，它是一个相对值；水深则是海面至海底的高度，它是一个绝对值，与基准面无关。为了计算方便，对一个新的港口或海岸工程建设地点，也可以取潮高基准面与理论深度基准面相一致。

5. 当地零点

在我国沿海的一些地区，对于过去已建成的港口或海岸工程，历史上已经规定过一个零点，而且所有的建设资料都是以该零点为基准面，通常称之为当地（筑港）零点。这些地区，在我国未规定全国的统一深度基准面前，常习惯采用当地零点，如大连（筑港）零点，大沽零点、废黄河零点、吴淞零点、珠江基面、榆林基面等。因此，在这些地区，当要参考使用以往的港口或海岸工程的建设资料时，必须弄清当地零点以及与该地区几个其他基准面之间的关系，并将各种标高换算到同一个基准面上，这个问题十分重要，如不予重视，将会给其后港口的建设和使用带来很大的干扰，这在以往的港口工程建设中是有过不少教训的。

6. 特征潮位

潮汐现象对于港口工程设计和施工有密切的关系，工程上常用的特征潮位有如下几种：

（1）最高（低）潮位：指的是历史上曾经观测到的最高（低）潮位值。

（2）平均最高（低）潮位：指的是在多年潮位观测资料中，取每年最高（低）潮位的多年平均值。

（3）平均大潮高（低）潮位：是指取每月两次大潮的高（低）潮位的多年平均值。

（4）平均小潮高（低）潮位：是指取每月两次小潮的高（低）潮位的多年平均值。

各种基准面与不同的特征潮位间的相互关系如图 7-17 所示。

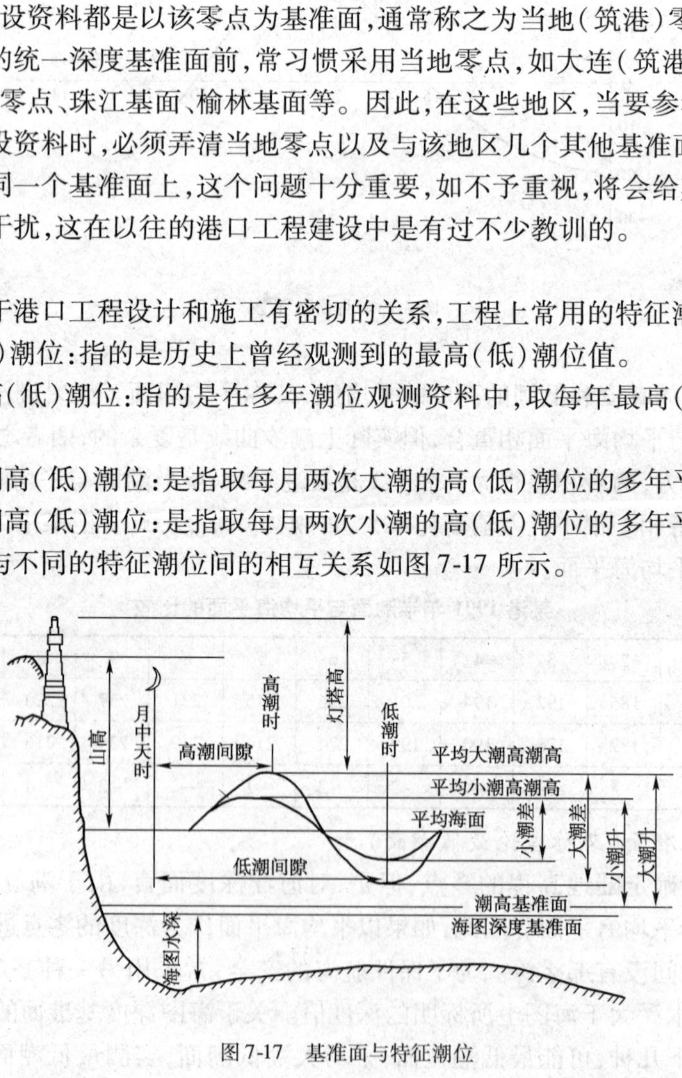

图 7-17　基准面与特征潮位

二、设计潮位的推算

设计潮位在港口工程的设计与施工中是一个重要的水文参数，它不仅直接关系到港口的陆域和水工建筑物的高程以及航道与港池水深,而且也影响到建筑物类型的选择和结构计算等。港口工程的规模、等级和使用情况不同,选用的设计潮位也不同。设计潮位通常包括:设计高水位、设计低水位;极端高水位、极端低水位等。下面将对在有足够的实测潮位资料情况下与实测潮位资料短缺情况下,各设计潮位的推求方法分别进行介绍。

1. 设计高、低水位的推算

设计高、低水位是指港口水工建筑物在正常使用条件下的高、低水位。对于码头而言,在设计高、低水位范围内,它应能保证设计中所考虑的各种船舶的安全靠泊与装卸作业,同时还应保证在各种设计荷载条件下,满足码头结构以及地基基础的稳定与强度要求。

1)设计潮位的标准

对于海岸港的设计高,低水位,各国所采用的标准并不相同,有的国家采用平均大潮高、低潮位,有的国家则采用潮位历时累积频率1%、98%的潮位。我国港口工程技术规范《海港水文》中规定:对于海岸港和潮汐作用明显的河口港,设计高水位应采用高潮累积频率10%的潮位,简称高潮10%;设计低水位应采用低潮累积率90%的潮位,简称低潮90%。如已有历时累积频率统计资料,其设计高、低水位也可分别采用历时累积频率1%和98%的潮位。对于汛期潮汐作用不明显的河口港,设计高、低水位应分别采用多年历时1%和98%的潮位。

2)资料年限

为了确定设计高、低水位,在进行潮位累积频率统计时,应有多年的实测潮位资料或至少完整一年逐日每小时的实测潮位资料。

3)设计潮位的推算方法

从潮位的设计标准和要求可知,设计潮位的推算需采用两种方法;一是绘制潮位历时累积频率曲线,另一是绘制高潮或低潮累积频率曲线。下面简述两种累积率曲线的绘制方法,并进行比较。

(1)潮位历时累积频率曲线的绘制。取全年逐日每小时的实测潮位值作为原始统计数据进行频率分析。在绘制曲线之前,应仔细审查原始资料的可靠性、一致性与完整性,并对短缺或漏测资料进行插补。曲线绘制的具体步骤如下:

①找出资料中最高和最低潮位,在两者之间采用20cm(或10cm)为一级进行分组。

②按月统计各级潮位出现的次数,然后计算高于各组下限的潮位在1年中出现的累积次数。

③设累积次数为m,总次数为n,则高于该组下限的潮位累积频率为$P=\frac{m}{n}\times 100\%$。

④取潮位为纵坐标,累积频率P为横坐标,将各累积频率值绘于相应潮级下限处,把各点连成光滑的曲线,即为潮位历时累积频率曲线,然后在曲线上读取历时累积频率1%的潮位值作为设计高潮位,历时累积频率98%的潮位值作为设计低潮位。

表7-3是潮位历时累积频率的一个算例,表中列出了某站一年的潮位历时统计资料,其最高潮位为419cm,最低潮位为-60cm。在最高和最低潮之间分为若干级,每级间隔取20cm,并

由大到小依次排列。按月统计每一间隔内潮位出现的次数，并列于表中第1项内；每一间隔的潮位全年出现的次数列于表中第2项；高于各组下限的潮位出现的累积次数列于表中第3项；而高于各组下限的潮位出现的累积频率 $P = \frac{m}{n} \times 100\%$，列于表中的第4项。以潮位为纵坐标，累计频率 P 为横坐标绘制潮位历时累积频率曲线，如图7-18所示。按《海港水文规范》中规定，对于一般港口应选用潮位历时累积频率为1%的潮位作为设计高水位，98%的潮位作为设计低水位。

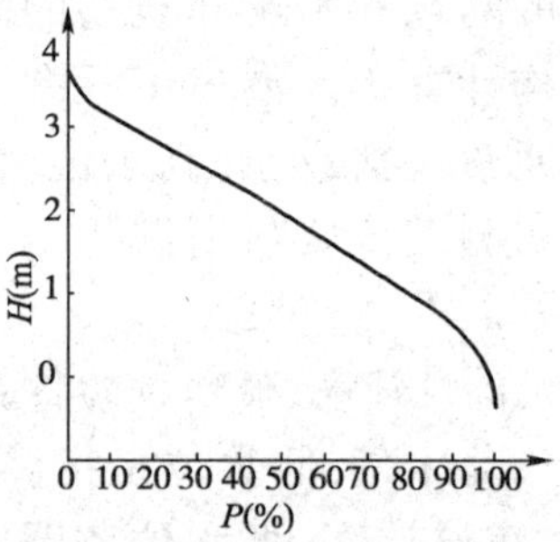

图7-18　潮位历时累计频率曲线

潮位历时累积频率计算表　　表7-3

间隔	8	9	10	11	12	1	2	3	4	5	6	7	次数	累计次数 m	$\frac{m}{n}\times 100\%$	潮位（m）
	1												2	3	4	5
419~400		2											2	2	0.02	≥4.0
399~380		4	4	6							3	2	19	21	0.25	≥3.8
379~360	7	22	13	8	3			2	3	3	1	14	86	107	1.29	≥3.6
359~340	16	30	37	15	10	6	2	11	7	2	19	23	188	295	3.56	≥3.4
339~320	14	44	36	25	19	22	18	32	38	23	36	32	339	634	7065	≥3.2
319~300	21	52	59	38	41	39	31	43	35	54	59	43	515	1149	13.86	≥3.0
299~280	28	56	53	51	58	43	37	50	51	70	61	50	608	1757	21.20	≥2.8
279~260	37	52	51	57	60	53	59	62	50	55	59	52	647	2404	29.00	≥2.6
259~240	25	46	52	54	57	62	53	56	54	53	44	53	609	3013	36.35	≥2.4
239~220	16	44	36	44	50	51	50	48	44	49	36	33	501	3514	42.39	≥2.2
219~200	24	32	35	45	43	45	46	43	50	48	47	36	494	4008	48.35	≥2.0
199~180	20	48	51	42	40	42	44	38	43	41	42	39	496	4504	54.34	≥1.8
179~160	25	47	43	34	42	39	39	47	40	49	42	39	486	4990	60.20	≥1.6
159~140	20	39	45	43	40	45	44	45	40	35	50	33	479	5469	65.98	≥1.4
139~120	17	49	43	38	43	44	40	44	49	52	45	58	522	5991	72.28	≥1.2
119~100	19	37	49	54	50	48	41	41	41	47	54	46	527	6518	78.63	≥1.0
99~80	28	50	36	48	55	55	42	47	49	43	41	30	524	7042	84.96	≥0.8
79~60	5	34	52	52	40	44	41	41	48	43	29	28	456	7498	90.46	≥0.6
59~40	6	18	24	34	41	39	35	48	41	34	18	17	355	7853	94.74	≥0.4
39~20	5	12	13	21	17	29	39	31	22	20	12	14	235	8088	97.58	≥0.2
19~0	3	2	3	8	18	19	22	12	12	9	9	7	124	8212	99.07	≥0.0
-1~-20			3	3	11	13	8	9	3	4	3	6	57	8269	99.76	≥-0.2
-21~-40					5	5	5	1				1	17	8286	99.96	≥-0.4
-41~-60					1	1							2	8288	99.99	≥-0.6
次数	336	720	744	720	744	744	696	744	720	744	720	656	8288			

（2）高潮或低潮的累积频率曲线。它是以每日两次高潮和两次低潮的潮位值作为统计数

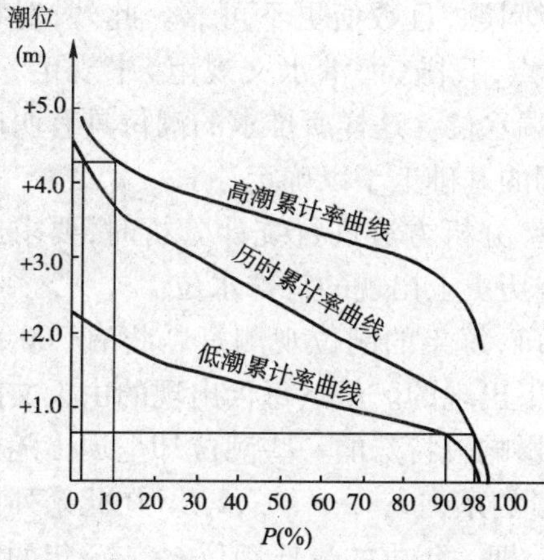

图 7-19 高潮和低潮累积频率曲线

据而绘制的累积频率曲线，其绘制方法与上述方法相同。图 7-19 为某站高潮和低潮的累积频率曲线。根据规范规定，当设计上采用这类曲线时，常取用高潮累积频率为 10% 所对应的潮位作为设计高水位，低潮累积频率为 90% 所对应的潮位作为设计低水位。

(3)关于两种潮位分析方法的讨论。关于历时累计频率曲线与高(低)潮累积频率曲线的相互关系，据我国十几个沿海潮位观测点的分析，可以认为历时累积率 1% 的潮位，基本上相当于高潮累积频率 10% 的潮位，一般后者稍偏低一些，最大偏低可达 15cm，个别也有偏高的，最大偏高 5cm。而历时累积频率 98% 的潮位则基本上相当于低潮累计频率 90% 的潮位，后者最大偏高 10cm，最大偏低 15cm。而图 7-19 的实例，两者基本相等。

应该看到，潮位历时累积频率曲线主要缺点有二，一是需要资料多，工作量大，容易出错；二是它虽然可以提供高于某一潮位的历时，在 1 年内可能有多少小时，但不能给出这些历时出现在多少天内。有些港口以往就已有潮位历时累积频率曲线，1949 年后各沿海港口又继续绘制潮位历时累积频率曲线，这些曲线考虑了潮汐变化周期，用数年资料绘制而成。因此，在这些地区新建工程时，仍可以应用潮位历时累积频率曲线推求设计水位。对于入海河口区和某些受河川泄流影响的海区，由于汛期河流洪水位的变化超过潮位的变化，所以不能用高潮、低潮累积频率曲线推求设计水位，这时应该用潮位历时累积频率曲线推求设计水位。在进行码头前装卸作业时间的计算时，也需要用潮位历时累积频率曲线。

(4)乘潮潮位累积频率曲线。为了降低进港人工航道水深标准，沿海港口和船坞的船舶常利用潮差乘潮进出，所以，需要统计高潮水位持续的时间。为了保证船舶的安全，应根据船舶进出密度和航行要求，选定合理的持续时间 t，确定水位达到和超过该潮位的累积频率 P，以此来推求高潮乘潮水位。具体步骤如下：

①在潮位过程线上，量取各次潮峰上历时为 t 小时的潮位，统计其在不同水位级内的出现次数。

②其余步骤与高潮(潮峰)累积频率曲线的绘制步骤相似，绘出持续时间为 t 的高潮乘潮水位累计频率曲线。

③按设计要求，从上述曲线上读取累积频率为 P 的潮位数值。

2. 极端高、低水位的推算

极端水位是指港口建筑物在非正常工作条件下的高、低水位。这种水位是由于寒潮、台风、低压、地震、海啸所造成的增减水与天文潮组合而成的，其重现期是以几十年来计算的。因此，在出现这种水位时，并不要求港口建筑物能正常使用，但却要求，非靠船作业时，码头在各种荷载作用下，各部分结构和地基仍有必要的安全度。

(1)极端潮位的标准。过去，我国在设计中曾采用历年最高、最低潮位作为极端高、低水位。从全国各港口潮汐资料来看，随着年代的增长，历年最高、最低潮位的数值会有较大的差异。由调查得到的历史最高、最低潮位，同样存在着这个问题，且数值更不可靠。此外，对特高、特低潮位的取舍，也无明确的标准。为了克服上述缺点，我国《海港水文规范》中规定，采用年频率统计的方法推求 50 年一遇的高、低潮位作为极端水位。这样所推求的潮位具有明确的统计含义，且对于其他一些特殊水位也可在规定重现期的基础上予以确定。

(2)资料年限。为了确定极端高、低水位，在应用频率分析方法进行统计分析时，要求应具有不少于 20 年的年最高、最低潮位实测资料，并须调查历史上出现的特殊水位。

(3)极端水位的推算方法。对于半日潮条件下的港口，每年的潮位观测资料将有 700 多个高潮和低潮，它们是在天文因素、气象因素等综合作用下出现的。虽然每天出现的由天文因素引起的高、低潮位是可以预报的，但受气象和其他因素影响较特殊的一些潮位却呈现出随机的特征，这些潮位可以近似地看作是一个有 K 个随机变量的系列 $x_1', x_2', \cdots, x_K'$。在此系列中有一个最大值，即一年中的最高潮位 x_α，也有一个最小值，即一年中的最低潮位 x_b。一年的潮位系列，其分布 $G(x)$ 称为原始分布，而最大值或最小值为极值，因此，其分布称为极值分布，这个极值分布可以根据原始分布 $G(x)$ 来求得。

我国的《海港水文规范》中规定，高(低)潮位的频率分布曲线采用耿贝尔(E. J. Gumbel)曲线。

设有 n 年最高潮位值系列 $x_{\alpha_1}, x_{\alpha_2}, \cdots, x_{\alpha_i}, \cdots, x_{\alpha_n}$，按耿贝尔分布，大于和等于某一 x_P 值的频率 $P(x_\alpha \geqslant x_P)$ 为

$$P(x_\alpha \geqslant x_P) = 1 - \exp[-\exp(-y_P)]$$

其中，变量 y_P 的表达式为

$$y_P = \alpha(x_P - u)$$

式中 α、u 为曲线的两个参数，可按本书第四章中公式(4-25)求得。将 α、u 代入上式，经整理后，可得重现期 $T\left(T = \dfrac{1}{P}\right)$ 年一遇的极端高潮位为

$$x_p = \bar{x} + \lambda_{Pn} S_x \tag{7-23}$$

其中，

$$\lambda_{Pn} = \frac{1}{\sigma_n}(y_P - \bar{y}_n) = \frac{1}{\sigma_n}\{-\ln[-\ln(1 - P)] - \bar{y}_n\}$$

上式称为第 I 型极值分布。当样本容量 n 确定后，即已知观测资料年限 n 时，可由 $P_m = \dfrac{m}{n+1}$ 求各样本 m 的 y_m，由此即可求得 σ_n 和 $\bar{y}_n$ 值，可见它们是仅与项数 n 有关的函数。因此，λ_{Pn} 也仅与 P 和 n 有关；经计算后制成表格(附表 4)。$\bar{x}$ 和 S_x 可由实际观测资料算出。

同样，可以导出最低潮位的计算公式，其形式与式(7-23)相似，也称为第 I 型极值分布，公式中只需要将 λ_{Pn} 的符号改变，即

$$x_p = \bar{x} - \lambda_{Pn} S_x \tag{7-24}$$

在计算年最高潮位系列的经验频率时，x_{α_i} 应按递减次序排列；在计算年最低潮位系列的经验频率时，x_{b_i} 应按递增次序排列。

例 7-2 已知某地有 22 年最高潮位资料，推求重现期为 100 年一遇和 50 年一遇的潮位值。

求解过程可按以下步骤进行：

①将 22 年最高潮位资料依递减次序排列，并用公式 $P = \dfrac{m}{n+1} \times 100\%$ 计算对应于各项的

经验频率,并计算其平方值,列于表7-4。

②计算均值$\bar{x}$:

$$\bar{x} = \frac{1}{n}\sum_{i=1}^{n} x_i = \frac{1}{22} \times 6173 = 280.59\text{cm}$$

③计算S_x:

$$S_x = \sqrt{\frac{1}{n}\sum(x_i - \bar{x})^2} = \sqrt{\frac{1}{n}\sum x_i^2 - \left(\frac{1}{n}\sum x_i\right)^2}$$

$$= \sqrt{\frac{1}{22} \times 1740763 - (280.59)^2} = 19.87\text{cm}$$

④在概率格纸上绘制按式(7-23)计算出的理论频率曲线,同时绘出经验频率点进行适线。见图7-20,若配合不佳,可按先S_x后$\bar{x}$的次序适当调整S_x与$\bar{x}$的值,以便得到一条与经验点配合最佳的"理论频率曲线"。

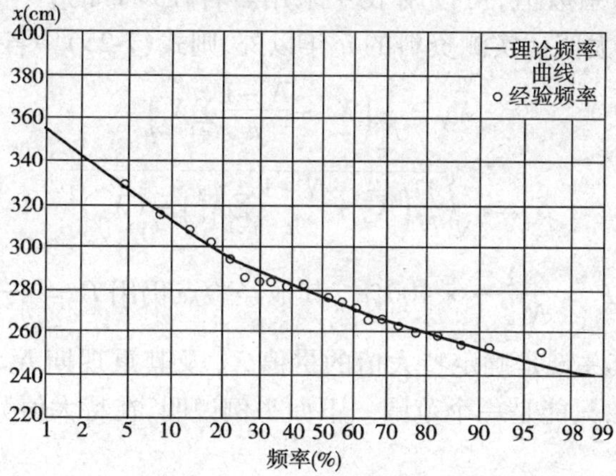

图7-20　极端潮位的推求适线图

⑤推求某一重现期的高潮位值。在配合最佳的"理论频率曲线"上可以查得T = 100年时,$x_{1\%}$ = 356cm;T = 50年时,$x_{2\%}$ = 343cm。

表7-4

m	年最高潮位x_i(cm)	经验频率P	x_i^2	m	年最高潮位x_i(cm)	经验频率P	x_i^2
1	330	4.35	108900	10	282	43.48	79524
2	315	8.70	99225	11	280	47.83	78400
3	310	13.04	96100	12	278	52.17	77284
4	303	17.39	91809	13	275	56.52	75625
5	297	21.74	88209	14	274	60.87	75076
6	286	26.09	81796	15	270	65.22	72900
7	285	30.44	81225	16	268	69.57	71824
8	284	34.78	80656	17	264	73.91	69696
9	284	39.13	80656	18	263	78.26	69169

续上表

m	年最高潮位 x_i（cm）	经验频率 P	x_i^2	m	年最高潮位 x_i（cm）	经验频率 P	x_i^2
19	261	82.61	68121	22	254	96.65	64516
20	256	86.96	65536	Σ	6173		1740763
21	254	91.30	64516				

（4）特大潮位的处理。若在 n 年验潮资料以内或以外，发现历史特高或特低潮位，在计算极端高、低水位时应进行特大值处理，其关键是调查确定特大潮位值的量值 X_N 及其相应的重现期 N。依据下式计算 T 年（$P=\dfrac{1}{T}$）一遇的极端高、低潮位

$$X_p = \overline{X}_N \pm \lambda_{PN} S_{XN} \tag{7-25}$$

其中，$\overline{X}_N$、S_{XN} 是考虑特大值后的年最高、低潮位系列的平均值与均方差值；λ_{PN} 是考虑了特大值重现期 N 后的系数值，可按附表 4 采用。若在调查的 N 年中，仅出现过一次特高（低）潮位值 X_N，且该特大值在实测资料的 n 年以外，则式(7-25)中各参数按下式计算：

$$\overline{X}_N = \frac{1}{N}\left(X_N + \frac{N-1}{n}\sum_{i=1}^{n} X_i\right) \tag{7-26}$$

$$S_{XN} = \sqrt{\frac{1}{N}\left(X_N^2 + \frac{N-1}{n}\sum_{i=1}^{n} X_i^2\right) - (\overline{X}_N)^2} \tag{7-27}$$

特大值的经验频率 $P=\dfrac{1}{N+1}\times 100\%$，其他经验点仍用 $P=\dfrac{m}{n+1}\times 100\%$ 计算。

在特大值处理中，其关键是确定特大值的量值 X_N 及其重现期 N。由于是历史调查，所得到的 N 值不可能很精确，只能是一个范围。下面举例说明，在特大值分析中，对 N 值的精度要求并不是很高的。

上例中(如表 7-4)，若在 22 年最高潮位资料以外，又观测到一次特大潮位 $X_N=480\text{cm}$，经调查该潮位是由于台风过境所致，其重现期在 150 年左右。为此，可假定重现期 $N=100$ 年，150 年及 200 年分别计算 $\overline{X}_N$ 与 S_{XN}。按式(7-26)得

$$\overline{X}_{100} = \frac{1}{100}\left(480 + \frac{99}{22}\times 6173\right) = 282.6\text{cm}$$

$$\overline{X}_{150} = \frac{1}{150}\left(480 + \frac{149}{22}\times 6173\right) = 281.9\text{cm}$$

$$\overline{X}_{200} = \frac{1}{200}\left(480 + \frac{199}{22}\times 6173\right) = 281.6\text{cm}$$

按式(7-27)得

$$S_{X100} = \sqrt{\frac{1}{100}\left(480^2 + \frac{99}{22}\times 1740763\right) - (282.6)^2} = 27.9\text{cm}$$

$$S_{X150} = \sqrt{\frac{1}{150}\left(480^2 + \frac{149}{22}\times 1740763\right) - (281.9)^2} = 25.8\text{cm}$$

$$S_{X200} = \sqrt{\frac{1}{200}\left(480^2 + \frac{199}{22}\times 1740763\right) - (281.6)^2} = 24.2\text{cm}$$

从上面的计算可以看出,无论 $N = 100$ 年或 200 年,其 $\overline{X}_N$ 值基本相近, S_{XN} 值相差也在15%以内。在进行适线过程中,为了得到一条与经验点配合最佳的"理论频率曲线", S_{XN} 与 $\overline{X}_N$ 都是可以调整的,有时 S_{XN} 的调幅在20%左右。可见在进行特大值处理时,对 N 的精度要求并不太高,只要根据调查能给出一个大致适合的范围就可以了。

3. 资料短缺情况下设计潮位和极端潮位的推求

1)设计高、低水位的近似计算方法

在新建港口的初步设计阶段,若潮位实测资料不足一整年时,可采用"短期同步差比法",与附近有1年以上验潮资料的港口或验潮站进行同步相关分析,以计算相当于高潮10%或低潮90%的数值.并应继续观测,对上述数值进行校正。

进行差比计算的两港(或验潮站)之间应符合下列条件:①潮汐性质相似;②地理位置邻近;③受河流径流(包括汛期)的影响相似等。

为了判别两港口潮汐性质的相似性,可用以下方法判断:

(1)潮位过程线比较。把两个港口短期(半个月以上)同步的每小时潮位分别点绘在两张透明方格纸上,重叠两过程线(使两过程线的平均海面重叠在一起,且使两过程线的高潮和低潮时间尽量一致),以比较其潮形、潮差、日潮不等是否相似。图7-21是某港与某县验潮站的一个月实测潮位过程线的对比情况。

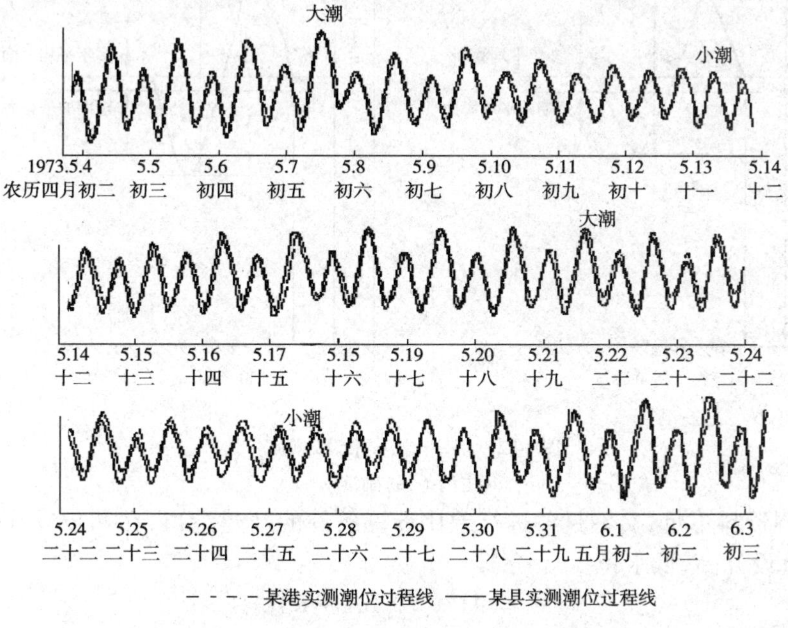

图7-21　两港潮位过程线对比图

(2)高(低)潮位相关分析。在方格纸上,以纵、横两坐标分别表示两个港口的高(低)潮位,点出短期(一个月以上)同步的逐次高(低)潮位,以比较两港口高(低)潮位的相关情况,从数量上分析和确定两港口短期同步潮位间的关系密切程度。

下面介绍用短期同步差比法推求设计高、低潮位的方法。对于符合应用"短期同步差比法"条件的两地,在应用该法时有两点基本假定:①促使两地短期平均海平面与多年平均海平面有差异的因素基本一样,因而认为其数值也相同;②两地潮位值的不同主要是由于两地潮差不同所引起。图7-22a)、图7-22b)分别表示有长期观测资料的主港与只有短期观测资料的副港所具有的各种潮位特征值。则两地潮位间有以下关系

$$\frac{h_{sy}-A_{Ny}}{h_{sx}-A_{Nx}}=\frac{R_y}{R_x} \tag{7-28}$$

式中：h_{sy}、h_{sx}——副港和主港的设计高(低)水位,m或cm;

R_y、R_x——副港和主港的短期(一个月以上)同步平均潮差,其比值R_y/R_x可取两地每日潮差比值的平均值;

A_{Ny}、A_{Nx}——副港和主港的年平均海平面;

$$A_{Ny}=A_y+\Delta A_y$$

其中：A_y——副港短期验潮资料的月平均海平面;

ΔA_y——副港所在地区海平面的月份订正值,可近似地用主港海平面的月份订正值ΔA_x。

副港的设计潮位可由下式推求：

$$h_{sy}=A_{Ny}+\frac{R_y}{R_x}(h_{sx}-A_{Nx}) \tag{7-29}$$

式中：$A_{Ny}=A_y+\Delta A_y=A_y+\Delta A_x$

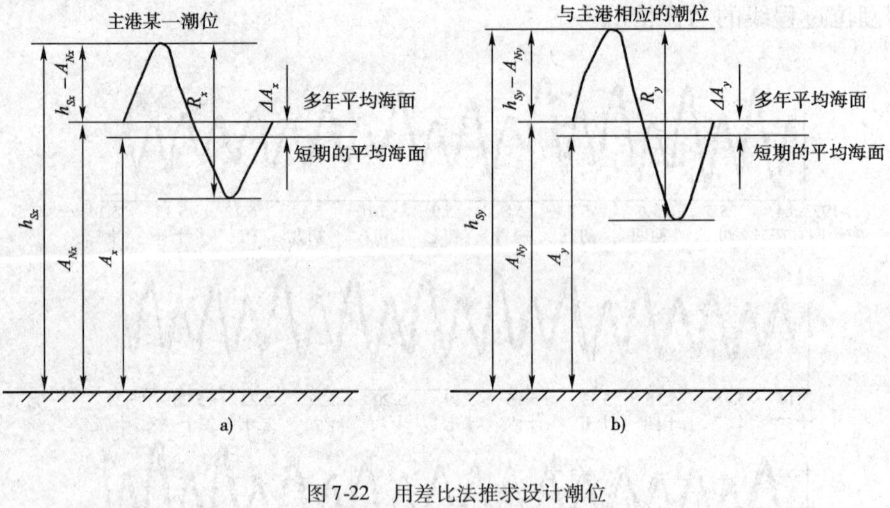

图7-22　用差比法推求设计潮位

a)主港 x；b)副港 y

在潮位实测资料不足,又不具备进行差比计算条件的新建港口,在初步设计阶段,也可以按下式近似计算设计高、低水位

$$h_s=A_N\pm(0.6R+K) \tag{7-30}$$

式中：A_N——年平均海平面,$A_N=A+\Delta A$;

h_s——设计高、低水位,m或cm,式中的正负号,高水位用正,低水位用负;

R——短期(一个月以上)验潮资料中的平均潮差(北方港口不应采用冬季潮差);

K——常数,可采用40cm;

A——短期验潮资料的月平均海平面;

ΔA——港口所在地区(或附近港口)海平面的月份订正值。

还有一些其他的设计潮位近似计算法,在应用时,可按《海港水文规范》(JTJ 213—1998)

采用。

2)极端高、低水位的近似计算方法

对于有不少于连续5年的最高、最低潮位的港口,极端高、低水位可用“极值同步差比法”与附近有不少于连续20年资料的港口或验潮站进行同步相关分析,以计算相当于重现期为50年的年极值高、低潮位值。在进行差比计算的两港口之间,除应符合前面所述“短期同步差比法”所要求的三个条件外,还应符合受增减水影响相似的条件。极值同步差比法的计算公式为

$$h_{Jy} = A_{Ny} + \frac{R_y}{R_x}(h_{Jx} - A_{Nx}) \tag{7-31}$$

式中:h_{Jx}、h_{Jy}——原有港口和拟建港口的极端高、低水位,m或cm;

R_x、R_y——原有港口和拟建港口的同期各年年最高、最低潮位的平均值与平均海平面的差值;

其余符号意义同前。

对于不具备用极值同步差比法进行计算的港口,也可以根据本港的设计高、低水位,加、减一个常数,以近似计算极端高、低水位值

$$h_J = h_S \pm K \tag{7-32}$$

式中:h_J、h_S——代表极端与设计高、低水位,但两者要同时采用高水位或低水位;

K——常数,不同港口按《海港水文规范》(JTJ 213—1998)查取。

第四节 风暴潮

一、风暴潮的形成与传播

风暴潮常常会引起沿海很大灾害。在天文潮出现高潮时,如遭遇强风和气压骤变所引起的海面异常升降现象,称为风暴潮。风暴潮又称为“风暴增水”或气象海啸,“负风暴潮”也称为“风暴减水”。

依据诱发风暴潮的大气扰动特征,通常可分为热带风暴(如台风、飓风等)所引起的风暴潮和由温带气旋所引起的风暴潮两类,其区别在于:由热带风暴引起的风暴潮,一般伴随急剧的水位变化;而由温带气旋引起的风暴潮,其水位变化是持续的而不是急剧的。前者反映气旋移动迅速、其风场和气压变化急剧。在我国北方的黄、渤海区由于冷、暖气团激荡较激烈,也有因寒潮或冷空气所引起的风暴潮。

风暴潮的形成和传播,可举一场风暴为例描述如下。图7-23所示为海上突然出现的一个风暴,在风暴中心低压区将立刻引起海水上升,海面水体的升高与气压降低的静压效应是,气压下降100Pa,水位约增长1cm。同时,风暴中心周围的强风以湍流切应力的作用引起表面海水形成一个与风场同样的气旋式的环流。但由于地球自转所形成科氏力场的作用,海流在北半球将向右偏,形成一个表面海水的辐散。由于海水运动的连续性,深层海水必将流入作为补偿,这就形成了在深层海水的辐聚,开始时是沿着径向流向深层海水中心,由于科氏力的作用而使海流向右偏,成为深层水中的逆时针环流。海面受到低气压的作用以及深层流辐聚所形

成的局部海面隆起，以孤立波形式随着风暴的移行而传播，在广阔的洋面上可视为一个强迫前进波。在这个波形成的同时，也形成了由风暴中心向四面八方传播出去的自由长波，以长波速度移行。当它们传播到浅水域时，特别是风暴所携带的强迫风暴潮波爬上大陆架的浅水域，或进入边缘浅海、海湾或江河口的时候，由于水深变浅，再加上强风的直接作用、地形的缓坡影响，能量急剧集中，风暴潮也就急剧地发展起来。

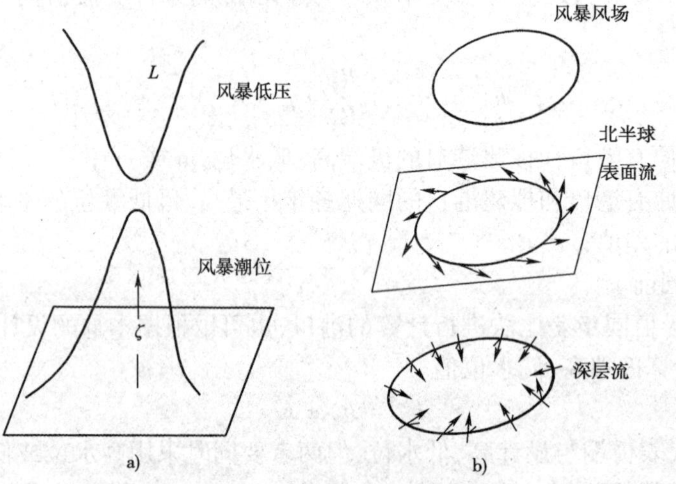

图 7-23　风暴潮的形成及大洋中流场

a）洋面对风暴的反应；b）风暴在大洋中诱发的流场

今以某港一次风暴潮的记录为例加以分析，该曲线是验潮曲线与潮汐预报曲线的差值。不难看出风暴潮传到大陆架或港湾中，大致可以分为三个阶段（图 7-24）。

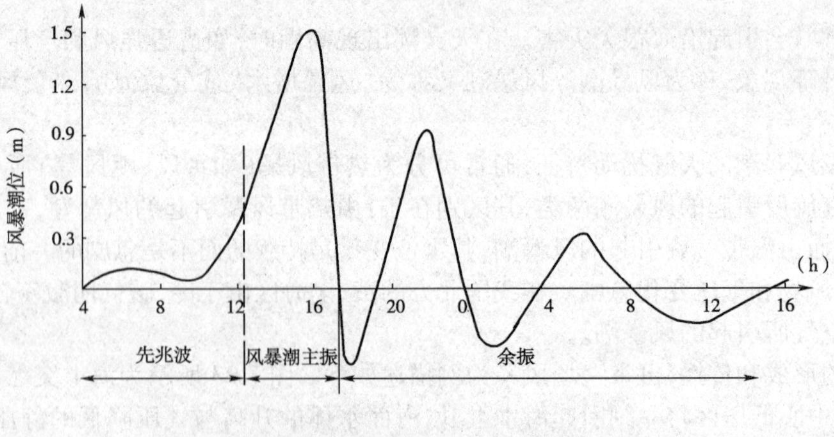

图 7-24　大西洋城 1944 年 9 月 14～15 日风暴潮过程线

第一阶段，当台风还远在外海时，风暴潮尚未到来以前，在验潮曲线中已能看到有一缓慢的（有时波幅达 20～30cm）低频波动，常把这种在风暴潮来临前向岸传来的波称为“先兆波”。该阶段波幅不大，但持续时间较长，通常长达 10 余小时，从而形成“风未到，水先行”的长波增水，为风暴潮来临的预兆。

第二阶段，风暴已逼近或过境时，该海区水位将急剧升高，潮高可达数米，常招致风暴潮灾害。此阶段又称为主振(或激振)阶段，通常可持续数小时，有的也可长达2～3天(如美国1966年Cala飓风风暴潮主振时间约50h)。主振持续时间基本取决于最大风暴潮高值出现时刻的热带风暴尺度及移动速度；移动速度小而尺度大的风暴，其风暴潮的持续时间一般比较长。

第三阶段，风暴过境以后，即风暴潮的主振阶段过去后，仍存在一系列的余振。因此，该阶段又称为余振阶段。余振阶段的最危险情况，发生在它的高峰恰恰遭遇天文大潮高潮时，这时完全有可能使实际水位超出该地区的警戒水位而泛滥成灾，值得引起警惕。

应该特别指出，当风暴的移行速度(台风中心移动速度)与当地风暴潮长波波速接近时，即将发生共振现象，导致异常的水位壅高。

二、风暴潮及其灾害

风暴潮将引起海面的异常升降，并且往往是随着台风而来，台风过境将给人民的生命、财产造成更为巨大的损失。1970年11月13日，孟加拉湾发生了毁灭性的风暴潮，夺取了30万人的生命，淹没牲畜50万，使100万人无家可归；2005年8月，美国新奥尔良飓风"卡特里娜"引起的风暴潮灾害造成海岸防护堤坝严重损毁，海水侵入内陆，以至于新奥尔良城被淹没，直接经济损失超过千亿美元。我国也是世界上多风暴潮的国家之一，历史上因风暴潮伴随台风、寒潮等天气系统而来的增水，与天文潮时间相重合时，曾形成特大增水，造成了极其严重的灾害。2006年超强台风风暴潮"桑美"于8月10日登陆我国浙江，是近50年来登陆我国强度最强的台风，登陆时适逢天文大潮期，造成了浙江、福建沿海的特大风暴潮灾害，造成直接损失70.17亿元，死亡230人。此次风暴潮最大增水达4.01m，6个验潮站的最高水位超过当地警戒水位。2007年3月3日，受北方强冷空气和黄海气旋的共同影响，渤海湾、莱州湾发生了一次强温带风暴潮过程，辽宁、河北、山东省海洋灾害直接经济损失40.64亿元。最大风暴增水发生在莱州湾羊角沟验潮站，为2.02m。此次风暴造成7人死亡，30km的防波堤坍塌，5000多艘船只损毁。2008年强台风"黑格比"于9月24日登陆广州，此次风暴潮造成广东、广西直接经济损失132.74亿元。最大增水2.7m，受灾人口达1000多万，死亡22人，堤防决口834处，长28.87km；堤防毁坏2118处，长650.62km。部分村庄被淹水深达2m。

风暴潮形成的特大增水，对沿海地区人民生活和港口工程有巨大的危害。表7-5给出了我国及世界上多风暴潮国家的几次最大增水数值。

我国及世界上几次最大增水数值　　表7-5

国　家	最大增水值(m)	出现时间	出现地点	发生原因
中国	5.92	1980	南渡	8007号台风
美国	4.50	1954.8.31	新英格兰州	强飓风袭击
孟加拉国	3.90	1970.11.12	孟加拉湾	强飓风袭击
日本	3.41	1959.9.26	伊势湾	伊势湾台风
中国	3.77	1969.4.23	莱州湾	寒潮大风，最大风力12级
英国、荷兰	3.00	1953.1.31	英、荷沿海	冬季强低压系统袭击

我国风暴潮可以归纳为如下四个特点；

1. 风暴潮发生的次数频繁

据统计，1949～2000年间，我国发生的特大、严重风暴潮共有60次，潮灾的严重岸段为北海湾至莱州湾沿岸、江苏小洋口到浙江台州及温州地区；福建、广东、海南岛。据不完全统计，沿海每年发生风暴潮1.5次左右，尤以福建、广东、广西为甚，平均每年2～3次。仅2006～2008年三年间，我国沿海共发生风暴潮83次，其中台风风暴潮33次，20次造成灾害；温带风暴潮50次，5次造成灾害。

2. 风暴潮一年四季均可发生

我国夏、秋季多台风，而冬季寒潮大风，春、秋季冷空气和气旋配合的大风等，都经常形成强大的风暴潮。例如，据莱州湾羊角沟站18年（1952～1969年）水位观测值表明，5m以上水位共30次，其中春天12次占40%，夏天3次占10%，秋天12次占40%，冬天3次占10%。

3. 风暴潮潮位高、增水大

我国湾岸线很长，东临广阔的太平洋，东南沿海易受台风风暴潮的侵袭，并能波及北方沿海。而在渤海湾区，由于冷暖两种气团活动很频繁，寒潮等天气系统常形成很高的潮位与较大增水。如表7-5所示，南海的最大增水达5.92m，而莱州湾的增水也可达3.77m。

4. 形成风暴潮的影响因素复杂

由于形成风暴潮的天气系统的多样性，造成了风暴潮本身的多样性与复杂性。对莱州湾地区30次风暴潮进行分析，形成风暴潮的天气形势有三类：一是冷锋配合低压类；二是冷锋类；三是台风类。这就造成了风暴潮增水出现时间和高度的显著差异。以我国1972年3号台风为例可以看出，这种天气系统在近百年是罕见的，这次台风在太平洋停滞打转约24天，最后由南方海面经山东半岛进入渤海，大连站最大阵风风速达37m/s，最大增水达2.24m，龙口为2.50m，营口为2.62m。

三、风暴潮推算

目前，国内外广泛使用的风暴潮推算方法有两种：一是经验统计法；二是动力—数值计算法。前者盛行于20世纪30年代至50年代末. 适用于单站风暴潮的极值推算；后者到60～70年代才深入开展研究，并建立风暴潮业务预报模式付诸实用。70年代末以来，风暴潮的研究趋于两个方面：一是改进现有业务预报模式，提高预报质量；二是采用联合概率法研究并给出沿海极值水位的分布，以满足海岸及近海工程建设合理选取设计水位的需要。

1. 经验统计法

这类推算方法主要依据历史资料，利用回归分析和统计相关，建立气象因子（如风、气压）与特定地区风暴增水之间的直接关系，用之推算单站增水极值与增水过程。世界沿海诸国多采用适合于其局部岸段的经验公式。如美国东海岸和墨西哥湾沿岸的Harris（1959、1963）飓风风暴潮推算公式、东海岸的Pore（1968、1974）温带风暴过程推算公式，后者已于70年代作为美国国家天气服务局的业务预报工具。我国海洋预报中心业务预报中较常用以下几个公式：

(1)台风风暴单站增水极值推算式。

$$\Delta H_{\max} = a \cdot \Delta P(1 + e^{-\frac{R_0}{R}}) + b \tag{7-33}$$

式中：$\Delta H_{\max}$——风暴增水极值，cm；

ΔP——正常气压 P_∞ 和台风中心气压 P_0 之差，$\Delta P = P_\infty - P_0$，hPa；

R_0——台风最大风速半径，自台风路径图量取，以纬距为单位；

R——最大增水时刻台风中心到观测站的距离（单位同 R_0）；

a、b——待定系数，见表7-6。

式(7-31)待定系数 a、b　　表7-6

测站 系数	厦门	东山	汕头	闸坡	湛江
a	3.35	4.40	3.95	4.80	3.60
b	30	0	10	45	80

(2)台风风暴单站增水过程推算公式。该法假定，移行路径、移动速度以及尺度相同的台风，所引起同一台站的增水值，仅与台风中心气压示度成正比。因此，可借助于历史上观测到的移行路径、移速以及尺度相似的台风及其逐时增水值作为依据，预报实际台风逐时增水值 ΔH_i (cm)

$$\Delta H_i = \Delta H_j\left(\frac{\Delta P_o}{\Delta P_{oj}}\right) \tag{7-34}$$

式中：ΔH_j——所选历史上雷同台风逐时增水值，cm；

ΔP_{oj}——历史上雷同台风的逐时台风中心气压示度，hPa；

ΔP_o——实际台风中心逐时气压示度，hPa。

此法仅适用于风暴潮观测资料足够多的台站，否则无实际意义。

关于温带风暴单站增水极值与增水过程推算法，我国海洋预报中心先后建立莱州湾羊角沟站(1982)和渤海湾塘沽站(1983)的风暴增水极值和风暴潮过程推算方程，并纳入业务预报工具。

2. 动力—数值计算法

风暴潮数值预报研究始于20世纪70年代。经过几十年发展，世界各国相继开发和建立了适合本国海岸水文地貌特征的风暴潮数值模拟系统，并在实时预报中广泛应用。20世纪80年代美国国家大气海洋管理局(NOAA)和国家气象局(NMS)联合开发了SLOSH模型(Jelesnianski等，1992)，该模型在充分考虑台风强度、大小、前进速度、位移轨迹等要素基础上，对预报飓风所带来的风暴潮潮高进行情景模拟，在灾害预报中发挥了很好的作用，被广泛应用于风暴潮数值预报和风险评估中。同时为了提高风暴潮模拟的精度，高分辨率的二维模型以及三维风暴潮模式的研究有所发展与应用。目前国际上先进的和使用广泛的河口海洋三维数值模式主要有美国普林斯顿大学的POM(Princeton Ocean Model)和ECOM(Estuary, Coast and Ocean Model)模式、荷兰的Delft模式、德国汉堡大学开发的HAMSOM大陆架海洋动力模式。近几年，美国麻省理工大学海洋科学技术学院陈长胜教授研究组建起了一个三角形网格、有限体积、三维原始方程组海洋模式(FVCOM)。该模式最大的特点和优点是结合了有限元易拟合边界、局部加密的优点和有限差分便于离散计算海洋原始方程组的优点。FVCOM 中的数值计算方法代表了河海数值模拟的研究方向,也是近期研究的热点,它能把河流、河口、海湾、陆架和大洋作为一个整体来研究,根据需要可以在任意地方加密。

近年来,中国风暴潮数值模式也取得了很大进展。王喜年等(1991,1997,2000)建立了以5 个子区域部分重叠覆盖整个中国沿海海域的台风风暴潮模式,简称 5 区块模式(Five Basin Model),这种模式台风域中的风场由两个矢量场叠加而成。一是相对于台风中心对称的风场,其风矢量穿过等压线指向左方,偏角为 20°,风速与梯度风成比例;二是基本风场—假定其风速取决于台风移速。2002 年仍华堂、刘钦政等利用 POM 对台湾三维风海流进行数值模拟。2007 年中科院海洋研究所莎日娜、尹宝树等以 POM 为基础,采用干湿网格法,在 POM 中加入干湿点的判断,而岸界条件与固定边界模式一样,从而提高模式的模拟精度,较真实的模拟出台风作用下风暴潮水位随岸线的移动。2007 年黄华、朱建荣等以 ECOM - si 为基础,加入台风模型气压场和模型风场,同时考虑径流、天文潮与风暴潮耦合作用,数值模拟了 TC9711(Winnie),TC0012(prapiroon)和 TC0014(saomai)三个台风期间长江口和杭州湾的水位过程。模式较好地再现了台风期间的水位过程。

(1)开敞海岸台风风暴潮推算图解法。该图解法类似于 SPLASH 动力数值模式,但其基本方程中考虑了有限振幅的影响,台风气压场和风场的计算也有所改进。计算了 166 场假想台风引起的逐时风暴潮位,建立了推算袭击或影响中国开敞海岸台风引起的最大增水诺谟图。用此模式程序和诺谟图进行两年(1985 ~ 1987)的台风风暴潮预报业务,获得满意结果。只要台风参数预报准确,就能给出正确的风暴潮推算结果。具体推算方法可查阅王喜年 1989 年发表在《海洋通报》第 3 期上的文章:开阔海岸风暴潮的数值计算。

(2)半封闭海—渤海台风风暴潮推算图解法。该图解法是基于我国海洋预报中心的动力数值模式,取 7203 号强风作为"标准台风"(ΔP = 40hPa, R = 120km),采用 3 种不同速度(6m/s、10m/s 和 14m/s)分别沿着 27 条路径袭击渤海,计算出渤海 81 种情况下的逐时风暴潮位场,获得渤海沿岸 8 个台站和全海区可能最大风暴潮位值,并据此建立渤海台风风暴潮推算诺谟图和查算表。其具体推算方法可查阅尹庆江与王喜年 1987 年发表在《海洋预报》第 4 期上的文章:渤海台风潮预报的诺谟图方法。经历史上 4 次强台风查算验证,该法的推算结果与实际情况吻合得较好,平均误差和绝对误差各为 25.3cm 和 30.2cm。该推算法已成为我国海洋预报中心业务预报中的一种重要手段。

(3)中国海台风风暴潮推算法。此推算法是我国海洋预报中心在所进行的封闭海,半封闭海和开阔海台风风暴潮模式研究基础上,发展建立的中国海台风风暴潮空间二维动力数值模式,考虑了有限振幅影响和科氏参数随纬度的变化,略去了对流项。其表达式为:

$$\left.\begin{aligned}\frac{\partial U}{\partial t} &= -g(d+\varepsilon)\frac{\partial \varepsilon}{\partial x} - \frac{1}{\rho_w}(d+\varepsilon)\frac{\partial P_a}{\partial x} + \frac{\tau_{ax} - \tau_{bx}}{\rho_w} + fV \\ \frac{\partial V}{\partial t} &= -g(d+\varepsilon)\frac{\partial \varepsilon}{\partial y} - \frac{1}{\rho_w}(d+\varepsilon)\frac{\partial P_a}{\partial y} + \frac{\tau_{ay} - \tau_{by}}{\rho_w} - fU \\ \frac{\partial \varepsilon}{\partial t} &= -\frac{\partial U}{\partial x} - \frac{\partial V}{\partial y}\end{aligned}\right\} \tag{7-35}$$

式中：xoy 平面位于静止海面，Z 轴向下为正；

t——时间：

P_a——大气压力；

g——重力加速度；

ρ_w——海水密度；

ε——自静止海面起算的风暴潮位；

d——静止海面向下的水深；

f——科氏参数。

全流 U，V 定义为：

$$(U,V) = \int_{-\varepsilon}^{d}(u,v)\mathrm{d}z \tag{7-36}$$

式中：u、v——流速的 x 向和 y 向的分量。

$$\left.\begin{aligned}\vec{\tau}_a &= \rho_a\gamma_a^2|\vec{W}|\vec{W},\\ \vec{\tau}_b &= \rho_a\gamma_b^2|\vec{V}|\vec{V}-\beta\tau_a\end{aligned}\right\} \tag{7-37}$$

式中：$\vec{\tau}_a$ 和 $\vec{\tau}_b$——海面风应力和底摩擦应力；

τ_{ax}，τ_{ay} 及 τ_{bx}，τ_{by}——$\vec{\tau}_a$ 和 $\vec{\tau}_b$ 在 x 和 y 方向的分量；

$\vec{W}$——风力表高度的风矢量；

γ_a^2、γ_b^2——风曳力系数、底摩擦系数，两者取相同的值（2.6×10^{-3}）；

β——常数(0.35)；

$\vec{V}$——深度平均流矢量。

$$\vec{V} = u\bar{i} + v\bar{j} = \frac{U}{(d+\varepsilon)}\bar{i} + \frac{V}{(d+\varepsilon)}\bar{j} \tag{7-38}$$

采用 Fischer(1959)给出的一种“半显—半隐的差分格式”，将式(7-35)化为差分方程并对边界条件作如下假定：岸界对法向全流为零，即 U 或 V 为零；水边界 ε 等于海面对气压降低水静力学响应的平衡高度（静压高度），即气压下降 100Pa 水位上升 1cm，其表达式为

$$\varepsilon = \frac{10^3}{\rho_w g}(P_\infty - P_a) \tag{7-39}$$

所有计算格点的初始条件：ε 取静压高度，无流动（$U=V=0$）。计算时，时间步长 Δt 取为 300s，空间步长 Δs 取为 13.89 km，计算是稳定的。具体计算步骤可查阅王喜年，尹庆口等发表在 1991 年《水科学进展》第 1 期上的文章：中国海台风风暴潮预报模式的研究与应用。

经过 43 次台风风暴潮个例计算结果与实测值对比验证（图 7-25 所示为 5612 号台风实测与计算值对比曲线及空间分布）和近两年（1988～1990）21 场历史上显著台风风暴潮模拟计算表明：只要台风路径和强度预报准确，这个模式能够给出较满意的结果。

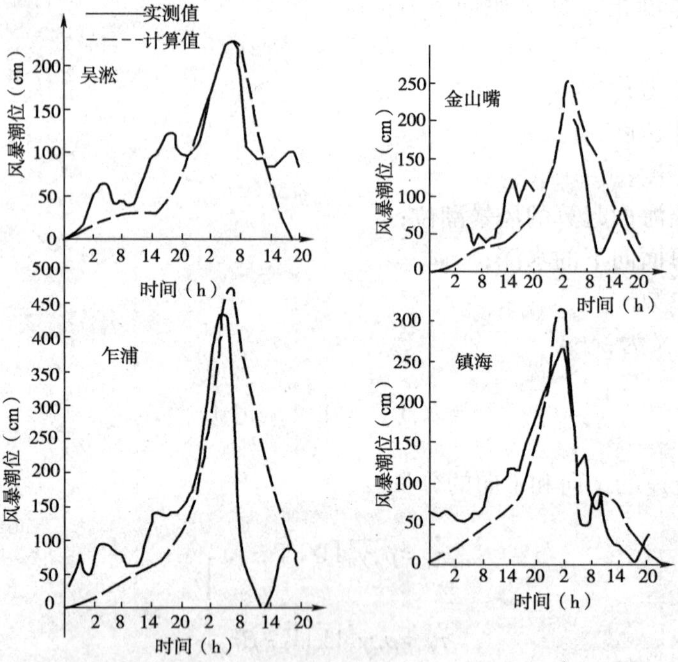

图 7-25　5612 号台风风暴潮在 4 个验潮站时间过程线

第八章 近岸海流

第一节 近岸海流系统及其生成原因

近岸海流一般可分为潮流和非潮流。前者是海水受日、月等天体引潮力作用而产生的海水周期性的水平运动;后者又可分为永久性的和暂时性的二类:永久性的海流是众所周知的大洋环流,如赤道流、墨西哥湾流、黑潮等;暂时性的海流主要是因气象因素变化,如风和浪的作用所产生的风吹流和近岸流。

在海岸工程中,有关港址选择,水工建筑物和航道布置、抛泥区的选择、建筑物承受水流力和船舶系泊力的确定以及沿岸泥沙的淤积和冲刷等问题,都与当地的海流状况有关。

外海海水流动的形式很多,按其生成原因可分为下列几种:

(1)潮流。由日、月等天体引潮力作用引起的,与潮汐伴随产生的周期性海水水平运动。

(2)漂流。由于风和水面的摩擦作用所引起的海流,其流向受地球自转偏向力的影响,在北半球偏于风向的右方,在南半球偏于左方。

(3)气压梯度流。由于大气压力的改变,致使高气压区水位降低,而低气压区水位增高,由此产生的海流称为气压梯度流。

(4)密度梯度流。由于水层温度和盐度分布的不均匀,因此海区内水团密度分布也不均匀,由此产生的海流称为密度梯度流。

(5)补偿流。海水水团的流动必然在某些海区形成海水的亏缺,此亏缺必须由邻近水团来补充,由此产生的海流称为补偿流。

此外,近岸特有的水流还有以下两种:

(1)河川泄流。由于河川径流入海,在河口附近的海区所引起的海水流动称为河川泄流。

(2)波浪流。由于在近岸区波浪破碎而形成的一种水平流动称为波浪流。

下面主要介绍与近岸泥沙运动有关的潮流、漂流和波浪流。

一、潮流

1. 潮流现象

潮汐和潮流是受日、月等天体引潮力作用后同时发生的两种形式的海水运动,在多数地点,潮汐的升降与潮流的涨落类型是相似的;但也有一些地点,潮汐与潮流的类型不尽一致,即潮汐与潮流性质不同。例如在秦皇岛附近,潮汐基本属于规则日潮性质,而潮流却为半日潮流性质;在烟台外海的潮汐为半日潮性质,而潮流却为日潮流性质。潮汐与潮流类型的相似或不相似现象,取决于各海区潮波系统的分布特征。由于受到沿岸地形与潮波系统的传播分布影响,使近海区潮流变得很复杂。

2. 潮流分类

按潮流的循环周期可分为:规则、不规则半日潮流,其周期为6h12.5min;规则、不规则日潮流,其周期为12h25min。两者判别标准为

$$K = \frac{W_{O1} + W_{K1}}{W_{M2}} \tag{8-1}$$

当$K \leqslant 0.5$,为规则半日潮流;

当$0.5 < K \leqslant 2.0$,为不规则半日潮流;

当$2.0 < K \leqslant 4.0$,为不规则日潮流;

当$K > 4.0$,为规则日潮流。

W_{O1},W_{K1}和W_{M2}分别为主太阴日分潮流、太阴、太阳赤纬日分潮流和主太阴半日分潮流的椭圆长半轴的长度。

按流向分,潮流又可分为;旋转流与往复流两种。

(1)旋转流。亦称为八卦流,多出现在外海或广阔的海域以及江河入海口以外海域,后者多因两个往复式潮流成斜交而形成旋转式潮流。旋转流的方向和速度,不断随时间而改变,一般在北半球潮流大部分是按顺时针方向旋转,而在南半球潮流则多按逆时针方向旋转。以测流点为原点,把一个潮周期内逐时观测的潮流矢量(以方向表示潮流流向,长短表示流速大小)绘在平面图上,连接各时刻矢量端点所形成的曲线称为潮流椭圆。在一个潮周期内流向改变360°,而流速均不为零的潮流称为旋转流,见图8-1。

(2)往复流。又称直线式潮流。出现在河口、海峡或狭窄港湾内的潮流,由于受地形条件的限制,往往造成往复式潮流。典型的往复流在一个潮周期中,其潮流矢量的变化如图8-2所示,其流向范围较狭窄,只是在正、反两个方向上作周期性的交换变化;其最大流速与最小流速相差很大,有两次流速接近于零。在流向转换成反方向时,将出现最小流速,当流速接近或等于零时,称之为转流或憩流。

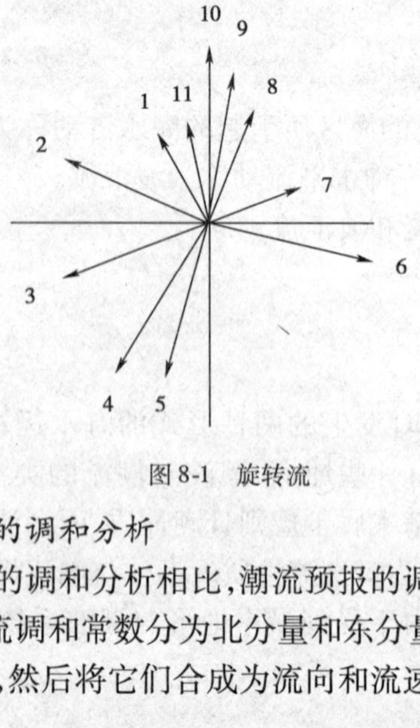

图8-1 旋转流

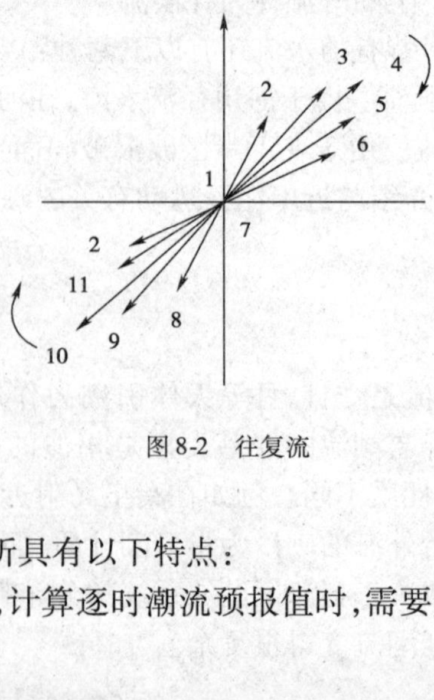

图8-2 往复流

3. 潮流的调和分析

与潮位的调和分析相比,潮流预报的调和分析具有以下特点:

(1)潮流调和常数分为北分量和东分量两组,计算逐时潮流预报值时,需要先计算潮流的两个分量值,然后将它们合成为流向和流速。

(2)对回旋流,通常需要预报逐小时的流速和流向,也可预报流速出现极值时的时间、流速和流向。

(3)当各分潮流的椭圆长轴远大于其短轴时,可以将潮流视为只在两个相反方向上变化的往复式潮流。即可以先计算逐小时的流速,然后求极值。然而除了极值之外,这里还需要计算流速等于零的时刻,即旋流时。

(4)由于观测流的条件比较困难,许多地点只有根据短期资料(准调和分析)求得的少数主要分潮的调和常数,在这种情况下,推算潮流时通常需引入差比常数,以考虑其他分潮的作用。

潮流的北、东分量可用下式表达:

$$\begin{aligned} u &= U_0 + \sum_i D_{ui} U_i \cos(\nu_i + d_{ui} - \xi_i) \\ &= U_0 + \sum_i D_{ui} U_i \cos(\sigma_i t + \nu_{0i} + d_{ui} - \xi_i) \end{aligned} \tag{8-2}$$

$$\begin{aligned} v &= V_0 + \sum_i D_{vi} U_i \cos(\nu_i + d_{vi} - \eta_i) \\ &= V_0 + \sum_i D_{vi} V_i \cos(\sigma_i t + \nu_{0i} + d_{vi} - \eta_i) \end{aligned} \tag{8-3}$$

式中,U_i、ξ_i 为北分量的调和常数;V_i、η_i 为东分量的调和常数。U_0、V_0 为欧拉余流;D_{ui}、D_{vi} 和 d_{ui}、d_{vi} 为准调和分析的振幅及迟角修正,是时间函数;σ_i 和 v_{0i} 为各分潮天文初相角和角速率。

在实际应用中,对式(8-2),式(8-3)采用线性化的方程分析求解,方程表示为:

$$u = U_0 + \sum_i D_{ui}\cos(\sigma_i t + \nu_{0i} + d_{ui}) U_i \cos\xi_i + \sum_i D_{ui}\sin(\sigma_i t + \nu_{0i} + d_{ui}) U_i \sin\xi_i \tag{8-4}$$

$$v = V_0 + \sum_i D_{vi}\cos(\sigma_i t + \nu_{0i} + d_{ui}) V_i \cos\eta_i + \sum_i D_{vi}\sin(\sigma_i t + \nu_{0i} + d_{ui i}) V_i \sin\eta_i \tag{8-5}$$

用最小二乘法解得 U_0、U_i、ξ_i 和 V_0、V_i、η_i,将计算所得的分潮潮流调和常数及余流代入式(8-2),(8-3),即给出指定时刻的北分量 u 和东分量 v。

计算出给定时刻的 u、v 后代入式(8-6),计算出潮流流速 ω 及流向 θ,对潮流进行预报计算。

$$\begin{cases} \omega = \sqrt{u^2 + v^2} \\ \theta = \tan^{-1} \dfrac{v}{u} \end{cases} \tag{8-6}$$

二、漂流

漂流是风和水面摩擦作用所引起的,其流向由于地球自转惯性力的影响,在北半球偏于风向的右方,在南半球偏于左方。通过海水的摩擦力作用使得表层海水运动的能量逐渐向深层海水传递。

为了论述漂流,需扼要介绍艾克曼(V. W. Ekman)的漂流理论。该理论有两点假设:①漂流发生在广阔的大洋中,或离岸甚远的大海中;②大洋深度是无限的,至少有足够深度以便使稳定的风向,风力能引起恒定的漂流。这个理论可主要归纳为以下几点结论:

(1)流向。表层漂流的方向,在北半球偏于风向右45°,在南半球则偏左45°。这种偏转不随风速、流速、纬度的改变而变化。

(2)流速。表层流速与风速的经验关系为

$$V_0 = \frac{0.0127}{\sqrt{\sin\varphi}}U \tag{8-7}$$

式中：U——风速，m/s；

φ——纬度；

0.0127 为风力系数。

漂流流速随水深的增加，将迅速减小。流向则随水深增加在北半球对风逐渐右偏。对于无限深海域，在深度为 Z 处的漂流流速 V 的复数表达式为

$$V = V_0\exp\left[-\frac{\pi}{D}Z + i\left(\frac{\pi}{4} - \frac{\pi}{D}Z\right)\right] \tag{8-8}$$

式中：D——摩擦深度，在 $Z = D$ 处，其流速仅为表面潮流流速的 1/23，其流向却与表面流向相反。如图 8-3 所示。此流速流向的垂向分布称为艾克曼螺旋型分布。

摩擦深度 D (m)可由下式决定

$$\left.\begin{aligned} D &= \frac{7.6}{\sqrt{\sin\varphi}}U \quad (U > 6\text{m/s}) \\ D &= \frac{3.67}{\sqrt{\sin\varphi}}U^{\frac{3}{2}} \quad (U < 6\text{m/s}) \end{aligned}\right\} \tag{8-9}$$

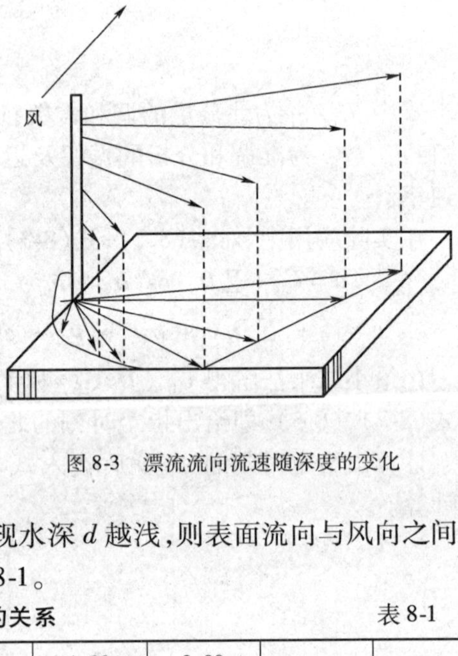

图 8-3　漂流流向流速随深度的变化

曾进行过实测赤道流的摩擦深度 D。在大西洋测得 D = 150m，在太平洋测得 D = 200 ~ 300m。同大洋深度相比，只是表面很薄的水层，所以，风海流只发生在海洋的上层。艾克曼指出，在相同的风向、风速作用下，各深度风海流形成的时间极不一致，有的仅需几小时，而有的长达几个月。至于风停止后，漂流要经过多少时间才能消失的问题，目前尚无定论。

艾克曼还研究了有限水深对漂流流向的影响，发现水深 d 越浅，则表面流向与风向之间的偏角 α 值也越小。相对水深 d/D 与 α 之间关系如表 8-1。

相对水深 d/D 与 α 的关系　　表 8-1

d/D	0	0.1	0.25	0.50	0.75	1.00	2.00	…	∞
α	0	3.7°	21.5°	45°	45.5°	45°	45°	45°	45°

三、波浪流

波浪从深海向浅海岸边传播的过程中，因海底摩擦、渗透和海水涡动等造成能量损耗，而水深变浅会使波浪能量集中而发生破碎，也造成能量损耗，这就会引起波浪能量的重新分布。在近岸水域由于波浪作用所引起的近岸海流系主要由三部分组成：①向岸的水体质量输送；②平行海岸的顺岸流；③流向外海的离岸流或称裂流；如图 8-4 所示。离岸流是近岸流系中的最显著部分，它是穿过破碎区向外海流动的，一束较强而狭窄的，集中于表面的水流，流速通常超过 1m/s；其最狭窄处称为“颈”部，这里流速最大；其外端有时可达破波线外 500m 并扩大到较大面积，称之为“头”部，这里流速最小；离岸流是靠顺岸流来维持的，两者相衔接处，称之为

“补偿流”。顺岸流沿着岸线流动,其平均流速一般可达 0.3m/s,但也有出现 1m/s 以上的情况;顺岸流不论是在破波区断面上或沿岸方向上,其流速均有显著变化,一般最大流速出现在横断面的破波线上和沿岸方向上转变为离岸流之前的地点。顺岸流和离岸流的流量由波浪向岸传播时的传质水流来提供。因此,近岸流系在近岸水体交换、清除污染物以及泥沙输送方面都起着重要作用。

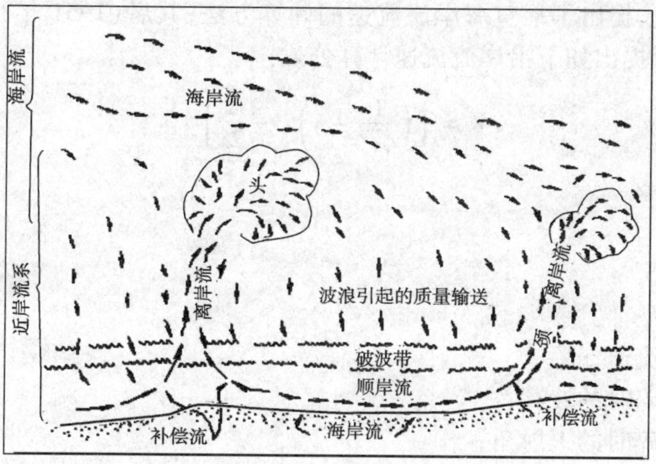

图 8-4　海岸流系示意图

1. 波浪引起的质量输送

波浪在向岸传播过程中,波动水质点的运动轨迹是不封闭的,在波浪传播方向上存在着净的水体运移或称质量输送。按二阶 Stokes 有限振幅波理论,其平均传质速度表达式为

$$\overline{U} = \left(\frac{\pi H}{L}\right)^2 \frac{C}{2} \frac{\cosh\left[4\pi\left(\frac{Z+d}{L}\right)\right]}{\sinh^2\left(\frac{2\pi d}{L}\right)} \tag{8-10}$$

上式在深水区可简化为

$$\overline{U_0} = \left(\frac{\pi H_0}{L_0}\right)^2 C_0 \exp\left(-\frac{4\pi Z}{L_0}\right) \tag{8-11}$$

式中:H——波高;

L——波长;

C——波速;

d——水深。

脚标 0 代表深水相应波要素。z 轴以静水面为零点,向上为正。

对式(8-11)的流速沿水深 z 积分可得到单位时间、单位波峰长度内向前输送的水体体积[$cm^3/(cm \cdot s)$]为

$$q = \int_{-d}^{0} \overline{U_0} dZ = \frac{\pi H_0^2}{4T} \tag{8-12}$$

波浪传入沿海水域,将导致岸边水体的堆积,自由水面升高,从而形成反向的补偿流,重新进行水体分配。

2. 顺岸流的推算

顺岸流的产生主要由波浪破碎后，沿岸存在着驱动分量的结果。其研究方法可分为两类，一类应用能量和动量守恒原理，计算整个破波断面上水体的平均顺岸流流速；另一类是应用辐射应力，即引用波浪所引起的剩余动量流的概念，研究破波区内顺岸流的流速横向分布。

勃特南（J. A. Putnam）、蒙克（W. H. Munk）和泰勒（M. A. Taylor）三人于 1949 年按动量守恒方程和孤立波理论，提出了平直海岸流流速的计算方法；其后（1951 年）Inman，Quimn 等人又根据现场观测结果提出如下沿岸流流速计算公式：

$$V = \left[\left(\frac{1}{4x^2} + y\right)^{\frac{1}{2}} - \frac{1}{2x}\right]^2 \tag{8-13}$$

式中：$x = \dfrac{646H_b i\cos\alpha_b}{T}$；

$y = C\sin\alpha_b$；

$C = \sqrt{2.28gH_b}$；

V——沿岸流流速，m/s；

H_b——波浪破碎时的波高；

α_b——波浪破碎时的入射角；

T——波浪周期，s；

C——波速，m/s；

i——海底坡度，$i = \dfrac{d_b}{l}$；

d_b——波浪破碎时的水深，m；

l——破波带至岸边距离，m；

g——重力加速度，9.8m/s^2。

上式求出的 V 值，只表示破波线附近沿岸流速的近似值，在破波带内不能适用。长周期波浪的计算结果与实际情况较为符合。

3. 离岸流特征

从沿岸卫星或航空摄影图片可看到，沿岸水体除向岸或平行海岸运移外，还存在相隔一段距离出现的集中向海流注入的浓浊水流。这就是滨外与破波区之间最引人注目的水体交换作用过程中的离岸流，它是穿越破波区，挟带着水体从一狭窄通道冲向外海的集中“射流”。其成因主要是由于沿岸的波高变化及复杂的地形影响所致。Arthur（1962），Bowen（1969）等人曾对离岸流进行了理论探讨，并给出一定模式，但离岸流的流态及其动力结构比顺岸更为复杂，尚无流速推算公式可供使用，仅有堀川等归纳的现场观测结果可供参考，应用时可查阅有关文献。

第二节　海流观测与资料分析

一、海流现场观测

以上介绍各类海流的一些计算方法与公式，但由于近岸海区水深、地形的影响以及水文、气象条件的变化,使得近岸海流的变化非常复杂,因此,应用上述计算方法及公式时,都必须根据现场实测资料进行对比分析和验证,才能进行实际计算。

1. 海流的观测方法

目前近岸海流的观测大致可以概括为下述三种方法:

(1)单站定点连续观测法。该法采用一条船在给定的位置上进行海流连续观测,取得该处的实测海流资料,以了解该点海流的分布及变化状况。

(2)多站同步连续观测法。该法采用几条船在几个给定的位置上同步进行海流连续观测(如断面观测通常就采用这种观测方法),取得这几处的实测海流资料,以了解海流的分布及变化状况。

(3)大面流路观测法。该法用船只在海岸附近投放浮标,待浮标进入预定水域后,在陆上用经纬仪或其他方法测量不同时间的浮标位置,然后绘制浮标在不同时间的位置图。这样可以大体了解水质点的运移途径,以及分流点与会流点的位置。

海流的观测时间要求与海流本身的性质有关,同时,也与分析的目的和分析方法有关。当采用短期资料进行准调和分析时,海流连续观测次数不宜少于三次,并应分别在大、中、小潮日期进行。在一般的潮流分析中,可采用一次或二次海流观测资料,一次观测应在大潮日期进行,二次观测应分别在大、小潮日期进行。一次海流观测的延续时间不应少于25h。

当采用长期资料进行调和分析时,海流连续观测天数不宜少于15天。

2. 海流的观测仪器

海流的观测仪器种类很多,按照工作原理的不同可以分为机械式海流计、压力式海流计、电磁式海流计以及声学式海流计等。

(1)机械旋桨式海流计。这类仪器的基本原理是依据旋桨叶片受水流推动的转数来确定流速,用磁罗盘确定流向(必须进行磁差校正)。根据这类仪器记录方式的特征,大致可以分为厄克曼计、印刷型、照相型、磁带记录型等形式。

①厄克曼海流计。厄克曼海流计共有五个部分组成:轭架、螺旋桨、计数器、流向盒和尾舵。计数器是一个记录螺旋桨转数的装置,根据转数即可求得流速。流向盒是圆形的,中央装有一个带凹槽的磁针,盒内分36个扇形格,旋桨每转100转,就从上方小管中落下三个小球沿凹槽滚到磁针北极所指的小格中,根据各小格中小球的分布来决定流速。

用海流计测流时,先读取计数器初始读数,然后用绞车将海流计放入水中指定深度,沿钢丝放下第一个锤,开启开关使仪器计数器开始工作;经过预定时间(一般为100~200s)后,放下第二个锤,使计算器停止工作;将海流计提出水面,读取计数器的数值;然后取下流向盒,读取流向盒中扇形小格内小球的分布,根据记录分析,即可求得流向和流速。

每一台流速仪出厂时都有一个检定公式与相应常数值,据此可以计算实测流速

$$V = Kn + C \tag{8-14}$$

式中:V——流速,m/s;

n——每秒内旋桨转速;

K、C——海流计的检定常数,每台仪器不同。

流向的平均磁位方向为

$$a = \frac{(K_1 n_a + K_2 n_2 + \cdots + K_n n_n) \times 10°}{\sum_{i=1}^{n} n_i} \tag{8-15}$$

式中：K_1，K_2，…，K_n ——扇形小格编号；

n_1，n_2，…，n_n ——落入相应扇形小格的小球数；

a ——流向平均磁方位。

但是，它不能测低流速，现在用得比较少。

②印刷型海流计。印刷型海流计是一种船用或浮标用的定点自记测流仪器，能自动观测并记录其所在深度每隔一定时间间隔的平均流速和瞬时流向。最大使用深度为6000m，连续记录时间长达两个月之久。记录装置由弹簧带起，自记工作时间由时钟控制盘决定，流速流向记录在纸上或锡箔上。

③磁录式海流计。它是浮标用定点自记测流仪器，其工作原理多数将测量数据以二进制编码方式记录在磁带上。最大使用深度为1000～6000m，大致测量流速范围为3～400cm/s，流速精度为2%，流向精度为±5°。如挪威生产的安德拉海流计，它是目前全世界使用最广泛的海流计。

（2）电磁式海流计。电磁式海流计利用法拉第电磁感应定理，通过测出海水流过磁场时所感应的电动势来测量流速。根据磁场的来源不同，可以分为地磁场和人造磁场海流计两种。

地磁场电磁海流计的优点是可以走航自记，水下部件结构简单、可靠性高；缺点是由于它与地球垂直磁场强度有关，不能在赤道附近使用，只适用于地磁场垂直强度大于0.1A/m^{2}的海区。人造磁场电磁海流计的使用受深度和纬度的限制不大。它适于船用或锚定水下测量。目前，世界上广泛使用的是美国Interocean公司生产的S4型的电磁海流计，其外形是球形，很好地解决了仪器倾向对测流的影响。其主要优点是准确度高，测量值可靠，体积小，操作简便。其测量范围为流速0～350cm/s，流速准确度为2%。

（3）声学式海流计。这里重点介绍声学多普勒剖面仪（ADCP），它是目前观测海洋研究项目中多层海流剖面的最有效仪器，其特点是准确度高、分辨率高、操作方便。目前国际上的大型海洋研究项目都是使用ADCP，已被海委会（IOC）列为几种新型的先进海洋观测仪器之一。ADCP测流原理就是测定声波入射到海水中的微粒后向散射在频率上的多普勒频移，从而得到不同水层水体的运动速度。由于超声源（或发射器）和接收器（散发体）之间的相对运动，接收器接收到的频率和声源的固有频率是不一致的。若它们是相互靠近的，则接收频率高于发射频率，反之则低。这种现象为多普勒效应。接收频率和发射频率之差叫多普勒频移。一定质量的水质点散射单元以速度v运动，根据多普勒效应接收信号频率是：

$$f' = \frac{c + v\cos\theta}{c - v\cos\theta} f_0 \tag{8-16}$$

式中：f' ——接收信号频率；

c ——声波在海水中的传播速度；

f_0 ——发射频率；

v ——散射单元运动速度（海流速度）；

θ ——发射波速和接收波速与海流方向夹角。

则多普勒频移为：

$$f_d = f' - f_0 = \frac{2v\cos\theta}{c - v\cos\theta} f_0 \tag{8-17}$$

由于 $v\cos\theta \ll c$，所以 $f_d = \dfrac{2f_0\cos\theta}{c}$

由上式得 $v = \dfrac{c \cdot f_d}{2f_0\cos\theta}$，若 $f_0\cos\theta$ 为已知，则测出 c 和 f_d 即可以求得海流的速度 v，水中的声速可按下列公式计算：

$$c = 1449.2 + 4.6T - 5.5 \times 10^{-2}T^2 + 2.9 \times 10^{-4}T^3 + (1.34 \times 10^{-2}T) \times (S - 35.0) \times 11.6 \times 10^{-2}D \tag{8-18}$$

式中：T——温度；

S——盐度；

D——深度。

利用回声束（至少三束）测得水体散射的多普勒频移，便可求得三维流速并可以转换为地球坐标下的 u（东分量），v（北分量）和 w（垂直分量）。由于声速在一定水域中，在一定深度范围内的水体中的传播速度基本是不变的，根据由声波发射到接受的时间差，便可以确定深度。利用不断发射的声脉冲，确定一定的发射时间间隔及滞后，通过对多普勒频移的谱宽度的估计运算，便可以得到整个水体剖面逐层段上水体的流速。

二、海流观测资料的整理与分析

对于实测海流资料可以进行以下相应的分析：

（1）用实测海流值绘制各种海流图，从中选定有关特征值。

（2）用断面测点实测海流值计算断面流量。

（3）用大面流路资料绘制测区流路图。

由于在近岸带实测到的海流是潮流，风海流、波浪流等的综合水流，为了应用上的方便，通常把它分解为周期性的潮流和非周期性的余流。潮流与余流的分离方法有几种，这里仅介绍分析法。该法假定在某一较短时间内，余流的方向和速度为一恒定值。因此，可将每小时观测到的海流矢量分解为东分流和北分流，其算式如下：

$$\text{东分流} \quad v = U_0\sin\theta_0$$

$$\text{北分流} \quad u = U_0\cos\theta_0$$

式中：U_0——实测流速；

θ_0——流向。

根据每小时的东分流和北分流，可算出一个太阴日内的平均东分流 $\bar{v}$ 和平均北分流 $\bar{u}$，于是余流的流速 U 和流向 θ 可用下式计算：

$$U = \sqrt{\bar{v}^2 + \bar{u}^2}$$

$$\theta = \tan^{-1}\frac{\bar{v}}{\bar{u}}$$

计算时可列表格进行。

例 8-1　某地实测流速 U_0 和流向 θ_0 列于表 8-2，求该地余流的流速和流向。

潮流和余流分离计算表　　　　表 8-2

时　刻	流		流的分离		潮　流	
	流速 U(cm/s)	流向 θ(°)	东分 $v = U_0\sin\theta_0$	北分 $u = U_0\cos\theta_0$	$v-\frac{\sum v}{24}$	$u-\frac{\sum u}{24}$
(1)	(2)	(3)	(4)	(5)	(6)	(7)
0	11	129	9	-7	2	2
1	27	158	10	-25	3	-16
2	35	181	-1	-35	-8	-26
3	29	181	-1	-29	-8	-20
4	34	154	15	-31	8	-22
5	30	119	26	-15	19	-6
6	19	106	18	-5	11	4
7	11	101	11	-2	4	7
8	7	85	7	1	0	10
9	8	15	2	8	-5	17
10	11	31	6	9	-1	18
11	15	39	9	12	2	21
12	11	164	3	-11	-4	-2
13	27	176	2	-27	-5	-18
14	23	205	-10	-21	-17	-12
15	31	181	-6	-30	-13	-21
16	33	164	9	-32	2	-23
17	32	135	23	-23	16	-14
18	20	117	18	-9	11	0
19	12	106	12	-3	5	6
20	10	75	10	3	3	12
21	16	356	-1	16	-8	25
22	21	336	-9	19	-16	28
23	23	351	-4	23	-11	32
			$\sum v=158$	$\sum u=-124$		

计算过程列于表 8-2，其东分流流速与北分流流速分别为：

$$\bar{v}=\frac{\sum v}{24}=\frac{158}{24}\approx 7\text{cm/s}$$

$$\bar{u}=\frac{\sum u}{24}=\frac{-214}{24}\approx -9\text{cm/s}$$

余流流速为：$U=\sqrt{\bar{v}^2+\bar{u}^2}\approx 11\text{cm/s}$

余流流向为：$\theta=\tan^{-1}\frac{\bar{v}}{\bar{u}}\approx 142°$

根据表8-2中第(6)、(7)两栏的数值,可算出各时刻的潮流流速和流向,从而可绘出潮流椭圆图。

附　　录

$P=\frac{m}{n+1}\times 100\%$ 表　　附表 1

m \ n	40	39	38	37	36	35	34	33	32	31	30	29	28	27	26	25	24	23	n / m
1	2.4	2.5	2.6	2.6	2.7	2.8	2.9	2.9	3.0	3.1	3.2	3.3	3.4	3.6	3.7	3.8	4.0	4.2	1
2	4.9	5.0	5.1	5.3	5.4	5.6	5.7	5.9	6.1	6.2	6.4	6.7	6.9	7.1	7.4	7.7	8.0	8.3	2
3	7.3	7.5	7.7	7.9	8.1	8.3	8.6	8.8	9.1	9.4	9.7	10.0	10.3	10.7	11.1	11.5	12.0	12.5	3
4	9.8	10.0	10.3	10.5	10.8	11.1	11.4	11.8	12.1	12.5	12.9	13.3	13.8	14.3	14.8	15.4	16.0	16.7	4
5	12.2	12.5	12.8	13.2	13.5	13.9	14.3	14.7	15.2	15.6	16.1	16.7	17.2	17.9	18.5	19.2	20.0	20.8	5
6	14.6	15.0	15.4	15.8	16.2	16.7	17.1	17.6	18.2	18.8	19.4	20.0	20.7	21.4	22.2	23.1	24.0	25.0	6
7	17.1	17.5	18.0	18.4	18.9	19.4	20.0	20.6	21.2	21.9	22.6	23.3	24.1	25.0	25.9	26.9	28.0	29.2	7
8	19.5	20.0	20.5	21.0	21.6	22.2	22.9	23.5	24.2	25.0	25.8	26.7	27.6	28.6	29.6	30.8	32.0	33.3	8
9	22.0	22.5	23.1	23.7	24.3	25.0	25.7	26.5	27.3	28.1	29.0	30.0	31.0	32.1	33.3	34.6	36.0	37.5	9
10	24.4	25.0	25.6	26.3	27.0	27.8	28.6	29.4	30.3	31.2	32.3	33.0	34.5	35.7	37.0	38.5	40.0	41.7	10
11	26.8	27.5	28.2	29.0	29.7	30.6	31.4	32.4	33.3	34.4	35.5	36.7	37.9	39.3	40.7	42.3	44.0	45.8	11
12	29.3	30.0	30.8	31.6	32.4	33.3	34.3	35.3	36.4	37.5	38.7	40.0	41.4	42.9	44.4	46.2	48.0	50.0	12
13	31.7	32.5	33.3	34.2	35.1	36.1	37.1	38.2	39.4	40.6	41.9	43.3	44.8	46.4	48.2	50.0	52.0	54.2	13
14	34.2	35.0	35.9	36.8	37.8	38.9	40.0	41.2	42.4	43.8	45.2	46.7	48.3	50.0	51.8	53.8	56.0	58.3	14
15	36.6	37.5	38.5	39.5	40.5	41.7	42.9	44.1	45.4	46.9	48.4	50.0	51.7	53.6	55.6	57.7	60.0	62.5	15
16	39.0	40.0	41.0	42.1	43.2	44.4	45.7	47.1	48.5	50.0	51.6	53.3	55.2	57.1	59.3	61.5	64.0	66.7	16
17	41.5	42.5	43.6	44.7	46.0	47.2	48.6	50.0	51.5	53.1	54.8	56.7	58.6	60.7	63.0	65.4	68.0	70.8	17
18	43.9	45.0	46.2	47.4	48.6	50.0	51.4	52.9	54.6	56.2	58.1	60.0	62.1	64.3	66.7	69.2	72.0	75.0	18
19	46.3	47.5	48.7	50.0	51.4	52.8	54.3	55.9	57.6	59.4	61.3	63.3	65.5	67.9	70.4	73.1	76.0	79.2	19
20	48.8	50.0	51.3	52.6	54.0	55.6	57.1	58.8	60.9	62.5	64.5	66.7	69.0	71.4	74.1	76.9	80.0	83.3	20
21	51.2	52.5	53.8	55.3	56.8	58.3	60.0	61.8	63.6	65.6	67.7	70.0	72.4	75.0	77.8	80.8	84.0	87.5	21
22	53.7	55.0	56.4	57.9	59.5	61.1	62.9	64.7	66.7	68.8	71.0	73.3	75.9	78.6	81.5	84.6	88.0	91.7	22
23	56.1	57.5	59.0	60.5	62.2	63.9	65.7	67.6	69.7	71.9	74.2	76.7	79.3	82.1	85.2	88.5	92.0	95.8	23

续上表

n / m	40	39	38	37	36	35	34	33	32	31	30	29	28	27	26	25	24	23	n / m
24	58.5	60.0	61.5	63.2	64.9	66.7	68.6	70.6	72.7	75.0	77.4	80.0	82.8	85.7	88.9	92.3	96.0		
25	61.0	62.5	64.1	65.8	67.6	69.4	71.4	73.5	75.8	78.1	80.6	83.3	86.2	89.3	92.6	96.2		4.4	1
26	63.4	65.0	66.7	68.4	70.3	72.2	74.3	76.5	78.8	81.2	83.9	86.7	89.7	92.9	96.3		4.6	8.7	2
27	65.8	67.5	69.2	71.0	73.0	75.0	77.1	79.4	81.8	84.4	87.1	90.0	93.1	96.4		4.8	9.0	13.0	3
28	68.3	70.0	71.8	73.7	75.7	77.8	80.0	82.4	84.8	87.5	90.3	93.3	96.6		5.0	9.5	13.6	17.4	4
29	70.7	72.5	74.4	76.3	78.4	82.6	82.9	86.3	87.9	90.6	93.6	96.7		5.3	10.0	14.3	18.2	21.7	5
30	73.2	75.0	76.9	79.0	81.1	83.3	85.7	88.2	90.9	93.8	96.8		5.6	10.5	15.0	19.0	22.7	26.4	6
31	75.6	77.5	79.5	81.6	83.8	86.1	88.6	91.2	93.9	96.9		5.9	11.1	15.8	20.0	23.8	27.3	30.4	7
32	78.0	80.0	82.0	84.2	86.5	88.9	91.4	94.1	97.0		6.2	11.8	16.7	21.0	25.0	28.6	31.8	34.8	8
33	80.5	82.5	84.6	86.6	89.2	91.7	94.3	97.1		6.7	12.5	17.6	22.2	26.3	30.0	33.3	36.4	39.1	9
34	82.9	85.0	87.2	89.5	91.9	94.4	97.1		7.1	13.3	18.8	23.5	27.8	31.6	35.0	38.1	40.9	43.5	10
35	85.4	87.5	87.7	92.1	94.6	97.2		7.7	14.3	20.0	25.0	29.4	33.3	36.8	40.0	42.9	45.4	47.8	11
36	87.8	90.0	92.3	94.7	97.3		8.3	15.4	21.4	26.7	31.2	35.3	38.9	42.1	45.0	47.6	50.0	52.2	12
37	90.2	92.5	94.9	97.4		9.1	16.7	23.1	28.6	33.3	37.5	41.2	44.4	47.4	50.0	52.4	54.6	56.5	13
38	92.7	95.0	97.4		10	18.2	25.0	30.8	35.7	40.0	43.8	47.1	50.0	52.6	55.0	57.1	59.1	60.9	14
39	95.1	97.5		11.1	20	27.3	33.3	38.5	42.9	46.7	50.0	52.9	55.6	57.9	60.0	61.9	63.6	65.2	15
40	97.6		12.5	22.2	30	36.4	41.7	46.2	50.0	53.3	56.2	58.8	61.1	63.2	65.0	66.7	68.2	69.6	16
		14.3	25.0	33.3	40	45.4	50.0	53.8	57.1	60.0	62.5	64.7	66.7	68.4	70.0	71.4	72.7	73.9	17
1	16.7	28.6	37.5	44.4	50	54.6	58.3	61.5	64.3	66.7	68.8	70.6	72.2	73.7	75.0	76.2	77.3	78.3	18
2	33.7	42.9	50.0	55.6	60	63.6	66.7	69.2	71.4	73.3	75.0	76.5	77.8	79.0	80.0	81.0	81.8	82.6	19
3	50.0	57.1	62.5	66.7	70	72.7	75.0	76.9	78.6	80.0	81.2	82.4	83.3	84.2	85.0	85.7	86.4	87.0	20
4	66.7	71.4	75.0	77.8	80	81.8	83.3	84.6	85.7	86.7	87.5	88.2	88.9	89.5	90.0	90.5	90.9	91.3	21
5	83.3	85.7	87.5	88.9	90	90.9	91.7	92.3	92.9	93.3	93.8	94.1	94.4	94.7	95.0	95.2	95.4	95.6	22

皮尔逊 III 型累积频率曲线的

C_s \ P(%)	0.001	0.01	0.1	0.2	0.333	0.5	1	2	3	5	10	20	25	30
0.0	4.26	3.72	3.09	2.88	2.71	2.58	2.33	2.05	1.88	1.64	1.28	0.84	0.67	0.52
0.1	4.56	3.94	3.23	3.00	2.82	2.67	2.40	2.11	1.92	1.67	1.29	0.84	0.66	0.51
0.2	4.86	4.16	3.38	3.12	2.92	2.76	2.47	2.16	1.96	1.70	1.30	0.83	0.65	0.50
0.3	5.16	4.38	3.52	3.24	3.03	2.86	2.54	2.21	2.00	1.73	1.31	0.82	0.64	0.48
0.4	5.47	4.61	3.67	3.36	3.14	2.95	2.62	2.26	2.04	1.75	1.32	0.82	0.63	0.47
0.5	5.78	4.83	3.81	3.48	3.25	3.04	2.68	2.31	2.08	1.77	1.32	0.81	0.62	0.46
0.6	6.09	5.05	3.96	3.60	3.35	3.13	2.75	2.35	2.12	1.80	1.33	0.80	0.61	0.44
0.7	6.40	5.28	4.10	3.72	3.45	3.22	2.82	2.40	2.15	1.82	1.33	0.79	0.59	0.43
0.8	6.71	5.50	4.24	3.85	3.55	3.31	2.89	2.45	2.18	1.84	1.34	0.78	0.58	0.41
0.9	7.02	5.73	4.39	3.97	3.65	3.40	2.96	2.50	2.22	1.86	1.34	0.77	0.57	0.40
1.0	7.33	5.96	4.53	4.09	3.76	3.49	3.02	2.54	2.25	1.88	1.34	0.76	0.55	0.38
1.1	7.65	6.18	4.67	4.20	3.86	3.58	3.09	2.58	2.28	1.89	1.34	0.74	0.54	0.36
1.2	7.97	6.41	4.81	4.32	3.95	3.66	3.15	2.62	2.31	1.91	1.34	0.73	0.52	0.35
1.3	8.29	6.64	4.95	4.44	4.05	3.74	3.21	2.67	2.34	1.92	1.34	0.72	0.51	0.33
1.4	8.61	6.87	5.09	4.56	4.15	3.83	3.27	2.71	2.37	1.94	1.33	0.71	0.49	0.31
1.5	8.93	7.09	5.23	4.68	4.24	3.91	3.33	2.74	2.39	1.95	1.33	0.69	0.47	0.30
1.6	9.25	7.31	5.37	4.80	4.34	3.99	3.39	2.78	2.42	1.96	1.33	0.68	0.46	0.28
1.7	9.57	7.54	5.50	4.91	4.43	4.07	3.44	2.82	2.44	1.97	1.32	0.66	0.44	0.26
1.8	9.89	7.76	5.64	5.01	4.52	4.15	3.50	2.85	2.46	1.98	1.32	0.64	0.42	0.24
1.9	10.20	7.98	5.77	5.12	4.61	4.23	3.55	2.88	2.49	1.99	1.31	0.63	0.40	0.22
2.0	10.51	8.21	5.91	5.22	4.70	4.30	3.61	2.91	2.51	2.00	1.30	0.61	0.39	0.20
2.1	10.83	8.43	6.04	5.33	4.79	4.37	3.66	2.93	2.53	2.00	1.29	0.59	0.37	0.19
2.2	11.14	8.65	6.17	5.43	4.88	4.44	3.71	2.96	2.55	2.00	1.28	0.57	0.35	0.17
2.3	11.45	8.87	6.30	5.53	4.97	4.51	3.76	2.99	2.56	2.00	1.27	0.55	0.33	0.15
2.4	11.76	9.08	6.42	5.63	5.05	4.58	3.81	3.02	2.57	2.01	1.26	0.54	0.31	0.13
2.5	12.07	9.30	6.55	5.73	5.13	4.65	3.85	3.04	2.59	2.01	1.25	0.52	0.29	0.11
2.6	12.38	9.51	6.67	5.82	5.20	4.72	3.89	3.06	2.60	2.01	1.23	0.50	0.27	0.09
2.7	12.69	9.72	6.79	5.92	5.28	4.78	3.93	3.09	2.61	2.01	1.22	0.48	0.25	0.08
2.8	13.00	9.93	6.91	6.01	5.36	4.84	3.97	3.11	2.62	2.01	1.21	0.46	0.23	0.06
2.9	13.31	10.14	7.03	6.10	5.44	4.90	4.01	3.13	2.63	2.01	1.20	0.44	0.21	0.04
3.0	13.61	10.35	7.15	6.20	5.51	4.96	4.05	3.15	2.64	2.00	1.18	0.42	0.19	0.03
3.1	13.92	10.56	7.26	6.30	5.59	5.02	4.08	3.17	2.64	2.00	1.16	0.40	0.17	0.01
3.2	14.22	10.77	7.38	6.39	5.66	5.08	4.12	3.19	2.65	2.00	1.14	0.38	0.15	-0.01
3.3	14.52	10.97	7.49	6.48	5.74	5.14	4.15	3.21	2.65	1.99	1.12	0.36	0.14	-0.02
3.4	14.81	11.17	7.60	6.50	5.80	5.20	4.18	3.22	2.65	1.98	1.11	0.34	0.12	-0.04

离均系数 Φ_P 值表

附表 2

40	50	60	70	75	80	85	90	95	97	99	99.9	100	P(%) / C_s
−0.25	0.00	−0.25	−0.52	−0.67	−0.84	−1.04	−1.28	−1.64	−1.88	−2.33	−3.09	−∞	0.0
−0.24	−0.02	−0.27	−0.53	−0.68	−0.85	−1.04	−1.27	−1.62	−1.84	−2.25	−2.95	−20.0	0.1
−0.22	−0.03	−0.28	−0.55	−0.69	−0.85	−1.03	−1.26	−1.59	−1.79	−2.18	−2.81	−10.0	0.2
−0.20	−0.05	−0.30	−0.56	−0.70	−0.85	−1.03	−1.24	−1.55	−1.75	−2.10	−2.67	−6.67	0.3
−0.19	−0.07	−0.31	−0.57	−0.71	−0.85	−1.03	−1.23	−1.52	−1.70	−2.03	−2.54	−5.00	0.4
−0.17	−0.08	−0.33	−0.58	−0.71	−0.85	−1.02	−1.22	−1.49	−1.66	−1.96	−2.40	−4.00	0.5
−0.16	−0.10	−0.34	−0.59	−0.72	−0.85	−1.02	−1.20	−1.45	−1.61	−1.88	−2.27	−3.33	0.6
−0.14	−0.12	−0.36	−0.60	−0.72	−0.85	−1.01	−1.18	−1.42	−1.57	−1.81	−2.14	−2.86	0.7
−0.12	−0.13	−0.37	−0.60	−0.73	−0.85	−1.00	−1.17	−1.38	−1.52	−1.74	−2.02	−2.50	0.8
−0.11	−0.15	−0.38	−0.61	−0.73	−0.85	−0.99	−1.15	−1.35	−1.47	−1.66	−1.90	−2.22	0.9
−0.09	−0.16	−0.39	−0.62	−0.73	−0.85	−0.98	−1.13	−1.32	−1.42	−1.59	−1.79	−2.00	1.0
−0.07	−0.18	−0.41	−0.62	−0.74	−0.85	−0.97	−1.10	−1.28	−1.38	−1.52	−1.68	−1.82	1.1
−0.05	−0.19	−0.42	−0.63	−0.74	−0.84	−0.96	−1.08	−1.24	−1.33	−1.45	−1.58	−1.67	1.2
−0.04	−0.21	−0.43	−0.63	−0.74	−0.84	−0.95	−1.06	−1.20	−1.28	−1.38	−1.48	−1.54	1.3
−0.02	−0.22	−0.44	−0.64	−0.73	−0.83	−0.93	−1.04	−1.17	−1.23	−1.32	−1.39	−1.43	1.4
−0.00	−0.24	−0.45	−0.64	−0.73	−0.82	−0.92	−1.02	−1.13	−1.19	−1.26	−1.31	−1.33	1.5
−0.02	−0.25	−0.46	−0.64	−0.73	−0.81	−0.90	−0.99	−1.10	−1.14	−1.20	−1.24	−1.25	1.6
−0.03	−0.27	−0.47	−0.64	−0.72	−0.81	−0.89	−0.97	−1.06	−1.10	−1.14	−1.17	−1.18	1.7
−0.05	−0.28	−0.48	−0.64	−0.72	−0.80	−0.87	−0.94	−1.02	−1.06	−1.09	−1.11	−1.11	1.8
−0.07	−0.29	−0.48	−0.64	−0.72	−0.79	−0.85	−0.92	−0.98	−1.01	−1.04	−1.05	−1.05	1.9
−0.08	−0.31	−0.49	−0.64	−0.71	−0.78	−0.84	−0.895	−0.949	−0.970	−0.989	−0.999	−1.000	2.0
−0.10	−0.32	−0.49	−0.64	−0.71	−0.76	−0.82	−0.869	−0.914	−0.935	−0.945	−0.952	−0.952	2.1
−0.11	−0.33	−0.50	−0.64	−0.70	−0.75	−0.80	−0.844	−0.879	−0.900	−0.905	−0.909	−0.909	2.2
−0.13	−0.34	−0.50	−0.64	−0.69	−0.74	−0.78	−0.820	−0.849	−0.865	−0.867	−0.870	−0.870	2.3
−0.15	−0.35	−0.51	−0.63	−0.68	−0.72	−0.77	−0.795	−0.820	−0.830	−0.831	−0.833	−0.833	2.4
−0.16	−0.36	−0.51	−0.63	−0.67	−0.71	−0.75	−0.772	−0.791	−0.800	−0.800	−0.800	−0.800	2.5
−0.17	−0.37	−0.51	−0.62	−0.66	−0.70	−0.73	−0.748	−0.764	−0.769	−0.769	−0.769	−0.769	2.6
−0.18	−0.37	−0.51	−0.61	−0.65	−0.68	−0.71	−0.726	−0.736	−0.740	−0.740	−0.741	−0.741	2.7
−0.20	−0.38	−0.51	−0.61	−0.64	−0.67	−0.69	−0.702	−0.710	−0.714	−0.714	−0.714	−0.714	2.8
−0.21	−0.39	−0.51	−0.60	−0.63	−0.66	−0.67	−0.680	−0.687	−0.690	−0.690	−0.690	−0.690	2.9
−0.23	−0.39	−0.51	−0.59	−0.62	−0.64	−0.65	−0.658	−0.665	−0.667	−0.667	−0.667	−0.667	3.0
−0.24	−0.40	−0.51	−0.58	−0.60	−0.62	−0.63	−0.639	−0.644	−0.645	−0.645	−0.645	−0.645	3.1
−0.25	−0.40	−0.51	−0.57	−0.59	−0.61	−0.62	−0.621	−0.625	−0.625	−0.625	−0.625	−0.625	3.2
−0.26	−0.40	−0.50	−0.56	−0.58	−0.59	−0.60	−0.604	−0.606	−0.606	−0.606	−0.606	−0.606	3.3
−0.27	−0.41	−0.50	−0.55	−0.57	−0.58	−0.58	−0.587	−0.588	−0.588	−0.588	−0.588	−0.588	3.4

C_s \ P(%)	0.001	0.01	0.1	0.2	0.333	0.5	1	2	3	5	10	20	25	30
3.5	15.11	11.37	7.72	6.65	5.86	5.25	4.22	3.23	2.65	1.97	1.09	0.32	0.10	-0.06
3.6	15.41	11.57	7.83	6.73	5.93	5.30	4.25	3.24	2.66	1.96	1.08	0.30	0.09	-0.07
3.7	15.70	11.77	7.94	6.81	5.99	5.35	4.28	3.25	2.66	1.95	1.06	0.28	0.07	-0.09
3.8	16.00	11.97	8.05	6.89	6.05	5.40	4.31	3.26	2.66	1.94	1.04	0.26	0.06	-0.10
3.9	16.29	12.16	8.15	6.97	6.11	5.45	4.34	3.27	2.66	1.93	1.02	0.24	0.01	-0.11
4.0	16.58	12.36	8.25	7.05	6.18	5.50	4.37	3.27	2.66	1.92	1.00	0.23	0.02	-0.13
4.1	16.87	12.55	8.35	7.13	6.24	5.54	4.39	3.28	2.66	1.91	0.98	0.21	0.00	-0.14
4.2	17.16	12.74	8.45	7.21	6.30	5.59	4.41	3.29	2.65	1.90	0.96	0.19	-0.02	-0.15
4.3	17.44	12.93	8.55	7.29	6.36	5.63	4.44	3.29	2.65	1.88	0.94	0.17	-0.03	-0.16
4.4	17.72	13.12	8.65	7.36	6.41	5.68	4.46	3.30	2.65	1.87	0.92	0.16	-0.04	-0.17
4.5	18.01	13.30	8.75	7.43	6.46	5.72	4.48	3.30	2.64	1.85	0.90	0.14	-0.05	-0.18
4.6	18.29	13.49	8.85	7.50	6.52	5.76	4.50	3.30	2.63	1.84	0.88	0.13	-0.06	-0.18
4.7	18.57	13.67	8.95	7.56	6.57	5.80	4.52	3.30	2.62	1.82	0.86	0.11	-0.07	-0.19
4.8	18.85	13.85	9.04	7.63	6.63	5.84	4.54	3.30	2.61	1.80	0.84	0.09	-0.08	-0.20
4.9	19.13	14.04	9.13	7.70	6.68	5.88	4.55	3.30	2.60	1.78	0.82	0.08	-0.10	-0.21
5.0	19.41	14.22	9.22	7.77	6.73	5.92	4.57	3.30	2.60	1.77	0.80	0.06	-0.11	-0.22
5.1	19.68	14.40	9.31	7.84	6.78	5.95	4.58	3.30	2.59	1.75	0.78	0.05	-0.12	-0.22
5.2	19.95	14.57	9.40	7.90	6.83	5.99	4.59	3.30	2.58	1.73	0.76	0.03	-0.13	
5.3	20.22	14.75	9.49	7.96	6.87	6.02	4.60	3.30	2.57	1.72	0.74	0.02	-0.14	-0.22
5.4	20.46	14.92	9.57	8.02	6.91	6.05	4.62	3.29	2.56	1.70	0.72	0.00	-0.14	-0.23
5.5	20.76	15.10	9.66	8.08	6.96	6.08	4.63	3.28	2.55	1.68	0.70	-0.01	-0.15	-0.23
5.6	21.03	15.27	9.74	8.14	7.00	6.11	4.64	3.28	2.53	1.66	0.67	-0.03	-0.16	-0.24
5.7	21.31	15.45	9.82	3.21	7.04	6.14	4.65	3.27	2.52	1.65	0.65	-0.04	-0.17	-0.24
5.8	21.58	15.62	9.91	8.27	7.08	6.17	4.67	3.27	2.51	1.63	0.63	-0.05	-0.18	-0.25
5.9	21.84	15.78	9.99	8.32	7.12	6.20	4.68	3.26	2.49	1.61	0.61	-0.06	-0.18	-0.25
6.0	22.10	15.94	10.07	8.38	7.15	6.23	4.68	3.25	2.48	1.59	0.59	-0.07	-0.19	-0.25
6.1	22.37	16.11	10.15	8.43	7.19	6.26	4.69	3.24	2.46	1.57	0.57	-0.08	-0.19	-0.26
6.2	22.63	16.28	10.22	8.49	7.23	6.28	4.70	3.23	2.45	1.55	0.55	-0.09	-0.20	-0.26
6.3	22.89	16.45	10.30	8.54	7.26	6.30	4.70	3.22	2.43	1.53	0.53	-0.10	-0.20	-0.26
6.4	23.15	16.61	10.38	8.60	7.30	6.32	4.71	3.21	2.41	1.51	0.51	-0.11	-0.21	-0.26

续上表

40	50	60	70	75	80	85	90	95	97	99	99.9	100	P(%) / C_s
-0.28	-0.41	-0.50	-0.54	-0.55	-0.56	-0.56	-0.570	-0.571	-0.571	-0.571	-0.571	-0.571	3.5
-0.29	-0.41	-0.49	-0.53	-0.54	-0.55	-0.552	-0.556	-0.556	-0.556	-0.556	-0.556	-0.556	3.6
-0.29	-0.42	-0.48	-0.52	-0.53	-0.535	-0.537	-0.540	-0.541	-0.541	-0.541	-0.541	-0.541	3.7
-0.30	-0.42	-0.48	-0.51	-0.52	-0.522	-0.524	-0.526	-0.526	-0.526	-0.526	-0.526	-0.526	3.8
-0.30	-0.41	-0.47	-0.50	-0.506	-0.510	-0.511	-0.512	-0.513	-0.513	-0.513	-0.513	-0.513	3.9
-0.31	-0.41	-0.46	-0.49	-0.495	-0.498	-0.499	-0.500	-0.500	-0.500	-0.500	-0.500	-0.500	4.0
-0.32	-0.41	-0.46	-0.48	-0.484	-0.486	-0.487	-0.488	-0.488	-0.488	-0.488	-0.488	-0.488	4.1
-0.32	-0.41	-0.45	-0.47	-0.473	-0.475	-0.475	-0.476	-0.476	-0.476	-0.476	-0.476	-0.476	4.2
-0.33	-0.41	-0.44	-0.46	-0.462	-0.464	-0.464	-0.465	-0.465	-0.465	-0.465	-0.465	-0.465	4.3
-0.33	-0.40	-0.44	-0.45	-0.453	-0.454	-0.454	-0.455	-0.455	-0.455	-0.455	-0.455	-0.455	4.4
-0.33	-0.40	-0.43	-0.44	-0.444	-0.444	-0.444	-0.444	-0.444	-0.444	-0.444	-0.444	-0.444	4.5
-0.33	-0.40	-0.42	-0.43	-0.435	-0.435	-0.435	-0.435	-0.435	-0.435	-0.435	-0.435	-0.435	4.6
-0.33	-0.39	-0.42	-0.42	-0.426	-0.426	-0.426	-0.426	-0.426	-0.426	-0.426	-0.426	-0.426	4.7
-0.33	-0.39	-0.41	-0.41	-0.417	-0.417	-0.417	-0.417	-0.417	-0.417	-0.417	-0.417	-0.417	4.8
-0.33	-0.38	-0.40	-0.40	-0.408	-0.408	-0.408	-0.408	-0.408	-0.408	-0.408	-0.408	-0.408	4.9
-0.33	-0.379	-0.395	-0.399	-0.400	-0.400	-0.400	-0.400	-0.400	-0.400	-0.400	-0.400	-0.400	5.0
-0.32	-0.374	-0.387	-0.391	-0.392	-0.392	-0.392	-0.392	-0.392	-0.392	-0.392	-0.392	-0.392	5.1
-0.32	-0.369	-0.380	-0.384	-0.385	-0.385	-0.385	-0.385	-0.385	-0.385	-0.385	-0.385	-0.385	5.2
-0.32	-0.363	-0.373	-0.376	-0.377	-0.377	-0.377	-0.377	-0.377	-0.377	-0.377	-0.377	-0.377	5.3
-0.32	-0.358	-0.366	-0.369	-0.370	-0.370	-0.370	-0.370	-0.370	-0.370	-0.370	-0.370	-0.370	5.4
-0.32	-0.353	-0.360	-0.363	-0.364	-0.364	-0.364	-0.364	-0.364	-0.364	-0.364	-0.364	-0.364	5.5
-0.32	-0.349	-0.355	-0.356	-0.357	-0.357	-0.357	-0.357	-0.357	-0.357	-0.357	-0.357	-0.357	5.6
-0.32	-0.344	-0.349	-0.350	-0.351	-0.351	-0.351	-0.351	-0.351	-0.351	-0.351	-0.351	-0.351	5.7
-0.32	-0.339	-0.344	-0.345	-0.345	-0.345	-0.345	-0.345	-0.345	-0.345	-0.345	-0.345	-0.345	5.8
-0.31	-0.334	-0.338	-0.339	-0.339	-0.339	-0.339	-0.339	-0.339	-0.339	-0.339	-0.339	-0.339	5.9
-0.31	-0.329	-0.333	-0.333	-0.333	-0.333	-0.333	-0.333	-0.333	-0.333	-0.333	-0.333	-0.333	6.0
-0.31	-0.325	-0.328	-0.328	-0.328	-0.328	-0.328	-0.328	-0.328	-0.328	-0.328	-0.328	-0.328	6.1
-0.30	-0.320	-0.322	-0.323	-0.323	-0.323	-0.323	-0.323	-0.323	-0.323	-0.323	-0.323	-0.323	6.2
-0.30	-0.315	-0.317	-0.317	-0.317	-0.317	-0.317	-0.317	-0.317	-0.317	-0.317	-0.317	-0.317	6.3
-0.30	-0.311	-0.312	-0.313	-0.313	-0.313	-0.313	-0.313	-0.313	-0.313	-0.313	-0.313	-0.313	6.4

附表3

皮尔逊 III 型累积频率曲线的模比系数 k_P 值表

C_v \ P(%)	0.01	0.1	0.2	0.33	0.5	1	2	5	10	20	50	75	90	95	99
(一) $C_s = C_v$															
0.05	1.19	1.16	1.15	1.14	1.13	1.12	1.11	1.00	1.07	1.04	1.00	0.97	0.94	0.92	0.89
0.10	1.39	1.32	1.30	1.28	1.27	1.24	1.21	1.17	1.13	1.08	1.00	0.93	0.87	0.84	0.78
0.15	1.61	1.50	1.46	1.43	1.41	1.37	1.32	1.26	1.20	1.13	1.00	0.90	0.81	0.77	0.67
0.20	1.83	1.68	1.62	1.58	1.55	1.49	1.43	1.34	1.26	1.17	0.99	0.86	0.75	0.68	0.56
0.25	2.07	1.86	1.80	1.74	1.70	1.63	1.55	1.43	1.33	1.21	0.99	0.83	0.69	0.61	0.47
0.30	2.31	2.06	1.97	1.91	1.86	1.76	1.66	1.52	1.39	1.25	0.98	0.79	0.63	0.54	0.37
0.35	2.57	2.26	2.16	2.08	2.02	1.91	1.78	1.61	1.46	1.29	0.98	0.76	0.57	0.47	0.28
0.40	2.84	2.47	2.34	2.26	2.18	2.05	1.90	1.70	1.53	1.33	0.97	0.72	0.51	0.39	0.19
0.45	3.13	2.69	2.54	2.44	2.35	2.19	2.03	1.79	1.60	1.37	0.97	0.69	0.45	0.33	0.10
0.50	3.42	2.91	2.74	2.63	2.52	2.34	2.16	1.89	1.66	1.40	0.96	0.65	0.39	0.26	0.02
0.55	3.72	3.14	2.95	2.82	2.70	2.49	2.29	1.98	1.73	1.44	0.95	0.61	0.34	0.20	−0.06
0.60	4.03	3.38	3.16	3.01	2.88	2.65	2.41	2.08	1.80	1.48	0.94	0.57	0.28	0.13	−0.13
0.65	4.36	3.62	3.38	3.21	3.07	2.81	2.55	2.18	1.87	1.52	0.93	0.53	0.23	0.07	−0.20
0.70	4.70	3.87	3.60	3.42	3.25	2.97	2.68	2.27	1.93	1.55	0.92	0.50	0.17	0.01	−0.27
0.75	5.05	4.13	3.84	3.63	3.45	3.14	2.82	2.37	2.00	1.59	0.91	0.46	0.12	−0.05	−0.33
0.80	5.40	4.39	4.08	3.84	3.65	3.31	2.96	2.47	2.07	1.62	0.90	0.42	0.06	−0.10	−0.39
0.85	5.78	4.67	4.33	4.07	3.86	3.49	3.11	2.57	2.14	1.66	0.88	0.37	0.01	−0.16	−0.44
0.90	6.16	4.95	4.57	4.29	4.06	3.66	3.25	2.67	2.21	1.69	0.86	0.34	−0.04	−0.22	−0.49
0.95	6.56	5.24	4.83	4.53	4.28	3.84	3.40	2.78	2.28	1.73	0.85	0.31	−0.09	−0.27	−0.55
1.00	6.96	5.53	5.09	4.76	4.49	4.02	3.54	2.86	2.34	1.76	0.84	0.27	−0.13	−0.32	−0.59
1.05	7.38	5.83	5.35	5.01	4.72	4.21	3.69	2.98	2.41	1.78	0.82	0.22	−0.17	−0.37	−0.63
1.10	7.80	6.14	5.62	5.25	4.94	4.40	3.84	3.08	2.47	1.81	0.80	0.19	−0.21	−0.41	−0.67
1.15	8.24	6.45	5.90	5.50	5.17	4.59	3.99	3.19	2.54	1.85	0.79	0.14	−0.26	−0.45	−0.71
1.20	8.69	6.77	6.18	5.74	5.39	4.78	4.14	3.29	2.61	1.88	0.77	0.11	−0.30	−0.49	−0.74
1.25	9.16	7.10	6.48	6.01	5.63	4.98	4.31	3.40	2.68	1.91	0.75	0.07	−0.34	−0.53	−0.77
1.30	9.63	7.44	6.77	6.27	5.86	5.17	4.47	3.50	2.74	1.94	0.73	0.04	−0.38	−0.56	−0.79
1.35	10.12	7.78	7.08	6.54	6.11	5.38	4.63	3.61	2.81	1.97	0.71	0.01	−0.42	−0.60	−0.82
1.40	10.62	8.13	7.38	6.81	6.36	5.58	4.79	3.72	2.88	1.99	0.69	−0.02	−0.46	−0.64	−0.85
1.45	11.12	8.48	7.70	7.09	6.62	5.79	4.95	3.82	2.94	2.02	0.66	−0.06	−0.50	−0.67	−0.87
1.50	11.64	8.85	8.02	7.36	6.87	6.00	5.11	3.92	3.00	2.04	0.64	−0.10	−0.53	−0.70	−0.89

续上表

C_v \ P(%)	0.01	0.1	0.2	0.33	0.5	1	2	5	10	20	50	75	90	95	99
(二)$C_s=1.5C_v$															
0.05	1.19	1.16	1.15	1.14	1.13	1.12	1.10	1.08	1.06	1.04	1.00	0.97	0.94	0.92	0.89
0.10	1.40	1.33	1.31	1.29	1.27	1.24	1.21	1.17	1.13	1.08	1.00	0.93	0.87	0.84	0.78
0.15	1.63	1.51	1.47	1.44	1.42	1.37	1.32	1.26	1.19	1.12	1.00	0.90	0.81	0.77	0.68
0.20	1.88	1.70	1.65	1.60	1.57	1.51	1.44	1.35	1.26	1.16	1.00	0.86	0.75	0.69	0.58
0.25	2.14	1.91	1.83	1.78	1.73	1.65	1.56	1.44	1.33	1.20	0.99	0.83	0.69	0.62	0.49
0.30	2.42	2.12	2.03	1.96	1.90	1.80	1.68	1.53	1.40	1.25	0.98	0.79	0.63	0.55	0.40
0.35	2.71	2.35	2.23	2.15	2.07	1.95	1.81	1.62	1.46	1.28	0.97	0.75	0.58	0.49	0.33
0.40	3.02	2.58	2.44	2.34	2.25	2.10	1.94	1.72	1.53	1.32	0.96	0.71	0.52	0.42	0.25
0.45	3.35	2.83	2.66	2.54	2.44	2.26	2.07	1.82	1.60	1.35	0.95	0.68	0.47	0.36	0.18
0.50	3.70	3.08	2.89	2.75	2.64	2.43	2.21	1.92	1.67	1.39	0.94	0.64	0.41	0.30	0.11
0.55	4.06	3.35	3.13	2.97	2.84	2.60	2.35	2.02	1.73	1.42	0.93	0.60	0.36	0.25	0.06
0.60	4.44	3.63	3.38	3.19	3.04	2.78	2.50	2.12	1.80	1.46	0.91	0.56	0.31	0.19	0.00
0.65	4.84	3.92	3.64	3.42	3.25	2.95	2.64	2.22	1.87	1.49	0.90	0.52	0.27	0.14	−0.04
0.70	5.25	4.22	3.90	3.67	3.48	3.12	2.79	2.32	1.94	1.52	0.88	0.48	0.22	0.09	−0.08
0.75	5.68	4.53	4.17	3.91	3.70	3.32	2.87	2.42	2.00	1.55	0.87	0.45	0.18	0.05	−0.12
0.80	6.13	4.85	4.46	4.16	3.93	3.52	2.96	2.53	2.07	1.58	0.85	0.41	0.14	0.01	−0.16
0.85	6.60	5.18	4.75	4.42	4.16	3.72	3.19	2.63	2.19	1.61	0.83	0.37	0.10	−0.02	−0.19
0.90	7.09	5.52	5.05	4.69	4.40	3.92	3.42	2.74	2.21	1.65	0.80	0.33	0.06	−0.06	−0.22
0.95	7.58	5.87	5.37	4.96	4.50	4.12	3.58	2.84	2.27	1.67	0.78	0.30	0.02	−0.09	−0.24
1.00	8.09	6.23	5.68	5.24	4.91	4.33	3.74	2.95	2.33	1.69	0.76	0.27	−0.02	−0.13	−0.26
1.05	8.62	6.60	6.01	5.53	5.17	4.54	3.91	3.05	2.39	1.71	0.74	0.24	−0.05	−0.16	−0.27
1.10	9.16	6.98	6.34	5.82	5.43	4.76	4.08	3.16	2.45	1.74	0.71	0.21	−0.08	−0.19	−0.29
1.15	9.73	7.37	6.68	6.12	5.70	4.97	4.25	3.27	2.51	1.75	0.69	0.18	−0.10	−0.20	−0.30
1.20	10.31	7.77	7.01	6.42	5.98	5.20	4.42	3.38	2.58	1.77	0.66	0.14	−0.13	−0.22	−0.31
1.25	10.91	8.17	7.37	6.72	6.26	5.32	4.59	3.48	2.64	1.79	0.63	0.10	−0.15	−0.23	−0.31
1.30	11.52	8.59	7.72	7.05	6.54	5.65	4.76	3.59	2.70	1.81	0.61	0.07	−0.17	−0.25	−0.32
1.35	12.16	9.02	8.09	7.38	6.83	5.88	4.93	3.69	2.75	1.82	0.59	0.04	−0.19	−0.26	−0.32
1.40	12.80	9.46	8.46	7.70	7.12	6.12	5.10	3.80	2.81	1.83	0.55	0.01	−0.22	−0.28	−0.32
1.45	13.46	9.90	8.84	8.04	7.42	6.36	5.28	3.90	2.85	1.83	0.52	0.00	−0.23	−0.29	−0.33
1.50	14.14	10.36	9.22	8.39	7.72	6.60	5.47	4.00	2.90	1.84	0.49	−0.05	−0.25	−0.30	−0.33
(三)$C_s=2C_v$															
0.05	1.20	1.16	1.15	1.14	1.13	1.12	1.11	1.08	1.06	1.04	1.00	0.97	0.94	0.92	0.89
0.10	1.42	1.34	1.31	1.29	1.27	1.25	1.21	1.17	1.13	1.08	1.00	0.93	0.87	0.84	0.78
0.15	1.67	1.54	1.48	1.46	1.43	1.38	1.33	1.26	1.20	1.12	0.99	0.90	0.81	0.77	0.69
0.20	1.92	1.73	1.67	1.63	1.59	1.52	1.45	1.35	1.26	1.16	0.99	0.86	0.75	0.70	0.59
0.25	2.22	1.96	1.87	1.81	1.77	1.67	1.58	1.45	1.33	1.20	0.98	0.82	0.70	0.63	0.52

续上表

C_v \ P(%)	0.01	0.1	0.2	0.33	0.5	1	2	5	10	20	50	75	90	95	99
0.30	2.52	2.19	2.08	2.01	1.94	1.83	1.71	1.54	1.40	1.24	0.97	0.78	0.64	0.56	0.44
0.35	2.86	2.44	2.31	2.22	2.13	2.00	1.84	1.64	1.47	1.28	0.96	0.75	0.59	0.51	0.37
0.40	3.20	2.70	2.54	2.42	2.32	2.16	1.98	1.74	1.54	1.31	0.95	0.71	0.53	0.45	0.30
0.45	3.59	2.98	2.80	2.65	2.53	2.33	2.13	1.84	1.60	1.35	0.93	0.67	0.48	0.40	0.26
0.50	3.98	3.27	3.05	2.88	2.74	2.51	2.27	1.94	1.67	1.38	0.92	0.64	0.44	0.34	0.21
0.55	4.42	3.58	3.32	3.12	2.97	2.70	2.42	2.04	1.74	1.41	0.90	0.59	0.40	0.30	0.16
0.60	4.85	3.89	3.59	3.37	3.20	2.89	2.57	2.15	1.80	1.44	0.89	0.56	0.35	0.26	0.13
0.65	5.33	4.22	3.89	3.64	3.44	3.09	2.74	2.25	1.87	1.47	0.87	0.52	0.31	0.22	0.10
0.70	5.81	4.56	4.19	3.91	3.68	3.29	2.90	2.36	1.94	1.50	0.85	0.49	0.27	0.18	0.08
0.75	6.33	4.93	4.52	4.19	3.93	3.50	3.06	2.46	2.00	1.52	0.82	0.45	0.24	0.15	0.06
0.80	6.85	5.30	4.84	4.47	4.19	3.71	3.22	2.57	2.06	1.54	0.80	0.42	0.21	0.12	0.04
0.85	7.41	5.69	5.17	4.77	4.46	3.93	3.39	2.68	2.12	1.56	0.77	0.39	0.18	0.10	0.03
0.90	7.98	6.08	5.51	5.07	4.74	4.15	3.56	2.78	2.19	1.58	0.75	0.35	0.15	0.08	0.02
0.95	8.59	6.48	5.86	5.38	5.02	4.38	3.74	2.89	2.25	1.60	0.72	0.31	0.13	0.07	0.01
1.00	9.21	6.91	6.22	5.70	5.30	4.61	3.91	3.00	2.30	1.61	0.69	0.29	0.11	0.05	0.01
1.05	9.86	7.35	6.59	6.03	5.59	4.84	4.08	3.10	2.35	1.62	0.66	0.26	0.09	0.04	0.01
1.10	10.52	7.79	6.97	6.37	5.88	5.08	4.26	3.20	2.41	1.63	0.64	0.23	0.07	0.03	0.00
1.15	11.21	8.24	7.36	6.71	6.19	5.32	4.44	3.30	2.46	1.64	0.61	0.21	0.06	0.02	0.00
1.20	11.90	8.70	7.76	7.06	6.50	5.57	4.62	3.41	2.51	1.65	0.58	0.18	0.05	0.02	0.00
1.25	11.63	9.18	8.16	7.41	6.82	5.81	4.80	3.51	2.56	1.65	0.55	0.16	0.04	0.01	0.00
1.30	13.36	9.67	8.57	7.76	7.14	6.06	4.98	3.61	2.60	1.65	0.52	0.14	0.03	0.01	0.00
1.35	14.13	10.17	8.99	8.13	7.46	6.31	5.16	3.71	2.65	1.65	0.50	0.12	0.02	0.01	0.00
1.40	14.90	10.67	9.41	8.50	7.78	6.56	5.35	3.81	2.69	1.64	0.47	0.10	0.02	0.01	0.00
1.45	15.71	11.20	9.85	8.89	8.11	6.82	5.54	3.91	2.73	1.64	0.44	0.09	0.01	0.00	0.00
1.50	16.53	11.73	10.30	9.27	8.44	7.08	5.73	4.00	2.77	1.63	0.42	0.07	0.01	0.00	0.00

(四)$C_s=2.5C_v$

C_v \ P(%)	0.01	0.1	0.2	0.33	0.5	1	2	5	10	20	50	75	90	95	99
0.05	1.20	1.16	1.15	1.14	1.14	1.12	1.11	1.08	1.07	1.04	1.00	0.97	0.94	0.92	0.89
0.10	1.43	1.35	1.31	1.29	1.28	1.25	1.22	1.17	1.13	1.08	1.00	0.93	0.88	0.84	0.79
0.15	1.70	1.55	1.50	1.47	1.44	1.39	1.34	1.26	1.20	1.12	0.99	0.89	0.82	0.77	0.70
0.20	1.97	1.76	1.70	1.65	1.61	1.54	1.46	1.35	1.26	1.16	0.98	0.86	0.76	0.70	0.61
0.25	2.29	2.00	1.92	1.85	1.79	1.70	1.60	1.45	1.33	1.20	0.97	0.82	0.70	0.64	0.54
0.30	2.62	2.25	2.14	2.05	1.98	1.86	1.73	1.55	1.40	1.24	0.96	0.78	0.65	0.58	0.47
0.35	3.00	2.53	2.39	2.27	2.19	2.03	1.87	1.65	1.47	1.27	0.95	0.75	0.60	0.53	0.41
0.40	3.38	2.81	2.64	2.50	2.40	2.21	2.02	1.75	1.54	1.30	0.94	0.71	0.55	0.47	0.36
0.45	3.82	3.12	2.91	2.75	2.62	2.40	2.17	1.85	1.60	1.33	0.92	0.67	0.51	0.43	0.32
0.50	4.26	3.44	3.19	3.00	2.85	2.59	2.32	1.96	1.67	1.36	0.90	0.63	0.47	0.39	0.29
0.55	4.75	3.79	3.50	3.27	3.10	2.79	2.48	2.07	1.73	1.39	0.88	0.60	0.43	0.35	0.26
0.60	5.25	4.14	3.81	3.54	3.35	3.00	2.64	2.17	1.80	1.42	0.86	0.56	0.39	0.32	0.24
0.65	5.80	4.52	4.14	3.83	3.61	3.21	2.81	2.27	1.86	1.44	0.83	0.53	0.36	0.30	0.23
0.70	6.36	4.90	4.47	4.13	3.88	3.43	2.98	2.39	1.92	1.46	0.81	0.50	0.33	0.27	0.22
0.75	6.96	5.31	4.82	4.44	4.16	3.66	3.15	2.49	1.98	1.47	0.78	0.46	0.31	0.26	0.21

续上表

C_v \ P(%)	0.01	0.1	0.2	0.33	0.5	1	2	5	10	20	50	75	90	95	99
0.80	7.57	5.73	5.18	4.76	4.44	3.89	3.33	2.60	2.04	1.49	0.75	0.43	0.28	0.24	0.21
0.85	8.22	6.17	5.55	5.09	4.73	4.12	3.50	2.70	2.10	1.50	0.72	0.40	0.27	0.23	0.21
0.90	8.88	6.61	5.93	5.43	5.03	4.36	3.68	2.80	2.15	1.50	0.70	0.37	0.25	0.22	0.20
0.95	9.59	7.09	6.33	5.78	5.34	4.60	3.86	2.90	2.20	1.51	0.67	0.35	0.24	0.21	0.20
1.00	10.30	7.55	6.73	6.13	5.65	4.85	4.04	3.01	2.25	1.52	0.64	0.33	0.23	0.21	0.20
1.05	11.05	8.04	7.14	6.49	5.97	5.10	4.22	3.11	2.29	1.52	0.61	0.31	0.22	0.20	0.20
1.10	11.80	8.54	7.56	6.85	6.29	5.35	4.41	3.21	2.34	1.52	0.58	0.29	0.21	0.20	0.20
1.15	12.61	9.06	8.00	7.23	6.62	5.60	4.59	3.30	2.38	1.51	0.55	0.27	0.21	0.20	0.20
1.20	13.42	9.58	8.44	7.61	6.95	5.86	4.78	3.40	2.42	1.50	0.53	0.26	0.21	0.20	0.20
1.25	14.27	10.12	8.90	8.01	7.29	6.12	4.97	3.50	2.44	1.49	0.50	0.25	0.21	0.20	0.20
1.30	15.13	10.67	9.37	8.41	7.64	6.38	5.16	3.60	2.47	1.48	0.48	0.24	0.20	0.20	0.20
1.35	16.02	11.24	9.84	8.80	8.00	6.64	5.34	3.68	2.50	1.46	0.45	0.23	0.20	0.20	0.20
1.40	16.92	11.81	10.31	9.20	8.35	6.91	5.52	3.76	2.53	1.45	0.43	0.23	0.20	0.20	0.20
1.45	17.86	12.40	10.79	9.61	8.70	7.17	5.70	3.83	2.56	1.43	0.40	0.22	0.20	0.20	0.20
1.50	18.81	12.99	11.28	10.03	9.06	7.44	5.88	3.91	2.58	1.41	0.37	0.22	0.20	0.20	0.20
(五) $C_s=3C_v$															
0.05	1.20	1.17	1.15	1.14	1.14	1.12	1.11	1.08	1.07	1.04	1.00	0.97	0.94	0.92	0.89
0.10	1.44	1.35	1.32	1.30	1.29	1.25	1.22	1.17	1.13	1.08	0.99	0.93	0.88	0.85	0.79
0.15	1.71	1.56	1.51	1.48	1.45	1.40	1.35	1.26	1.20	1.12	0.99	0.89	0.82	0.78	0.70
0.20	2.02	1.79	1.72	1.67	1.63	1.55	1.47	1.35	1.27	1.16	0.98	0.86	0.76	0.71	0.62
0.25	2.35	2.05	1.95	1.88	1.82	1.72	1.61	1.46	1.34	1.20	0.97	0.82	9.71	0.65	0.56
0.30	2.72	2.32	2.19	2.10	2.02	1.89	1.75	1.56	1.40	1.23	0.96	0.78	0.66	0.60	0.50
0.35	3.12	2.61	2.46	2.33	2.24	2.07	1.90	1.66	1.47	1.26	0.94	0.74	0.61	0.55	0.46
0.40	3.56	2.92	2.73	2.58	2.46	2.26	2.05	1.76	1.54	1.28	0.92	0.70	0.57	0.50	0.42
0.45	4.04	3.26	3.03	2.85	2.70	2.46	2.21	1.87	1.60	1.32	0.90	0.67	0.53	0.47	0.39
0.50	4.55	3.62	3.34	3.12	2.96	2.67	2.37	1.98	1.67	1.35	0.88	0.64	0.49	0.44	0.37
0.55	5.09	3.99	3.66	3.42	3.21	2.88	2.54	2.08	1.73	1.36	0.86	0.60	0.46	0.41	0.36
0.60	5.66	4.38	4.01	3.71	3.49	3.10	2.71	2.19	1.79	1.38	0.83	0.57	0.44	0.39	0.35
0.65	6.26	4.81	4.36	4.03	3.77	3.33	3.88	2.29	1.85	1.40	0.80	0.53	0.41	0.37	0.34
0.70	6.90	5.23	4.73	4.35	4.06	3.56	3.05	2.40	1.90	1.41	0.78	0.50	0.39	0.36	0.34
0.75	7.57	5.68	5.12	4.69	4.36	3.80	3.24	2.50	1.96	1.42	0.76	0.48	0.38	0.35	0.34
0.80	8.26	6.14	5.50	5.04	4.66	4.05	3.42	2.61	2.01	1.43	0.72	0.46	0.36	0.34	0.34
0.85	9.00	6.62	5.92	5.40	4.98	4.29	3.59	2.71	2.06	1.43	0.69	0.44	0.35	0.34	0.34
0.90	9.75	7.11	6.33	5.75	5.30	4.54	3.78	2.81	2.10	1.43	0.67	0.42	0.35	0.34	0.33
0.95	10.54	7.62	6.76	6.13	5.62	4.80	3.96	2.91	2.14	1.43	0.64	0.39	0.34	0.34	0.33
1.00	11.35	8.15	7.20	6.51	5.96	5.05	4.15	3.00	2.18	1.42	0.61	0.38	0.34	0.34	0.33
1.05	12.20	8.68	7.66	6.90	6.31	5.32	4.34	3.10	2.21	1.41	0.58	0.37	0.34	0.33	0.33
1.10	13.07	9.24	8.13	7.31	6.65	5.57	4.50	3.19	2.23	1.40	0.56	0.36	0.34	0.33	0.33
1.15	13.96	9.81	8.59	7.70	7.00	5.83	4.70	3.26	2.26	1.38	0.54	0.35	0.34	0.33	0.33
1.20	14.88	10.40	9.08	8.12	7.36	6.10	4.89	3.35	2.30	1.36	0.51	0.35	0.33	0.33	0.33
1.25	15.84	11.00	9.57	8.53	7.72	6.36	5.07	3.43	2.31	1.34	0.49	0.35	0.33	0.33	0.33
1.30	16.81	11.60	10.06	8.94	8.09	6.64	5.25	3.51	2.33	1.31	0.47	0.34	0.33	0.33	0.33
1.35	17.80	12.21	10.57	9.38	8.45	6.91	5.42	3.59	2.34	1.30	0.45	0.34	0.33	0.33	0.33
1.40	18.84	12.83	11.09	9.82	8.88	7.17	5.61	3.66	2.34	1.27	0.43	0.34	0.33	0.33	0.33
1.45	19.88	13.47	11.62	10.26	9.20	7.45	5.77	3.72	2.35	1.23	0.42	0.34	0.33	0.33	0.33
1.50	20.95	14.13	12.15	10.69	9.58	7.72	5.95	3.78	2.35	1.21	0.40	0.33	0.33	0.33	0.33

续上表

C_v \ P(%)	0.01	0.1	0.2	0.33	0.5	1	2	5	10	20	50	75	90	95	99
(六)$C_s=3.5C_v$															
0.05	1.20	1.17	1.16	1.15	1.14	1.12	1.11	1.09	1.07	1.04	1.00	0.97	0.94	0.92	0.89
0.10	1.45	1.36	1.33	1.31	1.29	1.26	1.22	1.17	1.13	1.08	0.99	0.93	0.88	0.85	0.79
0.15	1.73	1.58	1.52	1.49	1.46	1.41	1.35	1.27	1.20	1.12	0.99	0.89	0.82	0.78	0.71
0.20	2.06	1.82	1.74	1.69	1.64	1.56	1.48	1.36	1.27	1.16	0.98	0.86	0.76	0.72	0.64
0.25	2.42	2.09	1.99	1.91	1.85	1.74	1.62	1.46	1.34	1.19	0.96	0.82	0.71	0.66	0.58
0.30	2.82	2.38	2.24	2.14	2.06	1.92	1.77	1.57	1.40	1.22	0.95	0.78	0.67	0.61	0.53
0.35	3.26	2.70	2.52	2.39	2.29	2.11	1.92	1.67	1.47	1.26	0.93	0.74	0.62	0.57	0.50
0.40	3.75	3.04	2.82	2.66	2.53	2.31	2.08	1.78	1.53	1.28	0.91	0.71	0.58	0.53	0.47
0.45	4.27	3.40	3.14	2.94	2.79	2.52	2.25	1.88	1.60	1.31	0.89	0.67	0.55	0.50	0.45
0.50	4.82	3.78	3.48	3.24	3.06	2.74	2.42	1.99	1.66	1.33	0.86	0.64	0.52	0.48	0.44
0.55	5.41	4.20	3.83	3.55	3.34	2.96	2.58	2.10	1.72	1.34	0.84	0.60	0.50	0.46	0.44
0.60	6.06	4.62	4.20	3.87	3.62	3.20	2.76	2.20	1.77	1.35	0.81	0.57	0.48	0.45	0.43
0.65	6.73	5.08	4.58	4.22	3.92	3.44	2.94	2.30	1.83	1.36	0.78	0.55	0.46	0.44	0.43
0.70	7.43	5.54	4.98	4.56	4.23	3.68	3.12	2.41	1.88	1.37	0.75	0.53	0.45	0.44	0.43
0.75	8.16	6.02	5.38	4.92	4.55	3.92	3.30	2.51	1.92	1.38	0.72	0.50	0.44	0.43	0.43
0.80	8.94	6.53	5.81	5.29	4.87	4.18	3.49	2.61	1.97	1.37	0.70	0.49	0.44	0.43	0.43
0.85	9.75	7.05	6.25	5.67	5.20	4.43	3.67	2.70	2.00	1.36	0.67	0.47	0.44	0.43	0.43
0.90	10.60	7.59	6.71	6.06	5.54	4.69	3.86	2.80	2.04	1.35	0.64	0.46	0.43	0.43	0.43
0.95	11.46	8.15	7.18	6.47	5.89	4.95	4.05	2.89	2.06	1.34	0.61	0.45	0.43	0.43	0.43
1.00	12.37	8.72	7.65	6.86	6.25	5.22	4.23	2.97	2.09	1.32	0.59	0.45	0.43	0.43	0.43
1.05	13.31	9.31	8.13	7.27	6.60	5.49	4.41	3.05	2.11	1.29	0.56	0.44	0.43	0.43	0.43
1.10	14.28	9.91	8.62	7.69	6.97	5.76	4.59	3.13	2.13	1.28	0.54	0.44	0.43	0.43	0.43
1.15	15.26	10.51	9.13	8.12	7.33	6.03	4.76	3.20	2.14	1.26	0.53	0.43	0.43	0.43	0.43
1.20	16.29	11.14	9.65	8.56	7.71	6.29	4.95	3.28	2.15	1.23	0.51	0.43	0.43	0.43	0.43
1.25	17.33	11.78	10.18	8.99	8.10	6.56	5.12	3.34	2.16	1.20	0.50	0.43	0.43	0.43	0.43
1.30	18.41	12.44	10.70	9.44	8.46	6.84	5.29	3.40	2.16	1.18	0.48	0.43	0.43	0.43	0.43
1.35	19.50	13.11	11.24	9.89	8.84	7.11	5.45	3.44	2.16	1.14	0.47	0.43	0.43	0.43	0.43
1.40	20.66	13.78	11.78	10.35	9.23	7.37	5.62	3.49	2.15	1.11	0.47	0.43	0.43	0.43	0.43
1.45	21.80	14.46	12.34	10.81	9.61	7.64	5.73	3.55	2.14	1.07	0.46	0.43	0.43	0.43	0.43
1.50	23.00	15.17	12.90	11.28	10.01	7.89	5.93	3.59	2.12	1.04	0.45	0.43	0.43	0.43	0.43
(七)$C_s=4C_v$															
0.05	1.21	1.17	1.16	1.15	1.14	1.12	1.11	1.08	1.06	0.04	1.00	0.97	0.94	0.92	0.89
0.10	1.46	1.37	1.34	1.31	1.30	1.26	1.23	1.18	1.13	1.08	0.99	0.93	0.88	0.85	0.80
0.15	1.76	1.59	1.54	1.50	1.47	1.41	1.35	1.27	1.20	1.12	0.98	0.89	0.82	0.78	0.72
0.20	2.10	1.85	1.77	1.71	1.66	1.58	1.49	1.37	1.27	1.16	0.97	0.85	0.77	0.72	0.65
0.25	2.49	2.13	2.02	1.94	1.87	1.76	1.64	1.47	1.34	1.19	0.96	0.82	0.72	0.67	0.60

续上表

C_v \ P(%)	0.01	0.1	0.2	0.33	0.5	1	2	5	10	20	50	75	90	95	99
0.30	2.92	2.44	2.30	2.18	2.10	1.94	1.79	1.57	1.40	1.22	0.94	0.78	0.68	0.63	0.56
0.35	3.40	2.78	2.60	2.45	2.34	2.14	1.95	1.68	1.47	1.25	0.92	0.74	0.64	0.59	0.54
0.40	3.92	3.15	2.92	2.74	2.60	2.36	2.11	1.78	1.53	1.27	0.90	0.71	0.60	0.56	0.52
0.45	4.49	3.54	3.25	3.03	2.87	2.58	2.28	1.89	1.59	1.29	0.87	0.68	0.58	0.54	0.51
0.50	5.10	3.96	3.61	3.35	3.15	2.80	2.46	2.00	1.65	1.30	0.84	0.64	0.55	0.53	0.51
0.55	5.76	4.39	3.99	3.68	3.44	3.04	2.63	2.10	1.70	1.31	0.82	0.62	0.54	0.52	0.50
0.60	6.45	4.35	4.38	4.03	3.75	3.29	2.81	2.21	1.76	1.32	0.79	0.59	0.52	0.51	0.50
0.65	7.18	5.34	4.78	4.38	4.07	3.53	2.99	2.51	1.80	1.32	0.76	0.57	0.51	0.50	0.50
0.70	7.95	5.84	5.21	4.75	4.39	3.78	3.18	2.41	1.85	1.32	0.73	0.55	0.51	0.50	0.50
0.75	8.76	6.36	5.65	5.13	4.72	4.04	3.36	2.50	1.88	1.32	0.71	0.54	0.51	0.50	0.50
0.80	9.62	6.90	6.11	5.53	5.06	4.30	3.55	2.60	1.91	1.30	0.68	0.53	0.50	0.50	0.50
0.85	10.49	7.46	6.58	5.93	5.42	4.55	3.74	2.68	1.94	1.29	0.65	0.52	0.50	0.50	0.50
0.90	11.41	8.05	7.06	6.34	5.77	4.82	3.92	2.76	1.97	1.27	0.63	0.51	0.50	0.50	0.50
0.95	12.37	8.65	7.55	6.75	6.13	5.09	4.10	2.84	1.99	1.25	0.60	0.51	0.50	0.50	0.50
1.00	13.36	9.25	8.05	7.18	6.50	5.37	4.27	2.92	2.00	1.23	0.59	0.50	0.50	0.50	0.50
1.05	14.38	9.87	8.57	7.62	6.87	5.63	4.46	3.00	2.01	1.20	0.57	0.50	0.50	0.50	0.50
1.10	15.43	10.52	9.10	8.05	7.25	5.91	4.63	3.06	2.01	1.18	0.56	0.50	0.50	0.50	0.50
1.15	16.51	11.18	9.62	8.50	7.62	6.18	4.80	3.12	2.01	1.15	0.54	0.50	0.50	0.50	0.50
1.20	17.62	11.85	10.17	8.96	8.01	6.45	4.96	3.16	2.01	1.11	0.53	0.50	0.50	0.50	0.50
1.25	18.78	12.52	10.71	9.41	8.40	6.71	5.12	3.21	2.00	1.07	0.53	0.50	0.50	0.50	0.50
1.30	19.94	13.22	11.27	9.88	8.79	6.96	5.29	3.25	1.99	1.04	0.52	0.50	0.50	0.50	0.50
1.35	21.14	13.92	11.83	10.33	9.17	7.24	5.44	3.30	1.97	1.00	0.52	0.50	0.50	0.50	0.50
1.40	22.38	14.64	12.40	10.80	9.55	7.50	5.59	3.32	1.94	0.96	0.51	0.50	0.50	0.50	0.50
1.45	23.65	15.37	12.09	11.27	9.95	7.77	5.74	3.36	1.91	0.93	0.51	0.50	0.50	0.50	0.50
1.50	24.91	16.10	13.57	11.72	10.34	8.02	5.88	3.38	1.88	0.90	0.51	0.50	0.50	0.50	0.50
(八)$C_s=5C_v$															
0.05	1.21	1.17	1.16	1.15	1.14	1.13	1.11	1.09	1.07	1.04	1.00	0.97	0.94	0.92	0.89
0.10	1.48	1.38	1.35	1.33	1.30	1.27	1.23	1.18	1.13	1.08	0.99	0.93	0.88	0.85	0.80
0.15	1.81	1.63	1.57	1.53	1.49	1.43	1.36	1.27	1.20	1.12	0.98	0.89	0.82	0.79	0.73
0.20	2.19	1.91	1.82	1.75	1.70	1.60	1.51	1.38	1.27	1.15	0.97	0.85	0.77	0.74	0.68
0.25	2.63	2.22	2.10	2.00	1.93	1.80	1.66	1.48	1.34	1.18	0.95	0.81	0.74	0.69	0.65
0.30	3.13	2.67	2.40	2.27	2.17	2.00	1.82	1.58	1.40	1.21	0.93	0.78	0.69	0.66	0.62
0.35	3.68	2.95	2.74	2.57	2.44	2.21	1.99	1.69	1.46	1.23	0.90	0.75	0.67	0.64	0.61
0.40	4.28	3.36	3.09	2.88	2.72	2.44	2.16	1.80	1.52	1.24	0.88	0.72	0.64	0.62	0.60
0.45	4.94	3.81	3.47	3.22	3.01	2.68	2.34	1.90	1.56	1.25	0.85	0.69	0.63	0.61	0.60
0.50	5.65	4.28	3.87	3.57	3.32	2.92	2.52	2.00	1.62	1.26	0.82	0.67	0.61	0.60	0.60
0.55	6.40	4.77	4.28	3.93	3.65	3.17	2.71	2.11	1.67	1.26	0.79	0.65	0.61	0.60	0.60
0.60	7.21	5.29	4.72	4.31	3.98	3.43	2.88	2.20	1.71	1.25	0.77	0.63	0.61	0.60	0.60
0.65	8.07	5.83	5.18	4.71	4.32	3.69	3.08	2.30	1.73	1.24	0.74	0.62	0.60	0.60	0.60
0.70	8.96	6.40	5.66	5.10	4.68	3.95	3.26	2.38	1.76	1.22	0.71	0.62	0.60	0.60	0.60
0.75	9.90	7.00	6.14	5.52	5.03	4.22	3.44	2.46	1.79	1.20	0.68	0.61	0.60	0.60	0.60

续上表

C_v \ P(%)	0.01	0.1	0.2	0.33	0.5	1	2	5	10	20	50	75	90	95	99
0.80	10.89	7.60	6.64	5.94	5.40	4.50	3.61	2.54	1.80	1.18	0.67	0.61	0.60	0.60	0.60
0.85	11.91	8.23	7.16	6.48	5.77	4.76	3.80	2.61	1.81	1.15	0.65	0.60	0.60	0.60	0.60
0.90	12.97	8.88	7.69	6.81	6.15	5.03	3.97	2.66	1.81	1.13	0.64	0.60	0.60	0.60	0.60
0.95	14.07	9.55	8.22	7.27	6.53	5.30	4.14	2.72	1.81	1.10	0.63	0.60	0.60	0.60	0.60
1.00	15.22	10.20	8.77	7.73	6.92	5.57	4.30	2.77	1.80	1.06	0.62	0.60	0.60	0.60	0.60
1.05	16.39	10.92	9.33	8.19	7.31	5.82	4.47	2.81	1.79	1.03	0.62	0.60	0.60	0.60	0.60
1.10	17.61	11.63	9.89	8.66	7.69	6.09	4.61	2.85	1.77	0.99	0.61	0.60	0.60	0.60	0.60
1.15	18.87	12.34	10.48	9.12	8.08	6.36	4.76	2.89	1.74	0.95	0.61	0.60	0.60	0.60	0.60
1.20	20.13	13.08	11.06	9.58	8.46	6.62	4.90	2.91	1.71	0.92	0.61	0.60	0.60	0.60	0.60
1.25	21.46	13.83	11.64	10.06	8.86	6.88	5.03	2.93	1.68	0.88	0.60	0.60	0.60	0.60	0.60
							(九) $C_s = 6C_v$								
0.05	1.22	1.18	1.16	1.15	1.14	1.13	1.11	1.09	1.06	1.04	1.00	0.97	0.94	0.93	0.91
0.10	1.51	1.40	1.36	1.34	1.31	1.28	1.24	1.18	1.13	1.08	0.99	0.93	0.88	0.86	0.81
0.15	1.86	1.66	1.60	1.55	1.51	1.45	1.38	1.28	1.20	1.12	0.98	0.89	0.83	0.81	0.76
0.20	2.28	1.96	1.86	1.79	1.73	1.63	1.52	1.38	1.27	1.15	0.96	0.85	0.78	0.75	0.71
0.25	2.77	2.31	2.16	2.06	1.98	1.83	1.69	1.48	1.33	1.17	0.94	0.82	0.75	0.72	0.69
0.30	3.33	2.69	2.50	2.36	2.24	2.05	1.86	1.59	1.40	1.19	0.92	0.78	0.72	0.69	0.67
0.35	3.95	3.11	2.87	2.68	2.53	2.28	2.03	1.69	1.45	1.21	0.89	0.76	0.70	0.68	0.67
0.40	4.63	3.57	3.25	3.02	2.83	2.52	2.21	1.80	1.50	1.22	0.86	0.73	0.68	0.67	0.67
0.45	5.39	4.06	3.66	3.38	3.15	2.77	2.39	1.90	1.54	1.22	0.83	0.71	0.68	0.67	0.67
0.50	6.10	4.58	4.10	3.76	3.48	3.02	2.58	2.00	1.59	1.21	0.80	0.69	0.67	0.67	0.67
0.55	7.03	5.12	4.50	4.16	3.83	3.28	2.76	2.09	1.62	1.20	0.78	0.69	0.67	0.67	0.67
0.60	7.94	5.70	5.04	4.56	4.18	3.55	2.94	2.18	1.65	1.18	0.75	0.68	0.67	0.67	0.67
0.65	8.90	6.30	5.53	4.97	4.54	3.82	3.12	2.25	1.66	1.16	0.73	0.68	0.67	0.67	0.67
0.70	9.92	6.92	6.05	5.41	4.91	4.09	3.30	2.33	1.67	1.13	0.71	0.67	0.67	0.67	0.67
0.75	10.98	7.56	6.57	5.85	5.29	4.36	3.47	2.39	1.68	1.10	0.70	0.67	0.67	0.67	0.67
0.80	12.08	8.23	7.11	6.30	5.67	4.63	3.64	2.44	1.67	1.07	0.69	0.67	0.67	0.67	0.67
0.85	13.24	8.91	7.66	6.76	6.06	4.89	3.80	2.49	1.66	1.08	0.68	0.67	0.67	0.67	0.67
0.90	14.43	9.61	8.22	7.22	6.45	5.16	3.96	2.53	1.65	1.00	0.68	0.67	0.67	0.67	0.67
0.95	15.68	10.33	8.80	7.68	6.83	5.42	4.10	2.56	1.62	0.96	0.67	0.67	0.67	0.67	0.67
1.00	16.94	11.07	9.38	8.15	7.22	5.68	4.25	2.59	1.59	0.93	0.67	0.67	0.67	0.67	0.67
1.05	18.27	11.82	9.97	8.62	7.62	5.94	4.38	2.61	1.56	0.89	0.67	0.67	0.67	0.67	0.67

第Ⅰ型极值分布律的 λ_{pn} 值表 附表4

n	频 率 P(%)							
	0.1	0.2	0.5	1	2	4	5	10
8	7.103	6.336	5.321	4.551	3.779	3.001	2.749	1.953
9	6.909	6.162	5.174	4.425	3.673	2.916	2.670	1.895
10	6.752	6.021	5.055	4.322	3.587	2.847	2.606	1.848
11	6.622	5.905	4.957	4.238	3.516	2.789	2.553	1.809
12	6.513	5.807	4.874	4.166	3.456	2.741	2.509	1.777
13	6.418	5.723	4.802	4.105	3.405	2.699	2.470	1.748
14	6.337	5.650	4.741	4.052	3.360	2.663	2.437	1.724
15	6.265	5.586	4.687	4.005	3.321	2.632	2.408	1.703
16	6.196	5.523	4.634	3.959	3.283	2.601	2.379	1.682
17	6.137	5.471	4.589	3.921	3.250	2.575	2.355	1.664
18	6.087	5.426	4.551	3.888	3.223	2.552	2.335	1.649
19	6.043	5.387	4.518	3.860	3.199	2.533	2.317	1.636
20	6.006	5.354	4.490	3.836	3.179	2.517	2.302	1.625
22	5.933	5.288	4.435	3.788	3.139	2.484	2.272	1.603
24	5.870	5.232	4.387	3.747	3.104	2.457	2.246	1.584
26	5.816	5.183	4.346	3.711	3.074	2.433	2.224	1.568
28	5.769	5.141	4.310	3.680	3.048	2.412	2.205	1.553
30	5.727	5.104	4.279	3.653	3.026	2.393	2.188	1.541
35	5.642	5.027	4.214	3.598	2.979	2.356	2.153	1.515
40	5.576	4.968	4.164	3.554	2.942	2.326	2.126	1.495
45	5.522	4.920	4.123	3.519	2.913	2.303	2.104	1.479
50	5.479	4.881	4.090	3.491	2.889	2.283	2.087	1.466
60	5.410	4.820	4.038	3.446	2.852	2.253	2.059	1.446
70	5.359	4.774	4.000	3.413	2.824	2.230	2.038	1.430
80	5.319	4.738	3.970	3.387	2.802	2.213	2.022	1.419
90	5.287	4.710	3.945	3.366	2.784	2.199	2.008	1.409
100	5.261	4.686	3.925	3.349	2.770	2.187	1.998	1.401
200	5.130	4.568	3.826	3.263	2.698	2.129	1.944	1.362
500	5.032	4.481	3.752	3.200	2.645	2.086	1.905	1.333
1 000	4.992	4.445	3.722	3.174	2.623	2.069	1.889	1.321
∞	4.936	4.395	3.679	3.137	2.592	2.044	1.886	1.305

续上表

频率 P(%)								n
25	50	75	90	95	97	99	99.9	
0.842	-0.130	-0.897	-1.458	-1.749	-1.923	-2.224	-2.673	8
0.814	-0.133	-0.879	-1.426	-1.709	-1.879	-2.172	-2.609	9
0.790	-0.136	-0.865	-1.400	-1.677	-1.843	-2.129	-2.556	10
0.771	-0.138	-0.854	-1.378	-1.650	-1.813	-2.095	-2.514	11
0.755	-0.139	-0.844	-1.360	-1.628	-1.788	-2.065	-2.478	12
0.741	-0.141	-0.836	-1.345	-1.609	-1.769	-2.040	-2.447	13
0.729	-0.142	-0.829	-1.331	-1.592	-1.748	-2.018	-2.420	14
0.718	-0.143	-0.823	-1.320	-1.578	-1.732	-1.999	-2.396	15
0.708	-0.145	-0.817	-1.308	-1.564	-1.716	-1.980	-2.373	16
0.699	-0.146	-0.811	-1.299	-1.552	-1.703	-1.965	-2.354	17
0.692	-0.146	-0.807	-1.291	-1.541	-1.691	-1.951	-2.338	18
0.685	-0.147	-0.803	-1.283	-1.532	-1.681	-1.939	-2.323	19
0.680	-0.148	-0.800	-1.277	-1.525	-1.673	-1.930	-2.311	20
0.669	-0.149	-0.794	-1.265	-1.510	-1.657	-1.910	-2.287	22
0.659	-0.150	-0.788	-1.255	-1.497	-1.642	-1.893	-2.266	24
0.651	-0.151	-0.783	-1.246	-1.486	-1.630	-1.879	-2.249	26
0.644	-0.152	-0.779	-1.239	-1.477	-1.619	-1.866	-2.233	28
0.638	-0.153	-0.776	-1.232	-1.468	-1.610	-1.855	-2.219	30
0.625	-0.154	-0.768	-1.218	-1.451	-1.591	-1.832	-2.191	35
0.615	-0.155	-0.762	-1.208	-1.438	-1.576	-1.814	-2.170	40
0.607	-0.156	-0.758	-1.198	-1.427	-1.564	-1.800	-2.152	45
0.601	-0.157	-0.754	-1.191	-1.418	-1.553	-1.788	-2.138	50
0.591	-0.158	-0.748	-1.180	-1.404	-1.538	-1.770	-2.115	60
0.583	-0.159	-0.744	-1.172	-1.394	-1.526	-1.756	-2.098	70
0.577	-0.159	-0.740	-1.165	-1.386	-1.517	-1.746	-2.085	80
0.572	-0.160	-0.737	-1.160	-1.379	-1.510	-1.737	-2.075	90
0.568	-0.160	-0.735	-1.155	-1.374	-1.504	-1.720	-2.066	100
0.549	-0.162	-0.723	-1.134	-1.347	-1.474	-1.694	-2.023	200
0.535	-0.164	-0.714	-1.117	-1.326	-1.451	-1.668	-1.990	500
0.529	-0.164	-0.710	-1.110	-1.318	-1.442	-1.657	-1.976	1 000
0.520	-0.164	-0.705	-1.110	-1.306	-1.428	-1.641	-1.957	∞

泊松—耿贝尔复合极值分布β值表　　附表5

重现期（年）	n \ N	10	15	20	25	30	40	50
100	8	4.298	3.846	3.524	3.274	3.069	2.743	2.489
	10	4.317	3.887	3.582	3.344	3.149	2.841	2.601
	12	4.347	3.933	3.638	3.409	3.221	2.925	2.693
	14	4.381	3.978	3.691	3.468	3.286	2.997	2.773
	16	4.412	4.017	3.737	3.519	3.341	3.059	2.839
	18	4.446	4.058	3.783	3.568	3.393	3.117	2.901
	20	4.485	4.103	3.831	3.620	3.447	3.174	2.962
	22	4.519	4.141	3.872	3.664	3.493	3.223	3.014
	24	4.551	4.177	3.911	3.704	3.536	3.269	3.062
	26	4.581	4.211	3.947	3.743	3.576	3.311	3.106
	28	4.611	4.243	3.982	3.779	3.613	3.351	3.147
	30	4.639	4.274	4.015	3.813	3.649	3.389	3.187
	35	4.706	4.346	4.091	3.893	3.730	3.474	3.275
	40	4.768	4.412	4.159	3.963	3.803	3.550	3.353
	45	4.824	4.472	4.221	4.027	3.868	3.618	3.423
	50	4.876	4.527	4.278	4.086	3.928	3.679	3.486
	60	4.971	4.625	4.380	4.190	4.034	3.788	3.598
	70	5.054	4.711	4.468	4.280	4.126	3.882	3.693
	80	5.128	4.788	4.547	4.360	4.207	3.965	3.778
	90	5.195	4.858	4.618	4.432	4.280	4.040	3.853
	100	5.257	4.920	4.682	4.497	4.345	4.106	3.921
50	8	3.518	3.063	2.738	2.483	2.274	1.941	1.679
	10	3.576	3.144	2.836	2.595	2.398	2.083	1.837
	12	3.633	3.216	2.919	2.688	2.498	2.196	1.960
	14	3.686	3.281	2.992	2.768	2.583	2.291	2.062
	16	3.732	3.336	3.054	2.834	2.655	2.369	2.147
	18	3.778	3.389	3.112	2.896	2.720	2.440	2.222
	20	3.826	3.442	3.169	2.957	2.783	2.507	2.292
	22	3.867	3.488	3.219	3.009	2.837	2.565	2.353
	24	3.906	3.531	3.264	3.057	2.887	2.618	2.409
	26	3.943	3.571	3.307	3.101	2.933	2.667	2.460
	28	3.977	3.609	3.346	3.143	2.976	2.712	2.507
	30	4.010	3.644	3.384	3.182	3.016	2.755	2.551
	35	4.086	3.726	3.470	3.271	3.108	2.850	2.650
	40	4.155	3.799	3.545	3.349	3.188	2.934	2.736
	45	4.217	3.864	3.613	3.419	3.259	3.008	2.812
	50	4.274	3.924	3.675	3.482	3.324	3.074	2.880
	60	4.376	4.030	3.784	3.593	3.437	3.191	3.001
	70	4.464	4.121	3.878	3.689	3.535	3.291	3.101
	80	4.543	4.203	3.961	3.774	3.620	3.378	3.190
	90	4.614	4.275	4.035	3.849	3.697	3.456	3.269
	100	4.678	4.341	4.102	3.917	3.765	3.526	3.340

续上表

重现期（年）	n \ N	10	15	20	25	30	40	50
25	8	2.726	2.263	1.929	1.667	1.449	1.098	0.816
	10	2.825	2.386	2.072	1.826	1.622	1.294	1.034
	12	2.909	2.487	2.186	1.950	1.755	1.443	1.196
	14	2.982	2.573	2.280	2.052	1.863	1.563	1.325
	16	3.044	2.644	2.359	2.136	1.953	1.661	1.431
	18	3.102	2.710	2.430	2.212	2.032	1.747	1.522
	20	3.159	2.773	2.497	2.282	2.106	1.825	1.605
	22	3.209	2.827	2.556	2.344	2.169	1.893	1.676
	24	3.255	2.877	2.609	2.399	2.227	1.954	1.740
	26	3.297	2.924	2.658	2.450	2.280	2.010	1.799
	28	3.337	2.967	2.703	2.498	2.329	2.062	1.853
	30	3.375	3.007	2.745	2.542	2.375	2.110	1.903
	35	3.460	3.099	2.841	2.641	2.476	2.216	2.013
	40	3.536	3.179	2.925	2.727	2.565	2.308	2.108
	45	3.604	3.250	2.999	2.803	2.643	2.389	2.191
	50	3.666	3.315	3.065	2.871	2.713	2.461	2.265
	60	3.775	3.429	3.182	2.991	2.834	2.586	2.393
	70	3.869	3.526	3.282	3.093	2.938	2.692	2.502
	80	3.953	3.612	3.370	3.182	3.028	2.785	2.596
	90	4.027	3.688	3.448	3.261	3.108	2.866	2.679
	100	4.094	3.757	3.518	3.332	3.180	2.940	2.753
10	8	1.629	1.138	0.775	0.479	0.225	-0.215	-0.615
	10	1.790	1.332	0.996	0.726	0.498	0.113	-0.216
	12	1.916	1.479	1.160	0.907	0.693	0.340	0.045
	14	2.019	1.597	1.291	1.048	0.845	0.512	0.238
	16	2.104	1.694	1.398	1.163	0.967	0.649	0.390
	18	2.180	1.779	1.490	1.261	1.072	0.764	0.515
	20	2.252	1.857	1.573	1.349	1.163	0.863	0.622
	22	2.313	1.924	1.645	1.425	1.243	0.950	0.715
	24	2.369	1.985	1.710	1.493	1.314	1.026	0.797
	26	2.421	2.041	1.769	1.555	1.379	1.095	0.870
	28	2.468	2.092	1.823	1.612	1.437	1.158	0.936
	30	2.512	2.140	1.873	1.664	1.491	1.215	0.996
	35	2.612	2.246	1.984	1.779	1.610	1.341	1.128
	40	2.698	2.337	2.079	1.878	1.712	1.447	1.239
	45	2.775	2.418	2.163	1.964	1.800	1.539	1.334
	50	2.844	2.490	2.237	2.040	1.878	1.621	1.419
	60	2.963	2.614	2.366	2.172	2.013	1.760	1.562
	70	3.066	2.720	2.474	2.283	2.126	1.876	1.681
	80	3.155	2.812	2.569	2.379	2.223	1.977	1.784
	90	3.234	2.894	2.652	2.463	2.309	2.064	1.874
	100	3.305	2.967	2.726	2.539	2.386	2.143	1.953

正态概率积分表

附表 6

$$P(t) = \int_t^{\infty} \frac{1}{\sqrt{2\pi}} e^{-\frac{t^2}{2}} dt$$

t	0.00	0.01	0.02	0.03	0.04	0.05	0.06	0.07	0.08	0.09
0.0	0.5000	0.4960	0.4920	0.4880	0.4840	0.4801	0.4761	0.4721	0.4681	0.4641
0.1	0.4602	0.4562	0.4522	0.4483	0.4443	0.4404	0.4364	0.4325	0.4286	0.4247
0.2	0.4207	0.4168	0.4129	0.4090	0.4052	0.4013	0.3974	0.3936	0.3897	0.3859
0.3	0.3821	0.3783	0.3745	0.3707	0.3669	0.3632	0.3594	0.3557	0.3520	0.3483
0.4	0.3446	0.3409	0.3372	0.3336	0.3300	0.3264	0.3228	0.3192	0.3156	0.3121
0.5	0.3085	0.3050	0.3015	0.2981	0.2946	0.2912	0.2877	0.2843	0.2810	0.2776
0.6	0.2743	0.2709	0.2676	0.2643	0.2611	0.2578	0.2546	0.2514	0.2483	0.2451
0.7	0.2420	0.2389	0.2358	0.2327	0.2297	0.2266	0.2236	0.2206	0.2177	0.2148
0.8	0.2119	0.2090	0.2061	0.2033	0.2005	0.1977	0.1949	0.1922	0.1894	0.1867
0.9	0.1841	0.1814	0.1788	0.1762	0.1736	0.1711	0.1685	0.1660	0.1635	0.1611
1.0	0.1587	0.1562	0.1539	0.1515	0.1492	0.1469	0.1446	0.1423	0.1401	0.1379
1.1	0.1357	0.1335	0.1314	0.1292	0.1271	0.1251	0.1230	0.1210	0.1190	0.1170
1.2	0.1151	0.1131	0.1112	0.1093	0.1075	0.1056	0.1038	0.1020	0.1003	0.0985
1.3	0.0968	0.0951	0.0934	0.0918	0.0901	0.0885	0.0869	0.0853	0.0838	0.0823
1.4	0.0808	0.0793	0.0778	0.0764	0.0749	0.0736	0.0722	0.0708	0.0694	0.0681
1.5	0.0668	0.0655	0.0643	0.0630	0.0618	0.0608	0.0594	0.0582	0.0571	0.0559
1.6	0.0548	0.0537	0.0526	0.0516	0.0505	0.0495	0.0485	0.0475	0.0465	0.0455
1.7	0.0446	0.0436	0.0427	0.0418	0.0409	0.0401	0.0392	0.0384	0.0375	0.0367
1.8	0.0359	0.0352	0.0344	0.0336	0.0329	0.0322	0.0314	0.0307	0.0301	0.0294
1.9	0.0287	0.0281	0.0274	0.0268	0.0262	0.0256	0.0250	0.0244	0.0239	0.0233
2.0	0.0228	0.0222	0.0217	0.0212	0.0207	0.0202	0.0197	0.0192	0.0188	0.0183
2.1	0.0179	0.0174	0.0170	0.0166	0.0162	0.0158	0.0154	0.0150	0.0146	0.0143
2.2	0.0139	0.0136	0.0132	0.0129	0.0126	0.0122	0.0119	0.0116	0.0113	0.0110

续上表

t	0.00	0.01	0.02	0.03	0.04	0.05	0.06	0.07	0.08	0.09
2.3	0.0107	0.0104	0.0102	0.0099	0.0096	0.0094	0.0091	0.0089	0.0087	0.0084
2.4	0.0082	0.0080	0.0078	0.0075	0.0073	0.0071	0.0069	0.0068	0.0066	0.0064
−0.0	0.5000	0.5040	0.5080	0.5120	0.5160	0.5199	0.5239	0.5276	0.5319	0.5359
−0.1	0.5398	0.5438	0.5478	0.5517	0.5557	0.5596	0.5636	0.5675	0.5714	0.5753
−0.2	0.5793	0.5832	0.5871	0.5910	0.5948	0.5987	0.6026	0.6064	0.6103	0.6141
−0.3	0.6179	0.6217	0.6255	0.6293	0.6331	0.6368	0.6406	0.6443	0.6480	0.6517
−0.4	0.6554	0.6591	0.6628	0.6664	0.6700	0.6736	0.6772	0.6808	0.6844	0.6879
−0.5	0.6915	0.6950	0.6985	0.7019	0.7054	0.7088	0.7123	0.7157	0.7190	0.7224
−0.6	0.7257	0.7291	0.7324	0.7357	0.7389	0.7422	0.7454	0.7486	0.7517	0.7549
−0.7	0.7580	0.7611	0.7642	0.7673	0.7703	0.7734	0.7764	0.7794	0.7823	0.7852
−0.8	0.7881	0.7910	0.7939	0.7967	0.7995	0.8023	0.8051	0.8078	0.8106	0.8133
−0.9	0.8159	0.8186	0.8212	0.8238	0.8264	0.8289	0.8315	0.8340	0.8365	0.8389
−1.0	0.8413	0.8438	0.8461	0.8485	0.8508	0.8531	0.8554	0.8577	0.8599	0.8621
−1.1	0.8643	0.8665	0.8686	0.8708	0.8729	0.8749	0.8770	0.8790	0.8810	0.8830
−1.2	0.8849	0.8869	0.8888	0.8907	0.8925	0.8944	0.8962	0.8980	0.8997	0.9015
−1.3	0.9032	0.9049	0.9066	0.9082	0.9099	0.9115	0.9131	0.9147	0.9162	0.9177
−1.4	0.9192	0.9207	0.9222	0.9236	0.9251	0.9265	0.9278	0.9292	0.9306	0.9319
−1.5	0.9332	0.9345	0.9357	0.9370	0.9382	0.9394	0.9406	0.9418	0.9429	0.9441
−1.6	0.9452	0.9463	0.9474	0.9485	0.9495	0.9505	0.9515	0.9525	0.9535	0.9545
−1.7	0.9554	0.9564	0.9573	0.9582	0.9591	0.9599	0.9608	0.9616	0.9625	0.9633
−1.8	0.9641	0.9649	0.9656	0.9664	0.9671	0.9678	0.9686	0.9693	0.9699	0.9706
−1.9	0.9713	0.9719	0.9726	0.9732	0.9738	0.9744	0.9750	0.9756	0.9761	0.9767
−2.0	0.9772	0.9778	0.9783	0.9788	0.9793	0.9798	0.9803	0.9808	0.9812	0.9817
−2.1	0.9821	0.9826	0.9830	0.9834	0.9838	0.9842	0.9846	0.9850	0.9854	0.9857
−2.2	0.9861	0.9864	0.9868	0.9871	0.9875	0.9878	0.9881	0.9884	0.9887	0.9890
−2.3	0.9893	0.9896	0.9898	0.9901	0.9904	0.9906	0.9909	0.9911	0.9913	0.9916
−2.4	0.9918	0.9920	0.9922	0.9925	0.9927	0.9929	0.9931	0.9932	0.9934	0.9936

二项一对数正态复合极值分布的 x_R 值表　　附表 7

n ＼ T	10	25	50	100	n ＼ T	10	25	50	100
P	10%	4%	2%	1%	P	10%	4%	2%	1%
30	2.696	2.998	3.206	3.402	220	3.303	3.560	3.740	3.912
40	2.791	3.084	3.288	3.479	230	3.315	3.571	3.752	3.923
50	2.862	3.150	3.350	3.538	240	3.327	3.583	3.762	3.933
60	2.919	3.203	3.400	3.587	250	3.338	3.593	3.772	3.943
70	2.967	3.247	3.442	3.627	260	3.349	3.603	3.782	3.953
80	3.008	3.285	3.478	3.661	270	3.360	3.613	3.792	3.961
90	3.043	3.318	3.510	3.691	280	3.370	3.623	3.801	3.970
100	3.075	3.347	3.538	3.718	290	3.379	3.632	3.809	3.978
110	3.103	3.374	3.562	3.742	300	3.389	3.640	3.818	3.986
120	3.129	3.397	3.585	3.763	310	3.398	3.649	3.826	3.994
130	3.152	3.419	3.606	3.783	320	3.406	3.657	3.834	4.002
140	3.174	3.439	3.625	3.802	330	3.415	3.665	3.841	4.009
150	3.194	3.458	3.643	3.819	340	3.423	3.673	3.848	4.016
160	3.212	3.475	3.660	3.835	350	3.431	3.680	3.856	4.023
170	3.230	3.492	3.675	3.850	360	3.438	3.687	3.862	4.030
180	3.246	3.507	3.690	3.864	370	3.446	3.694	3.869	4.036
190	3.261	3.521	3.703	3.877	380	3.453	3.701	3.876	4.042
200	3.276	3.535	3.716	3.889	390	3.460	3.707	3.882	4.048
210	3.290	3.547	3.729	3.901	400	3.467	3.714	3.888	4.054

浅水波高、波速和波长与相对水深的关系表　　附表 8

$\frac{d}{L_0}$	$\frac{d}{L}$	$\frac{C}{C_0}$和$\frac{L}{L_0}$	$\frac{H}{H_0}$	$\frac{d}{L_0}$	$\frac{d}{L}$	$\frac{C}{C_0}$和$\frac{L}{L_0}$	$\frac{H}{H_0}$
0.0020	0.0179	0.1119	2.1190	0.2300	0.2506	0.9178	0.9261
0.0025	0.0200	0.1250	2.0050	0.2350	0.2549	0.9219	0.9276
0.0030	0.0219	0.1369	1.9170	0.2400	0.2592	0.9259	0.9291
0.0035	0.0237	0.1477	1.8470	0.2450	0.2635	0.9296	0.9307
0.0040	0.0253	0.1579	1.7880	0.2500	0.2679	0.9332	0.9323
0.0045	0.0269	0.1674	1.7370	0.2550	0.2722	0.9367	0.9340
0.0050	0.0284	0.1764	1.6920	0.2600	0.2766	0.9400	0.9356
0.0055	0.0298	0.1848	1.6540	0.2650	0.2810	0.9431	0.9373
0.0060	0.0311	0.1929	1.6200	0.2700	0.2854	0.9461	0.9390
0.0065	0.0324	0.2007	1.5890	0.2750	0.2898	0.9490	0.9406
0.0070	0.0336	0.2082	1.5610	0.2800	0.2942	0.9516	0.9423
0.0075	0.0348	0.2154	1.5360	0.2850	0.2987	0.9542	0.9440
0.0080	0.0360	0.2223	1.5120	0.2900	0.3031	0.9567	0.9456
0.0085	0.0371	0.2290	1.4910	0.2950	0.3076	0.9590	0.9473
0.0090	0.0382	0.2356	1.4710	0.3000	0.3121	0.9611	0.9490
0.0095	0.0393	0.2419	1.4520	0.3050	0.3166	0.9633	0.9505
0.0100	0.0403	0.2480	1.4350	0.3100	0.3211	0.9653	0.9522
0.0150	0.0496	0.3022	1.3070	0.3150	0.3257	0.9672	0.9538
0.0200	0.0576	0.3470	1.2260	0.3200	0.3302	0.9690	0.9553
0.0250	0.0648	0.3860	1.1680	0.3250	0.3349	0.9707	0.9568
0.0300	0.0714	0.4205	1.1250	0.3300	0.3394	0.9723	0.9583
0.0350	0.0775	0.4517	1.0920	0.3350	0.3440	0.9738	0.9598
0.0400	0.0833	0.4802	1.0640	0.3400	0.3468	0.9753	0.9613
0.0450	0.0888	0.5066	1.0420	0.3450	0.3532	0.9767	0.9626
0.0500	0.0942	0.5310	1.0230	0.3500	0.3579	0.9780	0.9640
0.0550	0.0993	0.5538	1.0070	0.3550	0.3625	0.9792	0.9654
0.0600	0.1043	0.5753	0.9932	0.3600	0.3672	0.9804	0.9667
0.0650	0.1092	0.5954	0.9815	0.3650	0.3719	0.9815	0.9680
0.0700	0.1139	0.6144	0.9713	0.3700	0.3766	0.9825	0.9693
0.0750	0.1186	0.6324	0.9624	0.3750	0.3813	0.9835	0.9705

续上表

$\frac{d}{L_0}$	$\frac{d}{L}$	$\frac{C}{C_0}$和$\frac{L}{L_0}$	$\frac{H}{H_0}$	$\frac{d}{L_0}$	$\frac{d}{L}$	$\frac{C}{C_0}$和$\frac{L}{L_0}$	$\frac{H}{H_0}$
0.0800	0.1232	0.6493	0.9548	0.3800	0.3860	0.9845	0.9717
0.0850	0.1277	0.6655	0.9481	0.3850	0.3907	0.9854	0.9728
0.0900	0.1322	0.6808	0.9422	0.3900	0.3955	0.9862	0.9739
0.0950	0.1366	0.6953	0.9371	0.3950	0.4002	0.9870	0.9750
0.1000	0.1410	0.7093	0.9327	0.4000	0.4050	0.9877	0.9761
0.1050	0.1453	0.7226	0.9290	0.4050	0.4098	0.9885	0.9770
0.1100	0.1496	0.7352	0.9257	0.4100	0.4145	0.9891	0.9780
0.1150	0.1539	0.7474	0.9228	0.4150	0.4193	0.9898	0.9790
0.1200	0.1581	0.7589	0.9204	0.4200	0.4241	0.9904	0.9798
0.1250	0.1624	0.7700	0.9186	0.4250	0.4289	0.9909	0.9808
0.1300	0.1665	0.7804	0.9169	0.4300	0.4337	0.9914	0.9816
0.1350	0.1708	0.7905	0.9156	0.4350	0.4385	0.9919	0.9824
0.1400	0.1749	0.8002	0.9146	0.4400	0.4434	0.9924	0.9832
0.1450	0.1791	0.8094	0.9139	0.4450	0.4482	0.9929	0.9839
0.1500	0.1833	0.8183	0.9133	0.4500	0.4531	0.9933	0.9847
0.1550	0.1875	0.8267	0.9131	0.4550	0.4579	0.9937	0.9852
0.1600	0.1917	0.8349	0.9130	0.4600	0.4628	0.9941	0.9860
0.1650	0.1958	0.8427	0.9131	0.4650	0.4676	0.9944	0.9867
0.1700	0.2000	0.8501	0.9134	0.4700	0.4725	0.9947	0.9873
0.1750	0.2042	0.8572	0.9139	0.4750	0.4774	0.9951	0.9878
0.1800	0.2083	0.8640	0.9145	0.4800	0.4822	0.9953	0.9885
0.1850	0.2125	0.8706	0.9152	0.4850	0.4871	0.9956	0.9890
0.1900	0.2167	0.8767	0.9161	0.4900	0.4920	0.9959	0.9896
0.1950	0.2209	0.8827	0.9170	0.4950	0.4969	0.9961	0.9900
0.2000	0.2251	0.8884	0.9181	0.5000	0.5018	0.9964	0.9905
0.2050	0.2293	0.8939	0.9193	0.6000	0.6006	0.9990	0.9965
0.2100	0.2336	0.8991	0.9205	0.7000	0.7002	0.9997	0.9988
0.2150	0.2378	0.9041	0.9218	0.8000	0.8001	0.9999	0.9996
0.2200	0.2421	0.9088	0.9231	0.9000	0.9000	1.0000	0.9999
0.2250	0.2463	0.9134	0.9245	1.0000	1.0000	1.0000	1.0000

参 考 文 献

[1] 詹道江. 工程水文学(上册)河川水文 [M]. 2 版. 北京:人民交通出版社,1988.
[2] 邱大洪. 工程水文学(下册)海洋水文 [M]. 2 版. 北京:人民交通出版社,1988.
[3] 周之豪. 水利水能规划[M]. 北京:中国水利水电出版社,1987.
[4] 李晓超. 2009 中国统计年鉴[M]. 北京:中国统计出版社. 2009.
[5] 杜麒栋. 2009 中国港口年鉴[M]. 北京:中国港口杂志社. 2009.
[6] 侍茂崇,高郭平,鲍献文. 海洋调查方法导论[M]. 青岛:中国海洋大学出版社. 2008.
[7] 水利电力部水文局. 中国水资源评价[M]. 北京:中国水利电力出版社,1987.
[8] 施嘉炀. 水资源综合利用[M]. 北京:中国水利水电出版社,1996.
[9] 刘昌明,何希吾. 中国 21 世纪水问题方略[M]. 北京:科学出版社,1996.
[10] 张学龄. 桥涵水文学[M]. 2 版. 北京:人民交通出版社,1990 .
[11] 华东水利学院,西北农学院,武汉水利电力学院. 水利及水利水电规划(上册)工程水文[M]. 北京:水利出版社,1980.
[12] Ray K. Linsley, Jr. Max A. Kohler Joseph L. H. Paulhus. Hydrology for Engineers[M]. McGraw-Hill, Inc. ,1975.
[13] M. J. Kirkby. Hillslope Hydrology. John Wiley & Sons, Ltd. Rep. July 1979.
[14] 中华人民共和国交通部. 港口工程技术规范(1987)[S]. 北京:人民交通出版社,1988.
[15] 中国人民共和国行业标准海港水文规范(JTJ 213—2011) [S]. 北京:人民交通出版社,2011.
[16] 严凯. 海港工程[M]. 北京:海洋出版社,1996.
[17] 陈上及,等. 海洋数据处理分析方法及其应用[M]. 北京:海洋出版社,1991.
[18] 丰建章,等. 海洋工程中的海浪推算方法[M]. 北京:海洋出版社,1987.
[19] 陈宗镛. 潮汐学[M]. 北京:科学出版社,1980.
[20] 方国洪,郑文振,陈宗镛,等. 潮汐和潮流的分析预报[M]. 北京:海洋出版社,1986.
[21] 宁波海洋学校. 海洋学[M]. 北京:海洋出版社,1986.
[22] 中国科学院数学研究所统计组. 常用数理统计方法[M]. 北京:科学出版社,1973.
[23] 国家海洋局东海分局. 东海区海洋站海洋水文气候志[M]. 北京:海洋出版社,1993.
[24] 唐岩,罗世华,等. 潮流准调和分析的软件实现[J]. 海洋测绘. 2006. 3.